“十四五”职业教育江苏省规划教材

大气污染控制技术

第三版

李广超 李国会 主编

化学工业出版社
·北 京·

内 容 提 要

本书简要介绍了大气污染控制技术的基本方法、净化设备和工艺流程，重点介绍了燃料的种类和燃料的燃烧过程、燃烧过程中主要污染物的形成机制、洁净煤技术和低氮氧化物生成燃烧技术、污染物浓度估算和烟气抬升高度的计算、除尘技术、烟气脱硫脱硝技术、含氟废气净化技术、含挥发性有机物废气净化技术、汽车排气净化技术、废气净化系统及工业通风技术等内容。重点介绍了袋式除尘器和电除尘器的除尘原理、分类和性能，以及湿法烟气脱硫技术的原理、工艺流程等。

本书为高等职业技术教育环境类专业的教材，也可作为中等职业技术教育和从事环境保护工作人员的参考书。

图书在版编目（CIP）数据

大气污染控制技术/李广超，李国会主编. —3版.
北京：化学工业出版社，2020.6 （2025.2重印）
高职高专规划教材
ISBN 978-7-122-36478-4

Ⅰ.①大… Ⅱ.①李…②李… Ⅲ.①空气污染控制-高等职业教育-教材 Ⅳ.①X510.6

中国版本图书馆CIP数据核字（2020）第046930号

责任编辑：王文峡
责任校对：栾尚元　　　　装帧设计：刘丽华

出版发行：化学工业出版社（北京市东城区青年湖南街13号　邮政编码100011）
印　　装：三河市双峰印刷装订有限公司
787mm×1092mm　1/16　印张18　字数442千字　　2025年2月北京第3版第7次印刷

购书咨询：010-64518888　　　　售后服务：010-64518899
网　　址：http://www.cip.com.cn
凡购买本书，如有缺损质量问题，本社销售中心负责调换。

定　　价：49.00元

高职高专环境教材
编审委员会

前 言

近年来，随着国家标准的更新、新标准的发布和新技术的不断涌现，原教材中的部分内容已显得陈旧或不适宜。为了使教材内容能充分体现当前大气污染治理技术的现状，适应教学改革的要求，更好地服务于广大读者，我们对教材进行了修订。

在修订工作中主要对以下内容做了完善：

第1章，将第二版教材中“1.3 大气污染综合防治”改为“1.3 大气污染综合防治措施”，具体内容进行了相应修改。

第2章，主要是对煤炭分类、煤炭洗选技术进行部分修改，增加了阅读材料“可燃冰”。

第3章，将第二节和第三节的顺序进行调换，并对例题和习题进行了部分修改。

第4章，增加了“4.1.1 颗粒物的粒径与粒径分布”和“4.1.3 气体的状态及主要参数”，并对除尘装置的性能指标进行了部分修改；将“4.4 过滤式除尘器”改为“4.4 袋式除尘器”，将“颗粒层除尘器”作为阅读材料，并对袋式除尘选型等内容进行了修改；电除尘器部分介绍了近年来出现的回转式移动平板形集尘极和旋转钢刷清灰方式，并对电除尘器的选型设计计算进行了修改；增加了阅读材料“电袋复合除尘器”。

第5章，增加了“吸收双膜理论”“吸附平衡与吸附等温方程式”和“转轮吸附装置”等内容；湿法烟气脱硫部分，石灰石/石灰-石膏法增加了“pH值分区工艺流程”，氨法增加了氨-硫铵法；氮氧化物净化技术部分，增加了“5.3.2 选择性非催化还原法及SCR/SNCR联合脱硝”；挥发性有机物废气净化部分，增加了“蓄热式燃烧法”和“蓄热式催化燃烧法”。

第6章，将章题修改为“废气净化系统与工业通风技术”，增加了“6.1.1 废气净化系统”，删除了“气流组织形式”和“通风系统中的风口”等内容。

本书由李广超执笔完成修订，李国会参与了修订工作。原编者徐忠娟、牟晓红、朱延美、傅梅绮给予了大力支持。

由于编者水平有限，再加上时间仓促，不妥之处在所难免，诚望广大读者批评指正。

编者

2020年1月

第一版前言

本教材编写时充分考虑职业教育的特点，在保证教学内容科学合理的基础上，适当减少理论性内容，突出实用性内容，从而使教材重点突出，难易适当。如除尘技术中重点介绍了除尘效率比较高、应用比较广泛的袋式除尘器和静电除尘器；洁净燃烧技术中着重介绍了煤在燃烧前和燃烧过程中脱硫技术；烟气中二氧化硫净化技术中着重介绍了湿法烟气脱硫，特别是石灰(石灰石)-石膏湿法烟气脱硫系统。

编写时结合环境类职业岗位的要求，适当加强了对学生综合能力培养的内容。如在教材里加强了常见设备的安装、运行与维护，以及不正常现象的原因分析与处理等操作性很强的内容，以培养学生分析问题和解决问题的能力。

根据该书读者群的特点，除附有设备结构示意图和工艺流程图外，还采用了大量的图片，既提高了教材的可视性和可读性，又方便了学生的阅读和理解。

在每章的开头附有学习指南，简单概述了本章要掌握的重点内容及学习方法。在每节后安排填空题、判断题、选择题、计算题和综合题等不同类型的练习题，方便了学生的练习。另外，教材中用小字编排的一些内容，旨在扩大学生的知识面，提高学生学习兴趣，学生可以自己阅读，也可以在教师的指导下阅读。

本书由五位同志共同编写，其中李广超编写第1章、第4章的第5、6节和第5章的第1节，傅梅绮编写第5章的第2、3、4、5、6节，朱延美编写第2章，徐忠娟编写第3章和第6章，牟晓红编写第4章的第1、2、3、4节。全书由李广超负责统稿，由中国矿业大学环境与测绘学院顾强教授主审。在编写过程中得到了兄弟院校同行的关心和帮助，化学工业出版社教材出版中心对本书的编写也给予了极大的关心和支持，在此一并表示感谢。

由于编者水平有限，错误和疏忽之处在所难免，诚望广大读者批评指正。

编者

2004年1月

第二版前言

《大气污染控制技术》作为高职高专环境类专业的教材，自出版以来深受广大读者的欢迎。近年来，随着国家标准的更新、新标准的发布以及新技术的不断涌现，原教材中的部分内容已显得陈旧或不适宜，再加上时间紧迫等原因，原教材中可能存在一些不足之处。为了使教材更加完善，以适用教学改革的要求，更好地服务于广大读者，因此我们对教材进行了修订。

在修订工作中主要对以下内容做了改动：第1章，去掉了第一版中“1.3中国大气污染及工业废气治理现状”一节的内容；第2章，将“洁净燃烧技术”改为“燃料与洁净燃烧技术”，并对小节进行调整；第3章，将“烟气的排放”改为“烟气扩散”，烟气抬升高度计算主要介绍了适用性较广的霍兰德（Holland）公式和我国国家标准中规定的计算公式，不再介绍适用范围小的布里格斯（Briggs）公式、卢卡斯（Lucas）公式、康凯维（Concawe）公式和T. V. A公式等，并对计算公式中的符号进行统一。考虑到高等职业教育的特点，适当降低教材的难度，删除了第一版中烟囱高度计算及厂址选择一节；第4章，根据《环境工程技术分类与命名》（HJ 496—2009）和《袋式除尘器技术要求》（GB/T 6719—2009），将“机械式除尘器”更名为“惯性除尘器”，包括重力沉降室、挡板式除尘器和旋风除尘器。根据清灰方式的不同，将袋式除尘器分为机械振动类、反吹风类、脉冲喷吹类和复合式清灰类四种类型，对袋式除尘器的命名方法进行了重新规定。并将第一版中“4.4.3袋式除尘的结构、分类和命名”与“4.4.4常见袋式除尘器”两节合并，从而使该部分内容更加紧凑；第5章，为了突出废气中氮氧化物净化技术中应用较广泛的选择性催化还原法，将第一版中“5.3.2选择性催化还原法”调整为5.3.1，而将液体吸收法调到5.3.2；第6章，将“局部排气罩”改为“集气罩”，并对计算公式中的符号进行统一。

在对部分章节进行重新编排的同时，对相关内容进行适当补充和调整，从而使该书更具条理性、实用性和系统性。

本书编写保持了第一版的特点，在每章的开头附有学习指南，在每节后编排了填空题、判断题、选择题、计算题和综合题等不同类型的练习题，还编排了一些旨在扩大知识面、提高学生学习兴趣的阅读材料。

本书的修订由李广超执笔完成。原编者傅梅绮、徐忠娟、牟晓红、朱延美给予了支持。

由于编者水平有限，再加上时间仓促，疏漏之处在所难免，诚望广大读者批评指正。

编者

2010年9月

目录

1 绪 论

【学习指南】本章简要介绍了大气污染、大气污染控制技术、大气污染综合防治等基本常识，学习时应注意掌握大气污染、大气污染源和大气污染物等的基本概念，了解大气污染控制技术的主要内容，了解大气污染综合防治措施。要求认真思考和完成本教材各章节后的练习，在掌握知识的同时锻炼自己分析问题和解决问题的能力。

大气（atmosphere）是指包围地球表层的空气。大气是人类赖以生存的基本环境要素，大多数生命过程（人类、一切动植物和大多数微生物）都离不开大气。大气给人类创造了一个适宜的生活环境，而且能阻挡过量的紫外线照射到地球表面，有效保护地球上的生物。但随着人类生产活动和社会活动的增加，大气环境质量日趋恶化，自工业革命以来，由于大量燃料燃烧、工业废气和汽车尾气的排放等原因，曾发生多起以大气污染为主要特征的公害事件，已经引起了世界各国的重视。如不对大气污染进行治理与控制，将会给人类带来灾难性的后果。研究一个地区的大气污染状况，需要做以下工作：查明污染物的来源；了解污染物在大气中的物理和化学行为；研究大气污染对人群健康和生态环境的影响；研究控制的途径和方法及进行管理的方法。大气污染控制技术就是对大气污染物排放进行控制的实用技术。

1.1 大气污染

1.1.1 大气污染的基本常识

（1）大气污染的概念

国际标准化组织（ISO）对大气污染的定义：大气污染通常是指由于人类活动或自然过程引起某些物质进入大气中，呈现出足够的浓度，持续了足够的时间，并因此危害了人体的舒适、健康和福利或危害了环境。

（2）大气污染的原因

造成大气污染的原因包括两个方面，即自然过程和人类生产、生活活动，而后者是最主要的原因。一方面由于人口的迅速增长，人类在进行生活活动时需要燃烧大量的煤、油、天然气等燃料而排放大量有害的废气；另一方面由于人类在进行工业生产过程中，将含有多种有害物质的大量工业废气未经净化处理或处理得不彻底就排入大气环境中，从而造成大气的污染。无论是排放有害物质的总量、持续时间还是影响范围和程度都远远超过自然排放所造成的大气污染。

（3）大气污染的危害

大气污染的危害范围可以是全球性的，也可能是区域性的或局部地区的。全球性大气污染主要表现在臭氧层损耗加剧和全球气候变暖，直接损害地球生命支持系统。区域性的大气污染主要是酸雨，它不仅损害人体的健康，而且影响生物的生长，并会使建筑物遭到不同程度的破坏。城市范围和局地大气污染主要表现在这些范围内大气的物理特征和化学特征的变化。物理特征主要表现在烟雾日增多、能见度降低以及城市的热岛效应。化学特征的不良变化将危害人体健康，导致癌症、呼吸系统疾病、心血管疾病等发病率上升。

（4）大气污染的类型

根据大气污染原因和大气污染物的组成，可将大气污染分为煤烟型污染、石油型污染、混合型污染和特殊型污染四大类。煤烟型污染是由于用煤工业的烟气排放及家庭炉灶等燃煤设备的烟气排放造成的。石油型污染是由于燃烧石油向大气中排放有害物质造成的。混合型污染是由于煤炭和石油在燃烧或加工过程中产生的混合物造成的，是介于煤烟型和石油型污染之间的一种大气污染。特殊型大气污染是由于各类工业企业排放的特殊气体（如氯气、硫化氢、氟化氢、VOCs 等）引起的大气污染。

根据污染的范围可将大气污染分为局部地区大气污染、区域性大气污染、广域性大气污染和全球性大气污染。

不同类型的大气污染，其危害程度和控制措施均有一定差异。

1.1.2 大气污染源和大气污染物

（1）大气污染源

大气污染源是指向大气排放足以对环境产生有害影响物质的生产过程、设备、物体或场所等。它具有两层含义，一层是指“污染物的发生源”，如火力发电厂排放 SO_2，就称火力发电厂为污染源；另一层是指“污染物来源”，如燃料燃烧向大气中排放污染物，表明污染物来自燃料的燃烧。

大气污染物主要来源于自然过程和人类活动，因此从大范围来分，可将大气污染源分为自然污染源和人为污染源两大类。为了满足污染调查、环境评价、污染物治理等方面的需要，对人为污染源进一步分类。按污染源存在的形式可分为固定污染源（如工厂烟囱、厂房等）和移动污染源（机动车船）两大类；按污染源排放空间分为高架源和地面源；按污染源排放方式可分为点源、面源和线源；按污染物排放时间可分为连续源、间断源和瞬时源；按污染物产生的类型可分为工业污染源、农业污染源、燃烧能源污染源、交通污染源和扬尘污染源。

（2）大气污染物

大气污染物是指由于人类活动或自然过程排放到大气中，对人或环境产生不利影响的物质。

按中国环境标准和环境政策法规规定，大气污染物可分为两种：一种是为履行国际公约而确定的污染物，主要是二氧化碳（CO_2）和氯氟烃（CCl_3F、CCl_2F_2）；另一种是区域性的大气污染物，主要有烟尘、工业粉尘、二氧化硫（SO_2）、氮氧化物（NO_x）、一氧化碳（CO）等。中国大气环境中的主要污染物是颗粒物、二氧化硫和氮氧化物。

按污染物的存在状态可将其分为颗粒污染物和气态污染物。将大气中固体或液体颗粒状污染物质称为颗粒污染物。根据颗粒的大小，将空气动力学当量直径小于100μm的颗粒物称为总悬浮颗粒物（total suspended particulates，TSP）；将空气动力学当量直径小于10μm的颗粒物称为可吸入颗粒物（particles less than 10μm in diameter，PM_{10}）；将空气动力学当量直径小于2.5μm的颗粒物称为细微颗粒物（particles less than 2.5μm in diameter，$PM_{2.5}$）等。

气态污染物可分为气态无机污染物和有机污染物。气态无机污染物主要有含硫化合物、含氮化合物、含磷化合物、碳的氧化物、卤素化合物等。气态有机污染物主要有烃类、酚类、胺类、醚类、酸和酸酐、醇类、酯类、醛和酮及农药等。

常见的颗粒污染物和气态污染物见表1-1。主要工业企业排放的大气污染物见表1-2。

表1-1 颗粒污染物和气态污染物

污染物种类		污染物举例
颗粒污染物	粉尘(dust)	水泥尘、石英尘、石棉尘、石墨尘、煤尘、硅尘
	烟尘(fume)	五氧化二钒烟尘、沥青烟、氯化锌烟
	飞灰	黑烟
	酸雾	硫酸雾、铬酸雾
气态无机污染物	含硫化合物	SO_2、SO_3、H_2S
	含氮化合物	NO、NO_2、NH_3
	含磷化合物	P_2O_5、PH_3、PCl_3
	碳的氧化物	CO、CO_2
	卤素及类卤化合物	氟化物、氯化物、碘化物、氰化物
有机污染物	脂肪烃与卤代脂肪烃	乙烷、四氯甲烷、乙烯、氯乙烯、乙炔
	芳香族化合物	苯、甲苯、硝基苯、多环芳烃、二噁英
	酚类	苯酚、甲基苯酚、2-硝基苯酚、五氯苯酚
	胺类	乙胺、异丙胺、环己胺、苯胺、尿素
	醚类	甲醚、乙醚、甲硫醚、甲乙醚、多溴联苯醚
	醇类	甲醇、乙醇、丙醇、异丙醇、乙二醇
	酸及酸酐	甲酸、乙酸、丙酸、草酸、乙酸酐
	酯类	甲酸甲酯、乙酸乙酯、邻苯二甲酸二甲酯
	醛酮类	甲醛、乙醛、丙醛、丙酮
	农药	乐果、对硫磷、狄氏剂、久效磷、氰戊菊酯

表 1-2 各种主要工业企业排放的大气污染物

工业部门	企业	排放的主要污染物
电力	火力发电厂	烟尘、SO_2、NO_x、CO
冶金	钢铁厂	烟尘、SO_2、CO、氧化铁粉尘、氧化钙粉尘等
	有色金属冶炼厂	含铅、锌、镉、铜等金属粉尘，SO_2，汞蒸气
	炼焦厂	烟尘、SO_2、CO、H_2S、苯、酚、萘、烃类
石化、化工	炼油厂	烟尘、SO_2、苯、酚、烃类
	石油化工厂	SO_2、H_2S、氰化物、NO_2、氯化物、烃类
	氮肥厂	粉尘、NO_2、CO、NH_3、酸雾
	磷肥厂	粉尘、氟化氢、四氟化硅、硫酸气溶胶
	硫酸厂	SO_2、NO_2、砷化物、硫酸气溶胶
	氯碱厂	氯气、氯化氢、汞蒸气
	化学纤维厂	烟尘、H_2S、NH_3、CO_2、甲醇、丙酮、二氯甲烷
	合成橡胶厂	丁二烯、苯乙烯、乙烯、二氯乙烷、异戊二烯、异丁烯
	农药厂	砷化物、汞、氯、农药
	燃料化工厂	SO_2、NO_2
建材	水泥厂	烟尘、粉尘
	石棉加工厂	粉尘
	砖瓦厂	烟尘、CO
机械	机械加工厂	烟尘、粉尘
轻工	造纸厂	烟尘、H_2S、硫醇、SO_2
	仪器仪表厂	汞、氰化物、铬酸
	灯泡厂	烟尘、汞

按污染物的形成过程可分为一次污染物和二次污染物。由污染源直接排放，且在大气迁移时其物理和化学性质尚未发生变化的污染物称为一次污染物（如 SO_2、NO、CO 和 HF 等）。一次污染物在大气中经过化学反应生成的污染物称为二次污染物（如硫酸盐颗粒物、硫酸烟雾、臭氧、过氧乙酰硝酸酯等）。

1.2 大气污染控制的主要内容

1.2.1 大气污染控制的对象

从污染物的来源方面来说，大气污染控制的对象主要是燃料燃烧、工业生产过程、农业生产过程和交通运输所排放的含有污染物的废气。主要包括含尘废气、低浓度 SO_2 废气、NO_x 废气、含氟废气、含铅废气、含汞废气、有机化合物废气、H_2S 废气、酸雾、沥青烟及恶臭等。从污染物的种类来说，大气污染控制的对象主要是颗粒物（如粉尘、烟尘和扬尘）与气态污染物（如二氧化硫、氮氧化物和挥发性有机物等）。

1.2.2 大气污染控制工程技术

根据大气污染控制的对象，将大气污染控制工程技术分为除尘技术、除雾技术和气态污染物净化技术等。

(1) 除尘技术

除尘技术是将颗粒污染物从废气中分离出来并加以回收的操作过程。根据除尘原理的不同，将除尘技术分为惯性除尘、过滤除尘、静电除尘、湿式除尘等。从含尘气体中分离、捕集粉尘的设备称为除尘器，包括惯性除尘器、过滤式除尘器、电除尘器及湿式除尘器等。

(2) 除雾技术

除雾技术是将气流中夹带的小液滴从废气中分离出来并加以回收的操作过程。根据除雾原理的不同，将除雾技术分为惯性除雾、过滤除雾和静电除雾等。从含有小液滴的气体中将液滴分离出来的设备称为除雾器，包括惯性除雾器、过滤式除雾器和电除雾器等。

(3) 气态污染物净化技术

气态污染物种类繁多，特点各异，因此采用的净化方法也不相同，常用的有吸收法、吸附法、催化法、燃烧法和冷凝法等。

对于硫氧化物的控制通常采用燃烧前脱硫技术、燃烧中固硫技术和燃烧后烟气脱硫技术。对于氮氧化物的控制通常采用低氮氧化物燃烧技术和烟气脱硝技术。对于挥发性有机物的控制常采用燃烧法、冷凝法、吸附法、吸收法和催化法等。

1.3 大气污染综合防治措施

《中华人民共和国大气污染防治法》中明确了我国大气污染防治措施，主要包括燃煤和其他能源污染防治、工业污染防治、机动车船等污染防治、扬尘污染防治以及农业和其他污染防治，推行重点区域大气污染联合防治。可归纳为以下几个方面。

(1) 坚持源头治理，推行清洁生产

《中华人民共和国清洁生产促进法》中明确指出：清洁生产是指不断采取改进设计、使用清洁的能源和原料、采用先进的工艺技术与设备、改善管理、综合利用等措施，从源头削减污染，提高资源利用率，减少或避免生产、服务和产品使用过程中污染物的产生和排放，以减轻或消除对人类健康和环境的危害。清洁生产是对污染实行源头控制的重要措施，积极推行清洁生产不但可以避免排放废物带来的风险，降低废物处理和处置的费用，而且可以提高资源利用率。

(2) 转变经济发展方式，优化产业结构和布局

转变经济发展方式，优化产业结构就是以生态环保理念为指导，优选出经济效益、社会效益和环境效益相统一的产业结构，严格控制高污染、高能耗行业的新增产能，减少钢铁、水泥、电解铝、平板玻璃等重点行业的过剩产能和落后产能。优化产业布局就是要合理规划调整地区和城市的产业布局，对城市建设区的污染企业要求实行改造、搬迁或关闭。加强对散乱污染企业的整治，集中整治工业集聚区污染。

(3) 调整能源结构，推广清洁能源的生产和使用

调整能源结构，推广清洁能源的生产和使用，一方面是推广天然气、页岩气、液化石油

气、“可燃冰”等清洁能源的使用，逐步降低煤炭在一次能源消费中的比重；另一方面是逐渐增加风力发电、太阳能发电、水力发电、核电等清洁电能在电力生产和供应中的比重。

(4) 加强对燃煤、工业、机动车船、扬尘、农业等大气污染的防治

对于燃煤污染的防治，一是限制高硫分、高灰分煤炭的开采，禁止含高砷和高放射性物质的煤炭的开采；二是采取有利于煤炭清洁高效利用的经济、技术政策和措施，鼓励和支持洁净煤技术的开发和推广，推行煤炭洗选加工，降低煤炭的硫分和灰分；三是优化煤炭使用方式，推广煤炭清洁高效利用，推进热电联产和集中供热，鼓励居民燃用优质煤炭和洁净型煤，推广节能环保型炉灶；四是采用先进的除尘、脱硫、脱硝、脱汞等大气污染物协同控制的技术和装置，减少大气污染物的排放。燃煤电厂在锅炉燃烧和尾气净化过程中，应采用多种烟气污染物脱除技术组合，使烟气中颗粒物、SO_2、NO_x 的浓度（以标准状态干烟气计）分别达到 $10mg/m^3$、$30mg/m^3$、$50mg/m^3$ 的超低排放要求。从而减少煤炭在生产、使用和转化过程中的大气污染物排放。

对于钢铁、建材、有色金属、石油、化工等工业污染的防治，应当采用清洁生产工艺，配套建设除尘、脱硫、脱硝等装置，或者采取技术改造等措施，严格控制颗粒和气态污染物（硫化物、氮氧化物、挥发性有机物）的排放。

对于机动车船污染防治，一方面是倡导低碳、环保出行，根据城市规划合理控制燃油机动车保有量，大力发展城市公共交通，提高公共交通出行比例；另一方面是要求机动车船、非道路移动机械不得超过标准排放大气污染物，严格限制污染物超标的机动车船、非道路移动机械的行驶运行。

对于扬尘污染防治，主要是加强对建设施工和运输的管理，采取措施控制料堆和渣土堆放，保持道路清洁，扩大绿地、水面、湿地和地面铺装面积，防治扬尘污染。

对于农业污染的防治，一方面是要转变农业生产方式，发展农业循环经济，如对秸秆、落叶等进行肥料化、饲料化、能源化、工业原料化、食用菌基料化等综合利用；另一方面是加强对农业生产经营活动排放大气污染物的控制。如禁止在人口集中地区和其他依法需要特殊保护的区域内焚烧沥青、油毡、橡胶、塑料、皮革、垃圾以及其他产生有毒有害烟尘和恶臭气体的物质。如在生产经营活动中产生恶臭气体，应当科学选址，设置合理的防护距离，并安装净化装置或者采取其他措施，防止排放恶臭气体。

(5) 推行重点区域大气污染联合防治

国务院生态环境主管部门根据主体功能区划、区域大气环境质量状况和大气污染传输扩散规律，划定国家大气污染防治重点区域。省、自治区、直辖市可以参照国务院生态环境主管部门的相关规定划定本行政区域的大气污染防治重点区域。

重点区域内应当按照统一规划、统一标准、统一监测、统一防治措施的要求，开展大气污染联合防治。根据重点区域经济社会发展和大气环境承载力，制定重点区域大气污染联合防治行动计划，建立并完善区域大气污染防治协作机制，优化区域产业结构和布局，统筹交通管理，发展清洁能源，提出重点防治任务和措施，促进重点区域大气环境质量改善。

练 习 1

填空题

1. 根据大气污染的原因和大气污染物的组成，将大气污染分为________、________、________和________

四大类。

2. 根据污染的范围可将大气污染分为________、________、________和________。

3. 调整能源结构，推广清洁能源的生产和使用，一方面是________，另一方面是________。

判断题

1. 大气与空气是同一概念。 （　　）
2. 人类活动是造成大气污染的主要原因。 （　　）
3. 雾是小液滴分散在空气中形成的气溶胶。 （　　）
4. 霾是微小颗粒物分散在空气中形成的气溶胶。 （　　）
5. 酸雨是指 pH 值小于 7 的降雨。 （　　）
6. 因为二氧化碳无毒，因此不需要控制其排放量。 （　　）

选择题

1. 根据国际标准化组织的定义，大气污染通常是指由于人类活动和自然过程引起（　　）进入大气中，呈现出足够的浓度，持续了足够的时间，并因此危害了环境。

   A. 有害物质　　B. 有毒物质　　C. 难降解物质　　D. 某些物质

2. 为履行国际公约而确定的污染物是（　　）。

   A. 二氧化碳、氯氟烃　　B. 一氧化碳、氯氟烃

   C. 二氧化碳、二氧化硫　　D. 一氧化碳、氮氧化物

3. 燃煤电厂在锅炉燃烧和尾气净化过程中达到超低排放的要求是指（　　）。

   A. 只要烟气中颗粒物的浓度（以标准状态干烟气计）达到 10 mg/m^3

   B. 只要烟气中 SO_2 的浓度（以标准状态干烟气计）达到 30 mg/m^3

   C. 只要烟气中 NO_x 的浓度（以标准状态干烟气计）达到 50 mg/m^3

   D. 烟气中颗粒物、SO_2、NO_x 的浓度（以标准状态干烟气计）分别达到 10mg/m^3、30mg/m^3、50 mg/m^3

4. 关于大气污染综合防治措施不包括（　　）。

   A. 推行清洁生产　　B. 优化产业结构和布局

   C. 调整能源结构　　D. 实现企业生产自动化、智能化

5. 为减少煤炭在生产、使用、转化过程中的大气污染物排放，所采取的措施中不包括（　　）。

   A. 限制高硫分、高灰分煤炭的开采　　B. 鼓励居民使用空气净化器

   C. 采用除尘、脱硫和脱硝等控制的技术　　D. 推行煤炭洗选加工

6. 可通过呼吸进入肺泡中的污染物是（　　）。

   A. PM_{10}　　B. 二氧化碳　　C. 二氧化硫　　D. $PM_{2.5}$

四、综合题

通过网络或其他媒体查阅当地大气污染状况的有关资料，写一篇当地近几年来有关大气污染状况的简明报告，要求能指出污染的类型及主要的污染物，分析造成该污染的主要原因。

2 燃料与洁净燃烧技术

【学习指南】 洁净燃烧技术是控制燃料燃烧过程对大气污染的重要手段之一，又是焚烧法消除有害固体、液体和气态废物的一种方法。深入了解和掌握煤炭的组成、煤炭中硫的形态，以及燃料燃烧过程中污染物的形成机制，有助于更好地理解和掌握煤炭脱硫技术和改进燃烧方式降低 NO_x 排放等重要内容。掌握燃料燃烧过程理论空气量和空气过剩系数、理论烟气体积、实际烟气体积、烟气中污染物浓度、污染物排放量的计算方法，为将来在实际工作中应用洁净燃烧技术及烟气净化技术打下基础。

大气中的主要污染物来源于燃料的燃烧。燃料的性质、燃烧技术、燃烧设备以及燃烧过程的科学管理都直接与污染物的生成和大气污染的程度有密切的关系。

洁净燃烧技术（clean combustion technique）主要是通过洁净煤技术减少 SO_2 排放和通过改变燃烧方式降低 NO_x 生成。目前，常用的洁净煤技术主要包括煤炭洗选加工、煤炭气化与液化、工业和民用型煤固硫技术、燃煤锅炉采用脱硫技术和循环流化床燃烧技术等。大力发展洁净煤等低污染燃烧技术是控制大气污染的有效措施。

2.1 燃料的种类

燃料指在燃烧过程中能够放出热量且在经济上可以取得效益的物质。用于生活和生产的燃料有很多种，按燃料的来源可分为天然燃料和加工燃料；按使用多少可分为常规燃料和非常规燃料；按物态可分为固体燃料、液体燃料和气体燃料。

2.1.1 固体燃料

固体燃料分为天然固体燃料、人工固体燃料和固体可燃废物。固体可燃废物主要有城市生活垃圾、医疗垃圾和城市污泥（包括污水处理厂的污泥）等。人工固体燃料主要有焦炭、型煤、石油焦和木炭等。天然固体燃料分为矿物燃料和生物质燃料。矿物燃料主要是指煤炭、石煤、泥炭、煤矸石、油页岩和碳沥青等，它是我国能源结构的主体。生物质燃料是指多年生木质和一年生草本及秸秆等原生生物质，这些燃料在农村被广泛用作能源。

煤炭是由古代植物在地层内经长久炭化衍变而形成的。由于地质年代、形成条件及其环境等不同因素，可以形成多种煤种。一般的形成过程是：植物→泥煤→褐煤→烟煤→无烟煤。世界各国根据煤炭资源情况及工业使用要求，分别提出了不同的分类方案。我国最早的煤炭分类方案在 1956 年 12 月通过，于 1958 年 4 月正式实行。

中国煤炭分类（GB/T 5751—2009）首先根据干燥无灰基挥发分（V_{daf}）指标，将煤炭分为无烟煤（WY）、烟煤（YM）和褐煤（HM）；再根据干燥无灰基挥发分（V_{daf}）与黏结指数（G）指标，将烟煤划分为贫煤（PM）、贫瘦煤（PS）、瘦煤（SM）、焦煤（JM）、1/3 焦煤（1/3JM）、肥煤（FM）、气肥煤（QF）、气煤（QM）、1/2 中黏煤（1/2ZN）、弱黏煤（RN）、不黏煤（BN）和长焰煤（CY），详见表 2-1。表中的编码均由两位数字组成，其中十位数字代表煤的挥发分，无烟煤为 0（$V_{daf} \leqslant 10.0\%$），烟煤分别为 1（$10.0\% < V_{daf} < 20.0\%$）、2（$20.0\% < V_{daf} < 28.0\%$）、3（$28.0\% < V_{daf} < 37.0\%$）、4（$V_{daf} > 37.0\%$），褐煤为 5（$V_{daf} > 37.0\%$）；而个位数代表煤化程度或黏结性，无烟煤类为 1～3，表示煤化程度；烟煤类为 1～6，表示黏结性；褐煤类为 1～2，表示煤化程度。一般来说，煤化程度越高，煤的含碳量也就越高，而煤的挥发分就越低。

表 2-1 中国煤炭分类简表

类别	代号	数码	特性
无烟煤	WY	01 02 03	煤化程度最高，含碳量高达 90%～98%，外观呈黑灰色，光泽度高，又称白煤。硬度高，不易磨碎。纯煤的真密度为 1.4～1.9g/cm³，挥发分少，燃点高，火焰短，主要用于生产氮肥
贫煤	PM	11	煤化程度最高的烟煤，受热时几乎不产生胶质体，含碳量高达 90%～92%，燃点高，火焰短，发热量高，持续时间长，主要作为动力和民用燃料
贫瘦煤	PS	12	煤化程度高，黏结性较差，挥发性低，结焦性低于瘦煤
瘦煤	SM	13 14	煤化程度最高的炼焦用煤，特性与贫煤一样，区别是加热时产生少量的胶质体，能单独结焦，灰融性差，多用于炼焦
焦煤	JM	15 24 25	结焦性最好的炼焦煤，也称主焦煤，挥发分 18%～30%，胶质体较多且热稳定性好，单煤炼焦可得到强度好、块大、裂纹少的优质焦炭
1/3 焦煤	1/3JM	35	介于焦煤与肥煤之间的含中等或较高挥发分的强黏结性煤。单独炼焦时，能生成强度较高的焦炭
肥煤	FM	16 26 36	中等煤化程度的烟煤，挥发分一般为 24%～40%，加热产生大量的胶质体，软化温度低，有很强的黏结能力，一般作炼焦配煤的主要成分
气肥煤	QF	46	挥发分高、黏结性强的烟煤，单独炼焦时，能产生焦质体，但不能生成强度高的焦炭
气煤	QM	34 43 44 45	煤化程度最低的炼焦煤，干燥无灰基挥发分大于 30%，胶质层厚度 5～25mm，隔绝空气加热能产生大量煤气和焦油，低灰低硫，是城市焦化煤气厂的好原料

续表

类别	代号	数码	特性
1/2中黏煤	1/2ZN	23 33	黏结性介于气煤和弱黏煤之间，挥发分范围较宽
弱黏煤	RN	22 32	加热时产生较少胶质体，黏结性较弱，介于炼焦煤和非炼焦煤之间，结焦性较好，低灰低硫高热量，主要用作电厂燃料
不黏煤	BN	21 31	挥发分相当于肥煤和肥气煤，但几乎没有黏结性，水分高，发热量低，一般用作动力燃料
长焰煤	CY	41 42	煤化程度仅高于褐煤，是最年轻烟煤，挥发分高，水分高，无黏结性，一般作动力、气化及民用燃料
褐煤	HM	51 52	煤化程度最低的煤，外观多呈褐色，高水分，高挥发分，发热量较低。在空气中易风化碎裂，多用作动力和民用燃料

煤的化学成分极其复杂，组成煤的主要元素有碳、氢、氧、氮、硫以及一些非可燃性矿物，如灰分和水分等。

碳是煤组成中主要的可燃元素，煤的炭化年龄越长，含碳量就越高。碳是煤发热量的主要来源，每千克碳完全燃烧时可放出约 3.27×10^4 kJ 的热量。

氢在煤中的含量大多为3%～6%。以两种形式存在：一种是与氧结合成稳定的化合物水，不能燃烧，称为结合氢；另一种是与碳、硫等元素结合存在于有机物中，称为可燃氢。

氧在各种煤中的含量差别很大，最高可达40%左右，随着煤炭化程度提高，氧的含量逐渐降低。

煤中的氮含量一般不多，只有0.5%～2%，氮在燃烧时会产生氮氧化物，造成大气污染。

煤中的硫以有机硫和无机硫形态存在。有机硫化合物主要是硫醇（R—SH）、硫醚（R—S—R）和噻吩类杂环硫化物，无机硫化合物主要是黄铁矿（FeS_2）和硫酸盐。有机硫和黄铁矿硫都能参与燃烧反应，因而总称为可燃硫；硫酸盐硫主要以钙、铁和锰的硫酸盐存在，不参与燃烧反应，称为非可燃硫。煤中的可燃硫是极为有害的，燃烧后可生成二氧化硫和三氧化硫等有害气体，造成大气污染，中国的酸雨主要是由燃煤引起的。

按煤炭硫含量的高低，可分为低硫煤（$<1.5\%$）、中硫煤（1.5%～2.4%）、高硫煤（2.4%～4%）和富硫煤（$>4\%$）。中国煤炭中硫含量相差悬殊，低的小于0.2%，最高可达15%，多数为0.5%～3%。我国高硫煤分布较广，大多位于西南、中南、华东和西北地区。含硫量超过2%的中、高硫煤约占煤炭储量的25%左右。

灰分是由煤中所含的碳酸盐、黏土矿以及微量的稀土元素所组成。灰分不仅不能燃烧，而且还妨碍可燃物质与氧接触，增加燃烧着火和燃尽的困难，使燃烧损失增加。多灰分的劣质煤往往着火困难，燃烧不稳定，煤中的灰分还造成大气和环境的污染。

煤中的水分不利于燃烧，会降低燃料的燃烧温度，水分多的煤甚至可造成着火困难。

2.1.2 液体燃料

液体燃料包括石油及石油制品、煤炭加工制取的燃料油和生物液体燃料。

(1) 石油及石油制品

石油及石油制品主要包括原油、汽油、煤油、柴油和燃料油。石油又称原油，是一种黑褐色的黏稠液体。石油的组成及其物理化学性质随产地不同而有较大的差别，其主要组成是烷烃、烯烃、芳香烃和环烷烃，此外还有少量的硫化物、氧化物、氮化物、水分和矿物等。

汽油是原油中最轻质的馏分，按照不同的生产工艺，将产品分为直馏汽油和裂化汽油。直馏汽油是石油直接进行蒸馏的产品，是 C_5～C_{11} 的烃类混合物。而裂化汽油是指在 500℃ 和 700kPa 的高温高压和催化剂的作用下，使汽油中长碳链分子裂化成短链分子的蒸馏产品。汽油分航空汽油和车用汽油，航空汽油的沸程为 40～150℃，密度为 0.71～0.74g/cm³，车用汽油沸程为 50～200℃。密度为 0.73～0.76g/cm³。

煤油馏分的沸程为 150～280℃，密度为 0.78～0.82g/cm³，煤油分白煤油和茶色煤油，白煤油用作家庭燃料和小动力设备，茶色煤油用于动力设备。

柴油馏分的沸程为 200～250℃，密度为 0.80～0.85g/cm³，主要用于动力设备。

(2) 煤炭加工制取的燃料油

煤炭加工制取的燃料油主要包括煤焦油和煤液化油。

煤焦油是炼焦工业的重要产品之一，其组成极为复杂，除用作燃料外，主要用于分离提取萘、蒽、菲、酚和沥青等。

煤液化油是指以煤炭为原料通过各种直接液化和间接液化工艺得到的燃料油。

(3) 生物液体燃料

生物液体燃料主要有生物柴油和醇类燃料。

生物柴油是利用动植物油脂、酸化油、地沟油、泔水油、化工厂油脚、皂角等为原料，经反应改性成为可供内燃机使用的一种液体燃料。

2.1.3 气体燃料

由可燃气体组成的燃料称为气体燃料。气体燃料属于清洁燃料，是防止大气污染的理想燃料，根据其来源可分天然气体燃料、工业生产过程副产气体燃料和人造气体燃料等。

(1) 天然气体燃料

天然气体燃料主要有天然气和煤层气。天然气的主要成分是甲烷，其次为乙烷等饱和烃，还有少量的 CO_2、N_2、O_2、H_2S 和 CO 等，其中 H_2S 是有害物，燃烧可生成硫氧化物，污染环境，许多国家都规定了天然气总硫量和硫化氢含量的最大允许值。

(2) 工业生产过程副产气体燃料

工业生产过程副产气体燃料主要有冶金工艺过程副产煤气和石油炼制过程副产煤气。

冶金工艺过程副产煤气主要包括焦炉煤气、高炉煤气和转炉煤气等。焦炉煤气是炼焦生产的副产物，每炼 1t 焦炭可产生 300～320m³ 焦炉煤气。主要成分是 H_2、CH_4 和 CO，还有少量的 N_2、CO_2，发热量约为 16000kJ/m³，广泛用作工业和民用燃料。高炉煤气是指高炉炼铁过程中产生的副产品，每生产 1t 生铁可产生 2100～2200m³ 高炉煤气，其主要成分为 CO、CO_2、N_2、H_2、CH_4 等，其中可燃成分 CO 含量约占 25%左右，H_2 和 CH_4 的含量很少，CO_2 和 N_2 的含量分别占 15%和 55%，热值仅为 3500kJ/m³ 左右。转炉煤气是指转炉炼钢生产得到的副产品，每炼 1t 钢可产生 50～70m³ 转炉煤气，其中 CO 含量为 65%左右，发热量约为 8000kJ/m³。

石油炼制过程副产煤气主要包括液化石油气、裂化石油气和裂解石油气等。液化石油气是由炼厂气或天然气加压、降温、液化得到的一种无色、挥发性气体。由炼厂气所得的液化石油气的主要成分为丙烷、丙烯、丁烷、丁烯，同时含有少量戊烷、戊烯和微量硫化合物杂质。输送和储存时呈液体状态，燃烧时呈气体状态，具有易运输、易储存、发热量高、含硫低、轻污染等特点，广泛用于居民生活和汽车等燃料。裂化石油气是用水蒸气、空气或氧气等作气化剂，将石油和重油等油类裂化而得，一般作民用燃料。

(3) 人造气体燃料

人造气体燃料主要有空气煤气、混合煤气和沼气等。

空气煤气是指在煤气发生炉中以空气为气化剂连续操作得到的煤气。混合煤气是指发生炉中以空气-水蒸气为气化剂连续操作得到的煤气。

沼气是指用农作物秸秆、杂草及家畜的粪便等有机物经发酵分解后制取的气体燃料。

阅读材料

清洁能源的新宠儿——“可燃冰”

天然气与水在低温高压条件下形成的类冰状的结晶物质被称为天然气水合物，因其外观像冰块，遇火即可燃烧，所以又被称作“可燃冰”。天然气水合物在自然界广泛分布在大陆永久冻土、岛屿的斜坡地带、活动和被动大陆边缘的隆起处、极地大陆架以及海洋和一些内陆湖的深水环境。“可燃冰”中甲烷占80%～99.9%，$1m^3$ 固态“可燃冰”可转变为 $164m^3$ 天然气和 $0.8m^3$ 水，被誉为清洁能源的“新宠儿”。

在实验室发现了天然气水合物的多年后，苏联于1934年在被堵塞的天然气输气管道内发现了天然气水合物。1965年，首次在西西伯利亚永久冻土带发现天然气水合物矿藏。1974年，在黑海1950 m水深处发现了天然气水合物的冰状晶体样品。

美国于1969年开始调查天然气水合物。1971年，在深海钻探岩心中首次发现海洋天然气水合物，美国学者正式提出“天然气水合物”概念。1979年，从海底获得91.24m的天然气水合物岩心，首次验证了海底天然气水合物矿藏的存在。至1997年，先后在秘鲁海沟陆坡、中美洲海沟陆坡、美国东南大西洋海域、美洲西部太平洋海域、日本的两个海域、阿拉斯加近海和墨西哥湾等海域发现了10多个大规模天然气水合物聚集区。1998年，美国把天然气水合物作为国家发展的战略能源列入国家级长远计划。

日本于1992年开始关注天然气水合物，并完成周边海域的天然气水合物调查与评价。1999年，在静冈县御前崎近海挖掘出外观看起来像雪团一样的天然气水合物。2013年3月12日，在爱知县渥美半岛以南70 km、水深1000 m处海底，从“可燃冰”层中成功提取出甲烷，成为世界上第一个掌握海底“可燃冰”采掘技术的国家。这次试开采在6天时间内成功开采出 $120000m^3$ 气体，后因泥沙堵住钻井通道而中止。

中国于1999年正式启动天然气水合物资源调查。自2002年起，中国地质调查局对我国冻土区特别是青藏高原冻土区开展了地质、地球物理、地球化学和遥感调查，发现我国冻土区具有较好的天然气水合物成矿条件。2005年4月14日，中国首次发现世界上规模最大天然气水合物存在重要证据的“冷泉”碳酸盐岩分布区，其面积约为430 km^2，并于2009年9月，在青藏高原发现了天然气水合物。2007年5月1日，在南海北部首次采样成功，证实了中国南海北部蕴藏丰富的天然气水合物资源，并成功钻获天然气水合物实物样品——“可燃冰”，成为继美国、日本、印度之后第4个通过国家级研发计划采到水合物实物样品的国家。2013年6月至9月，在广东沿海珠江口盆地东部海域首次钻获高纯度天然气水合物样品，储量相当于特大型常规天然气矿规模。2017年3月28日，在位于珠海市东南320 km的神狐海域，第一口试采井开钻，5月10日下午点火成功，从水深1266 m海底以下203～277 m的天然气水合物矿藏开采出天然气。5月18日，连续产气近8天，平均日产超过 $16000m^3$。2017年9月22日，科学家首次在我国南海海域发现裸露在海底的“可燃冰”。2017年11月3日，国务院正式批准将天然气水合物列为新矿种，成为我国第173个矿种。

练 习 2.1

判断题

1. 无烟煤是形成年代最久的煤。 ( )
2. 天然燃料属于不可更新资源。 ( )
3. 煤的煤化程度越大，含碳量就越高。 ( )
4. 焦炉煤气的热值远高于高炉煤气和转炉煤气。 ( )
5. 天然气中不含硫化物，因此燃烧后不排放有害气体。 ( )

填空题

1. 按照物质存在的形态，将燃料分为__________、__________和__________。
2. 煤中的可燃组分有____________________，有害成分主要是____________________。
3. 按来源，液体燃料包括________________、________________和________________。
4. 按来源，气体燃料可分为____________________、____________________和____________________。
5. “可燃冰”是天然气与水在低温高压条件下形成的结晶物质，被称为____________________。

2.2 燃料的燃烧过程

2.2.1 影响燃烧过程的主要因素

影响燃烧过程的主要因素有：①足够量的空气；②足够高的燃料温度；③燃料与氧气在炉膛高温区停留足够的时间；④燃料与氧气的充分混合。通常把温度（temperature）、时间（time）和湍流（turbulence）称为“三 T”因素。当这些燃烧条件都处于理想状态时，绝大多数燃料能够完全燃烧，燃烧的产物是 CO_2 和 H_2O。如果燃烧条件不满足的话，则导致不完全燃烧，这时将会产生黑烟、一氧化碳和其他氧化物，从而污染环境。由于这几个因素既相互关联又相互制约，因此控制好上述四个因素对燃料的燃烧过程以及环境保护是相当重要的。

（1）燃料燃烧过程需要的空气量和空气过剩系数

燃料的燃烧是燃料中的可燃性组分在空气中发生急剧氧化的过程。在空气充足的条件下，燃料中的碳和可燃氢完全反应生成 CO_2 和 H_2O 的燃烧就是完全燃烧。反之，就称为不完全燃烧。不完全燃烧还会产生游离碳、CO、H_2 和 CH_4 等。因此在实际燃烧过程中，应根据燃料的特性和燃烧的不同阶段供给适量的空气，以保证燃烧完全和较高的热效率。

① 理论空气量　将完全燃烧 1kg 或 $1m^3$（标准状态）燃料理论所需的空气量称为理论空气量，用符号 A_0 表示。理论空气量的计算基于以下假定：煤中的碳和氢完全燃烧分别生成 CO_2 和 H_2O；可燃性硫主要被氧化为 SO_2；燃烧过程中生成的 NO_x 可以忽略不计；空气中氮气与氧气的体积比为 0.79/0.21。

【例 2-1】　某一燃烧装置用重油作燃料，成分为：C 88.3%，H 9.5%，S 1.6%，

H_2O 0.50%，灰分 0.10%。试求燃烧 1kg 重油所需的理论空气量。

解 根据化学反应方程式：

$$C+O_2 \longrightarrow CO_2,\ 2H+\frac{1}{2}O_2 \longrightarrow H_2O,\ S+O_2 \longrightarrow SO_2$$

则 1kg 重油中所含可燃组分的量及所需要的理论空气量列于下表。

成分名称	成分含量/%	可燃成分的量/mol	理论需氧量/mol
C	88.3	73.6	73.6
H	9.5	95	23.8
S	1.6	0.50	0.50
H_2O	0.50	0	0
灰分	0.10	0	0
合计	100	169.1	97.9

在空气中，O_2 占 21%，因此燃烧 1kg 重油所需要的理论空气量在标准状态下为：

$$A_0=\frac{97.9\times 22.4\times 10^{-3}}{0.21}=10.4\ (m^3/kg)$$

② 空气过剩系数 在实际的燃料燃烧过程中，为了使燃料能够完全燃烧，必须提供过量的空气。超出理论空气量的空气称为过剩空气。实际供给的空气量（A）与理论空气量（A_0）的比值称为空气过剩系数（excess air coefficient）。

$$\alpha=\frac{A}{A_0} \tag{2-1}$$

空气过剩系数 α 的大小决定于燃料的种类、燃烧设备及燃烧条件等。α 的大小直接反映出过剩空气量的多少。空气过剩系数过大，表示过剩空气量太多，将使烟气量增大，这不仅使引风机的耗电量增加，而且会降低燃烧室温度，对燃烧不利。若空气过剩系数过小，将造成燃料燃烧不完全，使燃料的消耗量增大。空气过剩系数可以反映出燃烧的经济性和操作运行的技术水平。在实际燃烧过程中，应在保证完全燃烧的前提下，尽量减少空气过剩系数，α 的具体值一般根据经验选取，也可进行实测或根据烟气和燃料的组分分析求出。表 2-2 中列出了部分燃烧设备的空气过剩系数。

表 2-2 不同燃烧设备炉膛空气过剩系数

燃烧方式	手烧炉	链条炉	振动炉排	抛煤机炉	煤粉炉	沸腾炉	油炉
α	1.5～2.5	1.2～1.5	1.2～1.5	1.2～1.4	1.2～1.25	1.1～1.25	1.15～1.2

③ 空燃比 空燃比（AF）是指单位质量燃料燃烧所需要空气的质量。可由燃烧方程直接求得。

【例 2-2】 某一燃烧装置用重油作燃料，燃用油成分为：C 88.3%，H 9.5%，S 1.6%，H_2O 0.50%，灰分 0.10%。试求其空燃比。

解 由［例 2-1］可知，燃烧 1kg 重油所需要理论 O_2 的质量为：

$$97.9\times 32\times 10^{-3}=3.13\ (kg)$$

而 N_2 的质量为

$$97.9\times\frac{0.79}{0.21}\times28\times10^{-3}=10.3\ (\mathrm{kg})$$

于是空燃比为
$$AF=\frac{3.13+10.3}{1}=13.4$$

（2）燃料的着火温度

着火温度是指在氧存在条件下可燃物质开始燃烧时所必须达到的最低温度，只有达到着火温度，燃料才能燃烧。表2-3列出了常见燃料的着火温度。

表 2-3 燃料的着火温度

燃料	木炭	无烟煤	重油	发生炉煤气	氢气	甲烷
着火温度/K	593～643	713～773	803～853	973～1073	853～873	923～1023

对于一般燃烧器，特别是垃圾燃烧炉等特殊燃烧器，必须保证炉膛内温度高于所有可燃成分的着火温度和分解温度。一般来说，炉膛温度越高，可燃成分燃尽的时间就越短。但炉温过高将会使氮氧化物产生量增加，所以不同的炉型有最适宜的燃烧温度。

（3）燃烧的时间与空间因素

时间因素是指燃料在燃烧炉中停留时间的长短。一般来说，时间因素对气体、液体燃料的燃烧不会有太大的影响，因为它们的可燃物质是气体或极易挥发的成分，加上这些燃料基本上没有水分，所以极易着火。而固体燃料由于存在水分，在燃烧阶段需要干燥预热，燃尽过程是通过颗粒表面逐步达到内部，因此时间因素是极其重要的。在燃烧过程中必须采取适当的措施维持着火区有较高的温度，燃料在炉中有足够的停留时间、充足的空气等才能保证固体燃料的燃烧完全。

空间因素是指燃烧室的大小与形状。一般来讲，燃烧室体积较大有利于燃烧完全，但体积过大，会导致散热损失加大，因此必须根据实际情况和经验进行合理设计。

（4）燃料与空气的混合

燃料和空气充分混合是燃料完全燃烧的基本条件。若混合不充分将导致局部区域氧气不足形成不完全燃烧产物。混合程度取决于空气的湍流度，燃料的种类不同，湍流的作用也不同。对于蒸气相的燃烧，湍流可以加速液体燃料的蒸发；对于固体燃料的燃烧，湍流有助于提高颗粒表面反应氧气的传质速度，使燃烧过程加速。

2.2.2 固体燃料的燃烧方式和设备

固体燃料的燃烧方式分为固定床燃烧、气流床燃烧和流化床燃烧。

（1）固定床燃烧

固定床燃烧是将燃料块置于固定的或移动的炉箅上面，让空气通过燃料层使其燃烧，又称为层燃式燃烧。根据燃料和空气供给方法不同，又分为逆流式、顺流式和交叉式三种。逆流式是指燃料的移动方向与一次空气的供给方向相反，新燃料颗粒靠燃烧气体进行预热、干燥和析出挥发物，该燃烧方式适用于劣质煤的燃烧。

层燃式燃烧的设备主要是炉排炉。炉排炉又称为层燃炉。层燃炉按操作方式又分为手烧炉、半机械化炉和机械化炉；按炉排形式可分为链条炉、振动炉排炉和抛煤机炉排炉等。下面简单介绍三种不同炉排形式的炉排炉。

① 链条炉　图 2-1 是典型的链条炉，燃料由炉膛的一端进入，落在炉排上，随着炉排的移动，燃料穿过炉膛与热空气相遇，依次经过干燥、预热、燃烧、燃尽。灰渣则随炉排落到炉膛的另一端。

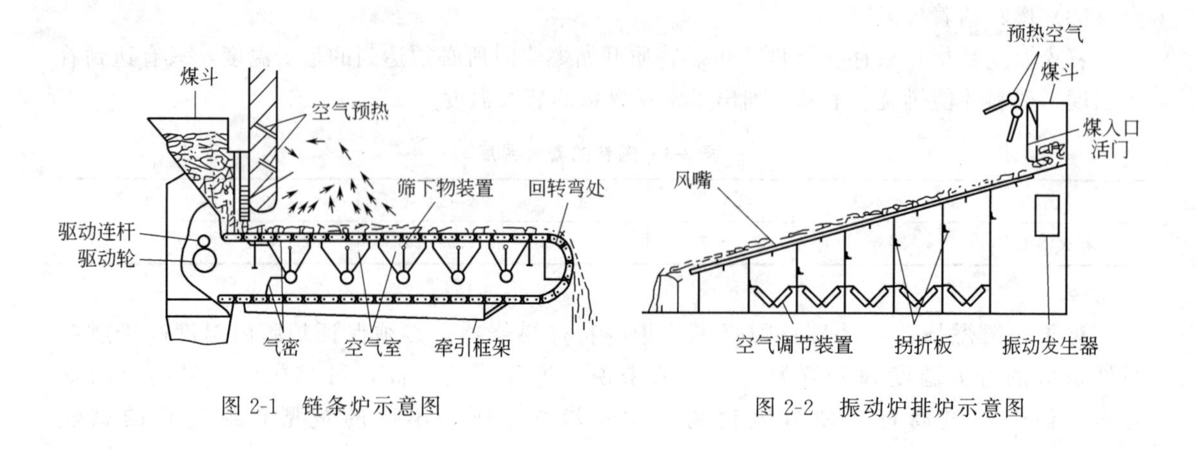

图 2-1　链条炉示意图

图 2-2　振动炉排炉示意图

链条炉的燃料可以是泥煤、褐煤、不黏煤、无烟煤及有适当粒度的焦炭，但不适合燃烧强黏结性的烟煤，因为烟煤在燃烧过程中会软化、熔融、板结，从而阻碍空气的分布，甚至会使燃烧过程中断。

② 振动炉排炉　如图 2-2 所示，燃料从煤斗通过可调节的挡板振动到燃料层，空气通过炉排底部风嘴通入，燃烧后的灰则排到浅坑里。

振动炉排炉适合于燃用烟煤和褐煤，具有结构简单，制造容易，维修费用低，对燃料的适用性广等优点而被普遍采用。

③ 抛煤机炉排炉　如图 2-3 所示，煤连续地投入炉内燃料层上方的炉膛，煤粉以悬浮状态燃烧，较大的煤粒落到炉排的燃料层上呈层状燃烧。

通常，抛煤机炉排炉燃用高水分的褐煤、不黏结的烟煤、焦煤粉与高挥发分煤的混合燃料。由于煤的黏结性在悬浮状态中很快受热而破坏，煤粒不会在燃烧着的煤层上黏结在一起，因此抛煤机炉排炉可以燃烧具有一定黏结性的烟煤。

(2) 气流床燃烧

先将固体燃料磨成细粉，然后随空气一同流向炉膛内呈悬浮状态进行燃烧，故又称悬浮燃烧或室燃。悬浮燃烧又分为悬浮式直流燃烧（又叫火炬式）和悬浮式涡流燃烧（又叫旋风式）两种形式。

悬浮式直流燃烧是将直径为 300～500μm 以下的燃料粉末与一次空气混合在一起后，通过燃烧器直接喷入炉膛内进行燃烧，气流与燃料粉末在炉膛内不旋转，故燃料在炉膛内的停留时间很短，通常只有 1～2s。该燃烧方式的设备主要是煤粉炉，图 2-4 是一种典型的煤粉燃烧炉示意图。为使煤粉能完全燃烧，必须保证煤粉在炉膛内有足够的停留时间及煤粉燃烧所需的火焰长度，这不仅要求煤粉具有相当细的粒度，而且还要求炉膛有足够大容积。

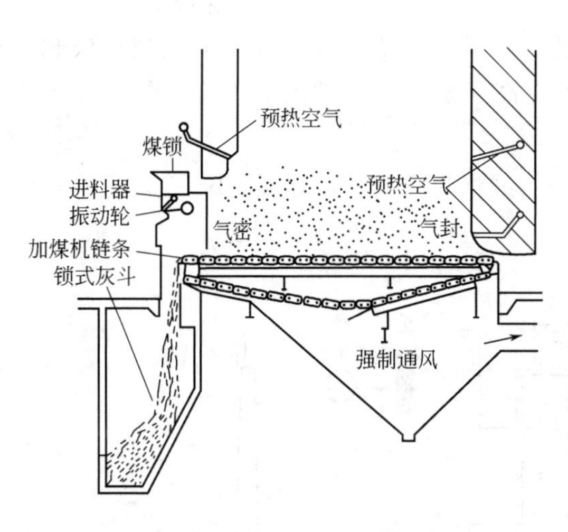

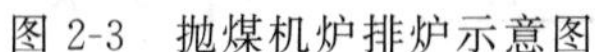
图 2-3 抛煤机炉排炉示意图

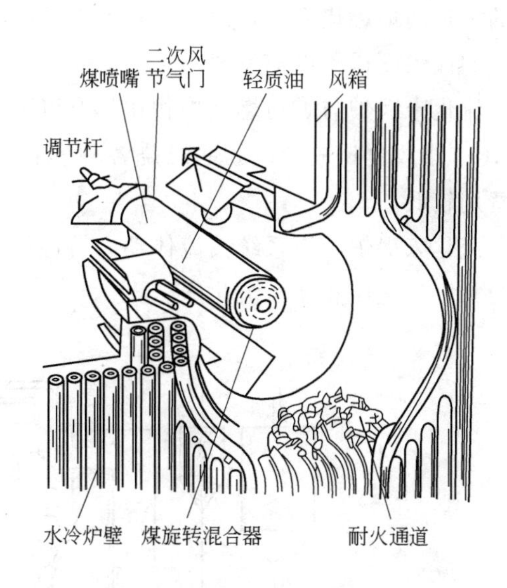

图 2-4 圆柱形煤粉燃烧炉示意图

烟煤是煤粉炉最常用的燃料。煤粉的燃烧比气体、液体燃料燃烧更为复杂，实际操作中一般是先加入一次空气与煤粉混合喷入炉中，用于挥发分的燃烧，后加入空气直接喷入炉中，使焦炭充分燃烧。实践证明，二次空气加入的方法对煤粉实现完全燃烧是不产生或少产生污染物的重要因素。

燃料粉末在炉膛中被高速气流携带着旋转，同时进行气化或燃烧。燃料在炉膛内的停留时间比火炬式长，炉内的混合情况较好，故旋风式燃烧的燃烧过程要比火炬式强烈得多。该燃烧方式的设备主要是旋风燃烧炉，如图 2-5 所示。煤粉与一次风（总空气量的 20%）混合后以适当的速度从切线方向进入炉膛内，煤粒被离心力抛到炉壁上，并固定在液渣层中燃烧。大部分的灰留在液渣层内，使飞灰大大地减少。燃料颗粒大部分在炉膛内随气流回旋运动时燃烧掉，其余的黏附在熔渣膜上燃烧。

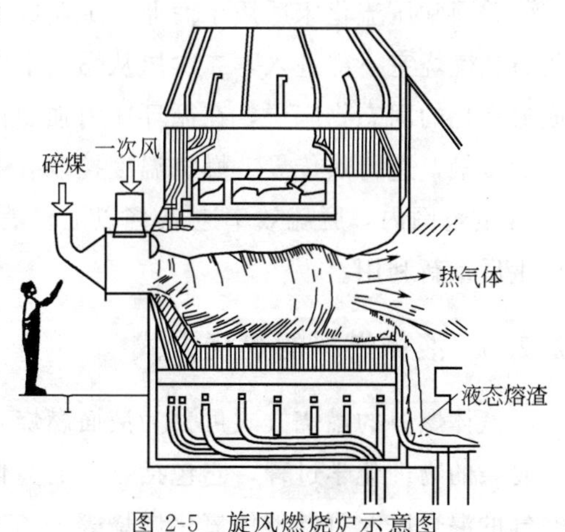

图 2-5 旋风燃烧炉示意图

旋风燃烧炉可燃用烟煤、褐煤、贫煤和无烟煤，也可以燃用灰分高达 50%、发热量仅有 12560kJ/kg、挥发分为 12%的劣质贫煤。旋风炉的炉温比煤粉炉高，燃料容易燃烧完全，燃烧效率高。另外，旋风燃烧炉还具有体积小、飞灰少、使用经济等优点。

（3）流化床燃烧

用较高速度把煤粉从下面吹入比较细的燃料粒子层中，当鼓风达到某一临界速度时，粒子层的全部颗粒就失去了稳定性，在燃料层中部的颗粒向上飘浮，而靠近炉壁的颗粒则向下降落，整个粒子层就如液体沸腾一样，产生强烈的相对运动，故又称为沸腾式燃烧。该燃烧方式的设备是流化床锅炉。流化床锅炉（fluid bed boiler，FBB）是 20 世纪 60 年代初发展起来的一种锅炉燃烧方式，由于它在 SO_2 和 NO_x 控制方面的独特作用，以及在劣质燃料利用方面的优势而得到迅速发展。

流化床锅炉与煤粉燃烧炉相比具有以下优点：①将石灰石加入到床层能实现炉内脱硫；②NO_x 排放也比较少；③能燃烧各种燃料；④提高了蒸汽发生器的利用率；⑤热效率高；⑥费用较低。

流化床锅炉燃烧系统按流体动力特性可以分为鼓泡流化床和循环流化床；按工作条件又分为常压流化床和加压流化床。

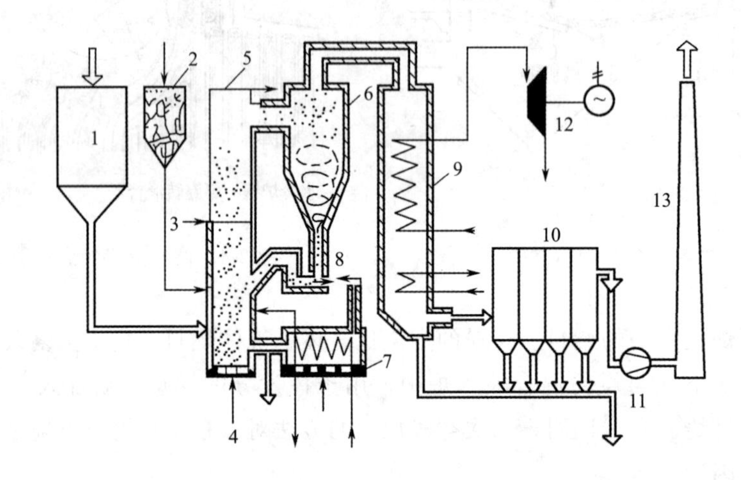

图 2-6 普通常压的流化床锅炉示意图

1—原煤仓；2—石灰石仓；3—二次风；4—一次风；5—燃烧室；6—旋风分离器；
7—外置流化床热交换器；8—控制阀；9—对流竖井；10—除尘器；
11—引风机；12—汽轮发电机；13—烟囱

普通常压流化床适用于商业、工业或电站锅炉，图 2-6 是其简单的流程示意图。煤和石灰石从燃烧室下部进入，二次风从燃烧室中部进入。高速气流使燃料颗粒、石灰石粉和灰形成流态化的固态物床层，在循环床内强烈扰动，并充满燃烧室。固体颗粒与炉膛水冷壁等受热面接触，进行热传导。燃烧温度控制在 815～900℃之间。加入石灰石的量控制钙硫比在 2～4 的范围内，脱硫效率达 70%以上。消耗的石灰石离开床层后或作为固体废物排放掉或再生后重新利用。

2.2.3 液体燃料的燃烧方式

液体燃料的燃烧方式可分为液面燃烧、灯芯燃烧、蒸发燃烧和喷雾燃烧。喷雾燃烧是一个复杂的物理化学过程，它包括燃料的雾化、油雾粒子中可燃物的蒸发和扩散、可燃气体与空气的混合以及可燃气体氧化燃烧等。

燃料的雾化是燃烧的先决条件。燃料雾化的粒子越细，与空气接触的表面积就越大，就越有利于油雾粒子中可燃物的蒸发扩散和与空气混合，也就有利于燃料油完全燃烧以及降低污染物的生成。所谓雾化，就是将液体燃料分散成细小油雾粒子的过程。和气体燃料相同，液体燃料也只能进行室式燃烧。燃烧装置主要由燃烧室和各种燃烧器（有时又称烧嘴）及辅助设施组成。在工业上，这个过程是通过液体燃料的燃烧器实现的。

低压燃油烧嘴多用鼓风机鼓入的空气作为雾化燃料油的介质，与燃料油相遇时以 50～100m/s 的速度喷出，从而使燃料油能够较好地雾化。

高压燃油烧嘴通常是用压缩空气或蒸气等高压气体介质作为雾化剂的一种燃油烧嘴。由于雾化剂喷出的速度非常高，因而雾化效果比低压燃油烧嘴要好得多。图 2-7 是采用水蒸气作雾化剂和空气供给方式示意图，燃烧所需要的空气应单设风机供给。

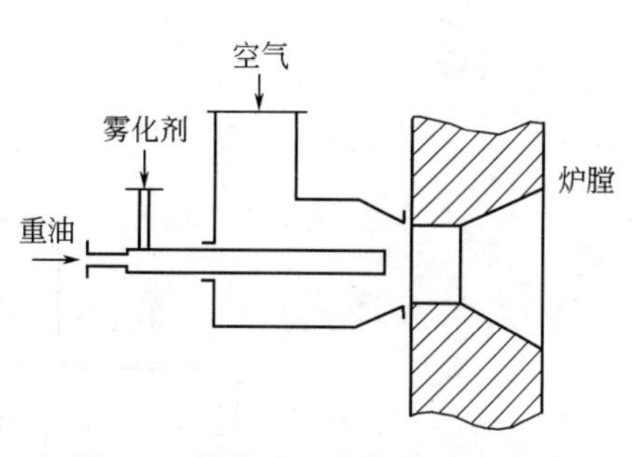

图 2-7　燃料油、水蒸气雾化剂和空气的供给方式

油压型燃油烧嘴是将具有一定压力、预热过滤后的燃料油在不需要雾化剂的情况下直接雾化的一种设备。燃烧所需要的空气由单设风机引入炉内，并与烧嘴高速喷出的燃料油充分混合而燃烧。

2.2.4　气体燃料的燃烧方式

气体燃料的燃烧过程可分为三个阶段，即气体燃料与空气的混合阶段；混合后可燃气的加热和着火阶段；可燃气燃烧反应阶段。第一阶段是一个物理过程，混合过程不仅需要一定的时间，而且还要消耗一定的能量。根据气体与空气混合状况的不同，可将气体燃料的燃烧方式分为扩散式燃烧、部分预混式燃烧和完全预混式燃烧。

(1) 扩散式燃烧

扩散式燃烧是指气体燃料和空气在燃烧器中不预先混合，而是送入燃烧室进行边混合边燃烧。由于燃烧过程可见明显的火焰，因此这种方式又称为有焰燃烧。该燃烧操作范围宽，回火危险性小，且在利用低热值煤气和充分利用废气余热、节约燃料等方面具有现实意义，但燃烧强度小，多用在需要长火焰的大型窑炉中。有焰燃烧的另一个缺点是碳氢化合物在高温缺氧的条件下，会形成较多的固体炭黑，从而造成环境污染。

(2) 部分预混式燃烧

部分预混式燃烧是将燃烧所需要的空气分两部分与气体燃料相互混合燃烧，一部分空气（一次空气）在预热室内与气体燃料混合；另一部分空气（二次空气）借助于混合后可燃气的喷射作用，携入燃烧室进行边混合边燃烧（如图 2-8 所示）。燃烧的温度较高，火焰的长度比有焰燃烧短，又称为半无焰燃烧。由于燃烧过程中产生的炭黑量比有焰燃烧要少，因此对大气的污染程度比有焰燃烧要轻。

(3) 完全预混式燃烧

完全预混式燃烧是指气体燃料和空气在进入燃烧室前就已混合均匀。由于燃烧时火焰很短，甚至观察不到火焰，因此又称为无焰燃烧。该燃烧速度比有焰燃烧要快得多，气体燃料中的碳氢化合物来不及形成游离碳就燃烧殆尽。由于高温区比较集中，因此燃烧温度比有焰燃烧要高，可以实现高负荷燃烧。无焰燃烧的最大缺点是易发生回火爆炸，因此要求预热温度不能太高，一般低于 400℃。

气体燃烧无一例外均为室燃烧，不同类型燃烧装置的差别在于燃烧室结构、喷嘴结构、

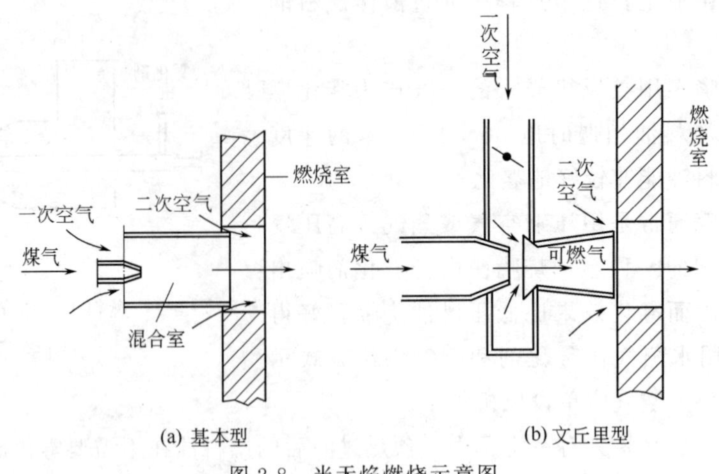

图 2-8　半无焰燃烧示意图

空气和燃料供给装置、点火装置及安全装置等方面。

练　习　2.2

选择题

1. 影响燃烧过程的“三 T”因素是指（　　）。

A. 温度、时间和湍流　　B. 理论空气量、过剩空气系数和空燃比

C. 温度、时间和空燃比　　D. 温度、时间和过剩空气系数

2. 能够有效降低 SO_2 和 NO_x 排放量的燃煤锅炉是（　　）。

A. 炉排炉　　B. 煤粉炉　　C. 旋风炉　　D. 流化床锅炉

3. 燃烧方式属于室燃的燃烧设备是（　　）。

A. 链条炉　　B. 煤粉炉　　C. 振动炉排炉　　D. 抛煤机炉排炉

4. 完全燃烧 $1m^3$ C_nH_m 气体燃料所需的理论空气量为（　　）。

A. $\frac{4n+m}{4\times0.21}$（m^3/m^3）　B. $\frac{2n+m}{2\times0.21}$（m^3/m^3）　C. $\frac{n+m}{0.21}$（m^3/m^3）　D. $n+\frac{m}{4}$（m^3/m^3）

计算题

1. 试求燃烧含 C 86%、H 12%、S 2%的重油所需的理论空气量。

2. 煤的元素分析结果如下：C 65.7%，S 1.7%，O 2.3%，灰分 21.3%，水分 9.0%，试计算燃烧 1kg 煤所需的理论空气量及空气过剩系数为 1.2 条件下的实际空气量。

2.3　燃烧过程中主要污染物的形成机制

燃烧过程中可能释放的污染物有硫氧化物、氮氧化物、一氧化碳、烟尘、金属氧化物、碳氢化合物及多环芳烃（PAHs）等。污染物的形成与燃料的种类及燃烧条件有密切关系。燃料中的 S、N 等元素在燃烧过程中通过一系列的化学反应生成硫氧化物和氮氧化物。

2.3.1 硫氧化物的形成机制

硫氧化物是指 SO_2 和 SO_3。燃料燃烧时，有机硫在 750℃以下就开始反应，单质硫和硫铁矿硫在 800℃以上才开始反应，生成了 SO_2，另有 1%～5%的 SO_2 被进一步氧化成 SO_3。元素硫和硫化物硫在燃烧时直接生成 SO_2 和 SO_3，而有机硫则先生成 H_2S、CS_2 等含硫化合物，进一步被氧化形成 SO_2。主要的化学反应如下。

元素硫的燃烧
$$S+O_2 = SO_2$$
$$SO_2+\frac{1}{2}O_2 = SO_3$$

硫化物的燃烧
$$4FeS_2+11O_2 = 2Fe_2O_3+8SO_2$$
$$SO_2+\frac{1}{2}O_2 = SO_3$$

有机硫的燃烧
$$CH_3CH_2SCH_2CH_3 \longrightarrow H_2S+2H_2+2C+C_2H_4$$
$$2H_2S+3O_2 = 2SO_2+2H_2O$$
$$SO_2+\frac{1}{2}O_2 = SO_3$$

2.3.2 氮氧化物的形成机制

氮氧化物主要有 N_2O、NO、NO_2、NO_3、N_2O_3、N_2O_4、N_2O_5 七种不同的氧化物，其中 NO、NO_2 是造成大气污染的主要污染物，通常所说的氮氧化物就是指 NO 和 NO_2，并表示为 NO_x，主要来源于化石类燃料的燃烧。

燃烧过程中产生的 NO_x 分为三类：一类是在高温燃烧时空气中的 N_2 和 O_2 反应生成的 NO_x，称为热力型 NO_x；另一类是燃料中有机氮经过化学反应生成的 NO_x，称为燃料型 NO_x；第三类是火焰边缘形成的快速型 NO_x，由于生成量很少，一般不考虑。因此可以认为热力型 NO_x 和燃料型 NO_x 生成量之和即为燃烧产生的 NO_x 的总量。

(1) 热力型 NO_x

热力型 NO_x 与燃烧温度、燃烧气氛中氧气的浓度及气体在高温区停留的时间有关。实验证明，在氧气浓度相同的条件下，NO 的生成速度随燃烧温度的升高而增加。当燃烧温度低于 1000℃时，只有少量的 NO 生成，随着温度增加，NO 生成量逐渐增加，而当燃烧温度高于 1500℃时，NO 的生成量显著增加。为了减少热力型 NO_x 的生成量，应设法降低燃烧温度，减少过量空气，缩短气体在高温区停留的时间。主要的化学反应式如下：

$$N_2+O_2 = 2NO$$
$$2NO+O_2 = 2NO_2$$

(2) 燃料型 NO_x

燃料中的氮经过燃烧约有 20%～70%转化成燃料型 NO_x。燃料型 NO_x 的发生机制目前尚不完全清楚。一般认为，燃料中的氮化合物首先发生热分解形成中间产物，然后再经氧化生成 NO，燃料型 NO_x 主要是 NO，在一般锅炉烟道气中只有不到 10%的 NO 氧化成 NO_2。

由于炉排炉燃烧温度比较低（1024～1316℃），因此燃料中的氮只有 10%～20%转化成 NO_x。而煤粉炉燃烧温度比较高（1538～1649℃），有 25%～40%的燃料氮转化为 NO_x。

旋风燃烧炉因炉温高，不仅使燃料中的氮大部分转化为 NO_x，而且会使热力型 NO_x 的生成量增加，从而限制了旋风燃烧炉的推广应用。

2.3.3 颗粒污染物的形成机制

燃烧过程中产生的颗粒污染物主要是燃烧不完全形成的炭黑、结构复杂的有机物、烟尘和飞灰等。

(1) 燃煤烟尘的形成

煤在非常理想的燃烧条件下，可以完全燃烧，即挥发分和固定碳都被氧化成二氧化碳，余下为灰分。如果燃烧条件不够理想，在高温时会发生热解作用，形成多环化合物而产生黑烟。据测定在黑烟中含有苯并芘、苯并蒽等芳香族化合物，是极其有害的污染物。燃烧的装置不同，条件不同，产生的黑烟差别很大。实践证明，煤粉愈细，挥发分及燃烧的火焰愈高，燃烧的时间就愈短，如果其他燃烧条件满足时，燃烧就愈完全，产生的黑烟等污染物就愈少。

黑烟的产生与煤的种类和质量有很大的关系。据研究出现黑烟由少到多的燃料顺序为：无烟煤→焦炭→褐煤→低挥发分烟煤→高挥发分烟煤。

随烟气一起排出的固体颗粒物一般都称为飞灰，包括未燃尽的煤粒、燃尽后余下的灰粒及燃烧过程中形成的炭黑等。不同燃煤锅炉出口的烟尘浓度见表 2-4。

表 2-4 不同燃煤锅炉出口的烟尘浓度

锅炉类型	链条炉	振动炉排炉	抛煤机炉	煤粉炉	流化床炉
烟尘浓度/(g/m^3)	3～6.5	3～8	4～13	8～50	20～80

(2) 气、液燃料燃烧形成的炭粒子

气态燃料燃烧的颗粒污染物为积炭，液态燃料高温分解形成的颗粒污染物为结焦和煤胞(残留下来的多孔碳素型煤烟子)。

实验观察表明，积炭由大量粗糙的球形粒子结成，直径在 10～20μm 的范围，随火焰形式而明显改变。一般认为积炭的形成有三个阶段，即核化过程、核表面的非均质反应、凝聚过程。是否出现积炭主要取决于核化步骤和中间体的氧化反应，燃料的分子结构也是影响积炭的重要因素。实践证明，如果碳氢燃料与足够的氧化合，能够有效地防止积炭的生成。

在多数情况下，液态燃料的燃烧尾气不仅会有气相过程形成积炭，而且也会有液态烃燃料本身生成的炭粒。燃料油雾滴在被充分氧化之前，与炽热的壁面接触会导致液相裂化，接着就发生高温分解，最后出现结焦，由此产生的炭粒叫石油焦，它是一种比积炭更硬的物质。

练 习 2.3

判断题

1. 煤中的可燃硫在燃烧过程均能被氧化生成 SO_2。 (　)
2. 燃煤旋风炉产生的热力型 NO_x 比其他燃煤炉要多得多。 (　)
3. 燃料中的氮经过燃烧约有 20%～70%转化成 NO_x。 (　)
4. 燃烧过程中产生的多环化合物是由于燃烧不完全造成的。 (　)
5. 煤的挥发分含量越高，燃烧时产生的黑烟就可能越多。 (　)

6. 如果适当地增加空气过剩系数，能够降低炭粒子的生成。 （ ）

2.4 洁净燃烧技术

洁净燃烧技术主要是通过洁净煤技术减少二氧化硫排放和通过改变燃烧方式降低氮氧化物的生成量。

2.4.1 洁净煤技术

在我国的能源消费结构中，煤炭占70%以上。每年大气中90%以上的二氧化硫、67%的氮氧化物、82%的酸雨、70%的粉尘来源于煤的燃烧。此外，煤的直接燃烧还可能产生汞等重金属污染及砷化物和氟化物污染。因此，大力提倡并推广洁净煤技术是控制大气污染的重要措施。

洁净煤技术（clean coal technology）一词源于20世纪80年代的美国，也称清洁煤技术，是指煤炭开发和加工利用过程中，旨在减少环境污染和提高煤炭利用率的各种技术的总称，一般包括洁净生产技术、洁净加工技术、高效洁净转化技术、高效洁净燃烧与发电技术和燃煤污染排放治理技术等。

中国洁净煤技术计划框架涉及四个领域，包括十四项技术：①煤炭加工（煤炭洗选技术、型煤固硫技术、水煤浆技术）；②煤炭高效洁净燃烧（循环流化床燃烧技术、增压流化床发电技术、整体煤气化联合循环发电技术）；③煤炭转化（煤炭气化、煤炭液化、燃料电池）；④污染排放控制与废弃物处理（烟气净化、电厂粉煤灰综合利用、煤层甲烷的开发利用、煤矸石和煤泥的综合利用）。

（1）煤炭洗选技术

煤炭洗选是指通过物理、物理化学、化学或生物方法将煤中的含硫矿物和煤矸石等杂质除去的工艺过程，又称洗煤或选煤。煤炭洗选是燃前除去煤中的矿物质，降低煤中硫含量的主要手段。常规的物理选煤方法可除去原煤中50%～80%的灰分和30%～40%的硫分，可有效减少污染物排放。

物理方法选煤是根据煤炭和杂质的粒度、密度、硬度、磁性及电性等物理性质的差异进行分选的，主要包括重力洗选法、高梯度磁选法和静电分选法等。

重力洗选法又包括重介质选煤、跳汰选煤、斜槽选煤、摇床选煤和风力选煤等。重介质选煤技术具有煤质适应能力强，入选粒度范围宽，分选效率高，易于实现自动控制，单机处理能力大等优点，在各种选煤方法中占比较高，近年来成为我国主要的选煤方法。重介质选煤的核心设备是重介质旋流器。我国已研制成功世界上最大的三产品重介质旋流器，直径达1.5 m，并成功应用于选煤生产。在旋流器介质和煤的给入方式、入料结构、柱段结构、出料方式、布置形式以及耐磨材质等方面进行了改进，大幅提高了旋流器的效能和使用寿命。跳汰选煤工艺因其流程简单、技术成熟、生产成本低等特点，虽然在选煤方法中所占比例有所下降，但是由于动力煤入选比例的逐年增加，现阶段仍是我国选煤行业的重要选煤方法之一。

高梯度磁分离法是利用煤与黄铁矿的磁性不同（黄铁矿是顺磁性物质，煤是反磁性物质），将黄铁矿分离除去，脱硫效率约为60%。

物理化学选煤是依据矿物表面物理化学性质的差别进行分选的方法，又称为浮选法。浮选法主要用于处理粒径小于0.5 mm的煤泥。目前选煤厂所用浮选设备包括机械搅拌式浮选机、浮选柱（床）、喷射式浮选机和微泡浮选机等，其中机械搅拌式浮选机约占80%，浮选柱约占15%，喷射式浮选机约占5%。

化学方法选煤是借助化学反应使煤中有用成分富集，除去杂质和有害成分的工艺过程。常见的化学方法选煤包括氧化脱硫法、选择性絮凝法和化学破碎法。氧化脱硫法是将煤破碎后与硫酸铁溶液混合，在反应器中加热至100～130℃，硫酸铁与黄铁矿反应生成硫酸亚铁和单质硫，同时通入氧气再将硫酸亚铁氧化为硫酸铁。

微生物选煤是用某些自养性和异养性微生物，直接或间接地利用其代谢产物从煤中溶浸硫，达到脱硫的目的。

目前，欧美等一些发达国家的选煤厂的各种工艺参数检测及生产系统已基本实现了自动化控制。随着人工智能煤矸石分选机器人的广泛使用，煤炭洗选技术的自动化、智能化将越来越得到普及和应用。

（2）型煤固硫技术

型煤是指使用外力将粉煤挤压成具有一定强度的固体型块。

粉煤成型方法大致可分为冷压成型和热压成型两大类。

冷压成型是指在常温或低温下将粉煤加工成型煤的技术。冷压成型又分为无胶黏剂成型法和有胶黏剂成型法。无胶黏剂成型法是指在不添加任何胶黏剂的情况下，依靠煤炭自身所含的胶黏成分，在外力的作用下成型。已广泛用来制取泥煤、褐煤煤球，对于烟煤和无烟煤等，使用该法成型困难。胶黏剂成型法要在粉煤中加入一定的胶黏剂，再压制成型。胶黏剂可采用石灰、工业废液（纸浆废液、糠醛渣废液、酿酒废液、制糖废液、制革废液等）、黏土类（黄土、红土等）、沥青类和胶黏性煤等。

热压成型是将粉煤快速加热至塑性温度范围内，趁热压制成型。该方法由于不需要任何胶黏剂，产品具有机械强度高等特点，具有一定的发展前景。

在制作型煤时若在粉煤中添加石灰石等廉价的钙系固硫剂，在燃烧过程中，煤中的硫与固硫剂中的钙发生化学反应，从而将煤中的硫固化。该方法固硫效率高于50%，是控制二氧化硫污染经济有效的途径。

使煤成型的设备主要采用单螺杆挤压成型机和对辊成型机。前者适用无胶黏剂成型工艺，后者适用胶黏剂成型工艺。图2-9是常用的单螺杆挤压成型机示意图。当螺杆转动时，加料口的物料被挤压向前运动过程中即被压实，再经过模具锥形体的节制作用，最后得到具有一定强度的符合形状要求的型煤。图2-10是对辊成型机示意图。两个压辊直径大小相同，每个压辊表面装有多个半球模形状的集料器。当两个压辊以相同的速度相对旋转时，粉煤即被挤压成型。

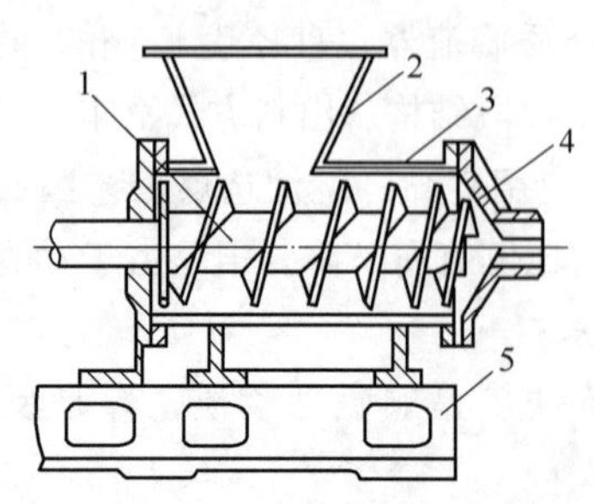

图2-9 单螺杆挤压成型机示意图

1—螺杆；2—进料口；3—筒体；4—锥体模具；5—机架

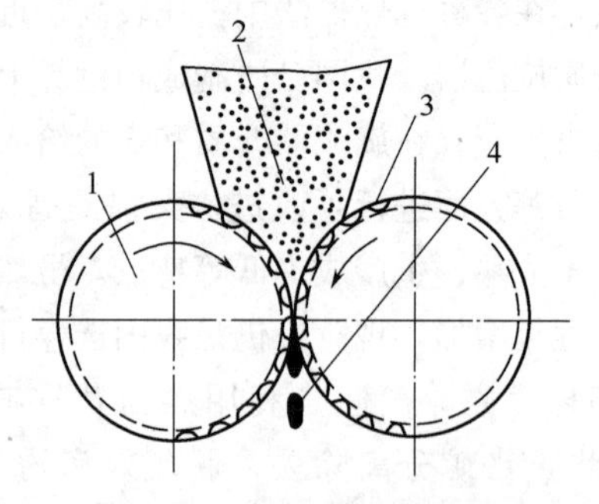

图2-10 对辊成型机示意图

1—压辊；2—物料；3—球模；4—煤球

燃用固硫型煤比散煤一般可节煤15%～25%，减少二氧化硫和烟尘排放40%～60%。中国民用型煤以蜂窝煤、煤球为主。随着城市居民使用煤气、液化气和天然气比例的提高，民用型煤有萎缩趋势。工业型煤分为化肥造气型煤和锅炉燃料型煤，目前化肥造气型煤主要是石灰炭化煤球。

(3) 循环流化床燃烧（CFBC）技术

循环流化床燃烧是指利用高温除尘器使飞出的物料又返回炉膛内循环利用的流化燃烧方式。它具有以下几方面的特点：①不仅可以燃用各种类型的煤，而且可以燃烧木柴和固体废物，还可以实现与液体燃料的混合燃烧；②由于流化速度较高，使燃料在系统内不断循环，实现均匀稳定的燃烧；③由于湍流混合充分，燃料在炉内停留时间较长，燃烧热效率可达90%；④由于石灰石在流化床内反应时间长，使用少量的石灰石（钙硫比小于1.5）即可使脱硫效率达90%；⑤由于燃烧温度低，氮氧化物排放量比层燃炉少70%以上。

由于多物料循环流化床燃烧（MSFBC）比常规流化床燃烧（FBC）有较大的优越性（见表2-5），且可以利用对燃烧温度的适当控制，可减少氮氧化物的排放，实现脱硫脱氮技术的联合，因此越来越得到广泛的重视，可望成为重要的洁净燃烧技术。

表2-5　多物料循环流化床与常规流化床燃烧的性能比较

项　目	炭利用率/%	脱硫率/%	排放量				
			SO_2 /(mg/m³)	NO_x /(mg/m³)	CO /(mg/m³)	CO_2 /%	O_2 /%
FBC	93	75	365	240	487	11.4	9.5
MSFBC	98	95	95	72	400	14.5	3.8

图2-11是多物料循环流化床燃烧示意图。由于它能使飞扬的物料循环回到燃烧室中，因此所采用的流化速度比常规流化床要高，对燃料粒度、吸附剂粒度的要求也比常规流化床要低。在多物料循环流化床中形成了两种截然不同的床层，底部是由大颗粒物料组成的密相床，上部是由细微物料组成的气流床，因此称为多物料循环流化床。当飞扬的物料逸出气流床后便被一个高效初级旋风分离器从烟气中分离出来，并使其流进外置式换热器中，有一部分物料从换热器中再回到燃烧室中，而大部分飞扬的物料溢流至外置式换热器的换热段，被冷却后再循环至燃烧室中。

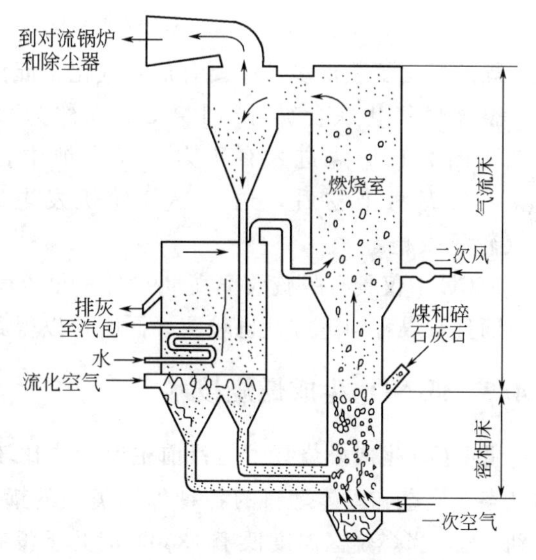

图2-11　多物料循环流化床燃烧示意图

将石灰石等廉价的原料与煤粉碎成同样的细度与煤在炉中同时燃烧，在800～900℃时，石灰石受热分解出CO_2，形成多孔的氧化钙与二氧化硫作用生成硫酸盐，达到固硫的目的。影响脱硫效率的主要因素有流化床、燃烧温度、流化速度和脱硫剂用量。

(4) 煤炭的转化

煤炭的转化是指将固态的煤转化为气态或液态的燃料，即煤的气化和液化。在转换的过程中可以将大部分的硫除去，所以转化过程既是燃料加工过程又是净化过程。

煤的液化是指在一定的条件下使煤转化为有机液体燃料的一种转化工艺。该液化工艺分为直接液化和间接液化两大类。直接液化是先把煤磨成粉再和自身产生的液化重油配成煤浆，在高温高压下加氢转化成石油产品。间接液化是先把煤全部气化为一氧化碳和氢气，再合成液化燃料。国外已经开发了多种直接液化技术工艺。经验表明，直接液化特别适用于挥发分含量较低、含硫量比较高的煤。

煤的气化是使煤与氧气和水蒸气结合生成可燃性煤气。煤的气化一般是在气化反应器中进行的，也可以在煤层中实现，即所谓的煤层或地下气化。

在氧气不足的条件下，碳与氧气反应可以生成 CO。若将炽热的煤与水蒸气反应，就生成了中热值焦炉煤气，即所谓的水煤气。

煤气化系统多数由煤的预处理、气化、清洗和优化四个步骤组成。预处理包括煤的破碎、筛分及煤粉制团（供固定床气化器）或煤的粉碎（供沸腾床气化器）。经预处理的煤送入气化反应器，与氧气和水蒸气反应生成可燃性煤气。从气化器中出来的煤气中含有 CO、CO_2、H_2、CH_4 及其他有机物、H_2S 及其他酸性气体、颗粒物和水等。对从气化反应器中出来的粗煤气进行清洗以除去其中的粉尘、焦油和酸性气体，使其成为可供燃烧的煤气。为了提高煤气的热值必须对煤气进行优化，即将其中的 H_2O 与部分的 CO 反应生成 H_2 和 CO_2，利用吸收法去除 CO_2，再使 CO 与 H_2 在甲烷反应器中生成 CH_4，就生成了高热值煤气，方程式如下。

$$C+H_2O \longrightarrow CO+H_2$$

$$C+2H_2 \longrightarrow CH_4$$

$$CO+3H_2 \longrightarrow CH_4+H_2O$$

煤的气化工艺很多，主要有加氢气化、催化气化、热核气化、CO_2 接受体气化等。

整体煤气化联合循环（IGCC）或称为煤气化联合循环（CGCC），其简化工艺流程图见图 2-12。煤进入有压力的气化炉中，与氧气和水蒸气反应产生粗煤气，除去粉尘和气态污染物后，送入燃气轮机发电。排出的高温烟气经余热锅炉产生蒸汽，供汽轮机发电。

IGCC 不仅具有脱硫效率高（97%～99%），NO_x 排放浓度低（120～300mg/m^3）的优点，而且对煤种的适应性也较广，同时可以得到副产品硫。

2.4.2 低 NO_x 生成燃烧技术

低 NO_x 生成燃烧技术是目前主要的或比较容易实施的 NO_x 污染控制方法，适合于燃用气态、液态和固体燃料的各种不同类型的锅炉。在三类 NO_x 生成机理中，快速型 NO_x 不到 5%，当燃烧区温度低于 1350℃时几乎没有热力型 NO_x，只有当燃烧温度超过 1600℃时，热力型 NO_x 才可能占 25%～30%。对于常规燃烧设备，NO_x 的燃烧控制主要是通过降低燃料型 NO_x 而实现的。由于气体燃料中含氮量很少，煤的含氮量大约是重油的 4～5 倍，因此降低燃料型 NO_x 生成燃烧技术大部分是针对燃煤锅炉的。不同燃烧方式和煤种的低氮燃烧锅炉 NO_x 控制值参见附录。

虽然燃料型 NO_x 的生成机理和破坏机理非常复杂，但人们在研究时发现，燃料中的氮转化为 NO_x 的比例除了和煤的种类、煤中的含氮量、含氮化合物的类型及挥发分含量等有关外，还与燃烧温度及过量空气系数等燃烧条件有关。研究表明，过量空气系数越大，燃料中氮的转化率就越高，当过量空气系数小于 0.7 时，几乎没有燃料型 NO_x 生成。因此，控制燃料型 NO_x 生成量的主要措施就是在 NO_x 主要生成阶段采用富燃料燃烧（$\alpha<1$），减少过量空气系数，使燃料氮在还原性气氛中尽可能多地转化为分子氮（N_2）。根据这一原理，发展了空气分级燃烧、低过量空气系数和烟气再循环等低 NO_x 生成燃烧技术。

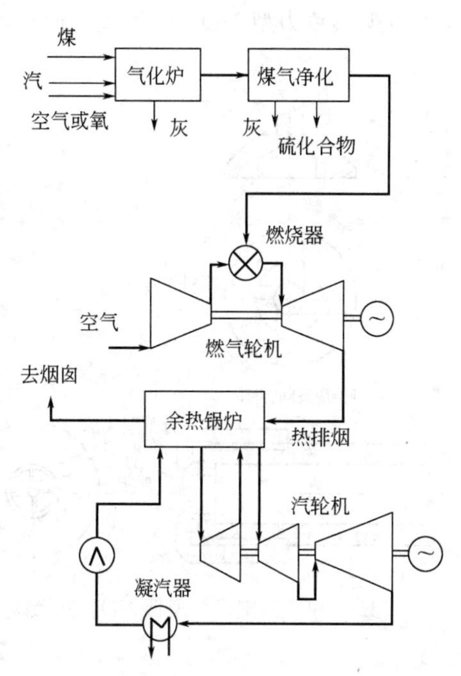

图 2-12 IGCC 基本工艺流程示意图

在低 NO_x 生成燃烧技术中，关键设备是新型燃烧器。它是基于降低燃烧区氧气的浓度，降低高温区的火焰温度或缩短可燃气在高温区的停留时间等措施，从而降低 NO_x 的生成量。燃烧器的主要类型有强化混合型低 NO_x 燃烧器、分割火焰型低 NO_x 燃烧器、部分烟气循环低 NO_x 燃烧器和空气分级燃烧低 NO_x 燃烧器。

(1) 强化混合型低 NO_x 燃烧器

图 2-13 是强化混合型低 NO_x 燃烧器的简单结构图。这是一种具有良好混合性能、快速燃烧的低 NO_x 生成燃烧器。由于燃料和空气两种气流几乎成直角相交，不仅加速了混合，而且具有薄薄的圆锥形火焰。由于这种火焰具有放热量大、燃烧速度快、可燃气在高温区停滞时间短等特点，因而 NO_x 生成量少。此外，这种燃烧器的火焰具有良好的稳定性，即使空气过剩系数和燃烧负荷有较大的变化，它所产生的热力型 NO_x 的量和火焰长度几乎不发生变化。但该燃烧器对降低燃料中的氮化物转化成燃料型 NO_x 的作用不明显。

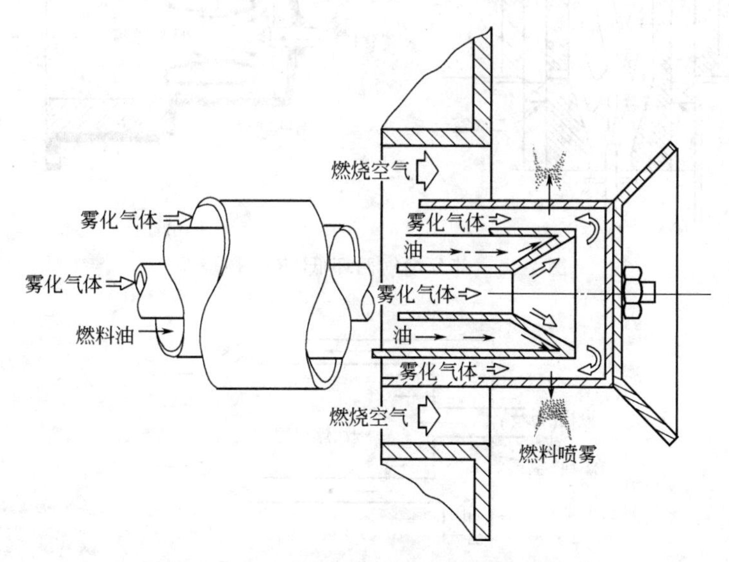

图 2-13 强化混合型低 NO_x 燃烧器

(2) 分割火焰型低 NO_x 燃烧器

分割火焰型低 NO_x 燃烧器是在烧嘴头部开设一个沟槽，可将火焰分割成细而薄的小火焰，如图 2-14 所示。由于小火焰放热性能好，并且可以缩短煤气在高温区的滞留时间，因

此可减少热致力型 NO_x 的生成。此种燃烧器多用于大型锅炉上。

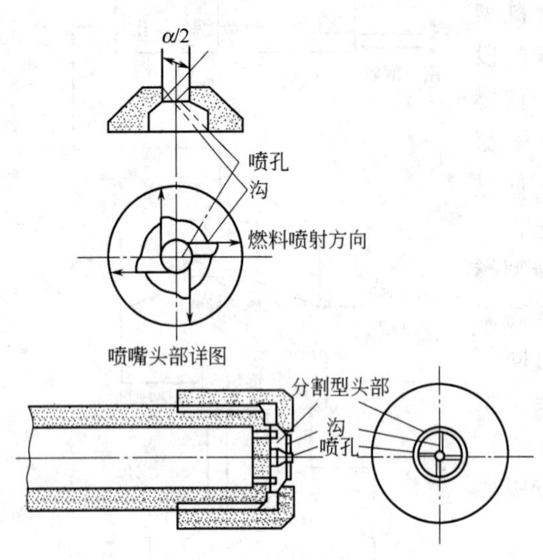

图 2-14　分割火焰型低 NO_x 燃烧器

(3) 部分烟气循环低 NO_x 燃烧器

图 2-15 是部分烟气循环低 NO_x 燃烧器，这种低 NO_x 燃烧器是利用空气和气体的喷射作用，强制一部分燃烧产物（烟气）回流到烧嘴出口附近与烟气、空气掺混到一起，从而降低了循环氧气的浓度，防止局部高温区的形成。据测定，当烟气循环达 20%左右时，抑制 NO_x 的效率最佳，NO_x 的排放浓度在 80×10^{-6}（体积分数）以下。该燃烧器既可用于重油，也可燃烧任何一种气体燃料，广泛用于锅炉、石油、钢铁等工业所用加热炉中。

(4) 空气分级燃烧低 NO_x 燃烧器

图 2-16 是空气分级燃烧低 NO_x 生成燃烧器，其工作原理是将燃烧所用的空气分两级

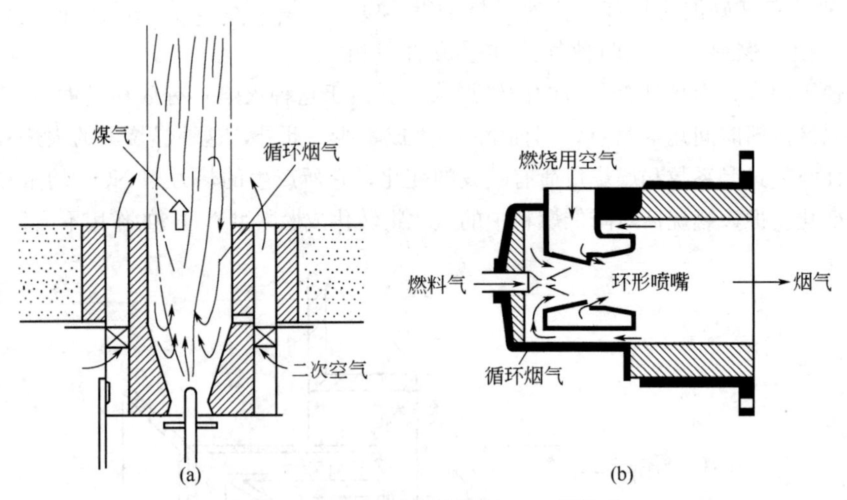

图 2-15　部分烟气循环低 NO_x 燃烧器

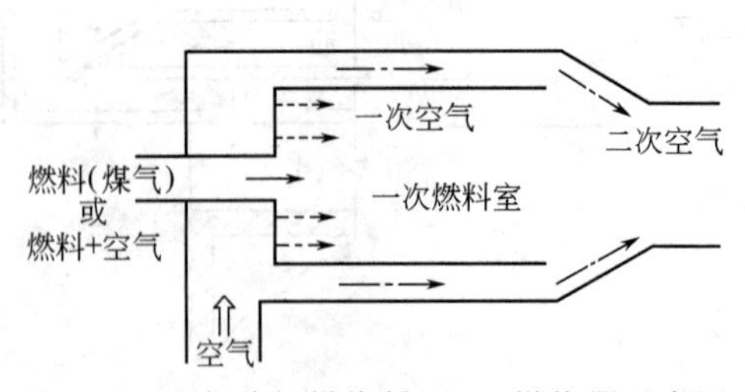

图 2-16　空气分级燃烧低 NO_x 燃烧器示意图

通入，亦即燃烧分两次进行，一级通入的空气约占总空气量的70%～75%（相当于理论空气量的 80%左右），由于空气不足，燃烧呈还原气氛，形成低氧燃烧区，并相应降低了该区的温度，因而抑制了 NO 的生成，其余的空气从还原区的外围送入，燃烧火焰在二级空气供入

后，在低温区得到完全燃烧。由于采用了空气分级燃烧，避免了在高温、高氧条件下的燃烧状况，因而 NO_x 的生成量可大大降低。

阅读材料

水煤浆燃烧技术

水煤浆是一种新型煤基流体燃料，它以煤为主体，但具有油一样的液体流动性和良好的稳定性。不仅易于装卸、储存和管道输送，而且具有燃烧稳定、燃烧效率高、二氧化硫和氮氧化物等污染物排放少、价格低廉、节能和环保效益好等优点，在我国洁净煤计划中作为重点科技项目。

目前水煤浆的燃烧分为“悬浮（雾化）燃烧”和“流化床燃烧”两种燃烧技术。

悬浮（雾化）燃烧原理是：水煤浆与空气经燃烧器以射流方式进入炉膛，通过紊流扩散的外回流风以及旋转射流或钝体稳燃器产生的内回流卷吸周围的高温烟气，促使煤浆气流与炽热烟气产生强烈混合，水分迅速蒸发；同时水煤浆气流又受到炉膛四壁和高温火焰的辐射，而将悬浮在气流中的煤颗粒迅速加热，水煤浆颗粒获得了足够的热量并达到一定的温度就开始着火燃烧。要求雾化燃烧固态排渣水煤浆锅炉最低运行负荷在50%左右，否则，将影响着火的稳定性，甚至熄火；供浆压力为1.3MPa，雾化蒸汽压力为1.6MPa。

流化床燃烧原理是：燃料由输浆管送入燃烧室上部水煤浆粒化器，供浆压力在0.4MPa左右。水煤浆经粒化器粒化后送入燃烧室，燃烧室下部流化床的温度850～950℃，水煤浆在热物料加热下水分迅速挥发并完成着火燃烧及焦炭燃烧过程，在流化状态下颗粒状水煤浆团进一步解体为细颗粒进入悬浮室继续燃烧。燃烧室出口处设置分离器，较大颗粒水煤浆和床料被分离、捕捉，返回燃烧室下部继续燃烧，实现了水煤浆循环燃烧，提高了燃烧效率。

练　习　2.4

选择题

1. 不能脱除煤中硫的过程是（　　）。

A. 洗选煤　B. 型煤固硫　C. 循环流化床燃烧　D. 制水煤浆

2. 不能明显降低燃料中的氮化物转化成燃料 NO_x 的燃烧器是（　　）。

A. 强化混合型低 NO_x 燃烧器　B. 分割火焰型低 NO_x 燃烧器
C. 部分烟气循环低 NO_x 燃烧器　D. 空气分级燃烧低 NO_x 燃烧器

3. 不论采用何种燃烧方式，要有效地降低 NO_x 生成的途径是（　　）。

A. 降低燃烧的温度，增加燃料的燃烧时间　B. 降低燃烧温度，减少燃料的燃烧时间
C. 提高燃烧的温度，减少燃料的燃烧时间　D. 提高燃烧温度，增加燃料的燃烧时间

4. 型煤固硫和循环流化床燃烧脱硫所使用的固硫剂分别为（　　）。

A. 石灰石，石灰　B. 石灰，石灰　C. 石灰石，石灰石　D. 石灰，石灰石

5. 粗煤气中含有的污染物主要是（　　）。

A. H_2S，颗粒物　B. SO_2，颗粒物　C. NO_x，H_2S　D. H_2S，CO_2

6. 在各种重力洗选煤方法中占比较高，近年来成为我国主要的选煤方法是（　　）。

A. 重介质选煤　B. 跳汰选煤　C. 摇床选煤　D. 风力选煤

7. 将煤破碎后与硫酸铁溶液混合，在反应器中加热至100～130℃，使硫酸铁与黄铁矿反应生成硫酸亚铁和单质硫，同时通入氧气再将硫酸亚铁氧化为硫酸铁。这种选方法属于（　　）。

A. 化学破碎法　B. 选择性絮凝法　C. 氧化脱硫法　D. 浮选法

2.5 燃烧过程污染物排放量的计算

燃烧过程中污染物排放量的计算是了解燃烧装置对大气环境可能造成污染程度的重要数据，也是控制燃烧过程大气污染的重要依据之一。

2.5.1 烟气体积的计算

(1) 理论烟气量（体积）

燃料燃烧生成的高温气体叫做烟气，热烟气经传热降温后再经烟道及烟囱排向大气，排出的烟气简称排烟。通常在排烟中含有不饱和状态的水蒸气，排烟中的水蒸气是由燃料中的自由水、空气带入的水蒸气以及燃烧所生成的水蒸气所组成，这种含有水蒸气的烟气称为湿烟气，用 G_0 表示；不含水蒸气的烟气称为干烟气，用 G_0' 表示，烟气的主要成分有 CO_2、N_2、SO_2 等。

理论烟气量是指在供给理论空气量（$\alpha=1$）的条件下，燃料完全燃烧时所产生的烟气量。理论烟气体积等于干烟气体积和水蒸气体积之和。

(2) 烟气的体积和密度换算

燃烧过程的温度和压力一般是在高于标准状态（273.15K、1.013×10^5Pa）下进行的，在进行烟气体积和密度计算时，为了便于比较应换算成标准状态。大多数烟气可以视为理想气体，因此可以用理想气体的有关方程式进行换算。

设观测状态下温度为 T，压力为 p，烟气体积为 V，密度为 ρ，标准状态下温度为 T_n，压力为 p_n，密度为 ρ_n，烟气体积为 V_n，则：

$$V_n=\frac{pT_nV}{p_nT} \tag{2-2}$$

$$\rho_n=\frac{p_nT\rho}{pT_n} \tag{2-3}$$

【例 2-3】 若已知排烟过程中测量的温度是 150℃，气压是 9.8×10^4Pa，试计算燃烧含 C 87.0%，H 12.0%，S 1.0%的 1kg 重油所生成的理论烟气量。

解 计算 1kg 重油燃烧生成物的量及理论需要氧气的量，数据见下表。

可燃成分名称	可燃成分含量/%	可燃成分的量/mol	理论需氧量/mol	生成物的量/mol
C	87.0	72.5	72.5	72.5
H	12.0	120	30	60
S	1.0	0.31	0.31	0.31
合计	100	192.8	102.8	132.8

计算理论空气中 N_2 的量：

$$n_1=102.8\times\frac{0.79}{0.21}=386.7\ (\text{mol})$$

计算理论烟气量：假设气体符合理想气体状态方程，则燃烧1kg重油所生成的理论烟气在标准状态下的体积为：$V_n=(386.7+132.8)\times 22.4\times 10^{-3}=11.6$（$m^3$）

则理论烟气量为：

$$V=\frac{V_n p_n}{p}\times\frac{T}{T_n}=\frac{11.6\times 1.01\times 10^5\times(273.2+150)}{9.8\times 10^4\times 273.2}=18.6\ (m^3)$$

燃烧1kg燃料其理论烟气量为18.6m^3（湿烟气），在标准状态下其烟气量为11.6m^3（湿烟气）。

（3）实际烟气体积

实际燃烧过程中空气是有剩余的，所以燃烧过程中的实际烟气体积应为理论烟气体积与过剩空气体积之和。

【例2-4】 某一燃烧装置用重油作燃料，其燃用油成分如下：C含量为88.3%，H含量为9.5%，S含量为1.6%，H_2O含量为0.50%，灰分含量为0.10%。燃料中的硫全部转化为SO_2和SO_3（SO_2占有97%）。

① 若空气过剩系数$\alpha=1.2$，试求燃烧1kg重油的实际烟气体积（标准状态）。

② 若空气过剩系数$\alpha=1.2$，求标准状态下烟气中SO_2及SO_3的浓度。

③ 若空气过剩系数$\alpha=1.2$，计算此时干烟气中CO_2的体积比。

解 ① 根据化学反应方程式：$C+O_2 \longrightarrow CO_2$，$2H+\frac{1}{2}O_2 \longrightarrow H_2O$，$S+O_2 \longrightarrow SO_2$

则1kg重油中所含可燃组分的量及所需要的理论空气量列于下表。

成分名称	成分含量/%	可燃成分的量/mol	理论需氧量/mol	废气中组分/mol
C	88.3	73.58	73.58	CO_2,73.58
H	9.5	95	23.75	H_2O,47.5
S	1.6	0.50	0.50	SO_2,0.50
H_2O	0.50	0	0	H_2O,0.28
灰分	0.10	0	0	0
合计	100	169.1	97.83	121.9

在空气中，O_2占21%，因此燃烧1kg重油所需要的理论空气量中N_2的量为：

$$97.83\times\frac{0.79}{0.21}=368.0\ (mol)$$

则理论烟气量为：121.9+368.0=489.9（mol）

在标准状态下的体积为：$489.9\times 22.4\times 10^{-3}=10.97$（$m^3$）

理论空气量为：97.83+368.0=465.8（mol）

在标准状态下的体积为：$465.8\times 22.4\times 10^{-3}=10.43$（$m^3$）

在空气过剩系数$\alpha=1.2$时，实际烟气量为：$10.97+10.43\times 0.2=13.05$（$m^3$）

② 烟气中SO_2的质量为：$0.50\times 64.06\times 0.97=31.1$（g）

烟气中SO_3的质量为：$0.50\times 80.06\times 0.03=1.2$（g）

则烟气中SO_2和SO_3的浓度分别为

$$\rho_{SO_2}=\frac{31.1}{13.05}\times 10^3=2.38\times 10^3\ (mg/m^3)$$

$$\rho_{SO_3}=\frac{1.2}{13.06}\times10^3=92.0\ (mg/m^3)$$

③ 当 $\alpha-1.2$ 时，干烟气的体积为：

$$[489.9-(47.5+0.28)]\times22.4\times10^{-3}+10.43\times0.2=11.98\ (m^3)$$

CO_2 的体积为：$73.58\times22.4\times10^{-3}=1.65\ (m^3)$

则干烟气中 CO_2 的体积比为：$\frac{1.65}{11.98}\times100\%=13.8\%$

(4) 燃煤锅炉污染物产生量和排放量的估算

① 产污量和排污量的估算　燃煤锅炉的产污量和排污量估算方法如下：

$$Q_1=K_1M_c \tag{2-4}$$

式中　Q_1——燃煤锅炉的产污量，kg；

K_1——燃煤锅炉的产污系数，kg/t；

M_c——耗煤量，t。

$$Q_2=K_2M_c \tag{2-5}$$

式中　Q_2——燃煤锅炉的排污量，kg；

K_2——燃煤锅炉的排污系数，kg/t；

M_c——耗煤量，t。

② 燃煤工业锅炉污染物的产污和排污系数

a. 烟尘产污和排污系数　燃煤锅炉的产污系数与燃煤中灰分含量、燃烧方式、锅炉负荷有关；排污系数除与上述因素有关外，还与锅炉配用的各种不同类型的除尘器有关（见表2-6～表2-9）。

表 2-6　不同燃煤方式和燃烧不同灰分煤的烟尘产污系数　　单位：kg/t

燃烧方式	煤中灰分/%								
	10	15	20	25	30	35	40	45	50
层燃炉	14.29	21.43	28.57	35.72	42.86	50.00	—	—	—
抛煤机炉	—	68.18	90.91	113.64	136.37	159.09	181.82	204.55	—
沸腾炉	—	—	—	141.75	170.10	198.45	226.80	255.15	283.50

表 2-7　层燃炉的烟尘排污系数　　单位：kg/t

条件说明	除尘器		煤中灰分/%					
	类型	效率	10	15	20	25	30	35
烟尘中飞灰占灰分的总量为10%及烟尘中的含碳量为30%	单桶旋风	65%	5.00	7.50	10.00	12.50	15.00	17.50
		70%	4.29	6.43	8.57	10.71	12.86	15.00
		75%	3.57	5.36	7.14	8.93	10.71	12.50
		85%	2.14	3.21	4.29	5.36	6.43	7.50
	多管旋风	80%	2.86	4.29	5.71	7.14	8.57	10.00
		85%	2.14	3.21	4.29	5.36	6.43	7.50
		92%	1.14	1.71	2.29	2.86	3.43	4.00
	湿法除尘	90%	1.43	2.14	2.86	3.57	4.29	5.00
		95%	0.71	1.07	1.43	1.79	2.14	2.50

表 2-8 抛煤机炉烟尘排污系数 单位：kg/t

条件说明	除尘器		煤中灰分/%					
	类型	效率	15	20	25	30	35	40
烟尘中飞灰占灰分的总量为25%及烟尘中的含碳量为45%	单桶旋风	—	—	—	—	—	—	—
	多管旋风	84%	10.91	14.55	18.18	21.82	25.45	29.09
		88%	8.18	10.91	13.64	16.36	19.09	21.92
		94%	4.09	5.45	6.82	8.18	9.55	10.91
	湿法除尘	87%	8.86	11.82	14.77	17.73	20.68	23.64
		92%	5.45	7.27	9.09	10.91	12.73	14.55
		97%	2.05	2.73	3.41	4.09	4.77	5.45

表 2-9 沸腾炉的烟尘排污系数 单位:kg/t

条件说明	除尘器		煤中灰分/%					
	类型	效率	25	30	35	40	45	50
烟尘中飞灰占灰分的总量为55%及烟尘中的含碳量为3%	单桶旋风	—	—	—	—	—	—	—
	多管加湿	97%	4.25	5.10	5.95	6.80	7.65	8.51
		98%	2.84	3.40	3.97	4.54	5.10	5.67
		99%	1.42	1.71	1.98	2.27	2.55	2.84
	静电除尘	99.0%	1.42	1.71	1.98	2.27	2.55	2.84
		99.2%	1.13	1.36	1.59	1.81	2.04	2.27
		99.5%	0.71	0.85	0.99	1.13	1.28	1.42

b. 二氧化硫产污和排污系数 二氧化硫的产污系数主要取决于煤的含硫量、锅炉燃烧方式、煤在燃烧中硫的转化率。二氧化硫的排污系数与采用的脱硫措施的脱硫效率有关（见表 2-10 和表 2-11）。

表 2-10 燃煤工业锅炉 SO_2 产污系数 单位:kg/t

燃煤中硫的转化率	煤的含硫量/%						
	0.5	1.0	1.5	2.0	2.5	3.0	3.5
80%	8.0	16.0	24.0	32.0	40.0	48.0	56.0
85%	8.5	17.0	25.5	34.0	42.5	51.0	59.5

表 2-11 燃煤工业锅炉 SO_2 排污系数 单位:kg/t

脱硫效率/%	硫的转化率/%	煤的含硫量/%						
		0.5	1.0	1.5	2.0	2.5	3.0	3.5
10	80	7.20	14.40	21.60	28.80	36.00	43.20	50.40
	85	7.65	15.30	22.95	30.60	38.25	45.90	53.55
20	80	6.40	12.90	19.20	25.60	32.00	38.40	44.80
	85	6.80	13.60	20.40	27.20	34.00	40.80	47.60
30	80	5.60	11.20	16.80	22.40	28.00	33.60	39.20
	85	5.95	11.90	17.85	23.80	29.75	35.70	41.65
40	80	4.80	9.60	14.40	19.20	24.00	28.80	33.60
	85	5.10	10.20	15.30	20.40	25.50	30.60	35.70
50	80	4.00	8.00	12.00	16.00	20.00	24.00	28.00
	85	4.25	8.50	12.75	17.00	21.25	25.50	29.75

【例 2-5】 使用沸腾锅炉燃烧含灰分 30%、含硫为 2.0%的煤。

① 估算每吨煤燃烧后烟尘的产生量。

② 若使用的静电除尘器的效率为 99%，试估算每吨煤燃烧后烟尘的排污量。

③ 若燃烧过程中硫的转化率为 85%，试估算每吨煤燃烧后产生的 SO_2 的量。

④ 若燃烧过程中脱硫效率为 50%，试估算每吨煤燃烧后 SO_2 的排污量。

解 ① 由表 2-6 可知，沸腾炉燃烧灰分为 30%的煤，烟尘的产污系数为 170.1kg/t，则每吨煤燃烧后产生烟尘的量为：170.1×1=170.1（kg）

② 由表 2-9 可知，使用除尘效率为 99%的静电除尘器，烟尘的排污系数为 1.71kg/t，则每吨煤燃烧后排放烟尘的量为：1.71×1=1.71（kg）

③ 由表 2-10 可知，硫在燃烧过程中的转化率为 85%，烟尘的产污系数为 34.0kg/t，则每吨煤燃烧后产生的 SO_2 的量为：34.0×1=34.0（kg）

④ 由表 2-11 可知，脱硫效率为 50%时，SO_2 的排污系数为 17.0kg/t，则每吨煤燃烧后 SO_2 的排污量为：17.0×1=17.0（kg）

c. NO_x、CO、CH 化合物产污和排污系数　工业锅炉燃煤产生 NO_x、CO、CH 等化合物产污和排污系数主要依据实测数据经统计计算而定。燃煤工业锅炉 NO_x、CO、CH 等化合物的产污和排污系数见表 2-12，对于没有专门设置 NO_x 等污染物的控制设备，其产污和排污系数相等。

表 2-12　燃煤工业锅炉 NO_x、CO、CH 化合物产污和排污系数

炉　型	产污和排污系数/(kg/t)			
	CO	CO_2	CH	NO_x
≤6t/h 层燃	2.63	2130	0.18	4.81
≥10t/h 层燃	0.78	2400	0.13	8.53
抛煤机炉	1.13	2000	0.09	5.58
循环流化床	2.07	2080	0.08	5.77
煤粉炉	1.13	2200	0.10	4.05

2.5.2　工业生产废气和污染物排放量的估算

工业生产废气和污染物排放量的估算是工业大气污染源调查的核心内容。由于大气污染源、污染物的排放量受生产工艺、生产规模、装备水平、运行状态等多种因素共同决定，因此要准确估算是十分困难的，通常所称的排放量是指在某些特征条件下的平均估算值。

污染物的排放分为有组织排放和无组织排放。常用的估算方法主要有现场实测法、物料衡算法、经验估算法等。

（1）现场实测法

现场实测法是对污染源排放废气和污染物现场实测，包括废气流量和污染物浓度测定，以确定废气污染物的产生量和排放量。主要用于有组织排放源，而无组织排放源需要采用特殊措施才能确定。

废气样品的采集和废气流量的测定一般均在排气筒和烟道内进行。在排气筒或烟囱内部，废气中各种污染物的浓度分布和废气排放速度的分布是不均匀的，为准确测定废气中某种污染物的浓度和废气流量的大小，必须多点进行采样和测量，以取得平均浓度和平均流量值。样品经分析测定即可得到每个采样点的浓度值，采样截面各测量点浓度值的平均值为废气排放的平均浓度。所有测量点排放速度的平均值为废气的平均排放速度。平均排放速度与废气通过的截面积相乘为废气的流量。

实测的平均浓度和实测的平均流量的乘积即为污染物的产生量或排放量，计算式如下：

$$Q=VC \tag{2-6}$$

式中 Q——单位时间内某种污染物的产生量或排放量，kg/h；

C——该种污染物的实测平均浓度，kg/m^3；

V——废气实测平均流量，m^3/h。

由于这种估算方法所需数据来自现场实测，只要测试断面选择和测点布置合理，采用的测试方法和测量仪器标准、规范，测量次数足够多，用这种方法得到的污染物产生量或排放量是比较接近实际的。这种方法只能用于已建成并正在运行的有组织排放污染源。对于排放规律比较复杂的集中排放源需要分成不同工况进行测试。对于某些无组织排放源采取一些措施后也可以进行测试（如室内污染源的天窗采样法等），但准确度要低得多。

(2) 物料衡算法

物料衡算法的基础是质量守恒定律。它根据生产部门的原料、燃料、产品、生产工艺及副产品等方面的物料平衡关系来推断污染物的产生量与排放量，可以应用于有组织和无组织排放。用这种方法估算时，应对生产工艺过程及管理等方面的情况有比较深入的了解。

进行物料衡算的前提是要掌握必要的基础数据，它包括：产品的生产工艺过程；产品生产的化学反应式和反应条件；污染物在产品、副产品、回收物、原料及中间体的当量关系；产品产量、纯度及原材料消耗量；杂质含量；回收物数量；产品率及纯度、转化率；污染物的去除率等。

废气污染物产生量和排放量的估算式为：

$$\text{产生量}=B-(a+b+c) \tag{2-7}$$

$$\text{排放量}=B-(a+b+c+d) \tag{2-8}$$

式中 B——生产过程中使用或生成的某种污染物总量，kg；

a——进入主产品结构中该污染物的量，kg；

b——进入副产品、回收品中该污染物的量，kg；

c——在生产过程中分解、转化掉的该污染物的量，kg；

d——采取净化措施处理掉的污染物的量，kg。

物料衡算法是一种理论估算方法，特别适用于很难进行现场实测以及所排污染物种类较多的污染源的估算，只要对生产工艺过程和生产管理各环节有比较深入的了解，这种方法估算的结果是比较准确的。因为这是一种理论估算方法，它不仅适用于建成企业，也可用于预测新建企业的估算。对于复杂生产过程，这种估算方法所需人力、物力少，费用低。这种方法成功与否关键取决于对生产工艺过程和生产管理各环节的了解、认识是否正确、全面，若出现偏差，将直接影响估算的准确程度。

(3) 经验估算法

经验估算法也称为排污系数法，是根据统计得到的生产单位产品产生或排出污染物的数量，又称排污系数。国家有关部门定期公布污染物总产生量和排放量。排污系数是根据大量的实测调查结果而确定的。具体估算式如下：

$$Q=KM \tag{2-9}$$

式中 Q——在一段时间内，某种污染物产生总量或排放总量，kg；

K——产污系数或排污系数；

M——在相应时间内所生产产品的数量，kg。

由此可见，用经验估算法估算污染物产生或排放量的正确与否，关键是正确确定产污系数和排污系数。

练 习 2.5

1. 理解并区分下列名词

   实际烟气量　理论烟气量　产污量　排污量　产污系数　排污系数

2. 已知某重油中C、H、O、N、S的含量分别为85.5%，11.3%，2.0%，0.20%，1.0%。

   (1) 计算燃油1kg所需的理论空气量和产生的理论烟气体积（标准状态）。

   (2) 计算干烟气中 SO_2 的浓度和 CO_2 的最大浓度；

   (3) 当空气过剩系数为1.1时，计算燃油1kg所需的空气量和产生的烟气体积（标准状态）。

3. 使用层燃炉燃烧含灰分20%、含硫为3.0%的煤100万吨。

   (1) 估算烟尘的产生量。

   (2) 若使用多管旋风除尘器的效率为80%，试估算烟尘的排放量。

   (3) 若燃烧过程中煤中硫的转化率为85%，试估算 SO_2 的产生量。

   (4) 若燃烧过程中脱硫效率为50%，试估算 SO_2 的排放量。

4. 某燃油锅炉尾气NO的排放标准是 230×10^{-6}（体积分数），假如燃料油的化学式为 $C_{10}H_{20}N_x$，在空气过量50%的条件下完全燃烧，若燃料中50%的N转化为NO，为了不超标排放，x 的值最大应为多少？（不考虑空气中N的转化）

3

烟气的扩散

【学习指南】 本章的重点是烟气抬升高度的计算方法、扩散参数的确定方法、污染物浓度的估算方法和烟囱高度的计算方法。学习时应注意对概念的正确理解和对计算公式的灵活应用。每一节后的练习应认真完成，对于观察与思考类型的问题，可在教师的指导下完成，也可以自己利用课余时间深入工厂，仔细观察、详细记录、认真思考，这不仅能将理论与实践紧密结合起来，而且可以锻炼你的观察问题、分析问题和解决问题的能力。

为了防止大气污染，最好的办法是不向大气排放污染物。但要完全禁止向大气排放任何污染物实际上是不可能的。为了减少工业生产中排放烟气对人们居住环境和地球植被造成的危害和影响，在烟气中污染物排放总量较少，或暂时缺乏经济有效的治理方法时，可以通过高烟囱排放，利用大气的自净作用，使环境中的污染物浓度保持在环境标准等规定的一定水平以下，并据此确定排放条件。由于环境中的污染物浓度随排放条件及其在大气中的扩散条件不同而变化，为了确定适当的排放条件，就必须掌握污染物在大气中的扩散过程。因此，了解烟气的扩散规律，学习影响烟气扩散的因素、污染物浓度的估算方法及烟囱高度的计算方法，是烟气污染控制的一个重要方面。

3.1 影响烟气扩散的因素

3.1.1 气象条件对烟气扩散的影响

影响烟气扩散的气象条件主要有风向、风速、大气湍流、气温的垂直分布和大气稳定度等。

(1) 风

空气遇热膨胀上升，别处的空气就要过来补充，这样就形成空气的水平运动，称为风。

风对污染物浓度分布的第一个作用是整体输送作用，因而污染区总是在污染源的下风向。基于这个道理，在工业布局上应将污染源安排在易于扩散的城市下风向。风的第二个作用是对污染物的冲淡稀释作用。风速愈大，单位时间风与烟气混合的清洁空气量就愈多。一般来说，污染物在大气中的浓度与污染物的排放总量成正比，与平均风速成反比，若风速提高一倍，则在下风向的污染物浓度减少一半。

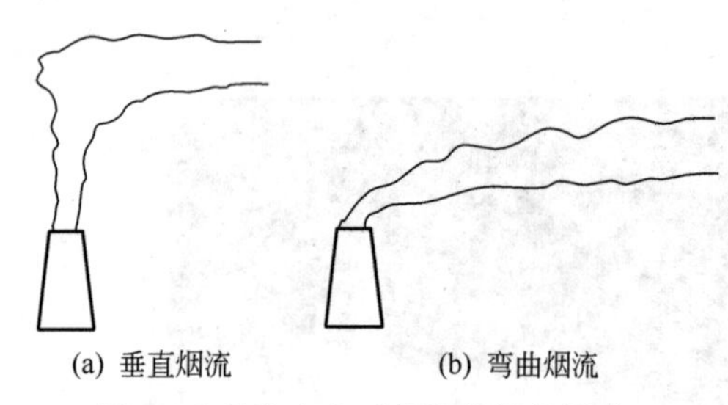

图 3-1 风的大小对烟流扩散的影响

风速的大小对烟流扩散有很大的影响，在无风或风速很小时，烟流几乎是垂直的，当风速较大时，烟流则是弯曲的（图 3-1)。对于地面污染源来说，风速大，地面污染物浓度就小；风速小，地面污染物浓度就大；无风时，近污染源处地面污染更为严重。对于高架污染源，风速的影响则具有双重性。一方面，风速大会降低抬升高度，使烟气的着地浓度增大；另一方面，风速增大，能增加湍流，加快污染物的扩散，使烟气的着地浓度降低。对于某一高架源，存在危险风速，在该风速下地面可能出现最高污染物浓度。但对下风向所有点的平均浓度而言，风速大对减轻污染是比较有利的。

(2) 大气湍流

大气湍流（atmospheric turbulence）是指大气因受动力湍流影响所形成的不规则运动气流。这种运动普遍存在，树叶的摆动、纸片的飞舞及炊烟的缭绕等现象均是湍流引起的。

大气的运动除了风以外，还存在着不同于主流方向（平均风向）的各种尺度的次生运动或旋涡运动，即湍流运动。如果大气中只有“层流”而无湍流运动的话，则污染物除了在烟囱口被直接冲淡稀释外，在向下风向飘逸时，就只能靠分子扩散缓慢地向四周扩散，污染物的扩散速度就很慢。实际上，低层大气的运动总是具有湍流的性质，大气湍流运动造成流场各部分之间的强烈混合，将大大加快烟气的扩散速度。实践证明，湍流扩散速度比分子扩散速度快 10^5～10^6 倍。

总之，风速越大，湍流越强，污染物的稀释扩散速度就越快，大气污染物的浓度就越低。因此，风和湍流是决定污染物在大气中稀释扩散的最直接因子，也是最有效的因子。

(3) 气温的垂直分布

地球表面上方大气圈各气层的温度随着高度的不同而发生变化。不同气层的气温随高度的变化常用气温垂直递减率（γ）表示。气温垂直递减率是指在垂直于地球表面方向上每升高 100m 气温的变化值。干空气在绝热上升或下降过程中，每升高或降低 100m 时温度变化率的数值，称为干空气温度绝热垂直递减率，简称干绝热直减率，用 γ_d 表示。

由于气象条件的不同，气温垂直递减率可大于零，等于零或小于零。近地面气层中气温的垂直分布有三种情况。

① 气温随高度递减（$\gamma>0$），称为递减层结。由于地面是大气的主要且直接的热源，所以离地面愈远，气温就愈低。另一方面，水汽和固体杂质在低层比高层多，而它们吸收地面的辐射能力很强，因此，近地层中气温随高度增加而降低是基本特征。

这种情况一般出现在晴朗的白天风不大时。少云的白天由于太阳强烈照射，地面物体的热容量大，地面增热得很厉害，近地面的空气因此也增热得很快，低层增热比高层增热快，形成了气温下高上低的状况，热量不断地由低层向高层传递。

② 气温随高度递增（$\gamma<0$），称为逆温层结。在大气圈的对流层内，在某一有限厚度的气层中，出现大气温度随高度增加而升高的垂直分布现象称为逆温（temperature inversion），这样的气层称为逆温层。逆温现象一般出现在少云或无风的夜间。夜间太阳辐射等于零，地面无热量收入，但地面辐射却存在。由于少云，大气逆辐射很少，地面因大量热量辐射出去而不断冷却，近地面的这层空气也随之冷却，气层不断地由下向上冷却，就形成了气温下低上高的现象。根据逆温的形成因素，分为辐射性逆温、沉降性逆温、湍流性逆温、峰面逆温和地形逆温五种。因地面强烈辐射冷却会形成辐射性逆温。当近地面上方高空的大规模的高压区空气向低压区沉降时，经高压压缩而被加热的沉降空气比它下方低压区空气温暖，会形成上暖下冷的沉降性逆温。

③ 气温随高度基本不变（$\gamma=0$），称为等温层结。这种情况常出现于多云天或阴天。白天由于云层反射，到达地面的太阳辐射大为减少，故地面增热得不多。夜间由于云的存在大大加强了大气的逆辐射，使地面有效辐射减弱，地面冷却得不多，因此当有云存在时气温随高度变化不明显。风比较大的日子气层上下交换剧烈，使上下冷暖空气充分混合，因而气温随高度的变化也不明显。

(4) 大气稳定度

大气稳定度（atmospheric stability）是指近地层大气作垂直运动的强弱程度。即气块是安定于原来所在的层次，还是易于发生垂直运动。就大气的整体而言它处于平衡状态，但从个别大气块来说会偏移原来的平稳状态，产生向上或向下的垂直运动，这种运动能否继续发展下去，则由大气的垂直稳定度来决定。如果大气处于不利于垂直运动发展的状态，即称此大气为稳定状态；反之，如果处于有利于垂直运动发展的状态，则称为不稳定状态。

气象学家把近地层大气划分为稳定、中性和不稳定三种状态。假如有一空气团受到对流冲击力的作用，产生了向上或向下的运动，如果空气团受力移动后逐渐减速，并有返回原来高度的趋势，这时的气层对该气团而言是稳定的；若空气团离开原位就逐渐加速运动，并有远离原来高度的趋势，对于该气团而言是不稳定的；如空气团被推到某一高度后，既不加速，也不减速，保持原有的速度，对于该气团而言是中性气层。图 3-2 表示一个球的重力模型，不稳定的情形就像一个位于山顶上的球；中性情形就像是在平地上的球；稳定情形则像是处在山谷里的球。

大气稳定度与气温垂直递减率有关，气温垂直递减率 γ 愈大，大气愈不稳定，此时湍流充分发展，对污染物的扩散稀释能力很强；γ 愈小，大气就愈稳定，如果 γ 很小甚至等于零（等温）或小于零（逆温），大气则处于稳定状态，湍流受到抑制。人们习惯上将逆温、等温或γ很小的气层称为阻挡层，此层能将污染物阻挡起来，很难再向上扩散稀释。因此大气的稳定度与污染物的扩散有密切关系。

大气是否稳定可以从气温垂直递减率γ与干绝热直减率γ_d的对比中进行判断（如图3-3所示）。

① 当$\gamma>\gamma_d$时，气块总要离开原来的位置，也就是气块一旦开始上升，就持续上升；一旦开始下降，就持续下降。这样大气湍流增大，处于不稳定状态。

② 当$\gamma<\gamma_d$时，气块有返回原来位置的趋势，湍流减弱，大气处于稳定状态。

③ 当$\gamma=\gamma_d$时，气块可停留在任何一个位置，此时大气处于中性状态。

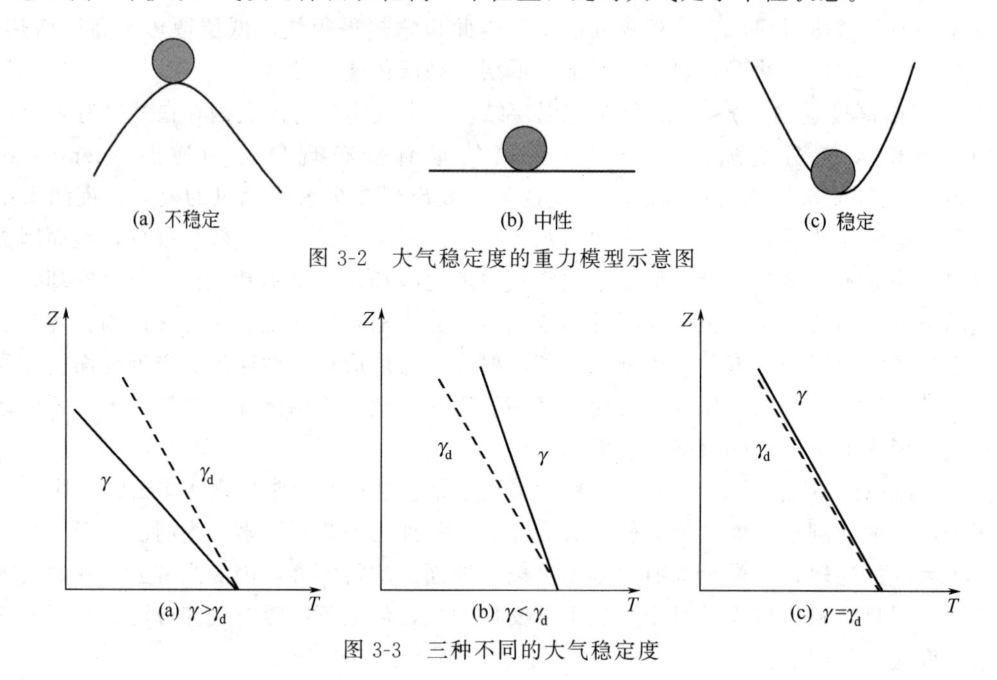

图3-2 大气稳定度的重力模型示意图

图3-3 三种不同的大气稳定度

大气稳定度是影响污染物在大气中扩散的极其重要的因素。当大气处于不稳定状况时，对流强烈，烟气迅速扩散。大气处于强稳定状况时，出现逆温层，好像一个“盖子”，使烟气不易扩散，污染物聚集地面，可造成严重污染。若逆温层存在于近地层，处于近地层内的污染物和水汽凝结物因不易向上传送而积聚，导致逆温层内空气质量下降，能见度降低。因此严重的大气污染往往发生在逆温及无风的天气。

从烟羽形状的变化上，也能明显地看出大气稳定度和风对烟气扩散的影响。不同大气稳定度下的典型烟羽如图3-4所示。

① 波浪型（looping） 多出现在太阳光较强的晴朗中午，大气处于不稳定状态，对流强烈，微风，伴随较强的热扩散。烟羽由连续及孤立的烟团组成，在上下左右方向上摆动很大，呈波浪形，扩散速度较快，烟团向下风向输送。虽然大气湍流会把污染物扩散到很大的空间中去，但在某一地面位置可能出现高浓度的污染物。

② 锥型（coning） 多出现于多云或阴天的白天、强风的夜晚或冬季夜间，大气处于近中性或弱稳定状态。高空风较大，扩散主要靠热和动力因子作用。烟羽离开排放口一定距离后，中心轴线仍基本保持水平，外形似一个椭圆锥。扩散速度比波浪型低，污染物输送较远。

③ 扇型（fanning） 多出现在弱晴朗的夜晚或早晨，在烟囱的出口处于逆温层中，上下层大气均属于强稳定状态，几乎无湍流发生。从上面看，烟羽呈扇形展开，故称扇型。由于

烟羽在垂直方向扩散很小，像一条带子飘向远方，因此又称长带型。污染物可传输到较远地方，遇山或高大建筑物阻挡时，污染物不易扩散稀释。当有效源高度很低时，在近距离的地面上会造成严重污染。

④ 爬升型（lofting） 多出现在日落后，地面有辐射逆温，大气稳定，而高空受冷空气影响，大气不稳定。烟羽的下侧边缘清晰，呈平直状，而上部出现湍流扩散，又称上扬型。若烟囱高度处于不稳定层时，烟气中污染物不向下扩散，一般来说不会对地面造成污染。

⑤ 漫烟型（trapping） 多发生在日出后的 8～10 时之间，由于地面增热，低层空气被加热，使下层辐射逆温被逐渐破坏，而此时上层大气仍处于逆温状态。烟囱上面的逆温层就像一个“锅盖”，阻止烟气向上扩散，大量下沉，因此又称下喷型。在污染源附近的下风向，地面污染物浓度很高，造成严重污染。

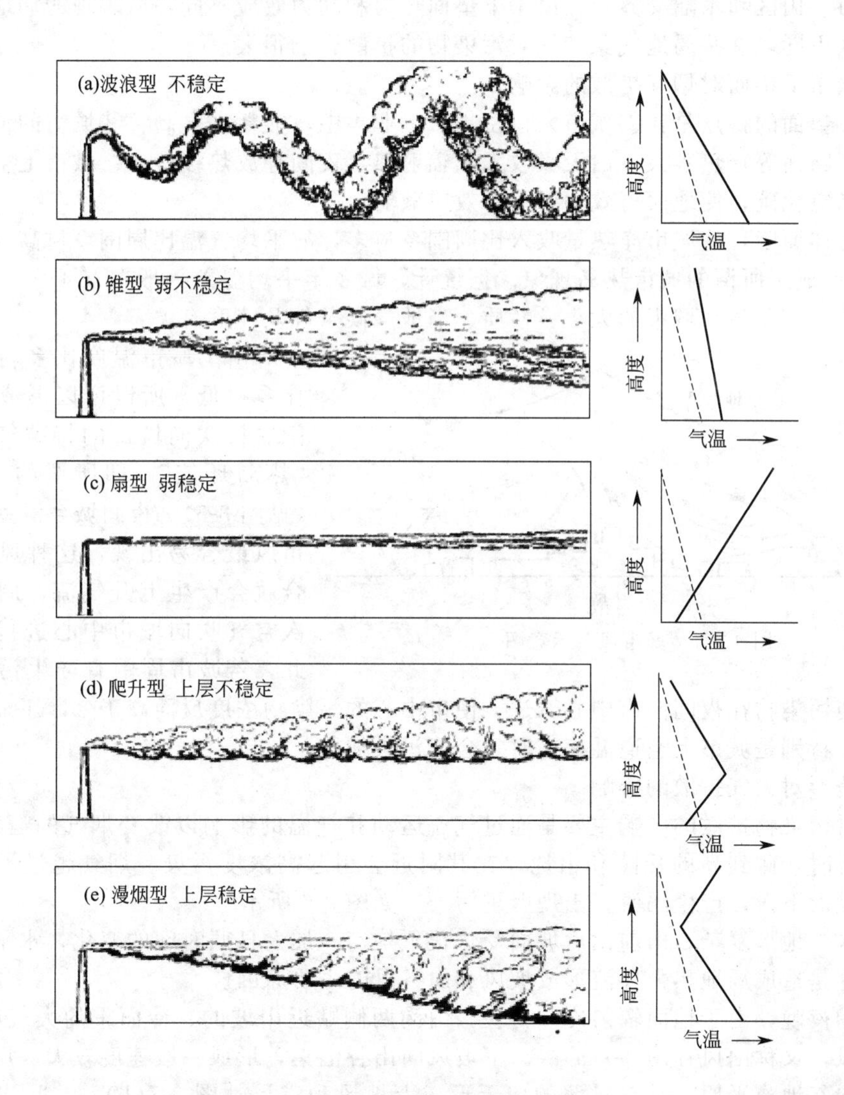

图 3-4 大气稳定度对烟羽的影响（—γ；---γ_d）

以上仅从大气稳定度和温度层结的角度对几种典型烟羽形状做了分析，但实际情况要复杂得多，影响因素也很复杂。从日出到日落，大气热状况经常在变化，烟羽的形状也随之变化。

(5) 天气形势

天气形势是指大范围的气压分布和大气运动状况。在低压控制区，空气有上升运动，云较多，风速较大，天气多为中性或不稳定状态，有利于稀释扩散。相反，在强高压控制区，天气晴朗，风速较小，由于大范围内空气的下沉运动，在几百米至一二千米上空形成沉降性逆温。逆温像盖子一样阻挡着污染物向上湍流扩散，若高压大气系统是静止的或移动极慢的微风天气，而又连续几天出现逆温时，大气污染物的扩散稀释能力会大大降低，将会呈现所谓“空气停滞”现象，这时在正常情况下不会造成大气污染的地方，也可能出现大范围的污染，如再处于不利的地形条件，就会造成更严重的空气污染。

3.1.2 下垫面对烟气扩散的影响

在城市、山区和水陆交界处，由于下垫面热力和动力效应不同，所表现的局地气象特征与平原地区不同，这些局地气象特征对污染物的扩散影响很大。

(1) 城市下垫面对烟气扩散的影响

城市下垫面的特点是：①城市人口密集、工业集中，能耗水平高；②城市的覆盖物（如建筑、水泥路面等）热容大，白天吸收太阳辐射热，夜间释放热缓慢；③城市上空笼罩着一层烟雾和二氧化碳，使地面有效辐射冷却效应减弱。

由于上述原因，使城市净热量收入比周围乡村多，故平均气温比周围乡村高（特别在夜间），于是形成了所谓的城市热岛现象。据统计，城乡年平均温差一般在 0.4～1.5℃，有时可达6～8℃。其差值与城市的大小、性质、当地气候条件及纬度有关。

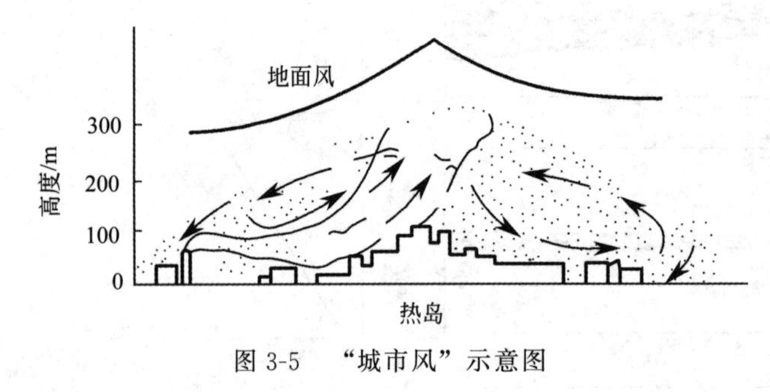

图 3-5 “城市风”示意图

由于城市温度比乡村高，气压比乡村低，所以可以形成一股从周围农村吹向城市的特殊气流，称为“热岛环流”，即所谓的“城市风”（见图 3-5）。夜间城乡温差最大，城市风最容易出现，这种风在市区汇合就会产生上升气流，周围郊区二次空气吹向城市中心进行补充。因此，若城市周围有产生污染物的工厂，就会使污染物在夜间向市中心输送，使市中心的污染物浓度反而高于郊区工业区，造成严重污染，特别是城市上空逆温存在时，会使污染加重。

(2) 地形对大气扩散的影响

地形对污染物扩散的影响主要是通过气流运动和气温的影响以改变烟气的运动和扩散。当烟气运行时，碰到高的丘陵和山地，在其附近会引起高浓度污染。烟气越过不太高的丘陵，在背风面下滑，产生涡流，出现严重污染。如图 3-6 所示。

在山区，地形复杂，山前山后坡面受热很不均匀，加上日照时间的变化，水平气温分布不均匀，这是造成局地热力环流形成坡风和山谷风的主要原因。

晴朗的夜晚，由于地面辐射冷却得快，山沟两侧贴近山坡的、冷而重的大气顺坡下滑，形成下坡风，又称山风［图 3-7(a)］。下坡风向山谷汇集，形成一股速度较大、层次较厚的气流，流向谷地或平原。具有日照的白天形成上坡风和谷风［图 3-7(b)］。日出日落前后是山谷风的转换期，这时山风与谷风交替出现，时而山风，时而谷风，风向不稳定，风速很小。此时，山沟中污染源排出的污染物由于风向来回摆动，产生循环积累，造成高浓度污染。此外，山谷凹地由于地形阻塞，气流不畅，容易出现长时间的小风，甚至出现静风，夜间沿坡下滑的冷空气因无法扩散而聚集在谷底，形成厚而强的逆温层。在易于出现小风并伴

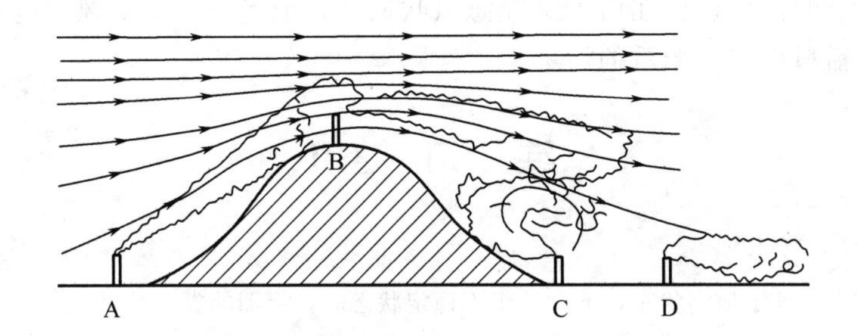

图 3-6 山丘对烟气扩散影响示意图

随逆温的凹地处，往往会造成严重的大气污染。

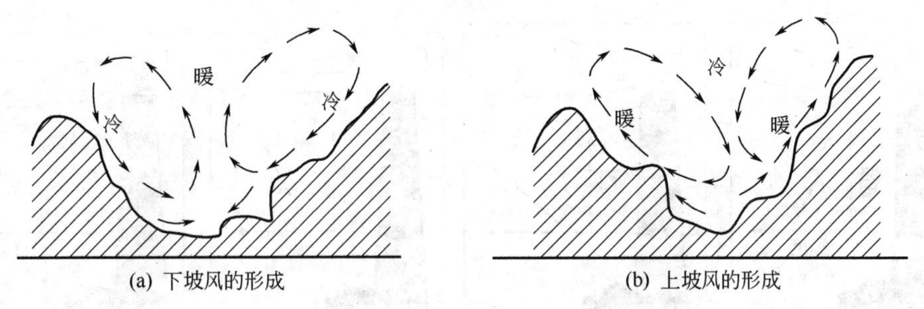

图 3-7 山风与谷风的形成

3.1.3 水陆交界区对烟气扩散的影响

水陆交界处，由于水面和陆面的热导率和比热容不同，水面温度变化比陆面小，白天陆面增温快，陆上气温比海上高，暖而轻的空气上升，于是上层空气由大陆吹向海洋，下层空气则由海洋流向陆地，形成海风，并构成完整的热力环流。夜间产生与白天相反的气流，形成陆风。一般来说，海风比陆风强度大。

海陆风是一种局地热力环流。白天陆地上的污染物随气流上升后，在上层流向海洋，下沉后可能有部分被海风带回陆地。此外，夜间被陆风吹向海洋的污染物，白天也有可能部分地被带回陆地，形成重复污染。

如果盛行风和海风方向相反，温度低的海风在下，陆地上暖气流在上，则两种气流的前沿形成倾斜的逆温顶盖，如图 3-8 中虚线所示。靠近岸边低矮的烟流受该逆温顶盖的控制，污染物不易扩散，可形成较高浓度的污染。海风前沿携带的污染物随复合气流上升，并被盛行风再吹向海洋。吹向海洋上空的污染物再扩散到下层，有部分污染物又会被海风吹向陆地。

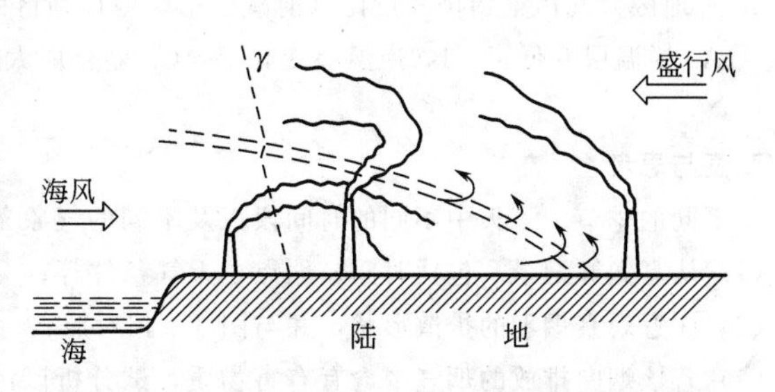

图 3-8 海陆风对扩散的影响示意图

在大湖泊、江河的水陆交界地带也会产生水陆风局地环流，称为水陆风。但水陆风的活动范围和强度比海陆风要小。

由上可知，海边工厂排放大气污染物，必须考虑海陆风的影响，因为有可能出现在夜间随陆风吹到海面上的污染物，在白天又随海风吹回来，或者进入海陆风局地环流中，使污染物不能充分扩散稀释而造成严重的污染。

练　习　3.1

选择题

1. 烟气排出口上方大气处于稳定状态，下方处于不稳定状态时，烟羽的类型是（　　）。
   A. 波浪型　　B. 锥型　　C. 扇型　　D. 漫烟型
2. 在太阳光线强烈的中午，大气处于不稳定状态时，烟羽的类型最可能出现的是（　　）。
   A. 波浪型　　B. 锥型　　C. 扇型　　D. 上扬型
3. 下图所示几种烟羽类型，属于扇型的是（　　），属于锥型的是（　　）。

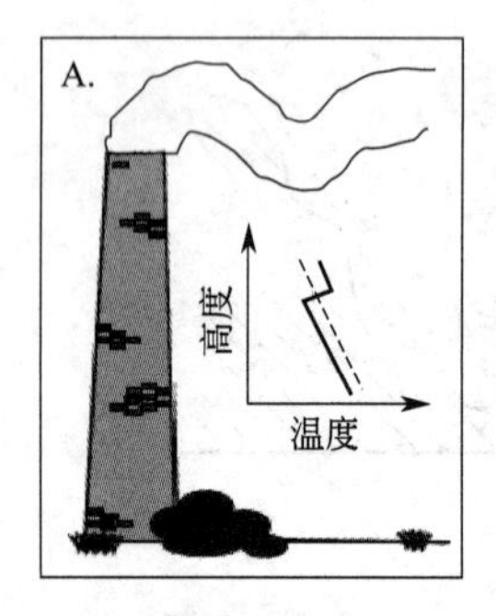

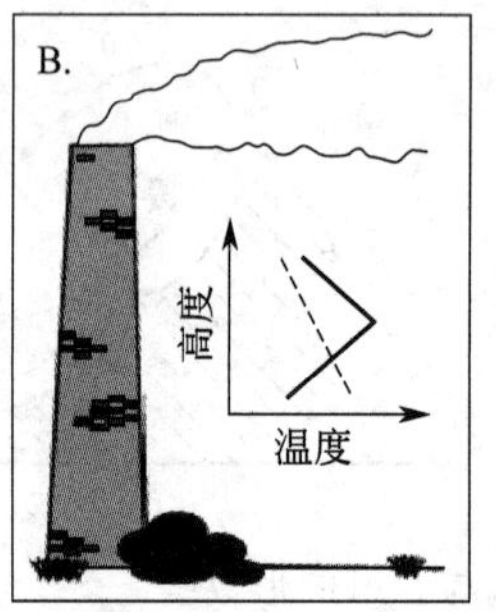

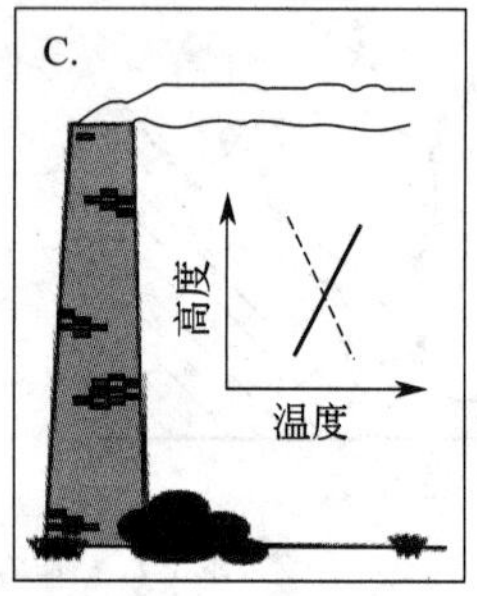

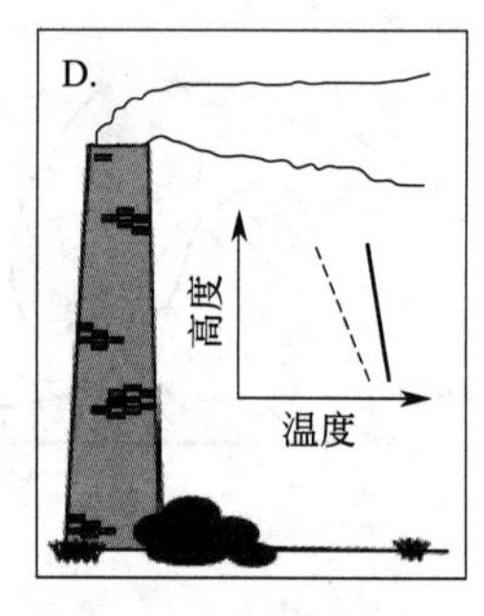

4. 下图所示几种烟羽类型，属于漫烟型是（　　）。

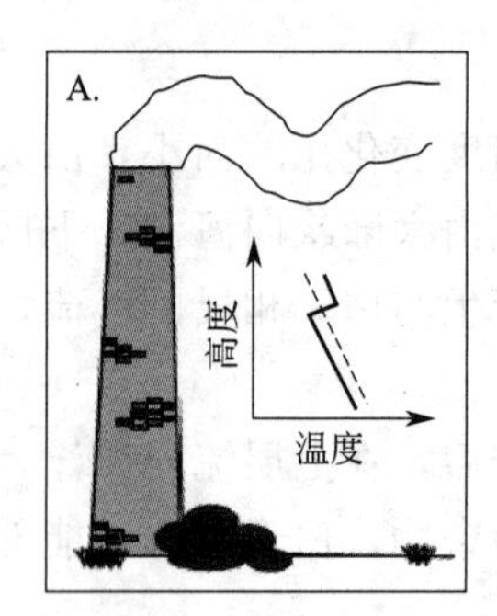

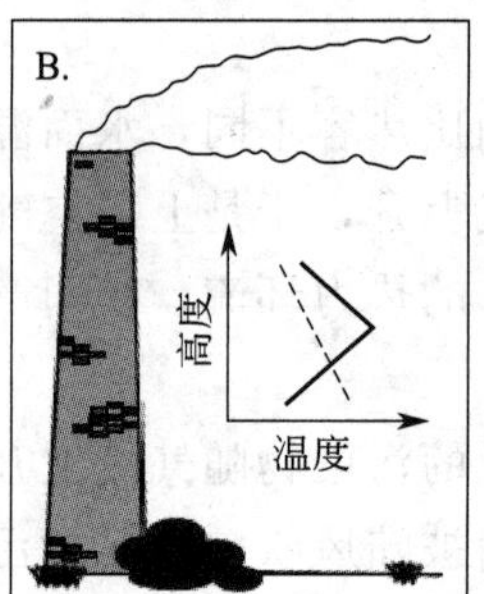

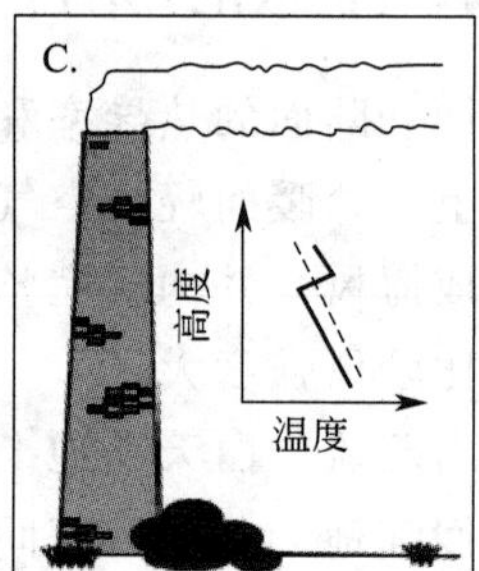

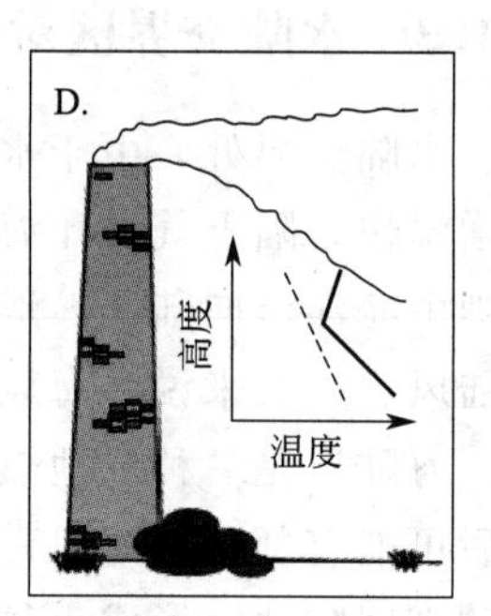

5. 某地区大气污染物排放量比以前减少了，但该地区的雾霾依然严重，主要气象学因素可能是（　　）。
   A. 逆温层变低了　B. 逆温层变高了　C. 盛行风太小　D. 盛行风太大

观察与思考

在不同的季节、一天中不同的时间段以及不同的气象条件下，观察某烟囱排放烟气的扩散情况。要求：

(1) 认真做好记录，包括时间、地点、天气条件等；

(2) 注意观察烟羽的扩散形状，并与图 3-4 相对照；

(3) 若该烟囱排放的烟气中含有有害物质，试分析该污染源可能造成怎样的危害。

3.2　烟窗有效高度

烟囱有效高度是指从烟囱排放的烟气距地面的实际高度，它等于烟囱（或排放筒）本身的高度（H_s）与烟气抬升高度 ΔH 之和，即：

$$H=H_s+\Delta H \tag{3-1}$$

3.2.1 烟气抬升现象

（1）烟气抬升的四个阶段

根据大量的观测事实和定性分析，烟气抬升大体上分为以下四个阶段。

① 喷出阶段　烟气自烟囱口垂直向上喷出，因自身的初始动量继续上升，此阶段也称为动力抬升阶段。显然烟囱出口处烟气的垂直速度（V_s）愈大，初始动量愈大，动力抬升的高度也越高。

② 浮升阶段　烟气离开烟囱后，由于烟气温度（T_s）比周围大气温度（T_a）高，则烟气比周围空气密度小，从而产生浮力，温差愈大，浮力上升愈高。初始动量的主导作用渐渐消失，随后主要是烟气本身的热量在环境中造成的浮力抬升。对于热烟气来说，这是烟气抬升的主要阶段。

③ 瓦解阶段　在浮升阶段的后期，烟气在抬升过程中由于周围空气被卷夹进来使烟体膨大，内外温差和上升速度都显著降低，烟流的浮升速度已经很慢，环境湍流使烟气体积进一步地增大，烟羽自身的结构也在短时间内瓦解，烟气原先的热力和动力性质丧失殆尽，抬升结束。

④ 变平阶段　在有水平风速（$\overline{u}$）的情况下，空气给烟气以水平动量，随着垂直速度迅速降低，烟气很快倾斜弯曲，环境湍流继续使烟气扩散膨胀，烟气逐渐趋于变平。因此通常认为烟气抬升高度和风速成反比。

（2）影响烟气抬升现象的因素

影响烟气抬升的主要因素有烟囱出口处的烟气流速（V_s）、烟气温度（T_s）、环境温度即大气温度（T_a）、风速、大气稳定度及近地层下垫面状况等。

烟气抬升高度首先决定于烟气所具有的初始动量和浮力。初始动量决定于烟气出口速度（V_s）和烟囱口的内径（D_s）；浮力则决定于烟气和周围空气的密度差。若烟气与空气因组分不同而产生的密度差异很小时，烟气抬升的浮力大小就主要取决于烟气温度（T_s）与空气温度（T_a）之差。

烟气与周围空气的混合速率对烟气的抬升影响很大。烟气与周围空气混合越快，烟气的初始动量和热量散失得就越快，因而抬升高度也就越小。决定混合速率的主要因素是平均风速和湍流强度。平均风速越大，湍流越强，混合就越快，烟气抬升高度也就越低。

在稳定层结大气中，热的烟气从下面卷夹空气并携带它到相对不热的环境中，此时烟气浮力衰减，烟气抬升减小，在不稳定大气中，烟气温度一般比环境温度高，因而能使烟气抬升作用增强。

城市的地形和下垫面的粗糙度对抬升高度影响较大。近地面的湍流较强，不利于抬升；地面愈高，地面粗糙度引起的湍流愈弱，对抬升愈有利。

3.2.2 烟气抬升高度的计算

影响烟气抬升的因素很多，也比较复杂。在文献上虽已见到数种烟气抬升高度计算式，但至今还没有一个计算式能准确表达出烟气抬升的规律。比较多的计算式是在一定的实验条件下，经数据处理而建立的经验或半经验计算式。因而在应用这些计算式时，要注意其使用条件，否则，计算结果的准确性将会很差。常见的计算式有霍兰德（Holland）公式、布里格斯（Briggs）公式、卢卡斯（Lucas）公式、康凯维（Concawe）公式、T. V. A 公式和我国国家标准中推荐的计算公式。这里只介绍适用性较广的霍兰德（Holland）公式和我国国家标准中规定的计算公式。

（1）霍兰德（Holland）公式

霍兰德公式是以美国原子能委员会、原子能实验中心和美国田纳西工程管理局的瓦茨-博尔火力发电厂的烟气实测资料为基础在 1953 年推导出来的经验公式。

在中性条件下，烟气抬升高度用式（3-2）计算。

$$\Delta H=\frac{V_s D_s}{\bar{u}}\left(1.5+2.7\frac{T_s-T_a}{T_s}D_s\right)=\frac{1}{\bar{u}}(1.5V_sD_s+9.6\times10^{-3}Q_H) \tag{3-2}$$

式中 ΔH——烟气抬升高度，m；

V_s——烟囱排出口处的排烟速度，m/s；

D_s——烟囱排出口的内径，m；

$\bar{u}$——烟囱口高度上的平均风速，m/s；

Q_H——烟气热释放率，kJ/s，$Q_H=\frac{\pi}{4}D_sV_s\rho_sc_p(T_s-T_a)$；

T_s——出口处烟气的温度，K；

T_a——大气温度，K；

ρ_s——烟囱排出口处，T_s 温度下烟气的密度，kg/m³；

c_p——恒压下烟气的热容，kJ/(kg·K)，可以计算或查气体平均热容。

霍兰德公式适用于中性大气条件，若用于计算不稳定条件下的烟气抬升高度时，实际抬升高度应比计算值增加 10%～20%；若用于计算稳定条件下的烟气抬升高度时，实际抬升应比计算值减小 10%～20%。

国内外许多学者都认为霍兰德公式是一个比较保守的公式，低估了烟气抬升高度。该公式对高烟囱强热源的计算结果偏差大，而对于低矮弱热源的烟囱计算结果偏保守。因此，该公式不适宜计算温度较高的热烟气或烟囱高于 100m 的烟气抬升高度。

【例 3-1】 某工厂动力锅炉烟囱高 35m，烟囱出口直径 3m，烟气初始速度为 10m/s，烟气温度为 473K，烟囱出口处周围环境风速为 5m/s，大气温度为 295K，试用霍兰德公式计算烟气最大抬升高度及有效源高度。

解 $H_s=35$m，$D_s=3$m，$V_s=10$m/s，$\bar{u}=5$m/s，$T_s=473$K，$T_a=295$K

$$\Delta H=\frac{V_sD_s}{\bar{u}}\left(1.5+2.7\frac{T_s-T_a}{T_s}D_s\right)=\frac{10\times3}{5}\left(1.5+2.7\times\frac{473-295}{473}\times3\right)=27\ (\text{m})$$

有效源高度：$H=H_s+\Delta H=35+27=62$（m）

（2）国家标准中规定的计算公式

我国《制订地方大气污染物排放标准的技术方法》中规定的公式如下。

① 当 $Q_H \geqslant 2100$kJ/s，且 $T_s - T_a \geqslant 35$K 时，烟气抬升高度可用下式计算。

$$\Delta H = \frac{n_0 Q_H^{n_1} H_s^{n_2}}{\bar{u}} \tag{3-3}$$

② 当 1700kJ/s$<Q_H<$2100kJ/s 时，烟气抬升高度可用下式计算。

$$\Delta H = \Delta H_1 + (\Delta H_2 - \Delta H_1)\frac{Q_H - 1700}{400} \tag{3-4}$$

$$\Delta H_1 = \frac{2(1.5V_s D_s + 0.01Q_H)}{\bar{u}} - \frac{0.048(Q_H - 1700)}{\bar{u}} \tag{3-5}$$

$$\Delta H_2 = \frac{n_0 Q_H^{n_1} H_s^{n_2}}{\bar{u}} \tag{3-6}$$

③ 当 $Q_H \leqslant 1700$kJ/s 或 $T_s - T_a < 35$K 时，烟气抬升高度可用下式计算。

$$\Delta H = \frac{2(1.5V_s D_s + 0.01Q_H)}{\bar{u}} \tag{3-7}$$

式中 Q_H——烟气的热释放率，kJ/s，$Q_H = 0.35 p_a Q_V \dfrac{T_s - T_a}{T_s}$；

T_s——烟囱出口处烟气温度，K；

D_s——烟囱排出口的内径，m；

H_s——烟囱几何高度，m；

V_s——烟囱排出口处的排烟速度，m/s；

Q_V——实际状态下的烟气排放量，m³/s；

T_a——大气温度，K（取当地气象台站近五年定时观测的平均气温值）；

p_a——大气压力，hPa；

$\bar{u}$——烟囱出口高度上的平均风速，m/s；

n_0——烟气热状况及地表系数，由表 3-1 确定；

n_1——烟气热释放率指数，由表 3-1 确定；

n_2——烟囱高度指数，由表 3-1 确定。

表 3-1 n_0，n_1，n_2 值的确定

Q_H/(kJ/s)	地表状况	n_0	n_1	n_2
$Q_H \geqslant 2100$	农村或城市远郊区	0.332	3/5	2/5
	城市及近郊区	0.292	3/5	2/5
$1700<Q_H<2100$	农村或城市远郊区	1.427	1/3	2/3
	城市及近郊区	1.303	1/3	2/3

【注意】以上计算公式适用于有风、中性和不稳定条件时烟气抬升高度的计算。不适用于有风、稳定条件及静风或小风时烟气抬升高度的计算。

【例 3－2】某城市火电厂的烟囱高 100m，出口内径 1.5m，出口烟气流速 12.7m/s，温度 60℃，烟囱出口处的风速 4.0m/s，大气温度 20℃，大气压力为 101.3kPa。试确定烟气排放量分别为 3000m³/min 和 2400m³/min 时，烟气抬升高度及有效源高度。

解 已知 $H_s=100\text{m}$，$D_s=5.0\text{m}$，$V_s=12.7\text{m/s}$，$T_s=333\text{K}$，$T_a=293\text{K}$，$\bar{u}=4.0\text{m/s}$ $p_a=101.3\ \text{kPa}=1013\ \text{hPa}$

（1）$Q_V=3000\text{m}^3/\text{min}=50\text{m}^3/\text{s}$，计算烟气的热释效率 Q_H

$$Q_H=0.35p_aQ_V\frac{T_s-T_a}{T_s}=0.35\times1013\times50\times\frac{333-293}{333}=2129(\text{kJ/s})$$

由于 $Q_H>2100\text{kJ/s}$，且 $T_s-T_a>35\text{K}$，因此烟气抬升高度应用式（3-3）计算。由表 3-1 可确定 n_0、n_1、n_2 的值分别为 0.292、3/5、2/5，于是

$$\Delta H=\frac{n_0Q_H^{n_1}H_s^{n_2}}{\bar{u}}=\frac{0.292\times2129^{3/5}\times100^{2/5}}{4.0}=45.7(\text{m})$$

$$H=H_s+\Delta H=100+45.7=145.7(\text{m})$$

（2）$Q_V=2400\text{m}^3/\text{min}=40\text{m}^3/\text{s}$，计算烟气的热释效率 Q_H

$$Q_H=0.35p_aQ_V\frac{T_s-T_a}{T_s}=0.35\times1013\times40\times\frac{333-293}{333}=1704(\text{kJ/s})$$

由于 $1700\text{kJ/s}<Q_H<2100\text{kJ/s}$，因此烟气抬升高度应用式（3-4）计算。

$$\Delta H_1=\frac{2(1.5V_sD_s+0.01Q_H)}{\bar{u}}-\frac{0.048(Q_H-1700)}{\bar{u}}$$

$$=\frac{2\times(1.5\times12.7\times1.5+0.01\times1704)-0.048\times(1704-1700)}{4.0}$$

$$=22.8\ (\text{m})$$

由表 3-1 可以确定 n_0、n_1、n_2 的值分别为 1.303、1/3、2/3，于是

$$\Delta H_2=\frac{n_0Q_H^{n_1}H_s^{n_2}}{\bar{u}}=\frac{1.303\times1704^{1/3}\times100^{2/3}}{4.0}=83.8(\text{m})$$

$$\Delta H=\Delta H_1+(\Delta H_2-\Delta H_1)\frac{Q_H-1700}{400}$$

$$=22.8+(83.8-22.8)\times\frac{1704-1700}{400}=23.4\ (\text{m})$$

$$H=H_s+\Delta H=100+23.4=123.4(\text{m})$$

3.2.3 增加烟气抬升高度的措施

决定烟气抬升的主要因素有烟气本身的热力性质、动力性质、气象条件和近地层下垫面等。

（1）影响烟气抬升高度的第一因素是烟气所具有的初始动量和浮力。初始动量的大小取决于烟气出口速度（V_s）和烟囱口的内径（D_s）；浮力大小决定于烟气和周围空气的密度差和温度。若烟气与空气因组分不同而产生的密度差异很小时，烟气抬升的浮力大小就主要取决于烟气温度（T_s）与空气温度（T_a）之差。当风速为 5m/s，烟气温度在 100～200℃时，T_s 与 T_a 每相差 1K，抬升高度约增加 1.5m。因此，提高排气温度有利于烟气抬升，但特意为烟气加热会增加运行费用，所以最好的做法是减少烟道及烟囱的热损失。

（2）烟气与周围空气的混合速度是影响烟气抬升的第二因素，决定混合速度的主要因素是平均风速和湍流强度；平均风速越大，湍流越强，烟气与周围空气混合越快，烟气的初始动量和热量散失得就越快，烟气的抬升高度就越低。增加烟气的出口速度对动力抬升有利，但也加快烟气与空气的混合，因此，应选择一个适当的出口速度。

（3）增加排气量对动量抬升和浮力抬升均有好处。因此，当附近有几个烟囱时应采用集合烟囱排气。

练 习 3.2

1. 某一工业锅炉烟囱高 30m，直径 0.6m，烟气出口速度为 16m/s，烟气温度 405K，大气温度为 293K，烟囱出口处的平均风速为 4.0m/s，SO_2 排放量为 10mg/s。试用霍兰德公式计算烟气最大抬升高度及有效源高度。
2. 某城市火电厂的烟囱高 80m，出口内径 2m，出口烟气流速 10m/s，温度 393K，烟囱出口处的风速 5.0m/s，大气温度 293K，大气压力为 101.3kPa。试用国家标准中规定的计算公式，确定烟气抬升高度及有效源高度。
3. 锅炉烟气量 $Q_V=38m^3/s$，二氧化硫排放量 $Q=20g/s$，烟囱口烟气温度为 339K，烟囱口内径为 1.4m。估计烟囱口的空气温度为 289K，风速为 6.0m/s，大气压力为 101.3kPa。试按国家标准中规定的公式计算烟气抬升高度。

3.3 污染物浓度的估算

研究烟气扩散的基本问题，就是研究湍流与烟气扩散和污染物浓度稀释的关系问题。目前，处理这类问题有三种广泛应用的理论：梯度输送理论、湍流统计理论和相似理论。泰勒（Taylor）应用统计学的方法于 1921 年提出了著名的泰勒公式。萨顿（Sutton）首先应用泰勒公式，提出了解决污染物在大气中扩散的实用模式。高斯（Gaussian）在大量实测资料分析的基础上，应用湍流统计理论得到了正态分布假设下的扩散模式，即高斯扩散模式，它是目前应用最广的模式。

3.3.1 实用的高斯扩散模式

（1）高斯扩散模式的假设条件

高斯扩散模式的坐标系如图 3-9 所示，其原点为排放点或高架源排放点在地面的投影点，x 轴正向为平均风向，y 轴在水平面上垂直于 x 轴，正向在 x 轴的左侧，z 轴垂直于水平面 xOy，向上为正向。在这种坐标系中，烟流中心线在 xOy 面的投影为 x 轴。

大量的实验和理论研究证明，特别是对于连续源的平均烟流，其浓度分布符合正态分布。因此，在处理大气扩散时做如下假定：

① 污染物浓度在 y、z 轴上的分布符合高斯分布；

② 在全部空间中风速是均匀的、稳定的；

③ 污染源的源强是连续的，均匀的；

④ 在扩散过程中，污染物质量守恒（即污染物不发生化学反应，地面对其起全反射作

用，不发生吸收和吸附作用，如图 3-10 所示）。

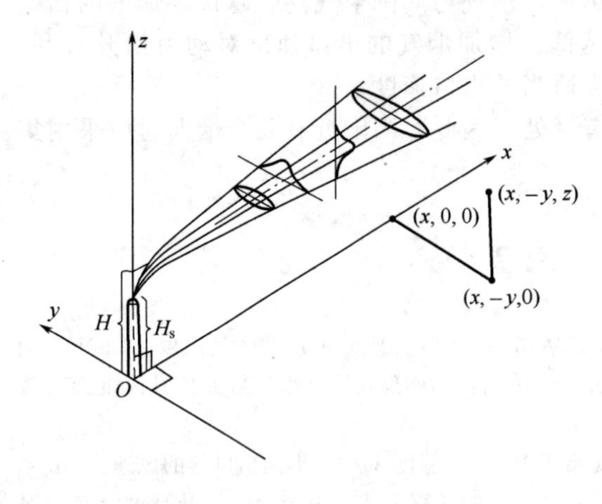

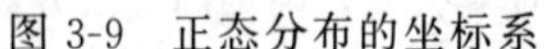

图 3-9　正态分布的坐标系

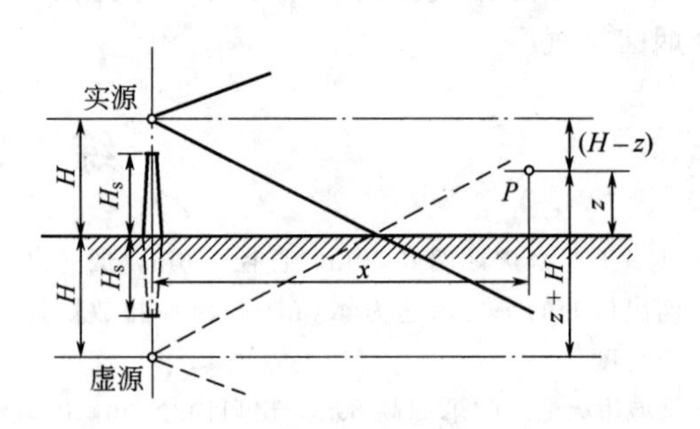

图 3-10　由地表产生的全反射示意图

（2）高架连续点源的高斯扩散模式

高架源是指距地面一定高度的排放源。实际的污染物排放源多位于地面或接近地面的大气边界层内，污染物在大气中的扩散必然会受到地面的影响，这种大气扩散称为有界大气扩散。所以在建立大气扩散模式时，必须考虑地面的影响。由于地面对污染物的扩散影响是很复杂的，在处理时可根据高斯模式的假定，把 P 点的污染物浓度看成是两部分的作用之和，即一部分是不考虑地面对污染物浓度影响的 P 点所具有的污染物浓度；另一部分是由于地面反射作用在 P 点所增加的浓度。这相当于位置在（0,0,H）的实源和位置在（0,0,$-H$）的像源在 P 点产生的浓度之和。于是空间任一点污染物的浓度可用式（3-8）表示。

$$\rho(x,y,z,H)=\frac{Q}{2\pi\,\bar{u}\,\sigma_y\sigma_z}\exp\left(-\frac{y^2}{2\sigma_y^2}\right)\left\{\exp\left[-\frac{(z-H)^2}{2\sigma_z^2}\right]+\exp\left[-\frac{(z+H)^2}{2\sigma_z^2}\right]\right\} \quad (3\text{-}8)$$

式中　$\rho(x,y,z,H)$——任一点污染物的浓度，mg/m^3；

Q——源强，单位时间污染源排放污染物的质量，mg/s；

σ_y——水平（y）方向上任一点烟气分布曲线的标准偏差，即水平扩散系数，m；

σ_z——垂直（z）方向上任一点烟气分布曲线的标准偏差，即垂直扩散系数，m；

$\bar{u}$——平均风速，m/s；

H——有效源高，m。

式(3-8）即为高架连续点源正态分布假设下的高斯扩散模式，适用于烟羽在移动方向上的扩散可以忽略的条件下，若污染物的释放是连续的，释放的持续时间不小于从源扩散到中心位置所需的时间，均可认为符合假定条件。

由式(3-8）可求出下风向任一点污染物的浓度。

当 $y=0$ 时，$\rho(x,0,z,H)$ 即为烟流中心线上的污染物浓度；

当 $z=0$ 时，$\rho(x,y,0,H)$ 即为污染物的地面浓度；

当 $y=0$，$z=0$ 时，$\rho(x,0,0,H)$ 即为烟流地面中心线上的污染物浓度；

当 $z=0$，$H=0$ 时，$\rho(x,y,0,0)$ 即为地面连续点源的污染物在地面浓度；

当 $z=0$，$y=0$，$H=0$ 时，$\rho(x,0,0,0)$ 即为地面连续点源地面中心线上的污染物浓度。

3.3.2 扩散参数的确定

用高斯公式进行浓度估算，关键是要确定其中的扩散参数 σ_y、σ_z，它们可以用实际测定的方法或通过估算来确定。

扩散参数现场测定方法主要有平面照相法、等容（平衡）气球法、示踪剂扩散法、激光雷达遥感法以及定点观测风脉动标准差法等。

扩散参数常用的估算法有 *P-T* 法、*P-T-C* 法、*P-G* 曲线法、布里格斯（Briggs）法和经验公式法等。

一般说来，实测较为准确，但不够经济，估算虽有一定误差却较简便，只要应用得当，也能收到预期效果 。下面介绍常用的 *P-T-C* 法、*P-G* 曲线法和经验公式法。

（1）*P-G* 曲线法与 *P-T-C* 法

帕斯奎尔（Pasquill）于 1961 年根据平坦地区近距离有限的扩散试验和气象观测资料，建立了宏观稳定度与扩散参数间的关系。吉福德（Gifford）进一步将它制成应用更方便的图表，这就是应用十分广泛的 *P-G* 曲线法。

P-G 曲线法估算大气扩散参数的步骤：首先，根据地面上 10m 处的风速、日照等级、阴云分布状况及云量等气象资料，从表 3-2 中查出稳定度级别；然后，根据大气稳定度分别从图 3-11 和图 3-12 中查出下风向距离为 x 的 σ_y 和 σ_z 值。

表 3-2 稳定度级别（一）

地面上 10m 处风速/（m/s）	白天			阴云密布的白天或夜晚	夜晚	
	日照				薄云遮天或低云≥4/8	云量≤3/8
	强	中等	弱			
<2	A	A～B	B	D		
2～3	A～B	B	C	D	E	F
3～5	B	B～C	C	D	D	E
5～6	C	C～D	D	D	D	D
>6	C	D	D	D	D	D

注：1. 表 3-2 和表 3-4 中，A 为极不稳定，B 为不稳定，C 为弱不稳定，D 为中性，E 为弱稳定，F 为中等稳定。
2. 日落前 1h 到日出后 1h 为夜晚。
3. 不论何种天气状况，夜晚前后各 1h 看作为中性。
4. 仲夏晴天中午为强日照，寒冬晴天中午为弱日照（中纬度）。
5. A～B 按 A、B 数据内插（用比例法）。

在帕斯奎尔（Pasquill）建立的宏观稳定度与扩散参数关系的基础上，特纳尔（D. B. Tuner）

进一步改进完善，形成了 P-T 法。但此法中确定太阳辐射等级的云量和云高较为复杂，不宜在我国应用。我国气象工作者又对 P-T 法作了修正，提出了 P-T-C 法，即帕斯奎尔-特纳尔-中国法。

P-T-C 法估算大气扩散参数的步骤如下：首先，利用气象台站常规气象观测的云量记录资料和太阳高度角，从表 3-3 中查出辐射等级；然后，由辐射等级和地面上 10m 处风速，从表 3-4 查出稳定度级别；最后，根据大气稳定度分别从图 3-11 和图 3-12 中查出下风向距离为 x 的 σ_y 和 σ_z 值。

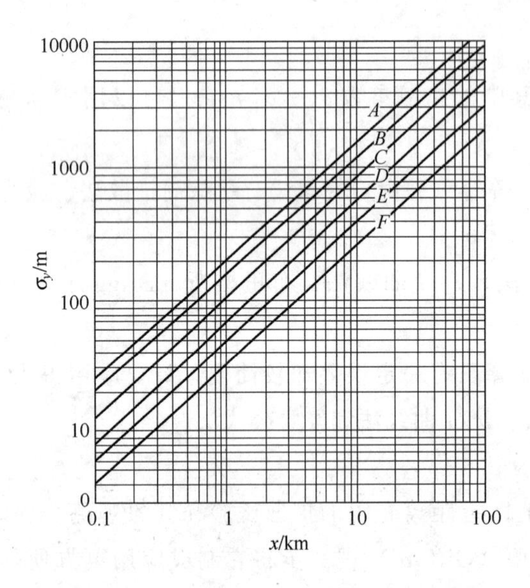

图 3-11　水平扩散参数与下风向距离之间的关系

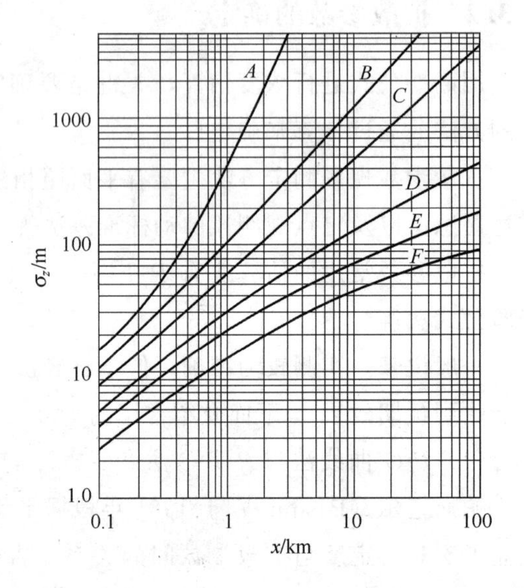

图 3-12　垂直扩散参数与下风向距离之间的关系

表 3-3　净辐射分级

云量(十分制)	夜晚	白天的太阳高度角 θ			
		$\theta \leqslant 15°$	$15° < \theta \leqslant 35°$	$35° < \theta \leqslant 65°$	$\theta > 65°$
＜3	−2	−1	+1	+2	+3
任一高度上为 2 或 4 或 5000m 以上云量为 6～9	−1	0	+1	+2	+3
5000m 以上＞9，或 2000m～5000m 云量为 6～9	−1	0	0	+1	+1
2000m 以下云量为 6～9	0	0	0	0	+1
2000m 以下云量＞9	0	0	0	0	0

表 3-4　稳定度级别（二）

地面上 10m 处风速/(m/s)	净辐射等级(见表 3-3)					
	+3	+2	+1	0	−1	−2
＜2	A	A～B	B	D	E	F
2～3	A～B	B	C	D	E	F
3～5	B	B～C	C	D	D	E
5～6	C	C～D	D	D	D	D
＞6	C	D	D	D	D	D

【例 3-3】　某石油精炼厂自平均高度 80m 处排放 SO_2 量为 80g/s，有效源高度的平均风速为 4.6m/s，试估算：①冬季阴天正下风向距烟囱 500m 处 SO_2 的地面浓度。

② 冬季阴天下风向 $x=500\text{m}$，$y=50\text{m}$ 处 SO_2 的地面浓度

解 ① 已知 $H=80\text{m}$，$Q=80\text{g/s}=8.0\times10^4\text{mg/s}$，$\bar{u}=4.6\text{m/s}$，$x=500\text{m}$

由表 3-2 可知，在冬季阴天的大气条件下，稳定度为 D 级。

由图 3-11 和图 3-12 查得在 $x=500\text{m}$ 处，$\sigma_y=35.5\text{m}$，$\sigma_z=18.1\text{m}$。

$$\rho(500,0,0,80)=\frac{Q}{\pi\bar{u}\sigma_y\sigma_z}\exp\left(-\frac{H^2}{2\sigma_z^2}\right)=\frac{8.0\times10^4}{3.14\times4.6\times35.5\times18.1}$$

$$\exp\left[\left(-\frac{1}{2}\right)\left(\frac{80}{18.1}\right)^2\right]=4.93\times10^{-4}\ (\text{mg/m}^3)$$

即冬季阴天正下风向距烟囱 500m 处地面上 SO_2 的浓度为 $4.93\times10^{-4}\text{mg/m}^3$。

② 由公式

$$\rho(x,y,z,H)=\frac{Q}{2\pi\bar{u}\sigma_y\sigma_z}\exp\left(-\frac{y^2}{2\sigma_y^2}\right)\left\{\exp\left[-\frac{(z-H)^2}{2\sigma_z^2}\right]+\exp\left[-\frac{(z+H)^2}{2\sigma_z^2}\right]\right\}$$

得

$$\rho(500,50,0,80)=\frac{Q}{\pi\bar{u}\sigma_y\sigma_z}\exp\left(-\frac{y^2}{2\sigma_y^2}\right)\exp\left(-\frac{H^2}{2\sigma_z^2}\right)$$

$$=\frac{8.0\times10^4}{3.14\times4.6\times35.5\times18.1}\exp\left(-\frac{50^2}{2\times35.5^2}\right)\exp\left[\left(-\frac{1}{2}\right)\left(\frac{80}{18.1}\right)^2\right]$$

$$=1.83\times10^{-4}\ (\text{mg/m}^3)$$

即冬季阴天下风向 $x=500\text{m}$，$y=50\text{m}$ 处 SO_2 的地面浓度为 $1.83\times10^{-4}\text{mg/m}^3$。

(2) 经验公式法

从事大气扩散研究的工作者在分析了大量的实验资料后，总结出 σ_y、σ_z 与下风向距离 x 的指数关系式为

$$\sigma_y=ax^b \tag{3-9}$$

$$\sigma_z=cx^d \tag{3-10}$$

式中，a、b、c、d 是与稳定度有关的经验系数。

根据中国《制定地方大气污染排放标准的技术方法》(GB/T 3840)，扩散参数 σ_y、σ_z 由下述方法确定。

表 3-5 扩散参数幂函数表达式数据（取样时间 0.5h）

扩散系数	稳定度	b 或 d	a 或 c	下风向距离/m
σ_y	A	0.901074	0.425809	0～1000
		0.850934	0.602052	>1000
	B	0.914370	0.281846	0～1000
		0.865014	0.396353	>1000
	B～C	0.919325	0.229500	0～1000
		0.875086	0.314238	>1000
	C	0.924279	0.177154	1～1000
		0.885157	0.232123	>1000
	C～D	0.926849	0.143940	1～1000
		0.886940	0.189396	>1000
	D	0.929418	0.110726	1～1000
		0.888723	0.146669	>1000
	D～E	0.925118	0.0985631	1～1000
		0.892794	0.124308	>1000
	E	0.920818	0.0864001	1～1000
		0.896864	0.101947	>1000
	F	0.929418	0.0553634	0～1000
		0.888723	0.733348	>1000

续表

扩散系数	稳定度	b 或 d	a 或 c	下风向距离/m
σ_z	A	1.12154 1.51360 2.10081	0.070000 0.00854771 0.000211545	0～300 300～500 >500
	B	0.964435 1.09356	0.127190 0.057025	0～500 >500
	B～C	0.941015 1.00770	0.114682 0.0757182	0～500 >500
	C	0.917595	0.106803	>0
	C～D	0.838628 0.756410 0.815575	0.126152 0.235657 0.136659	0～2000 2000～10000 >10000
	D	0.826212 0.632023 0.55536	0.104634 0.400167 0.810763	1～1000 1000～10000 >10000
	D～E	0.776864 0.572347 0.499149	0.111771 0.528984 1.03810	1～2000 2000～10000 >10000
	E	0.788370 0.565188 0.414743	0.0927529 0.433384 1.73241	1～1000 1000～10000 >10000
	F	0.784400 0.525969 0.322659	0.0620765 0.370015 2.40691	1～1000 1000～10000 >10000

① 平原地区农村及城市远郊区的扩散参数选取方法　A、B、C 级稳定度直接由表 3-5 查出扩散参数 σ_y、σ_z 的幂函数。D、E、F 级稳定度则需要向不稳定方向提半级后查算。

② 工业区或城区的扩散参数的选取方法　工业区 A、B 级不提级，C 级提到 B，D、E、F 级向不稳定方向提一级半再按表 3-5 查算。非工业区的城区 A、B 级不提级，C 级提到 B～C级，D、E、F 级向不稳定方向提一级，按表 3-5 查算。

③ 丘陵山区的农村或城市，其扩散参数选取方法同城市工业区。

在实际情况中，扩散参数 σ_y、σ_z 随湍流运动情况及地面粗糙度的不同而有很大的差异。因此在进行大气扩散估算时应当根据评价区的实际地形地貌来选择合适的经验系数，或通过实验来确定扩散参数。

【例 3-4】 某化工厂动力锅炉，从有效高度为 100m 的烟囱排放 SO_2 10.0g/s，烟囱出口的风速为 4m/s，试估算在大气处于中性状态（D 类稳定度）距烟囱 1km 正下风方向处的轴向地面浓度及在同一下风距离但离轴线 200m 处的侧向 SO_2 浓度。

解　已知 $H=100\text{m}$，$Q=10.0\text{g/s}$，$\bar{u}=4\text{m/s}$，$x=1000\text{m}$

在 D 类稳定度时，查表 3-5 可得到：$a=0.111$，$b=0.929$，$c=0.104$，$d=0.826$

则

$$\sigma_y=ax^{\mathrm{b}}=0.111\times1000^{0.929}=67.97\ (\text{m})$$

$$\sigma_z=cx^{\mathrm{d}}=0.104\times1000^{0.826}=31.26\ (\text{m})$$

所以，距烟囱 1km 正下风方向处的轴向地面浓度为

$$\rho(1000,0,0,100)=\frac{Q}{\pi\bar{u}\,\sigma_y\sigma_z}\exp\left(-\frac{H^2}{2\sigma_z^2}\right)$$

$$=\frac{10\times10^3}{3.14\times4.0\times67.97\times31.26}\exp\left[\left(-\frac{1}{2}\right)\left(\frac{100}{31.26}\right)^2\right]$$

$$=2.24\times10^{-3}\,(\text{mg/m}^3)$$

距烟囱 1km 下风方向但离轴线 200m 处的侧向 SO_2 浓度为

$$\rho(1000,200,0,100)=\frac{Q}{\pi\bar{u}\ \sigma_y\sigma_z}\exp\left(-\frac{y^2}{2\sigma_y^2}\right)\exp\left(-\frac{H^2}{2\sigma_z^2}\right)$$
$$=\frac{10\times10^3}{3.14\times4.0\times67.97\times31.26}\exp\left(-\frac{200^2}{2\times67.97^2}\right)\exp\left[\left(-\frac{1}{2}\right)\left(\frac{100}{31.26}\right)^2\right]$$
$$=2.98\times10^{-5}(\mathrm{mg/m^3})$$

3.3.3 地面最大浓度

地面源和高架源在下风方向造成的地面浓度分布如图 3-13 所示，在下风向一定距离（x）处中心线的浓度高于边缘部分。两种源的地面轴线浓度分布如图 3-14 所示。对于地面源所造成的轴线浓度随距污染源距离的增加而降低，对于高架源地面轴线浓度先随距离（x）增加而急剧增大，在距源 1～3km 的不太远距离处地面轴线浓度达到最大值，超过最大值以后，随 x 继续增加，地面轴线浓度逐渐减小。

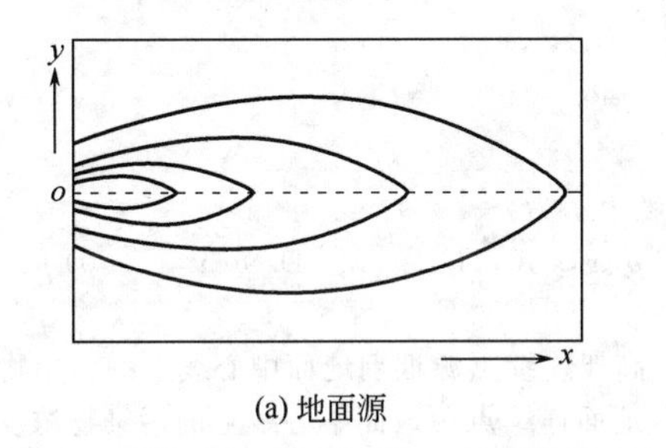

(a) 地面源

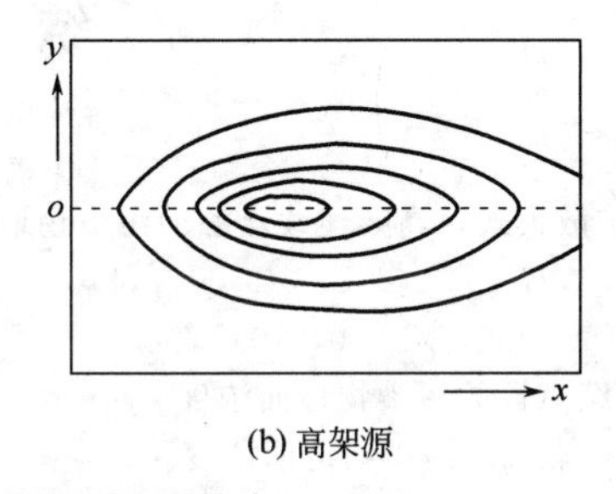

(b) 高架源

图 3-13　地面源和高架源的地面浓度分布

当 $y=0$，$z=0$ 时，由式(3-8) 可以得到烟流地面中心线上污染物浓度的模式如下。

$$\rho(x,0,0,H)=\frac{Q}{\pi\bar{u}\sigma_y\sigma_z}\exp\left(-\frac{H^2}{2\sigma_z^2}\right) \tag{3-11}$$

由于σ_y、σ_z 是距离 x 的函数，而且随着 x 的增加而增大，$\frac{Q}{\pi\bar{u}\sigma_y\sigma_z}$项随着 x 的增大而减小，第二项 $\exp\left(-\frac{H^2}{2\sigma_z^2}\right)$则随着 x 的增大而增大，两项共同作用的结果，必然在某一距离 x 处出现浓度的最大值。

在最简单的情况下，假设 σ_y/σ_z 的比值不随距离 x 发生变化，将式(3-11) 对 σ_z 进行求导，并令其等于零，即可得到地面最大浓度 $\rho_{\max}$和最大浓度点 σ_z 的计算公式。

$$\rho_{\max}=\frac{2Q}{\pi e\bar{u}H^2}\times\frac{\sigma_z}{\sigma_y} \tag{3-12}$$

$$\sigma_z\big|_{x=x_{\rho,\max}}=\frac{H}{\sqrt{2}} \tag{3-13}$$

根据最大浓度点的 σ_z 值、大气稳定度类型查图 3-12 就可得出最大浓度在下风向距污染源的距离 x。

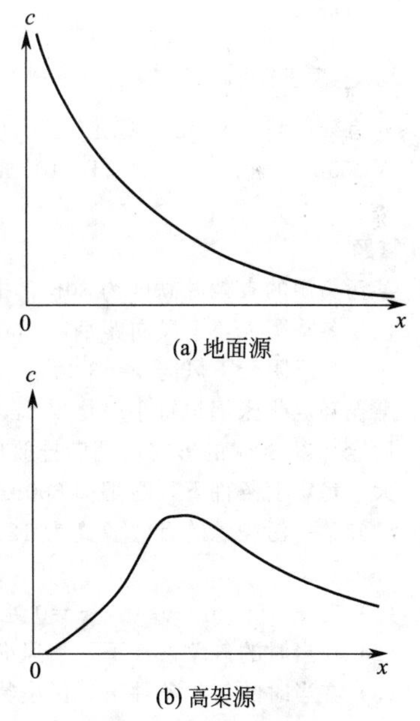

图 3-14　地面源和高架源地面轴线浓度分布

【例 3-5】 某污染源有效源高 60m，SO_2 排出量为 80g/s，烟囱出口处的平均风速为 6m/s，在当时的气象条件下，正下风方向 500m 处的 $\sigma_y=35.3\mathrm{m}$，$\sigma_z=18.1\mathrm{m}$。试估算地面最大浓度 $\rho_{\max}$及出现的位置。

解 已知 $H=60\text{m}$，$Q=80\text{g/s}$，$\bar{u}=6\text{m/s}$，正下风方向 500m 处的 $\sigma_y=35.3\text{m}$，$\sigma_z=18.1\text{m}$。

当 σ_y/σ_z 的比值恒定时，由式(3-12) 得地面最大浓度为

$$\rho_{\max}=\frac{2Q}{\pi e\bar{u}H^2}\times\frac{\sigma_z}{\sigma_y}=\frac{2\times80\times10^3}{3.14\times2.718\times6\times60^2}\times\frac{18.1}{35.3}$$

$$=4.45\times10^{-1}\ (\text{mg/m}^3)$$

出现最大地面浓度时的 σ_z 值为

$$\sigma_z=\frac{H}{\sqrt{2}}=\frac{60}{\sqrt{2}}=42.6\ (\text{m})$$

根据 $x=500\text{m}$ 处的 $\sigma_z=18.1\text{m}$ 查图 3-12 得当时的大气稳定度类型为 D 型，由 D 型曲线查得 $\sigma_z=42.6\text{m}$ 时，$x\approx1800\text{m}$。

练　习　3.3

选择题

1. 根据高斯扩散模式，高架连续点源的污染物地面浓度表示为（　　）。

   A. $\rho(x,y,z,H)$　　B. $\rho(x,y,z,0)$　　C. $\rho(x,y,0,H)$　　D. $\rho(x,y,0,0)$

2. 根据高斯扩散模式，$\rho(x,0,0,0)$ 表示（　　）。

   A. 高架连续点源的污染物地面浓度　　B. 高架连续点源烟羽地面中心线上的污染物浓度

   C. 地面连续点源的污染物地面浓度　　D. 地面连续点源地面中心线上的污染物浓度

3. 根据高斯扩散模式，$\rho(x,0,0,0)=$（　　）。

   A. $\dfrac{Q}{\pi\bar{u}\sigma_y\sigma_z}$　　B. $\dfrac{Q}{2\pi\bar{u}\sigma_y\sigma_z}$

   C. $\dfrac{Q}{\pi\bar{u}\sigma_y\sigma_z}\exp\left(\dfrac{y^2}{2\sigma_y^2}\right)$　　D. $\dfrac{Q}{2\pi\bar{u}\sigma_y\sigma_z}\exp\left(\dfrac{y^2}{2\sigma_y^2}\right)$

4. 若有效源高 141.4m，稳定度为 D 级，则污染物最大地面浓度出现在下风向（　　）。

   A. 65m　　B. 100m　　C. 650m　　D. 6500m

计算题

1. 某污染源的有效源高度为 80m，排放 SO_2 量为 80g/s，排放口处的平均风速为 4.6m/s，试估算：

   (1) 冬季阴天正下风向距烟囱 600m 处 SO_2 的地面浓度。

   (2) 冬季阴天下风向 $x=600\text{m}$，$y=50\text{m}$ 处 SO_2 的地面浓度。

2. 某循环流化床锅炉每小时烧煤 1t，已知煤中硫含量为 2.0%，燃烧过程中脱硫率 50%，若其余的硫燃烧后全部以 SO_2 的形式从烟囱排放出。烟囱出口处的风速为 4.0m/s，有效排放高度是 100m，试求在 B 类大气稳定度条件下，距烟囱 800m 正下风方向处的 SO_2 地面浓度。

3. 已知某一污染源的有效源高为 120m，污染物 SO_2 的源强为 60g/s，若已知 $u=6\text{m/s}$，$\sigma_y=35\text{m}$，$\sigma_z=18\text{m}$，求：

   (1) 在 $x=500\text{m}$，$y=0$，$z=0$ 处的污染物的浓度。

   (2) 在当时的气象条件下，下风向 $x=500\text{m}$，$y=50\text{m}$ 处 SO_2 的地面浓度。

   (3) 在当时的气象条件下，污染物最大地面浓度及出现的位置。

4 颗粒污染物控制技术

【学习指南】 颗粒污染物是大气的主要污染物之一，颗粒污染物净化技术又称为除尘技术。在学习本章时应首先了解颗粒污染物的性质和除尘器的性能，这是除尘技术的重要基础。在此基础上重点掌握各类除尘装置的工作原理、结构性能、适用范围、除尘器选型计算等方面的内容。培养利用这些知识和技能解决含尘废气净化工艺过程中具体问题的能力，为将来从事这方面的工作打下良好的基础。

空气中的固体或液体颗粒状的物质被称为颗粒物。若分散在气体中的颗粒物为固体时，称为霾；若分散在气体中的颗粒物为液体时，称为雾。

在燃料燃烧或工业生产中会向空气中排放大量的含尘气体，这些含尘气体如果不经净化处理直接排放，就会对大气环境造成严重的污染。从废气中将固体颗粒物分离出来并加以捕集、回收的过程称为除尘，实现除尘过程的设备称为除尘装置。常见的除尘装置主要有惯性除尘器、湿式除尘器、袋式除尘器和静电除尘器。从废气中将液体颗粒物捕集分离的过程称为除雾，实现除雾过程的设备称为除雾装置。

4.1 除尘技术基础

4.1.1 颗粒物的粒径与粒径分布

(1) 颗粒物的粒径

颗粒物的粒径（particle size）是指颗粒物的直径或大小，是颗粒物的基本特性之一。不同粒径的颗粒物，其物理、化学性质有很大的差异，对除尘器的除尘机制和性能也有很大影响。通常将粒径分为代表单个粒子大小的单一粒径和代表不同大小颗粒物组成的粒子群的平均粒径，单位是微米（μm）。

① 单一粒径　单一粒径是指单个粒子的几何直径。对于球形颗粒物来说，球的直径即为单一粒径；对于形状不规则的颗粒物来说，根据测定的方法不同，分为投影径、几何当量径和物理当量径。

a. 投影径：在显微镜下所观察到的颗粒物的粒径。根据测定的方法不同又分为定向直径、定向面积等分径和圆等直径。

定向直径：颗粒物在投影图同一方向上的最大投影长度[如图 4-1(a)所示]，又称为菲雷特（Feret）直径，用 d_F 表示。

定向面积等分径：颗粒物在投影图同一方向上将投影面积分割成两个相等部分的线段的长度[如图 4-1(b)所示]，又称为马丁（Martin）直径，用 d_M 表示。

圆等直径：与颗粒物在投影图同一方向上面积相等圆的直径[如图 4-1(c)所示]，又称为赫伍德（Heywood）直径，用 d_H 表示。

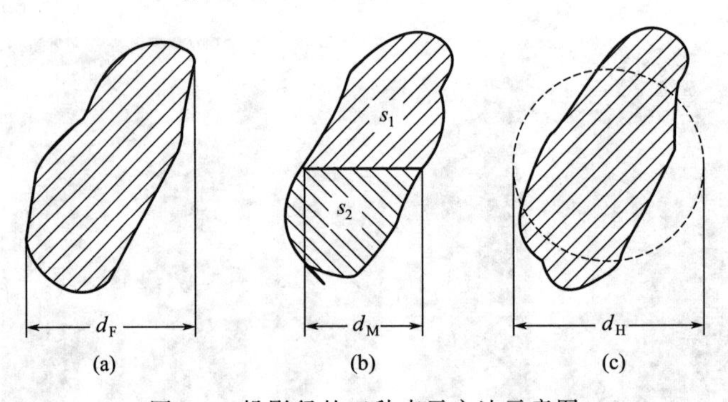

图 4-1　投影径的三种表示方法示意图

b. 几何当量径：取与颗粒物的某一几何量相等时的球形颗粒物的直径。如球等直径为与颗粒物体积相等的球的直径。

c. 物理当量径：取与颗粒物的某一物理量相同时的球形颗粒物的直径。根据测定方法不同又分为斯托克斯（Stokes）当量直径和空气动力学当量直径。

斯托克斯当量直径：在同一流体中与颗粒物的终末沉降速度相等，且与颗粒物密度相同的球的直径，用 d_{st} 表示。

空气动力学当量直径：在空气中与颗粒物的终末沉降速度相等，且真密度为 $1g/cm^3$ 的球的直径，用 d_a 表示。

②平均粒径　将由大小和形状不相同的颗粒物组成的粒子群与由均一球形粒子组成的粒子群相比，如果两者的粒径全长（所有粒子的粒径之和）相同，则此球形粒子的直径即为颗粒物粒子群的平均粒径。常见的平均粒径有以下几种表示。

算术平均径：指单一径的算术平均值。

面积长度平均径：指粒子群的表面积总和与直径总和的比值。

体面积平均径：指粒子的体积与总表面积的比值。

(2) 粒径分布

颗粒物的粒径分布（particle size distribution）是指某种颗粒物粒子群中不同粒径的颗

粒物所占的比例，也称颗粒物的分散度。用颗粒物的质量分数表示的粒径分布称为质量分布，用颗粒物个数百分数表示的粒径分布称为粒数分布。由于质量分布能更好反映不同粒径的颗粒物对除尘装置性能的影响，因此在除尘技术中采用较多。常用的质量分布有频率分布、频度分布、筛上累计频率分布和筛下累计频率分布。粒径分布的表示方法有列表法、图示法和函数法。

① 频率分布　指某粒径范围（$d_{pi}+\Delta d_p$）的颗粒物质量占颗粒物总质量的百分比，用式（4-1）计算。

$$g_i=\frac{\Delta m_i}{m_0}\times 100\% \tag{4-1}$$

式中　g_i——频率分布，%；

Δm_i——粒径范围为（$d_{pi}+\Delta d_p$）的颗粒物的质量，g；

m_0——颗粒物的总质量，g。

② 频率密度分布（频度分布）　指单位粒径间隔颗粒物质量占总质量的百分比，为单位粒径间隔宽度的频率分布，用式（4-2）计算。

$$f_i=\frac{\Delta m_i}{m_0\Delta d_p}\times 100\%=\frac{g_i}{\Delta d_p} \tag{4-2}$$

式中　f_i——频率密度分布（频度分布），%；

Δm_i——粒径范围为（$d_{pi}+\Delta d_p$）的颗粒物的质量，g；

Δd_p——粒径间隔宽度，μm；

m_0——颗粒物的总质量，g。

将频度分布 f_i 达到最大值时所对应的粒径称为众径。

③ 筛上累计频率分布　指大于某一粒径（d_{pi}）颗粒物的质量占颗粒物总质量的百分比，为大于某一粒径（d_{pi}）颗粒物的频率分布之和，也为大于某一粒径（d_{pi}）颗粒物的频度分布与间隔宽度乘积之和，用式（4-3）计算。

$$R_i=\frac{m_i}{m_0}\times 100\%=\sum_{d_{pi}}^{d_{max}} g_i=\sum_{d_{pi}}^{d_{max}} f_i\Delta d_p \tag{4-3}$$

式中　R_i——筛上累计频率分布，%；

m_i——大于粒径（d_{pi}）所有颗粒物的质量，g；

m_0——颗粒物的总质量，g。

④ 筛下累计频率分布　指小于某一粒径的全部颗粒质量占总质量的百分比，为小于某一粒径（d_{pi}）颗粒物的频率分布之和，用式（4-4）计算。

$$G_i=\frac{m_i'}{m_0}\times 100\%=100\%-R_i \tag{4-4}$$

式中　G_i——筛下累计频率分布，%；

m_i'——小于粒径（d_{pi}）所有颗粒物的质量，g；

m_0——颗粒物的总质量，g。

将筛上累计频率分布与筛下累计频率分布相等（$R_i=G_i=50\%$）的粒径称为中位径。

【例 4-1】测定某颗粒的粒径分布，称取样品质量4.28g，按粒径大小分为9组，经测定得到d_p至$d_p+\Delta d_p$范围内粒子的质量，数据如下表。试按表中要求计算频率分布、频度分布、筛上累计频率分布和筛下累计频率分布。

项目	分组号								
	1	2	3	4	5	6	7	8	9
粒径范围/μm	6～10	10～14	14～18	18～22	22～26	26～30	30～34	34～38	38～42
间隔宽度/μm	4.0	4.0	4.0	4.0	4.0	4.0	4.0	4.0	4.0
颗粒质量/g	0.012	0.098	0.36	0.64	0.86	0.89	0.80	0.46	0.16
频率分布/%									
频度分布/(%/μm)									
筛上累计分布/%									
筛下累计分布/%									

解 (1) 频率分布

$$g_1=\frac{\Delta m_1}{m_0}\times 100\%=\frac{0.012}{4.28}\times 100\%=0.28\%$$

同理可计算出其他组的频率分布，见下表。

(2) 频度分布

$$f_1=\frac{\Delta m_1}{m_0\Delta d_p}\times 100\%=\frac{g_1}{\Delta d_p}=\frac{0.28\%}{4.0}=0.070\%$$

同理可计算出其他组的频度分布，见下表。

(3) 筛上累计频率分布

$$R_1=\sum_{6}^{42}g_i=0.28\%+2.29\%+8.41\%+14.95\%+20.09\%+20.79\%+18.69\%+10.75\%+3.74\%=100\%$$

$$R_2=\sum_{10}^{42}g_i=2.29\%+8.41\%+14.95\%+20.09\%+20.79\%+18.69\%+10.75\%+3.74\%=99.72\%$$

同理可计算出其他组的筛上累计频率分布，见下表。

(4) 筛下累计频率分布

$$G_1=100\%-R_1=100\%-100\%=0$$

$$G_9=100\%-R_9=100\%-3.74\%=96.26\%$$

同理可计算出其他组的筛下累计频率分布，见下表。

项目	分组号								
	1	2	3	4	5	6	7	8	9
粒径范围/μm	6～10	10～14	14～18	18～22	22～26	26～30	30～34	34～38	38～42
间隔宽度/μm	4.0	4.0	4.0	4.0	4.0	4.0	4.0	4.0	4.0
颗粒质量/g	0.012	0.098	0.36	0.64	0.86	0.89	0.80	0.46	0.16

续表

项目	分组号								
	1	2	3	4	5	6	7	8	9
频率分布/%	0.28	2.29	8.41	14.95	20.09	20.79	18.69	10.75	3.74
频度分布/(%/μm)	0.070	0.57	2.10	3.74	5.02	5.20	4.67	2.69	0.98
筛上累计分布/%	100	99.72	97.43	89.02	74.07	53.97	33.18	14.49	3.74
筛下累计分布/%	0	0.28	2.57	10.98	25.93	46.03	66.82	85.51	96.26

4.1.2 颗粒物的基本性质

(1) 密度

单位体积颗粒物的质量称为颗粒物的密度，其单位是 kg/m^3 或 g/cm^3。颗粒物的密度有几种不同的表达方式。由于颗粒物表面不平和其内部的空隙，所以颗粒物表面及其内部吸附着一定的空气，因此在自然堆积状态下，将颗粒物、附着气体及颗粒间气体都包括在内的密度称为堆积密度（accumulation density），用 ρ_b 表示。将吸附在颗粒物表面及其内部的空气排除后，测得的密度称为真密度（actual density），用 ρ_p 表示。

若将颗粒物之间的空隙体积与包含空隙的颗粒物总体积之比称为空隙率 ε，则 ε 与颗粒物的真密度 ρ_p 和堆积密度 ρ_b 之间存在如下关系。

$$\rho_b=(1-\varepsilon)\rho_p \tag{4-5}$$

颗粒物的真密度用于研究颗粒物在空气中的运动，而堆积密度则用于计算存仓或灰斗的容积等。

(2) 比表面积

单位质量的颗粒物具有的总表面积称为比表面积，用 S_p 表示，单位为 m^2/kg（或 cm^2/g）。一般来说，颗粒物的粒径越小，比表面积越大。如水泥窑颗粒物的平均粒径为 13μm，其比表面积约为 240 m^2/kg；而细炭黑的平均粒径为 0.03μm，其比表面积约为 1.1×10^5 m^2/kg。

(3) 休止角和滑动角

休止角（angle of rest）是指自然堆放在水平面上颗粒物堆积锥体的母线与水平面的夹角，也称安息角或堆积角。滑动角是指光滑平面倾斜至颗粒物刚开始滑动的倾斜角。休止角和滑动角是评价颗粒物流动性的重要指标，它与颗粒物的种类、粒径、形状和含水率等因素有关。多数颗粒物休止角的平均值为 35°～36°。对于同一种颗粒物来说，粒径愈小，其休止角愈大；表面愈光滑和愈接近球形的粒子，其休止角愈小；含水率愈大，休止角愈大。颗粒物的休止角和滑动角是确定除尘器灰斗锥度和含尘通风管道倾斜角的主要依据。

测定颗粒物休止角的常见方法有注入法[如图 4-2(a)所示]和排出法[如图 4-2(b)所示]。测定颗粒物滑动角的常见方法有回转圆筒法[如图 4-2(c)所示]和斜箱法[如图 4-2(d)所示]。

(4) 颗粒物的润湿性

颗粒物与液体相互附着难易的性质称为颗粒物的润湿性（wettability）。当颗粒物与液体接触时，如果接触面扩大而相互附着，就是能润湿；如果接触面趋于缩小而不能附着，则是不能润湿。根据颗粒物被液体润湿的难易程度可将颗粒物分为亲水性颗粒物（如锅炉烟尘、石英颗粒物等）和疏水性颗粒物（如石墨颗粒物、炭黑等）。对于 5μm 以下特别是 1μm 以下的颗粒物，即使是亲水的，也很难被水润湿，这是由于细粉的比表面积大，对气体的吸

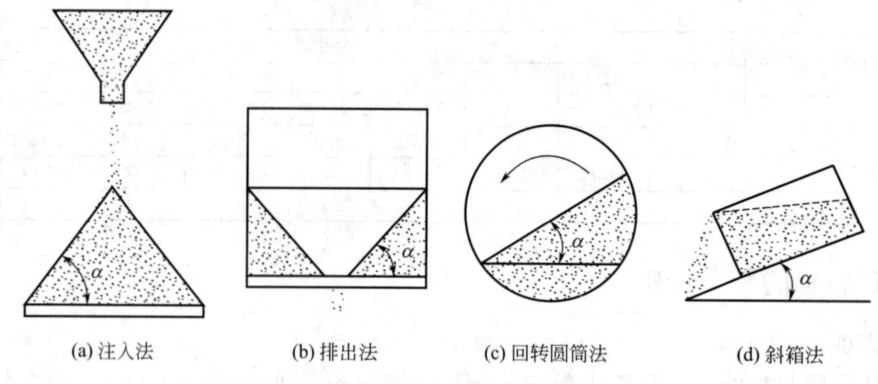

(a) 注入法　(b) 排出法　(c) 回转圆筒法　(d) 斜箱法

图 4-2　颗粒物休止角和滑动角测定方法示意图

附作用强，表面易形成一层气膜，因此只有在颗粒物与水滴之间具有较高的相对运动时（如文丘里喉管中那样），才能冲破气膜，使颗粒物被润湿。各种湿式除尘器，主要是靠颗粒物与水的润湿作用来分离颗粒物的。但应注意的是，像水泥、熟石灰等虽是亲水性颗粒物，它们吸水后即形成不再溶于水的硬垢，这种性质称为颗粒物的水硬性。水硬性颗粒物会造成除尘设备和管道结垢或堵塞，因此不宜采用湿式除尘器。

（5）黏附性

颗粒物颗粒相互附着或附着于固体表面上的现象称为颗粒物的黏附性（adhesion）。影响颗粒物黏附性的因素很多，一般情况下，颗粒物的粒径小、形状不规则、表面粗糙、含水率高、润湿性好以及荷电量大时，易产生黏附现象。颗粒物的黏附性还与周围介质的性质有关，例如颗粒物在液体中的黏附性要比在气体中弱得多；在粗糙或黏性物质的固体表面上，黏附力会大大提高。

许多除尘器的捕集机制都依赖于颗粒物在表面上的黏附，但在含尘气流管道或净化设备中，又要防止颗粒物在壁面上的黏附，以免发生堵塞。所以在除尘系统或气流输送系统中，要根据经验选择适当的气流速度，并尽量把器壁面加工光滑，以减少颗粒物的黏附。

（6）荷电性

颗粒物在其产生和运动过程中，由于相互碰撞、摩擦、放射线照射、电晕放电以及接触带电体等原因而带有一定的电荷，把颗粒物的这种性质称为颗粒物的荷电性。颗粒物荷电后，将改变其某些物理性质，如凝聚性、附着性以及在气体中的稳定性等。颗粒物的荷电量随着温度增高、表面积增大及含水量减少而增大。

电除尘器就是利用颗粒物的荷电性进行工作的。其他除尘器（如袋式除尘器、湿式除尘器），也可以充分利用颗粒物的荷电性来提高对颗粒物的捕集能力。

（7）比电阻

颗粒物的导电性通常用比电阻来表示。颗粒物比电阻（specific resistance）是指单位面积的颗粒物在单位厚度时所具有的电阻值，单位是Ω·cm。

颗粒物的导电机制有两种，在高温（200℃以上）情况下，颗粒物的导电主要靠颗粒物颗粒内的电子或离子进行，这种导电称为容积导电，这时测得的比电阻称为容积比电阻。随着温度升高，颗粒物内部会发生电子的热激化作用，使容积比电阻下降。在低温（100℃以下）情况下，颗粒物主要靠其表面吸附的水分和化学膜导电，这种导电称为表面导电，这时测得的比电阻称为表面比电阻。随温度升高，吸附水分减少，表面比电阻增加。

颗粒物的比电阻对电除尘器的工作有很大影响，过低和过高都会使除尘效率下降，最适宜的范围是 $1\times10^4\sim2\times10^{10}\Omega\cdot cm$。当颗粒物的比电阻不利于电除尘器捕集颗粒物时，需要采取措施调节颗粒物的比电阻，使其处于合适的范围。

(8) 爆炸性

当空气中的某些颗粒物（如煤粉等）达到一定浓度时，若在高温、明火、电火花、摩擦、撞击等条件下就会引起爆炸，这类颗粒物称为爆炸性颗粒物。颗粒物的粒径越小，比表面积越大，颗粒物和空气的湿度越小，爆炸的危险性就越大。另外，有些颗粒物（如镁粉、碳化钙粉等）与水接触后也会引起自燃或爆炸，因此这类颗粒物不能用湿式除尘器去除。还有一些颗粒物（如溴与磷、锌粉和镁粉等），当它们互相接触或混合时也会引起爆炸，在除尘时应加以注意。

将能够引起可燃混合物爆炸的最高可燃物浓度称为爆炸极限的上限。将能够引起可燃混合物爆炸的最低可燃物浓度，称为爆炸极限的下限。通常情况下，爆炸下限小于 $15g/m^3$ 的颗粒物爆炸危险性很大，如硫粉；爆炸下限为 $16\sim65g/m^3$ 的颗粒物，有爆炸危险，如铝粉、面粉和棉花屑等；而爆炸下限大于 $65g/m^3$ 的颗粒物，有火灾危险，如铁粉、硅粉。

4.1.3 气体的状态及主要参数

气体的状态可分为标准状态和工作状态。标准状态是指气体在绝对温度 T_n 为 273.15 K 和压力 p_n 为 101325 Pa 下的状态，简称标态。工作状态是指气体在工作时某一温度 T 和压力 p 下的状态，也称工况。

气体的主要参数包括温度、压力、体积和流量、含尘浓度、密度、黏度、湿度和露点等。

(1) 气体的温度

气体的温度是表示其冷热程度的物理量，常用单位为摄氏度（℃），国际单位制中的单位是凯尔文（K）。气体的温度对气体的密度、体积和黏性等参数有影响，同时也是袋式除尘器选择滤料必须考虑的重要因素之一。温度高于 130℃ 的气体属于高温气体。对于温度过高的气体必须冷却后才能采用袋式除尘器进行除尘。常见的冷却方法有自然冷却法、冷空气冷却法和水冷却法。

(2) 气体的压力

气体的压力是气体分子在无规则热运动对容器壁频繁撞击和气体本身重量作用而产生的作用力。在国际单位制中，气体压力的单位是帕斯卡（Pa）。在工程上常采用千帕（kPa）、兆帕（MPa）作为气体压力的单位。

在工程上压力有两种表示方法，一种是以绝对真空为参照的绝对压力（p），另一种是以现场大气压（p_a）为参照的相对压力（表压，p_g）。三者的关系可用下式表示。

$$p_g=p-p_a \tag{4-6}$$

(3) 气体的体积和流量

将不含水分的气体称为干气体，将含水分的气体称为湿气体。根据气体的状态和含水与否，可将气体体积分为标准状态干气体体积和工况干气体体积、标准状态湿气体体积和工况湿气体体积。同样，将气体的体积流量分为标准状态干气体体积流量和工况干气体体积流量、标准状态湿气体体积流量和工况湿气体体积流量。对于理想气体来说，气体的体积与温度和压力的关系遵守理想气体状态方程。

$$pV=nRT \tag{4-7}$$

式中 V，T，p——分别为气体的体积（m^3）、温度（K）和压力（Pa）；

n——气体的物质的量，mol；

R——气体常数（8.314），J/(mol·K)。

在工程上有时要将干气体体积流量换算成湿气体体积流量，有时又要将湿气体体积流量换算为干气体体积流量。用式（4-8）将标准状态干气体体积流量换算成标准状态湿气体体积流量。

$$Q_{ns}=Q_n\left(1+\frac{w}{\rho}\right) \tag{4-8}$$

式中 Q_{ns}——标准状态湿气体体积流量(m^3/h)(标准状态)；

Q_n——标准状态干气体体积流量(m^3/h)(标准状态)；

w——气体含湿量，g/m^3；

ρ——标准状态时水蒸气的密度，g/m^3。

（4）气体的含尘浓度

气体的含尘浓度是指单位气体体积中所含颗粒物的质量，单位为 kg/m^3、g/m^3 或 mg/m^3。标准状态时气体的含尘浓度表示为 kg/m^3（标态）、g/m^3（标态）或 mg/m^3（标态）。

（5）气体的密度与干含尘气体的密度

气体的密度是指在一定状态下单位体积气体的质量，单位是 kg/m^3 或 g/m^3。由于一定量气体的体积随着气体的温度和压力的变化而改变，因此气体的密度也随之改变。在绝对温度为 T、绝对压力为 p 时理想气体的密度 ρ_a 可用下式计算。

$$\rho_a=\frac{Mp}{RT} \tag{4-9}$$

式中 ρ_a——气体的密度，g/m^3；

M——气体的平均摩尔质量，g/mol；

p——气体的绝对压力，Pa；

R——气体常数(8.314)，J/(mol·K)；

T——气体的温度，K。

干含尘气体的密度是指在一定状态下单位体积中干气体的质量和所含颗粒物的质量之和，单位是 kg/m^3 或 g/m^3。若干气体的密度为 ρ_g，含尘浓度为 ρ，则干含尘气体的密度可用式（4-10）计算。

$$\rho_p=\rho_g+\rho \tag{4-10}$$

式中 ρ_p——干含尘气体的密度，g/m^3；

ρ_g——干气体的密度，g/m^3；

ρ——干含尘气体的浓度，g/m^3。

(6) 气体的黏度

流体在流动时产生内摩擦力，这种性质称为流体的黏性。黏度是用来度量流体黏性大小的物理量，根据牛顿内摩擦定律，单位表面上的摩擦力与流体速度梯度成正比，其数学表达式如下：

$$\tau=\mu\frac{dv}{dy} \tag{4-11}$$

式中 τ——单位表面上的摩擦力，Pa；

d_v/d_y——流体的速度梯度，s^{-1}；

μ——动力黏度系数，Pa·s。

由于 μ 具有动力学量纲，因此称为动力黏度系数。在流体力学中，将动力黏度系数 μ 与流体密度 ρ 的比值称为流体的运动黏度系数，单位为 m^2/s。

对于气体而言，μ 即为气体的动力黏度系数，简称为气体的黏度。

当温度为 20℃，压力为 0.1MPa 时，空气的动力黏度系数为 1.808×10^{-5} Pa·s，而运动黏度系数为 1.501×10^{-5} m^2/s。

气体的黏度随温度的升高而增大。气体的黏度随温度变化的关系可用式（4-12）表示。

$$\mu=1.702\times10^{8}\times(1+3.29\times10^{-3}t+7.0\times10^{-6}t^{2}) \tag{4-12}$$

式中 μ——气体的黏度，Pa·s；

t——气体的温度，℃。

(7) 气体的湿度和露点

气体的湿度表示气体中含有水蒸气的多少，分为绝对湿度和相对湿度。绝对湿度是指单位质量或单位体积湿气体中所含水蒸气的质量，单位为 kg/kg 或 kg/m^3。相对湿度是指单位体积气体中所含水蒸气的密度与同温同压下饱和水蒸气密度的比值，用百分数（%）表示。通常情况下，气体的相对湿度为 30%～80%。相对湿度超过 80%的气体为高湿度气体，颗粒物表面因生成水膜而使附着性增加，有利于颗粒的捕集，但对除尘器清灰产生不利影响。相对湿度低于 30%的气体为较干燥气体，容易产生静电而使附着性增加。

在湿气体温度降低至一定值时，气体中的部分水蒸气会冷凝成水滴，这种现象称为结露。结露时的温度称为露点。露点的出现会使袋式除尘器除尘效率下降，运行阻力增大，还会使结构材料腐蚀。

4.1.4 除尘装置的性能指标

除尘器的优劣常采用技术指标和经济指标来评价。技术指标主要包括处理风量、漏风率、除尘效率和压力损失等。经济指标主要包括设备费、运行费、占地面积或占用空间体积、设备的可靠性和使用年限以及操作和维护管理的难易等。在选择使用除尘器时，要对上述指标综合考虑。下面主要讨论除尘器的技术指标。

(1) 处理风量

处理风量（disposing air volume）是指除尘设备在单位时间内所能净化气体的体积量，单位为 m^3/h 或 m^3/s。实际运行的除尘装置往往因漏风而使得进、出口的气体流量不相同，常用除尘器的进、出口气体体积流量的平均值作为该除尘器的处理风量。

$$Q=\frac{(Q_1+Q_2)}{2} \tag{4-13}$$

式中 Q_1——除尘器进口气体体积流量，m^3/h；

Q_2——除尘器出口气体体积流量，m^3/h；

Q——除尘器的平均处理风量，m^3/h。

【注意】 在进行除尘器设计时，处理风量是指除尘器进口处的工况气体流量。在进行风机选型时，对于正压除尘系统（风机在除尘器之前）来说，处理风量为除尘器进口处的工况气体流量；对于负压除尘系统（风机在除尘器之后）来说，处理风量通常是指除尘器出口处的工况气体流量。

(2) 漏风率

漏风率是指设备在运行条件下漏风量与进口气体体积流量的百分比，用式（4-14）计算。

$$\delta=\frac{|Q_2-Q_1|}{Q_1}\times 100\% \tag{4-14}$$

式中 δ——漏风率，%；

Q_1——除尘器进口标准状态气体体积流量，m^3/h；

Q_2——除尘器出口标准状态气体体积流量，m^3/h。

在正压除尘系统中 $Q_1 \geqslant Q_2$，而在负压除尘系统中 $Q_1 \leqslant Q_2$。由于设备存在压力损失，实际测得的 Q_1 和 Q_2 的状态不同。因此，在计算漏风率时常采用标准状态下的 Q_1 和 Q_2。

若进、出口气体体积流量为工况时，可用式（4-15）将其换算为标准状态（$T_n=273.15K$，$p_n=101325Pa$）时的体积流量。

$$Q_n=\frac{QT_np}{Tp_n} \tag{4-15}$$

式中 Q_n，T_n，p_n——标准状态气体的流量（m^3/h）、温度（K）、压力（Pa）；

Q，T，p——工况气体的流量（m^3/h）、温度（K）、压力（Pa）。

漏风率是用来评价除尘器结构严密性的指标，通常情况下要求除尘器的漏风率应小于5%，而有些袋式除尘器的漏风率要求要小于4%或3%。

【注意】 对于负压除尘系统（风机在除尘器之后）来说，漏风率因除尘器内负压程度的不同而有较大的差异，因此必须规定标定漏风率的条件。目前，国家标准规定了袋式除尘器的漏风率是指在净气室内平均负压为2500Pa时测定的数据。

(3) 除尘效率

除尘效率是表示除尘器性能的重要技术指标。

① 总除尘效率 除尘器的总除尘效率（total separation efficiency）是指在同一时间内除尘器捕集的颗粒物质量占进入除尘器颗粒物质量的百分数，用 η 表示。

若除尘器进口的气体流量为 Q_1(m^3/s)，颗粒物流入量为 G_1(g/s)，气体含尘浓度 ρ_1(g/m^3)；出口气体流量为 Q_2(m^3/s)，颗粒物流出量为 G_2(g/s)，气体含尘浓度 ρ_2(g/m^3)，除尘器捕集的颗粒物为 G_3(g/s)。根据除尘效率的定义，除尘效率可用式(4-16) 表示。

$$\eta=\frac{G_3}{G_1}\times 100\% \tag{4-16}$$

由于 $G_3=G_1-G_2$，$G_1=Q_1\rho_1$，$G_2=Q_2\rho_2$，因此有

$$\eta=\frac{G_1-G_2}{G_1}\times100\%=\left(1-\frac{G_2}{G_1}\right)\times100\% \tag{4-17}$$

$$\eta=\left(1-\frac{Q_2\rho_2}{Q_1\rho_1}\right)\times100\% \tag{4-18}$$

若装置不漏风，$Q_1=Q_2$，于是有

$$\eta=\left(1-\frac{\rho_2}{\rho_1}\right)\times100\% \tag{4-19}$$

式(4-16) 要通过称重求得除尘效率，故称为质量法。这种方法多用于实验室，得到的结果比较准确。式(4-18) 的方法称为浓度法，这种方法比较简便。只要同时测出除尘装置进出口的含尘浓度，在装置不漏风时可以利用式(4-19) 计算除尘效率。

根据总除尘效率大小可将除尘器分为低效除尘器（50%～80%）、中效除尘器（80%～95%）和高效除尘器（95%以上）。

【例 4-2】 某除尘装置的现场测试结果为：进口的气体流量为 $1.0\times10^4\,m^3/h$，含尘浓度为 $4.2g/m^3$。出口的气体流量为 $1.2\times10^4\,m^3/h$，含尘浓度为 $0.34g/m^3$。试计算：

(1) 除尘装置的处理风量。

(2) 除尘装置的漏风率。

(3) 除尘装置的除尘效率（分别考虑漏风和不考虑漏风两种情况计算)。

解 (1) 除尘装置的处理风量

$$Q=\frac{1}{2}(Q_1+Q_2)=\frac{1}{2}(1.0\times10^4+1.2\times10^4)=1.1\times10^4(m^3/h)$$

(2) 除尘装置的漏风率

$$\delta=\frac{Q_2-Q_1}{Q_1}\times100\%=\frac{1.2\times10^4-1.0\times10^4}{1.0\times10^4}\times100\%=20\%$$

由于 $Q_1<Q_2$，说明除尘器内呈负压状态，气体从周围环境进入除尘器内部。

(3) 考虑漏风情况下的除尘效率

$$\eta=\left(1-\frac{Q_2\rho_2}{Q_1\rho_1}\right)\times100\%=\left(1-\frac{1.2\times10^4\times0.34}{1.0\times10^4\times4.2}\right)\times100\%=90.2\%$$

不考虑漏风情况下的除尘效率：

$$\eta=\left(1-\frac{\rho_2}{\rho_1}\right)\times100\%=\left(1-\frac{0.34}{4.2}\right)\times100\%=91.9\%$$

② 通过率　通过率（penetration rate）是指在同一时间内，未被除尘器捕集的粒子质量与进入的粒子质量的比，一般用 p(%)表示。

$$p=\frac{G_2}{G_1}\times100\%=100\%-\eta \tag{4-20}$$

例如，除尘器的 $\eta=99.0\%$时，$p=1.0\%$；另一除尘器的 $\eta=99.9\%$，$p=0.1\%$。说明前者的通过率为后者的 10 倍。

③ 串联运行时的总除尘效率　当入口气体中含尘浓度很高，或者要求出口气体中含尘浓度较低时，用一种除尘装置往往不能满足除尘效率的要求。因此，可将两种或多种不同类型的除尘器串联起来使用。

当两台除尘装置串联使用时，η_1 和 η_2 分别是第一级和第二级除尘器的除尘效率，则除尘系统的总效率用式（4-21）计算。

$$\begin{aligned}\eta&=\eta_1+\eta_2(1-\eta_1)\\&=1-(1-\eta_1)(1-\eta_2)\end{aligned}\tag{4-21}$$

当 n 台除尘装置串联使用时，总除尘效率用式（4-22）计算。

$$\eta=1-(1-\eta_1)(1-\eta_2)(1-\eta_3)\cdots(1-\eta_n)\tag{4-22}$$

④ 分级效率　为了正确评价除尘装置的除尘效果，常常用对某一粒径或一定范围粒径颗粒物的除尘效率来衡量，这种效率称为除尘装置的分级效率（grade efficiency）。

分级效率能够反映出除尘装置对不同粒径颗粒物特别是悬浮在大气中对环境和人体有较大危害的细微颗粒物的捕集能力。分级效率的表示方法有质量法和浓度法。

质量分级效率 η_i，可由式（4-23）计算。

$$\eta_i=\frac{G_3 g_{d_3}}{G_1 g_{d_1}}\times100\%\tag{4-23}$$

式中　G_1，G_3——分别为单位时间除尘器进口和被除尘器捕集的颗粒物的质量，kg/h；

g_{d_1}，g_{d_3}——分别为除尘器进口和被除尘器捕集的颗粒物中，粒径为 d 的颗粒物质量分数，%；

η_i——质量法表示的分级效率。

浓度分级效率 η_d，可用式（4-24）计算。

$$\eta_d=\frac{Q_1 g_{d_1}\rho_1-Q_2 g_{d_2}\rho_2}{Q_1 g_{d_1}\rho_1}\times100\%\tag{4-24}$$

如果除尘装置不漏风，$Q_1=Q_2$，则上式可简化为

$$\eta_d=\frac{g_{d_1}\rho_1-g_{d_2}\rho_2}{g_{d_1}\rho_1}\times100\%\tag{4-25}$$

式中　Q_1，Q_2——分别为除尘器进口和出口风量，m^3/h；

g_{d_1}，g_{d_2}——分别为除尘器进口和出口颗粒物中，粒径为 d 的颗粒物质量分数，%；

ρ_1，ρ_2——分别为除尘器进口和出口的颗粒物浓度，g/m^3。

对某一除尘装置，如果已知进口含尘气体中颗粒物的粒径分布 g_{d_i} 和它的分级效率 η_{d_i}，则可由式（4-26）计算除尘装置的总除尘效率 η。

$$\eta=\sum_{i=1}^{n}g_{d_i}\eta_{d_i}\tag{4-26}$$

式中　g_{d_i}——除尘器进口中粒径为 d_i 的颗粒物的质量分数，%；

η_{d_i}——粒径为 d_i 的颗粒物的分级效率。

【例 4-3】　在现场对某除尘器进行测定，测得除尘器进口和出口颗粒物浓度分别为 $3.2\times10^{-3}kg/m^3$ 和 $4.8\times10^{-4}kg/m^3$，除尘器进口和出口颗粒物的粒径分布如下表：

颗粒物的粒径 d/μm		0～5	5～10	10～20	20～40	>40
质量分数/%	除尘器进口	20	10	15	20	35
	除尘器出口	78	14	7.4	0.6	0

计算该除尘器的分级效率和除尘效率。

解 （1）计算除尘器的分级效率，根据式(4-25）有

$$\eta_d=\frac{g_{d_1}\rho_1-g_{d_2}\rho_2}{g_{d_1}\rho_1}=1-\frac{g_{d_2}\rho_2}{g_{d_1}\rho_1}$$

d_p 为 0～5μm 粉尘 $\qquad \eta_{0\sim5}=1-\frac{78\times0.48}{20\times3.2}=41.5\%$

d_p 为 5～10μm 粉尘 $\qquad \eta_{5\sim10}=1-\frac{14\times0.48}{10\times3.2}=79.0\%$

d_p 为 10～20μm 粉尘 $\qquad \eta_{10\sim20}=1-\frac{7.4\times0.48}{15\times3.2}=92.5\%$

d_p 为 20～40μm 粉尘 $\qquad \eta_{20\sim40}=1-\frac{0.6\times0.48}{20\times3.2}=99.5\%$

$d_p>40$μm 粉尘 $\qquad \eta_{>40}=100\%$

（2）计算除尘器的除尘效率

$$\eta=\sum_{i=1}^{n}g_{d_i}\eta_{d_i}$$
$$=0.20\times41.5\%+0.10\times79.0\%+0.15\times92.6\%+0.20\times99.5\%+0.35\times100\%$$
$$=85.0\%$$

（3）除尘装置的压力损失

含尘气体经过除尘装置后会产生压力降，这个压力降被称为除尘装置的压力损失(pressure loss)，也称除尘阻力，单位为 Pa。压力损失的大小除了与装置的结构形式有关之外，还与流体的流速有关。除尘装置的压力损失用式（4-27）计算。

$$\Delta p=\frac{1}{2}\xi\rho u^2 \tag{4-27}$$

式中 Δp——除尘装置的压力损失，Pa；

ξ——净化装置的阻力系数；

ρ——气体的密度，kg/m³；

u——除尘装置进口气体流速，m/s。

除尘装置的压力损失是一项重要的经济技术指标。装置的压力损失越大，动力消耗也越大，除尘装置的设备费用和运行费用就高。根据除尘阻力大小，可将除尘器分为低阻除尘器(＜500Pa)、中阻除尘器（500～2000Pa）和高阻除尘器（＞2000Pa)。通常，除尘装置的压力损失一般控制在 2000Pa 以下。

【例 4-4】 某除尘器进口气体标准状况下的体积流量为 $1.0\times10^4\ m^3/h$，进口气流温度为 423K，除尘器的进口面积为 $0.24m^2$，阻力系数为 9.8，气体静压为－490Pa。计算该除尘器运行时的压力损失（假定气体密度接近标准状况时空气密度，当地大气压为标准大气压）。

解 根据理想气体状态方程计算气体的密度，设空气的摩尔质量为 29g/mol，则

$$pV=\frac{m}{M}RT$$

$$\rho=\frac{m}{V}=\frac{pM}{RT}=\frac{(101325-490)\times29\times10^{-3}}{8.314\times423}=0.831\ (kg/m^3)\ =831g/m^3$$

将标准状态下的气体进口流量换算为实际状态下的流量：

$$Q=Q_n\frac{p_n}{p}\times\frac{T}{T_n}=1.0\times10^4\times\frac{101325\times423}{(101325-490)\times273}=1.56\times10^4\ (m^3/h)$$

计算进口气体流速：

$$u=\frac{Q}{A}=\frac{1.56\times10^4}{0.24\times3600}=18.1\ (m/s)$$

则除尘器的压力损失：

$$\Delta p=\frac{1}{2}\xi\rho u^2=\frac{1}{2}\times9.8\times0.831\times18.1^2=1.33\times10^3\ (Pa)$$

练　习　4.1

填空题

1. 颗粒物的粒径是指________。
2. 单一粒径是指单个粒子的几何直径。对于球形颗粒物来说，球的直径即为单一粒径；对于形状不规则的颗粒物来说，根据测定的方法不同，分为________、________和________。
3. 在空气中与颗粒物的终末沉降速度相等，且真密度为 1 g/cm³ 球的直径，称为________。
4. 颗粒物的粒径分布是指某种颗粒物粒子群中不同粒径的颗粒物所占的比例。若用颗粒物的个数百分数表示时，称为________；若以颗粒物的质量分数表示时，称为________。在除尘技术中多采用________。
5. 单位质量的颗粒物具有的总表面积称为________，单位为________。一般来说，颗粒物的粒径越小，比表面积________。
6. 自然堆放在水平面上颗粒物堆积锥体的母线与水平面的夹角称为________。光滑平面倾斜至颗粒物刚开始滑动的倾斜角称为________。确定除尘器灰斗锥度和含尘通风管道倾斜角的主要依据是________。
7. 在自然堆积状态下，将颗粒物、颗粒物表面及其内部附着气体都包括在内的密度称为________，将吸附在颗粒物表面及其内部的空气排除后的密度称为________。
8. 锅炉烟尘和石英粉尘属于________性颗粒物，石墨粉尘和炭黑属于________性颗粒物。

选择题

1. 颗粒物在投影图同一方向上的最大投影长度称为定向投影经，又称为（　　）。
   A. 菲雷特（Feret）直径　　B. 赫伍德（Heywood）直径
   C. 马丁（Martin）直径　　D. 斯托克斯（Stokes）当量直径
2. 将筛上累计频率分布与筛下累计频率分布相等的粒径称为（　　）。
   A. 算术平均径　　B. 圆等直径
   C. 众径　　D. 中位径
3. 关于同一种颗粒物的休止角的叙述，（　　）的表述不正确。
   A. 粒径愈小，其休止角愈大　　B. 表面愈光滑，其休止角愈小
   C. 含水率愈大，休止角愈大　　D. 愈接近球形的颗粒物，其休止角愈大
4. 颗粒物与液体附着难易的性质称为颗粒物的（　　）。
   A. 润湿性　　B. 黏附性　　C. 荷电性　　D. 导电性
5. 由于相互碰撞、摩擦、放射线照射、电晕放电以及接触带电体等原因而使颗粒物带有一定电荷的性质称为颗粒物的（　　）。
   A. 润湿性　　B. 黏附性　　C. 荷电性　　D. 导电性
6. 电流通过面积为 1cm²、厚度为 1cm 的颗粒物时具有的电阻值，称为颗粒物的（　　）。
   A. 荷电性　　B. 导电性　　C. 比电阻　　D. 比表面积

7. 通过查阅资料，分析一下在通常情况下，爆炸危险性很大的颗粒物是（　　）。
   A. 铁粉　　B. 硫黄粉　　C. 铝粉　　D. 面粉

练习题

1. 用旋风除尘器处理烟气，除尘器进口烟气体积流量为 $9500m^3/h$，含尘浓度 $7.4g/m^3$；除尘器出口气体流量为 $9850m^3/h$，含尘浓度为 $420mg/m^3$。试计算该除尘器的处理气体流量、漏风率和除尘效率。
2. 有一两级除尘系统，第一级为旋风除尘器，第二级为电除尘器，用于处理起始含尘浓度为 $12g/m^3$ 游离二氧化硅含量10%以上的颗粒物。已知旋风除尘器的效率为80%，若使净化后含尘浓度不超过 $120mg/m^3$，则选用的电除尘器的效率至少应是多少？
3. 经测试，某种颗粒物的粒径分布和分级除尘效率数据如下，试确定总除尘效率。

平均粒径/μm	2.0	3.0	4.0	5.0	6.0	7.0	8.0	10.0	14.0	20.0	>23.5
质量分数/%	9.5	20	20	15	11	8.5	5.5	5.5	4.0	0.8	0.2
分级效率/%	47.5	60	68.5	75	81	86	89.5	95	98	99	100

4. 对某除尘器进行现场测定，测得除尘器进口的颗粒物质量为40kg，从除尘器灰斗中收集的颗粒物质量为36kg。若除尘器进口和灰斗中颗粒物的粒径分布如下：

颗粒物的粒径 d_i/μm	0～5	5～10	10～20	20～40	>40
进口的颗粒物 g_{d1}/%	10	25	32	24	9
灰斗中颗粒物 g_{d3}/%	7.1	24	33	26	9.9

   计算该除尘器的分级效率和总除尘效率。
5. 某除尘器进口气体标准状况下的体积流量为 $9500m^3/h$，进口气流温度为388K，除尘器的进口面积为 $0.18m^2$，阻力系数为8.0，气体静压为−350Pa。计算该除尘器运行时的压力损失。

4.2 惯性除尘器

惯性除尘器（inertial dust collector）是利用颗粒物的惯性将颗粒物从气体中分离出来的除尘装置。它包括重力沉降室、挡板式除尘器和旋风除尘器等，其特点是结构简单、成本低廉、运行维修方便，但净化效率不高，属于低效除尘器，在多级除尘系统中作为初级除尘。

4.2.1 重力沉降室

（1）重力沉降室的工作原理

重力沉降室（settling chamber）是利用颗粒物与气体的密度不同，通过重力作用使颗粒物从气流中自然沉降分离的除尘设备。其基本结构如图4-3所示。

当含尘气体进入重力沉降室后，由于突然扩大了过流面积，而使气体流速迅速下降，在流经沉降室的过程中，较大的颗粒物在自身重力作用下缓慢向灰斗沉降，而气体则沿水平方向继续前进，从而达到除尘的目的。

在沉降室内，颗粒物一方面以沉降速度 u_s 下降，另一方面则以气体流速 u 在沉降室内向前运动，于是气流通过沉降室的时间 t 为：

$$t=\frac{L}{u} \tag{4-28}$$

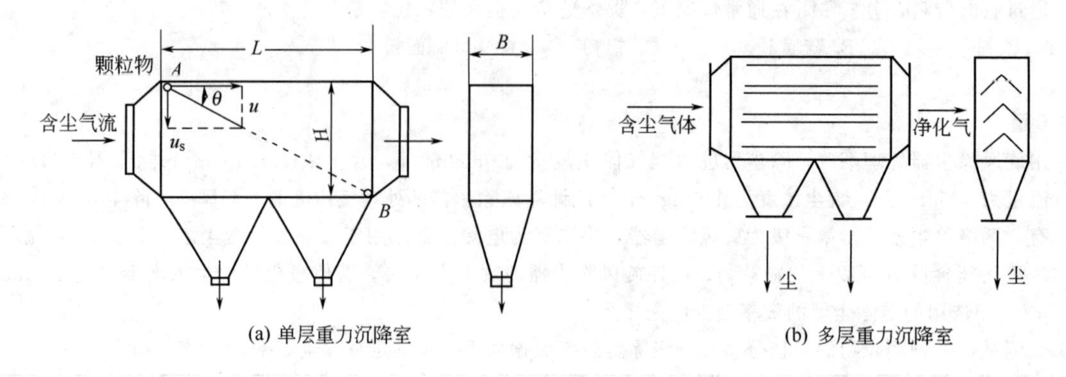

(a) 单层重力沉降室　　(b) 多层重力沉降室

图 4-3　重力沉降室

式中　L——沉降室长度，m；

u——沉降室内的气流速度，m/s。

而颗粒物从沉降室顶部降落到底部所需要时间为：

$$t_s=\frac{H}{u_s} \tag{4-29}$$

式中　H——沉降室高度，m；

u_s——颗粒物的沉降速度，m/s。

要使颗粒物不被气流带走，则必须使 $t \geqslant t_s$，即

$$L \geqslant \frac{uH}{u_s} \tag{4-30}$$

颗粒物的沉降速度 u_s 可以用下式求得：

$$u_s=\frac{d^2 g(\rho_p-\rho_g)}{18\mu} \tag{4-31}$$

式中　d——颗粒物的直径，m；

ρ_p——颗粒物的密度，kg/m^3；

ρ_g——气体的密度，kg/m^3；

μ——气体的黏度，Pa·s；

g——重力加速度，9.8m/s^2。

由式(4-30) 与式(4-31) 可求出重力沉降室能 100％捕集的最小粒径 d_{min}。

$$d_{min}=\sqrt{\frac{18\mu uH}{(\rho_p-\rho_g)gL}} \tag{4-32}$$

理论上 $d \geqslant d_{min}$ 的颗粒物可以全部捕集下来，但在实际情况下，由于气流的运动状况以及浓度分布等因素的影响，沉降效率会有所下降。

提高重力沉降室的捕集效率可以采取以下措施：

① 降低沉降室内气流速度 u；

② 降低沉降室的高度 H；

③ 增大沉降室长度 L；

但应注意 u 过小或 L 过长，都会使沉降室体积庞大，因此在实际工作中可以采用多层沉降室如图 4-3(b) 所示，在室内沿水平方向设置多层隔板，使其沉降高度降为原来的 $H/(n+1)$。

(2) 重力沉降室的设计计算

① 沉降室的长度

$$L \geqslant \frac{uH}{u_s} \tag{4-33}$$

② 沉降室的宽度

$$W = \frac{Q}{uH} \tag{4-34}$$

式中 W——沉降室宽度，m；

Q——沉降室处理气量，m^3/s。

③ 对各种颗粒物的分级除尘效率

$$\eta = \frac{u_s L}{uH} \tag{4-35}$$

重力沉降室结构简单，投资少，压力损失小（50～100Pa），维护管理方便，适用于净化颗粒物密度大，颗粒物直径大的含尘气体。它能有效地捕集 50μm 以上的颗粒物。除尘效率一般为 40%～80%。所以常用于一级处理或预处理。

【例 4-5】 设计锅炉烟气重力沉降室，已知烟气量 $Q=2800m^3/h$，烟气温度 $t=150℃$，烟尘真密度 $\rho_p=2100kg/m^3$，烟气密度为 $0.80kg/m^3$，气体的黏度为 $2.4\times10^{-5}Pa\cdot s$。要求能去除粒径为 50μm 以上的颗粒物。

解 粒径为 50μm 的颗粒物沉降速度

$$u_s = \frac{d^2(\rho_p - \rho_g)g}{18\mu} = \frac{(50\times10^{-6})^2\times(2100-0.80)\times9.8}{18\times2.4\times10^{-5}} = 0.119\ (m/s)$$

沉降室内气流速度 u 取 0.5m/s，高度 H 取 1.5m，则沉降室最小长度

$$L = \frac{uH}{u_s} = \frac{0.5\times1.5}{0.119} = 6.3\ (m)$$

由于在假设条件下，沉降室过长，因此必须进行调整。若采用两层水平隔板（即三层沉降室），取每层高 H_1 为 0.4m，则总高 $H=0.4\times3=1.2$ (m)。于是沉降室长度

$$L = \frac{uH_1}{u_s} = \frac{0.5\times0.4}{0.119} = 1.68\ (m)$$

若取 $L=1.7m$，采用两层水平隔板，$n=2$，则沉降室宽度为

$$W = \frac{Q}{(n+1)uH_1} = \frac{2800}{3600\times(2+1)\times0.5\times0.4} = 1.3\ (m)$$

即沉降室的尺寸为 $L\times W\times H=1.7\text{m}\times1.3\text{m}\times1.2\text{m}$。

此时可以捕集的最小粒径为

$$d_{\min}=\sqrt{\frac{18\mu uH_1}{(\rho_p-\rho_g)gL}}=\sqrt{\frac{18\times2.4\times10^{-5}\times0.5\times0.4}{(2100-0.80)\times9.8\times1.7}}$$

$$=49.7\times10^{-6}\ (\text{m})=49.7\ (\mu\text{m})\leqslant50\mu\text{m}$$

因此，设计符合要求。

4.2.2 挡板式除尘器

挡板式除尘器是使含尘气体与挡板撞击或急剧改变气流方向，利用惯性力分离并捕集颗粒物的除尘设备。

挡板式除尘器的工作原理如图 4-4 所示。当含尘气流以 u_1 的速度进入装置后，在 T_1 点较大的粒子（粒径 d_1）由于惯性力作用离开曲率半径为 R_1 的气流撞在挡板 B_1 上，碰撞后的粒子由于重力的作用沉降下来而被捕集。粒径比 d_1 小的粒子（粒径为 d_2）则与气流以曲率半径 R_1 绕过挡板 B_1，然后再以曲率半径 R_2 随气流作回旋运动。当粒径为 d_2 的粒子运动到 T_2 点时，将脱离以 u_2 速度流动的气流撞击到挡板 B_2 上，同样也因重力沉降而被捕集。因此，挡板式除尘器的除尘是惯性力、离心力和重力共同作用的结果。

挡板式除尘器分为碰撞式和回转式两种。碰撞式除尘器一般是在气流流动的通道内增设挡板构成的，当含尘气流流经挡板时，颗粒物借助惯性力撞击在挡板上，失去动能后的颗粒物在重力的作用下沿挡板下落，进入灰斗中。挡板可以是单级，也可以是多级（如图 4-5 所示）。多级挡板交错布置，一般可设置 3～6 排。在实际工作中多采用多级式，目的是增加撞击的机会，以提高除尘效率。

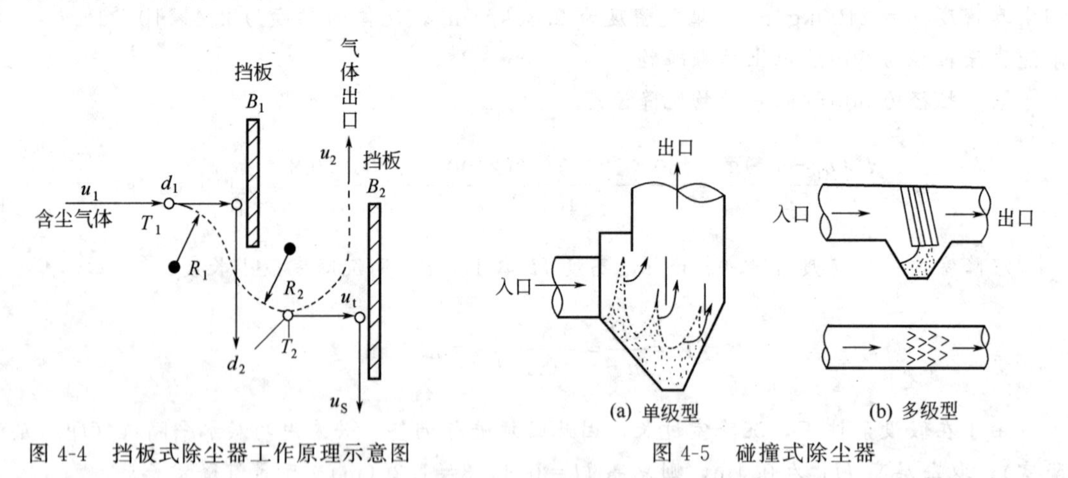

图 4-4 挡板式除尘器工作原理示意图

图 4-5 碰撞式除尘器

回转式除尘器又分为弯管型、百叶窗型和多层隔板塔型三种（如图 4-6 所示）。它使含尘气体多次改变运动方向，在转向过程中把颗粒物分离出来。

含尘气体在冲击或改变方向前的速度愈高，方向转变的曲率半径愈小，转变次数愈多，则净化效率愈高，但其阻力也愈大。挡板式除尘器用于净化密度和粒径较大的金属或矿物颗粒物具有较高的除尘效率，对于黏结性和纤维性颗粒物，易堵塞，不宜采用。

挡板式除尘器结构简单，其除尘效率虽然比重力沉降室要高，但由于气流方向转变次数

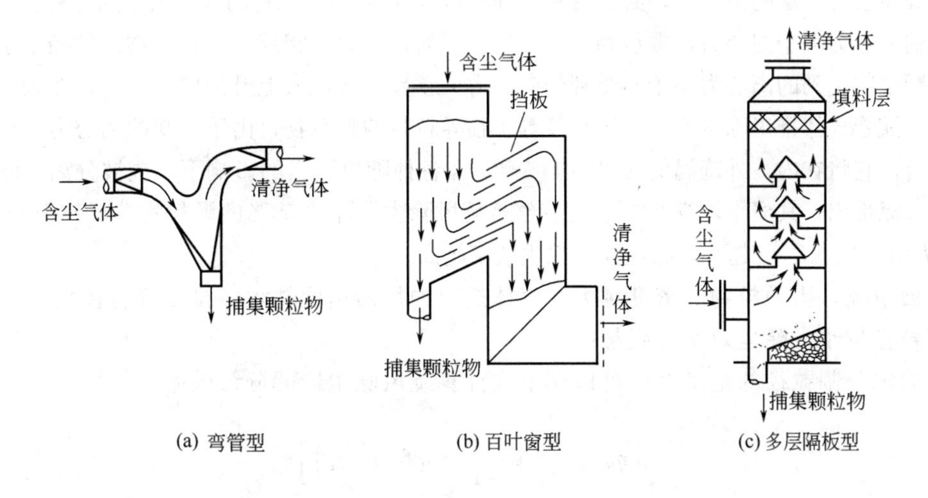

图 4-6 回转式除尘器

有限，净化效率也不会很高，多用于一级除尘或高效除尘器的前级除尘，以捕集 10～20μm 以上的颗粒物，压力损失为 100～1000Pa，除尘效率为 40%～70%。

4.2.3 旋风除尘器

旋风除尘器（cyclone dust separator）是利用气流在旋转运动中产生的离心力来分离气流中颗粒物的设备。旋风除尘器具有结构简单，制造容易，造价和运行费较低，适用于捕集粒径 5μm 以上的颗粒物，除尘效率 80%～90%，有着广泛的应用。对除尘效率要求不太高的场所，旋风除尘器应用非常普遍，而对除尘效果要求较高的场所，常把它作为多级除尘系统的第一级。

4.2.3.1 旋风除尘器的工作原理

旋风除尘器由进气管、筒体、锥体、锥体和排气管组成。如图 4-7 所示。排气管插入外圆筒形成内圆筒，进气管与筒体相切，筒体下部是锥体，锥体下部是集尘室。气体由除尘器入口沿切线方向进入后，沿外壁由上向下作旋转运动，这股向下旋转的气流称为外旋流。旋转下降的外旋流因受锥体收缩的影响渐渐向中心汇集，到达锥体底部后，转而向上旋转，形成一股自下而上的旋转气流，这股旋转向上的气流称为内旋流。向下的外旋流和向上的内旋流的旋转方向是相同的。气流作旋转运动时，颗粒物在离心力的作用下向外壁移动，到达外壁的颗粒物在下旋气流和重力的共同作用下沿壁面落入集尘室。

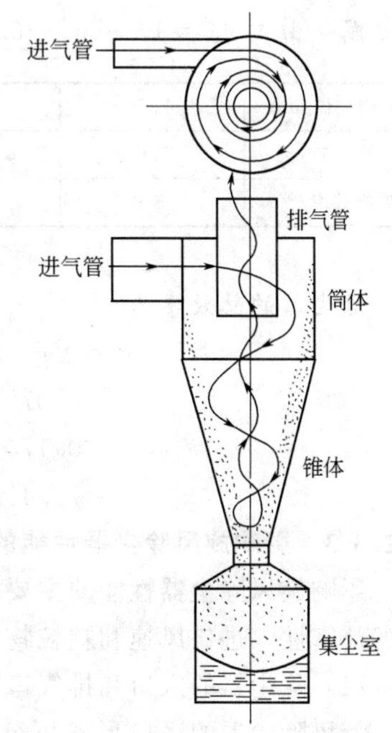

图 4-7 旋风除尘器工作原理示意

4.2.3.2 旋风除尘器的除尘效率

当气体进入旋风除尘器形成外旋流时，处于气流中的颗粒物会同时受到离心力和向心力的作用。离心力的大小与颗粒物的粒径有关，粒径越大，颗粒物获得的离心力越大。因此，在其他条件一定的情况下，必定有一个临界粒径 d_c，当颗粒物的粒径大于临界粒径时，颗粒物受到的离心力大于向心力，颗粒物被推至外壁面而被分离。相反，当颗粒物的粒径小于临界粒径时，颗粒物受到的离心力小于所受到的向心力，颗粒物被推入上升的内旋涡中，在轴向气流的作用下，随着气体排出除尘器。对于粒径等于临界粒径的颗粒物，由于所受的离心力和所受的向心力相等，它将在内、外旋涡的交界面上旋转。在各种随机因素的影响下，或被分离去除或被内旋涡随气流带出，其概率均为 50%。把能够被旋风除尘器除掉 50% 的颗粒物粒径称为分割粒径，用 d_c 表示。显然，d_c 越小，除尘器的除尘效率越高。

一般情况，当颗粒物的密度越大，气体进口的切向速度越大，排出管直径越小，除尘器的分割粒径越小，除尘效率也就越高。

在确定分割粒径的基础上，可以用下式计算旋风除尘器的分级效率。

$$\eta_{d_i}=1-\exp\left[-0.693\left(\frac{d}{d_c}\right)\right] \tag{4-36}$$

式中 d——颗粒物的平均粒径，μm；

d_c——颗粒物的分割粒径，μm。

但应注意的是，颗粒物在旋风除尘器内的分离过程是非常复杂的。因此根据某些假设条件得出的理论公式还不能进行比较精确的计算。目前，旋风除尘器的效率一般通过实验确定。

【例 4-6】 某旋风除尘器的分割粒径 $d_c=6\mu m$，除尘器入口颗粒物的粒径分布如下。

粒径/μm	0～5	5～10	10～20	20～30	30～40	>40
平均粒径/μm	2.5	7.5	15	25	35	45
质量分布/%	7	21	36	17	9.0	10

试计算该除尘器的分级效率和总效率。

解 由式 $\eta_{d_i}=1-\exp\left[-0.693\left(\frac{d_i}{d_c}\right)\right]$，计算出不同粒径的分级效率。

平均粒径/μm	2.5	7.5	15	25	35	45
质量分布/%	7.0	21	36	17	9	10
分级效率/%	25.1	58.0	82.3	94.4	98.2	99.4

除尘器的总效率为

$$\begin{aligned}\eta&=\sum g_{d_i}\eta_{d_i}\\&=0.070\times25.1\%+0.21\times58.0\%+0.36\times83.2\%+\\&\quad 0.17\times94.4\%+0.09\times98.2\%+0.10\times99.4\%\\&=78.4\%\end{aligned}$$

4.2.3.3 影响旋风除尘器性能的因素

影响旋风除尘器性能的主要因素包括除尘器的入口和排气口形式、比例尺寸、除尘器底部的严密性、进口风速和颗粒物的物理性质等。

(1) 除尘器的入口和排气口形式

旋风除尘器的入口形式可分为轴向进入式(如图 4-8 所示）和切向进入式(如图 4-9 所示）两类。

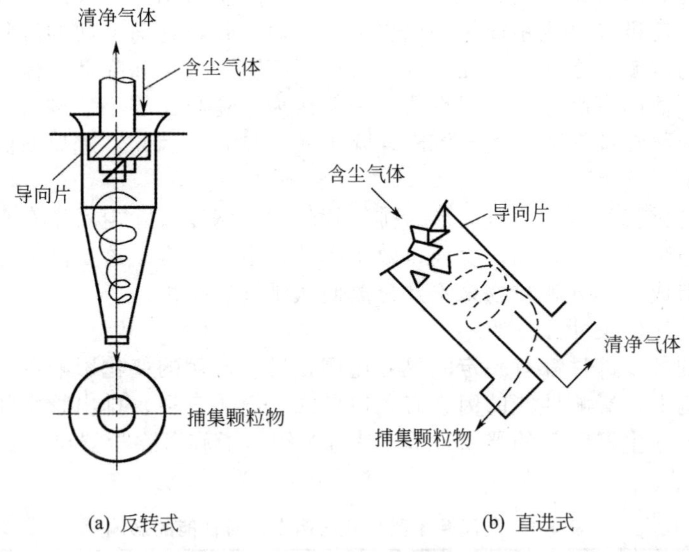

(a) 反转式　　(b) 直进式

图 4-8　轴向进入式旋风除尘器

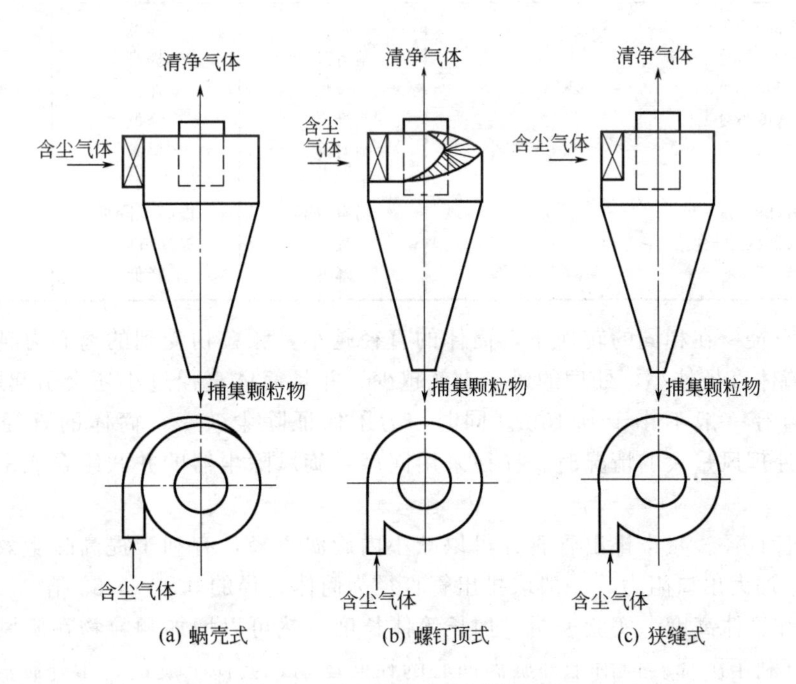

(a) 蜗壳式　　(b) 螺钉顶式　　(c) 狭缝式

图 4-9　切向进入式旋风除尘器

轴向进入式是利用进口设置的导流叶片促使气体作旋转运动，借助旋转气流产生的离心力使颗粒物分离。与切向式相比，在同一压力损失下，处理的气量可增加两倍，而且气流分配均匀。轴向进入式又分为轴流直进式和轴流反转式。轴流反转式的阻力一般为 800～1000Pa，除尘效率与切向式比较无显著差别。轴流直进式的阻力比较小，一般为 400～500Pa，但除尘效率比较低。轴流式旋风除尘器常用于组合多管旋风除尘器，用于处理烟气量大的场合。

切向进入式又分为直入式（如螺钉顶式和狭缝式）和蜗壳式。直入式的入口进气管外壁与筒体相切，蜗壳式的入口进气管内壁与筒体相切，外壁采用渐开线的形式。由于蜗壳式入口有一环形空间，使进口气流距筒体外壁更近，缩短了颗粒物向壁面的沉降距离。同时，也减少了进口气流与内旋涡之间的相互干扰，可以提高除尘效率和降低气体进口的阻力。

除尘器入口断面的宽高之比也很重要。一般认为，宽高比越小，进口气流在径向方向越薄，越有利于颗粒物在圆筒内分离和沉降，除尘效率越高。因此，进口断面多采用矩形，高宽之比为 2 左右。

旋风除尘器的排气管口均为直筒形。排气管的插入深度与除尘效率有直接关系。插入加深，效率提高，但阻力增大；插入变浅，效率降低，阻力减小。这是因为短浅的排气管容易形成短路现象，造成一部分颗粒物来不及分离便从排气管排出。

（2）除尘器的比例尺寸

旋风除尘器的各个部件都有一定的尺寸比例，尺寸比例的变化影响旋风除尘器的效率和压力损失等。结构上，影响性能的因素有入口形式、筒体直径、排出管直径、筒体和锥体高度、排尘口直径及除尘器底部的严密性等。表 4-1 给出了旋风除尘器尺寸比例变化对性能的影响。

表 4-1 旋风除尘器尺寸比例变化对性能的影响

比例变化	性能趋向		投资趋向
	压力损失	除尘效率	
增加旋风除尘器的直径	降低	降低	提高
增加筒体长	稍有降低	提高	提高
增大入口面积(流量不变)	减低	降低	—
增大入口面积(速度不变)	降低	降低	降低
增加锥体的长度	稍有降低	提高	提高
增大锥体的排出孔	稍有降低	提高或降低	—
减小锥体的排出孔	稍有提高	提高或降低	—
增加排出管伸入器内的长度	提高	提高或降低	提高
增大排气管直径	降低	降低	提高

① 筒体直径　在相同的转速下，筒体的直径越小，颗粒物受到的离心力越大，除尘效率越高。但筒体直径越小，处理的风量也就越少，并且筒体直径过小还会引起颗粒物堵塞，因此筒体的直径一般不小于 0.15m。同时，为了保证除尘效率，筒体的直径也不要大于 1m。在需要处理风量大的情况时，往往采用同型号旋风除尘器的并联组合或采用多管型旋风除尘器。

② 排出管直径　减小排出管直径可以减小内旋涡直径，有利于提高除尘效率，但减小排出管直径会加大出口阻力。一般取排出管直径为筒体直径的 0.4～0.65 倍。

③ 筒体和锥体高度　实验表明，加长筒体长度虽然可以增加颗粒物在旋风除尘器内的停留时间，有利于沉降。但由于外旋涡向心的径向运动，会使下旋的含尘外旋涡气流在下旋过程中不断进入净化后的上旋内旋涡中而造成返混。在锥体部分，由于断面逐渐减小，颗粒物向壁面的沉降距离也逐渐减小。同时，气流的旋转速度不断增加，颗粒物受到的离心力增大，有利于颗粒物的分离，但锥体长度增加会使阻力增加，通常采用的锥体长度为筒体直径的 2.8～2.85 倍。筒体和锥体的总高度不超过筒体直径的 5 倍。

④ 排尘口直径　排尘口直径过小会影响颗粒物沉降、同时易被颗粒物堵塞。因此，排尘口直径一般为排出管直径的 0.7～1.0 倍，且不能小于 70mm。

（3）除尘器底部的严密性

无论旋风式除尘器在正压还是在负压下操作，其底部总是处于负压状态。如果除尘器的底部不严密，从外部漏入的空气就会把落入灰斗的一部分颗粒物重新卷入内旋涡并带出除尘器，使除尘效率显著下降。因此在不漏风的情况下进行正常排尘是保证旋风除尘器正常运行的重要条件。收尘量不大的除尘器，可在排尘口下设置固定灰斗，定期排放。对收尘量大并且连续工作的除尘器可设置双翻板式或回转式锁气室，图 4-10 是两种不同锁气室示意图，图 4-11 是回转式锁气室图。

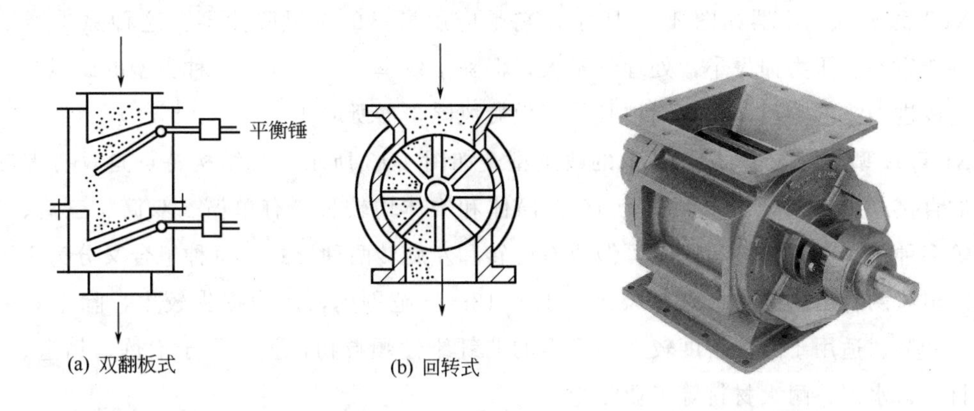

图 4-10 锁气室示意图　　图 4-11 回转式锁气室

(4) 入口风速

提高旋风除尘器的入口风速，会使颗粒物受到的离心力增大，分割粒径变小，除尘效率提高。但入口风速过大时，旋风除尘器内的气流运动过于强烈，会把有些已分离的颗粒物重新带走，除尘效率反而下降。同时，旋风除尘器的阻力也会急剧上升。一般进口气速应控制在 12～25m/s 之间为宜。

(5) 烟尘的物理性质

烟气中颗粒物的真密度和粒径越大，除尘效率越高；进口含尘浓度增大，除尘器阻力下降，对效率影响不大；气体黏度增大和温度升高，使除尘器的效率下降。

4.2.3.4 常见旋风除尘器的结构和性能

旋风除尘器的结构形式有多种，按进气方式不同可分为轴向进入式和切向进入式；按气流组织不同可分为旁路式、直流式、平旋式、旋流式等；另外，还可分为单管、双管和多管组合式旋风除尘器。

旋风除尘器的类型名称有多种，如 XLT 型、XLP 型、XLK 型、XZT 型等。旋风除尘器的命名方法是：第一个字母 X 表示旋风除尘器，第二、三个字母表示结构特点为主，有时也用来表示工作原理。用来表示结构特点的字母有 L（立式）、P（旁路式）、W（卧式）、C（长筒式）和 T（筒式）等，用来表示工作原理的字母有 P（平旋）、K（扩散）、Z（直流）、G（多管）等。个别情况需要第四位表示不同用途时，可用斜线隔开，后加第四位。例如同一形式的除尘器，本来用于一般工业通风除尘，后经部分改造而用于锅炉烟气除尘时，则可用斜线后加“G”字母的办法以示区别，但原为锅炉烟气设计的除尘器不必再加斜线及第四位字母。

另外，根据在系统中安装位置的不同分为吸入式(X 型）和压入式(Y 型)；根据进入气流方向的不同分为 S 型和 N 型，从除尘器的顶部看，进入气流按顺时针旋转者为 S 型，逆时针旋转者为 N 型。

下面以 XLP/B-4.2 型旋风除尘器为例加以说明。其中

X——旋风除尘器；

L——表示立式；

P——表示旁路式；

B——该除尘器系列中的B类；

4.2——筒体直径，dm。

下面仅介绍几种国内常用的旋风除尘器。

（1）XLT型旋风除尘器

XLT型旋风除尘器如图4-12所示，它是应用最早的旋风除尘器。这种除尘器结构简单，制造容易，压力损失小，处理气量大，但除尘效率不高，其他各种类型的旋风除尘器都是由它改进而来的。目前已逐渐被其他高效旋风除尘器所取代。

XLT/A型旋风除尘器是XLT的改进型，如图4-13所示，其结构特点是具有螺旋下倾顶盖的直接式进口，螺旋下倾角为15°，筒体和锥体均较长。有单筒、双筒、三筒、四筒、六筒等多种组合。单筒体和蜗壳可做成右旋转和左旋转两种形式，每种组合又分为水平出风和上部出风两种出风形式。入口风速在10～18m/s范围内，压力损失较大，除尘效率大约80%～90%。适用于除去密度较大的干燥的非纤维性颗粒物，主要用于冶炼、铸造、喷砂、建筑材料、水泥、耐火材料等工业除尘。

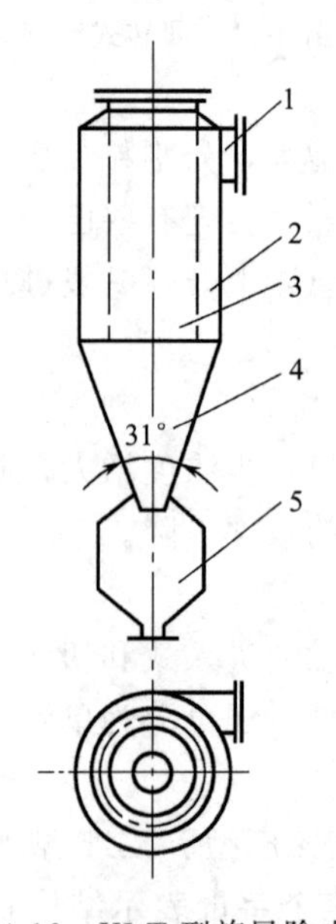

图4-12 XLT型旋风除尘器

1—进口；2—筒体；3—排气管；4—锥体；5—灰斗

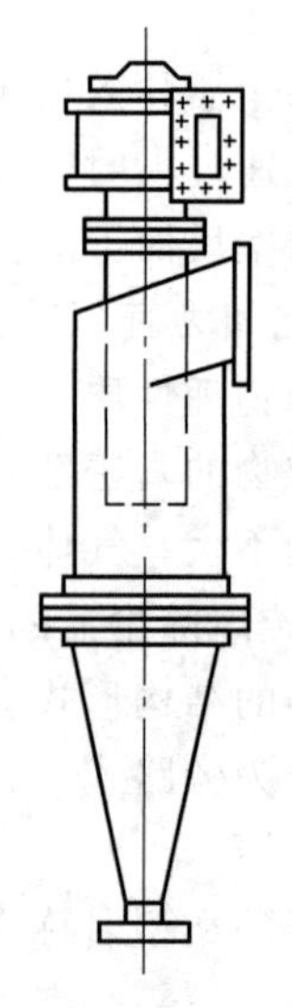

图4-13 XLT/A型旋风除尘器

（2）XLP型旋风除尘器

XLP型旋风除尘器又称旁路式旋风除尘器，其结构特点是带有半螺旋或全螺旋线型的旁路分离室，使在顶盖形成的颗粒物从旁路分离室引至锥体部分，以除掉5μm以上较细的颗粒物。图4-14和图4-15分别是呈半螺旋形的XLP/A型和呈全螺旋形的XLP/B型两种不同的构造图。XLP型旋风除尘器的入口进气速度范围是12～20m/s，可除去5μm以上的颗粒物，对5μm以下的颗粒物，除尘效率只能达到20%～30%，而对粒径为10μm颗粒物的分级效率约为90%。两种XLP型旋风除尘器的主要性能见表4-2。

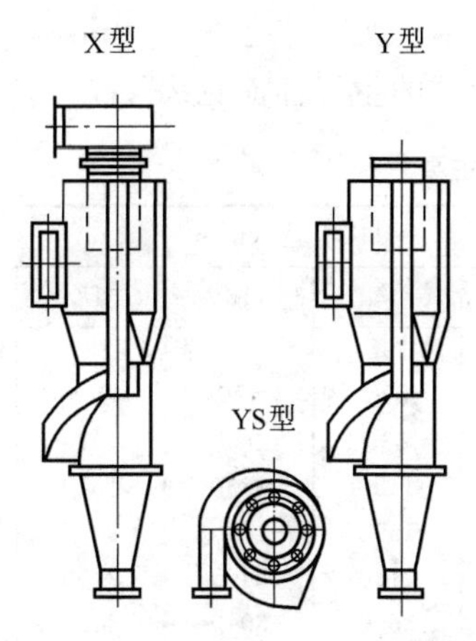

图 4-14 XLP/A 型旋风除尘器

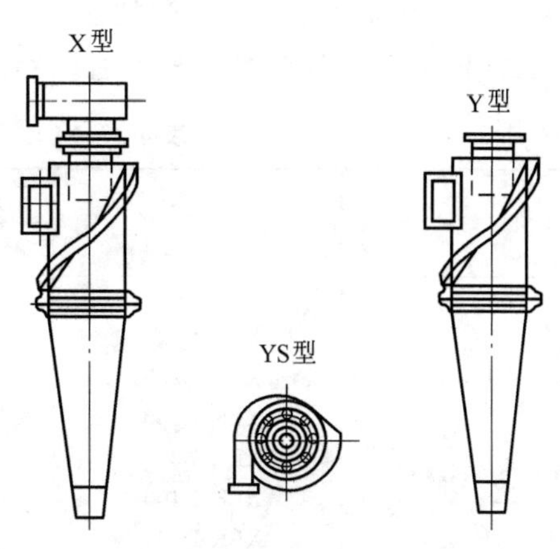

图 4-15 XLP/B 型旋风除尘器

表 4-2 XLP/A 型和 XLP/B 型旋风除尘器的主要性能

项目	型号	入口风速/(m/s)			项目	型号	入口风速/(m/s)		
		12	15	17			12	16	20
处理风量/(m^3/h)	XLP/A-3.0	830	1040	1180	处理风量/(m^3/h)	XLP/B-3.0	700	930	1160
	XLP/A-4.2	1570	1960	2200		XLP/B-4.2	1350	1800	2250
	XLP/A-5.4	2420	3030	3430		XLP/B-5.4	2200	2950	3700
	XLP/A-7.0	4200	5250	5950		XLP/B-7.0	3800	5100	6350
	XLP/A-8.2	5720	7150	8100		XLP/B-8.2	5200	6900	8650
	XLP/A-9.4	7780	9720	11000		XLP/B-9.4	6800	9000	11300
	XLP/A-10.6	9800	12250	13900		XLP/B-10.6	8550	11400	14300
阻力/Pa	X 型(ξ=8.0)	686	1078	1732	阻力/Pa	X 型(ξ=5.8)	490	872	1421
	Y 型(ξ=7.0)	588	921	1235		Y 型(ξ=4.8)	421	686	1127

注：X 型除尘器出口装有蜗壳。

（3）XLK 型旋风除尘器

XLK 型旋风除尘器又称扩散式旋风除尘器，如图 4-16 所示。其结构特点是在器体下部安装有倒圆锥和圆锥形反射屏（又称挡灰盘）。在一般的旋风除尘器中，有一部分气流随颗粒物一起进入集尘斗，当气流自下向上进入内旋涡时，由于内旋涡负压产生的吸力作用，使已分离的颗粒物被重新卷入内旋涡，并被出口气流带出除尘器，降低了除尘效率。而在 XLK 型旋风除尘器中，气流进入除尘器后，从上而下作旋转运动，到达锥体下部反射屏时已净化的气体在反射屏的作用下，大部分气流折转形成上旋气流从排出管排出。紧靠器壁的少量含尘气流由反射屏和倒锥体之间的环隙进入灰斗。进入灰斗后的含尘气体由于流道面积大、速度降低，颗粒物得以分离。净化后的气流由反射屏中心透气孔向上排出，与上升的主气流汇合后经排气管排出。由于反射屏的作用，防止了返回气流重新卷起颗粒物，提高了除尘效率。

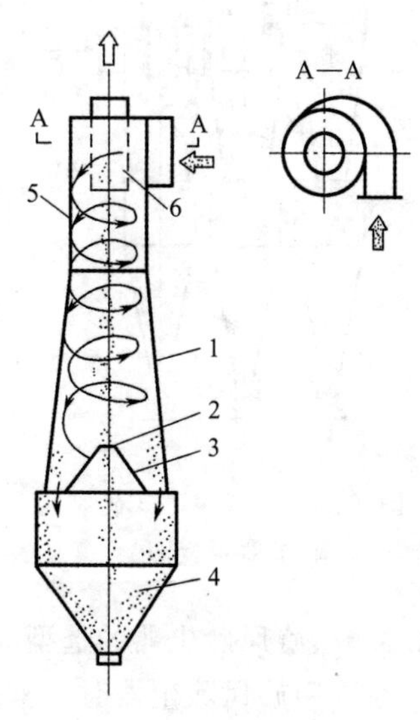

图 4-16 XLK 型旋风除尘器
1—倒圆锥体；2—透气孔；3—反射屏；4—灰斗；5—圆筒体；6—排气管

扩散式旋风除尘器对入口颗粒物负荷有良好的适应性，进口风速10～20m/s，压力损失900～1200Pa，除尘效率在90%左右。XLK型旋风除尘器的主要性能见表4-3。

表4-3 XLK型旋风除尘器的主要性能

项目	型号	进口风速/(m/s)					
		10	12	14	16	18	20
处理风量/(m^3/h)	XLK-D150	210	250	295	335	380	420
	XLK-D220	370	445	525	590	660	735
	XLK-D250	595	715	835	955	1070	1190
	XLK-D300	840	1000	1180	1350	1510	1680
	XLK-D350	1130	1360	1590	1810	2040	2270
	XLK-D400	1500	1800	2100	2400	2700	3000
	XLK-D450	1900	2280	2600	3040	3420	3800
	XLK-D500	2320	2780	3250	3710	4180	4650
	XLK-D600	3370	4050	4720	5400	6060	6750
	XLK-D700	4600	5520	6450	7350	8300	9200

(4) 组合式多管旋风除尘器

为了提高除尘效率，往往将多个旋风除尘器串联起来使用；为了净化颗粒物粒径大小不同的含尘气体，也可将多个除尘效率不同的旋风除尘器串联起来使用，称为串联式旋风除尘器组合形式。串联式旋风除尘器的处理风量决定于第一级除尘器的处理风量；总压力损失等于各除尘器及连接件的压损之和，再乘以1.1～1.2的系数。图4-17是三级串联式旋风除尘器示意图，第一级锥体较短，净化粒径较大的颗粒物；第二级和第三级的锥体逐渐加长，净化粒径较小的颗粒物。

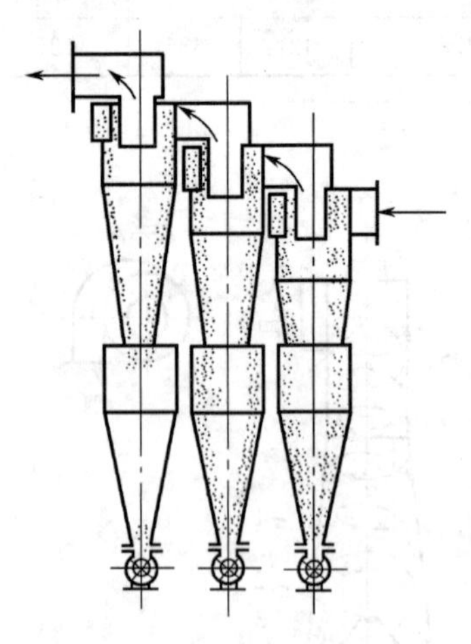

图4-17 三级串联式旋风除尘器示意图

为了增大处理风量，可将多个旋风除尘器并联起来使用，称为并联式旋风除尘器组合形式。并联式旋风除尘器的压损为单体压损的1.1倍，处理风量为各单体处理风量之和。并联式多管旋风除尘器的排列方式主要有单排排列和双排排列(如图4-18所示)。图4-19为六管双排并联组合旋风除尘器。

除了单体并联使用外，还可以将许多小型旋风除尘器(又称旋风子)组合在一个壳体内并联使用，称多管旋风除尘器(multicyclone)。图4-20是多管旋风除尘器示意图，图4-21是多管旋风除尘器。壳体中排放多个旋风管单元，含尘气体经入口处进入壳体内，通过分离板，进入旋风管单元，分离后的气体通过出口排出，分离出来的颗粒物通过排尘装置排出。多管旋风除尘器的除尘效率可达94%，压力损失小于1200Pa。

4.2.3.5 旋风除尘器的选型

在选用旋风除尘器时，常根据工艺提供或收集到的设计资料来确定其型号和规格，一般使用计算方法和经验法。由于除尘器结构形式多样，影响因素又很复杂，因此难以求得准确的通用计算公式，再加上人们对旋风除尘器内气流的运动规律还有待于进一步的认识，以及分级效率和颗粒物粒径分布数据非常匮乏，相似放大计算方法还不成熟。所以，在实际工作中采用经验法来选择除尘器的型号和规格。

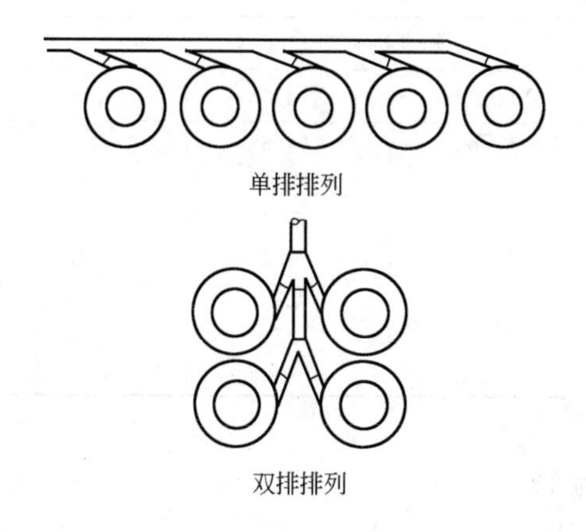

图 4-18 并联式多管旋风除尘器的排列方式示意图

图 4-19 六管双排并联组合旋风除尘器

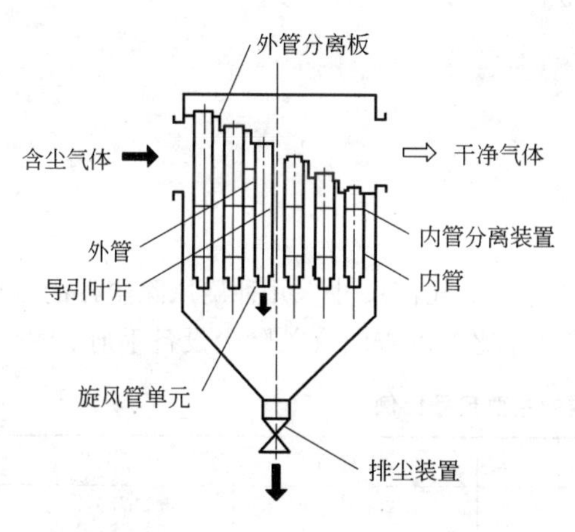

图 4-20 多管旋风除尘器示意图

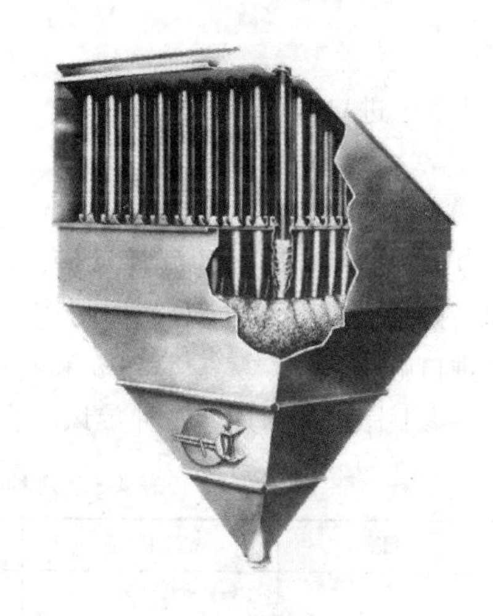

图 4-21 多管旋风除尘器

(1) 根据气体的颗粒物浓度、颗粒物的性质、分离要求、允许阻力损失、除尘效率等因素，合理选择旋风除尘器的型号、规格。从各类除尘器的结构特性来看，粗短型的旋风除尘器一般应用于阻力小、处理风量大、净化要求较低的场合；细长型的旋风除尘器适用于净化要求较高的场合。表 4-4 列出了几种除尘器在阻力大致相等条件下的效率、阻力系数、金属材料消耗量等综合比较，以供选型时参考。

(2) 根据除尘器使用时的允许压力降确定入口风速 u_0。

$$u_0=\left(\frac{2\Delta p}{\rho\xi}\right)^{\frac{1}{2}} \tag{4-37}$$

式中 u_0——入口风速，m/s；

Δp——旋风除尘器的允许压力降，Pa；

ρ——气体的密度，kg/m³；

ξ——旋风除尘器的阻力系数，可查表得到。

表 4-4 几种常见类型旋风除尘器的比较

项　目	除尘器类型			
	XLT	XLT/A	XLP/A	XLP/B
设备阻力/Pa	1088	1078	1078	1146
进风风速/(m/s)	19.0	20.8	15.4	18.5
处理风量/(m^3/h)	3110	3130	3110	3400
平均效率/%	79.2	83.2	84.8	84.6
阻力系数 ξ	5.3	6.5	8.0	5.8
金属耗量/[1000m^3/(h·kg)]	42.0	25.1	27	33
外形尺寸(筒径×全高)/(mm×mm)	760×2360	550×2521	540×2390	540×2460

若缺少允许压力降的数据，一般取入口风速为 12～25m/s。

(3) 确定旋风除尘器的进口截面积 A、入口宽度 b 和入口高度 h。

进口截面积 A 可由式 (4-38) 计算。

$$A=bh=\frac{Q}{u_0} \tag{4-38}$$

式中　A——进口截面积，m^2；

b——入口宽度，m；

h——入口高度，m；

Q——旋风除尘器的处理风量，m^3/s（工况）。

(4) 确定各部分的几何尺寸

由进口截面积 A、入口宽度 b 和高度 h 定出各部分的几何尺寸。几种旋风除尘器的主要尺寸比例参见表 4-5，其他各种旋风除尘器的标准尺寸比例可查阅有关除尘设备手册。

表 4-5 几种旋风除尘器的主要尺寸比例

项　目		XLP/A	XLP/B	XLT/A	XLT
入口宽度 b		$(A/3)^{1/2}$	$(A/2)^{1/2}$	$(A/2.5)^{1/2}$	$(A/1.75)^{1/2}$
入口高度 h		$(3A)^{1/2}$	$(2A)^{1/2}$	$(2.5A)^{1/2}$	$(1.75A)^{1/2}$
筒体直径 D		上 3.85b 下 0.7D	3.33b —	3.85b —	4.9b —
排出筒直径 d_e		0.6D	0.6D	0.6D	0.58D
筒体长度 L		上 1.35D 下 1.00D	1.7D	2.26D	1.6D
锥体长度 H		上 0.5D 下 1.0D	2.3D	2.0D	1.3D
排尘口直径 d_p		0.296D	0.43D	0.3D	0.145D
压力损失/Pa	12m/s①	700(600)②	500(420)	860(770)	440(490)
	15m/s	1100(940)	890(700)③	1350(1210)	670(770)
	18m/s	1400(1260)	1450(1150)④	1950(1150)	990(1110)

① 进口风速；

② “( )”内的数值是进口无蜗壳式的压力损失；

③ 进口风速为 16m/s 时的压力损失；

④ 进口风速为 20m/s 时的压力损失。

【例 4-7】 已知烟气处理量 Q=5000m^3/h，烟气密度 ρ=1.2kg/m^3，允许压力损失为

900Pa，若选用XLP/B型旋风除尘器，试确定其主要尺寸。

解 查表4-4可知，阻力系数$\xi=5.8$

旋风除尘器入口风速 $u_0=\left(\dfrac{2\Delta p}{\rho\xi}\right)^{1/2}=\left(\dfrac{2\times900}{1.2\times5.8}\right)^{1/2}=16.1$（m/s）

进口截面积 $A=\dfrac{Q}{u_0}=\dfrac{5000}{3600\times16.1}=0.0863$（$m^2$）

由表（4-5）查出XLP/B型旋风除尘器尺寸比例。

入口宽度 $b=\left(\dfrac{A}{2}\right)^{\frac{1}{2}}=\left(\dfrac{0.0863}{2}\right)^{\frac{1}{2}}=0.208$（m）

入口高度 $h=(2A)^{1/2}=(2\times0.0863)^{1/2}=0.416$(m)

筒体直径 $D=3.33b=3.33\times0.208=0.693$（m）

参考XLP/B产品系列，取$D=700\text{mm}=0.70\text{m}$，则

排出筒直径 $d_e=0.6D=0.42$（m）

筒体长度 $L=1.7D=1.19$（m）

锥体长度 $H=2.3D=1.61$（m）

排尘口直径 $d_p=0.43D=0.30$（m）

练 习 4.2

填空题

1. 惯性式除尘器主要包括________、________、________。三类除尘器的除尘效率由低到高的顺序是________________。三类除尘器适用于捕集的颗粒物粒径从小到大的顺序是________________。
2. 重力沉降室是利用________________使颗粒物从气流中实现分离的。
3. 旋风除尘器的分割粒径是指________________。若除尘器的分割粒径越小，除尘效率________。
4. 提高旋风除尘器的入口风速，除尘效率________。

练习题

1. 有一沉降室长7.0m，高12m，气流速度0.30m/s，气体黏度2.0×10^{-5} Pa·s，气体的密度为1.5kg/m³，颗粒物密度2800kg/m³，求该沉降室能100%捕集的最小颗粒物的直径。
2. 某旋风除尘器的分割粒径$d_c=5\mu m$，除尘器入口颗粒物的粒径分布如下：

颗粒物粒径/μm	2～6	6～10	10～14	14～18	18～22	22～26
平均粒径/μm	4.0	8.0	12	16	20	24
频率分布/%	8.0	22	38	19	9.0	4.0

试计算该除尘器的分级效率和总效率。

3. 设计锅炉烟气重力沉降室，已知烟气量$Q=2800\text{m}^3/\text{h}$，烟气温度$t=150$℃，气体密度为0.83kg/m³，气体黏度为$2.0\times10^{-5}$ Pa·s，颗粒物真密度$\rho_p=2100\text{kg/m}^3$，要求能去除$d\geqslant30\mu m$的颗粒物。（沉降室内气速取0.25m/s，高度取1.5m）
4. 已知烟气处理量$Q=5600\text{m}^3/\text{h}$，烟气密度$\rho=1.2\text{kg/m}^3$，允许压力损失为800Pa，若选用XLP/A型旋

风除尘器，试确定其主要尺寸。

4.3 湿式除尘器

湿式除尘器（wet dust collector）也叫洗涤式除尘器，是利用液体的洗涤作用，使颗粒物从气流中分离出来的除尘器。湿式除尘器既能净化废气中的颗粒污染物，也能脱除气态污染物（气体吸收），同时还能起到气体降温的作用。湿式除尘器还具有设备投资少，构造简单，净化效率高的特点。适用于捕集粒径 1μm 以上的颗粒物，除尘效率达 90%以上。适用于净化非纤维性、不与水发生化学反应和不发生黏结现象的各类含尘气体，尤其适宜净化高温、易燃、易爆及有害气体。缺点是容易受酸碱性气体腐蚀，管道设备必须防腐；要消耗一定量的水，颗粒物回收困难，污水和污泥要进行处理；因使烟气温度降低致使烟气抬升高度减小；遇到疏水性颗粒物，单纯用清水会降低除尘效率，往往需要加净化剂来改善除尘效率；冬季烟筒会产生冷凝水，在寒冷地区要考虑设备的防冻等问题。

4.3.1 湿式除尘器除尘原理

在除尘器内含尘气体与水或其他液体相碰撞时，颗粒物发生凝聚，进而被液体介质捕获，达到除尘的目的。气体与水接触有如下过程：颗粒物与预先分散的水膜或雾状液相接触；含尘气体冲击水层产生鼓泡形成细小水滴或水膜；较大的颗粒物在与水滴碰撞时被捕集，捕集效率取决于粒子的惯性及扩散程度。因为水滴与气流间有相对运动，并由于水滴周围有环境气膜作用，所以气体与水滴接近时，气体改变流动方向绕过水滴，而颗粒物受惯性力和扩散的作用，保持原轨迹运动与水滴相撞。这样，在一定范围内，颗粒物都有可能与水滴相撞，然后由于水的作用凝聚成大颗粒，被水流带走。水滴小且多，比表面积大，接触颗粒物机会就多，产生碰撞、扩散、凝聚效率也高；颗粒物的粒径愈大，碰撞、凝聚效率就愈高；而液体的黏度、表面张力愈大，水滴直径大，分散得不均匀，碰撞凝聚效率就愈低。实验与生产经验表明，亲水粒子比疏水粒子容易捕集。这是因为亲水粒子很容易通过水膜的缘故。

根据除尘机理，可将湿式除尘器分为重力喷雾洗涤器、旋风洗涤除尘器、自激式除尘器、泡沫除尘器、填料床除尘器、文丘里洗涤器及机械诱导喷雾除尘器。

4.3.2 常见的湿式除尘器

(1) 重力喷雾洗涤器

重力喷雾洗涤器又称喷雾塔或洗涤塔，是湿式洗涤器中最简单的一种。图 4-22 所示的是重力喷雾洗涤器示意图。在塔内，含尘气体通过喷淋液体所形成的液滴空间时，由于颗粒物和液滴之间的碰撞、拦截和凝聚等作用，使较大较重的颗粒物靠重力作用沉降下来，与洗涤液一起从塔底排走。为了防止气体出口夹带液滴，常在塔顶安装除雾器。被净化的气体排入大气，从而实现除尘的目的。

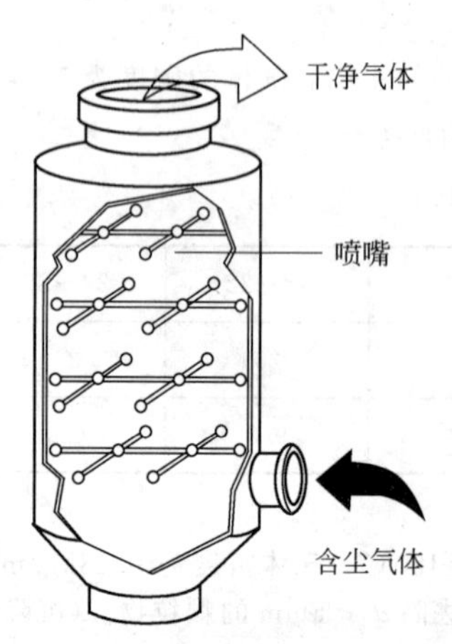

图 4-22 重力喷雾洗涤器示意图

一般按照颗粒物与水流流动方式不同可将重力喷雾洗涤器分为逆流式、并流式和横流式。

通过喷雾洗涤器的水流速度与气流速度之比大致为0.015～0.075。气体入口速度范围一般为0.6～1.2m/s。耗水量为0.4～1.35L/m^3。一般工艺中应设置沉淀池，使固体沉淀后循环使用。但因为蒸发的原因，应不断给予补充。

喷雾洗涤器的压力损失较小，一般在250Pa以下。对于10μm以下颗粒物的捕集效率低，因而多用于净化大于10μm的颗粒物。重力喷雾洗涤器具有结构简单、阻力小、操作方便等优点，但耗水量大，设备庞大，占地面积大，除尘效率低。因此常被用于电除尘器入口前的烟气调质，以改善烟气的比电阻。也可用于处理含有害气体的烟气。

(2) 旋风洗涤除尘器

旋风洗涤除尘器与干式旋风除尘器相比，由于附加了水滴的捕集作用，除尘效率明显提高。在旋风洗涤除尘器中，含尘气体的螺旋运动产生的离心力将水滴甩向外壁形成壁流，减少了气流带水，增加了气液间的相对速度，不仅可以提高惯性碰撞效率，而且采用更细的喷雾，壁液还可以将离心力甩向外壁的颗粒物立刻冲下，有效地防止了二次扬尘。

旋风洗涤器适用于净化大于5μm的颗粒物。在净化亚微米范围的颗粒物时，常将其串联在文丘里洗涤器之后，作为凝聚水滴的脱水器。

常用的旋风洗涤除尘器有旋风水膜除尘器和中心喷雾旋风除尘器。

① 旋风水膜除尘器（water-film cyclone） 含尘气体从筒体下部进风口沿切线方向进入后旋转上升，使颗粒物受到离心力作用被抛向筒体内壁，同时被沿筒体内壁向下流动的水膜所捕集，并从下部锥体排出除尘器。

旋风水膜除尘器一般可分为立式旋风水膜除尘器和卧式旋风水膜除尘器两类。

立式旋风水膜除尘器是应用比较广泛的一种洗涤式除尘器，其构造如图4-23所示。在圆筒形的筒体上部，沿筒体切线方向安装若干个喷嘴，水雾喷向器壁，在器壁上形成一层很薄的不断向下流动的水膜。含尘气体由筒体下部切向导入旋转上升，气流中的颗粒物在离心力的作用下被甩向器壁，从而被液滴和器壁上的液膜捕集，最终沿器壁向下注入集水槽，经排污口排出。净化后的气体由顶部排出。

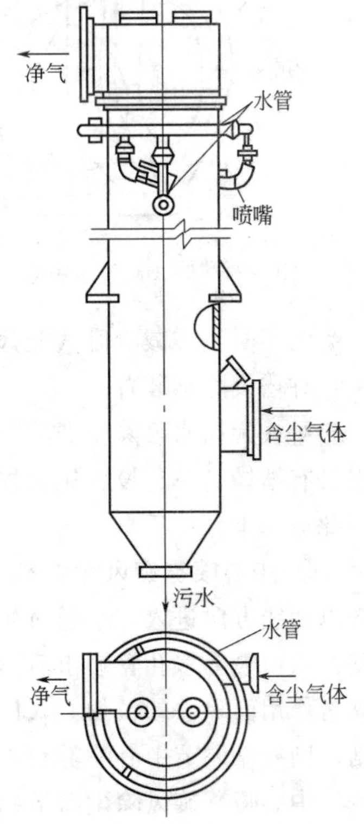

图4-23 立式旋风水膜除尘器

立式旋风水膜除尘器的除尘效率随气体的入口速度增加和筒体直径减小而提高。但入口气速过高，会使阻力损失大大增加，有可能还会破坏器壁的水膜，使除尘效率下降。因此入口气速一般控制在15～22m/s。为减少尾气对液滴的夹带，净化气出口气速应在10m/s以下。入口颗粒物浓度不宜过大，最大允许浓度为2g/m^3。若用于处理颗粒物浓度大的废气时，应设置预除尘装置。水气比取0.4～0.5L/m^3为宜，一般情况下除尘效率为90%～95%，设备阻力损失为500～750Pa。

卧式旋风水膜除尘器（horizontal waterfilm cyclone）也称旋筒式除尘器，如图4-24所示。它由外筒、内筒、螺旋形导流体、集水槽及排水装置等组成。除尘器的外筒和内筒横向水平放置，设在内筒壁上的导流片使外筒和内筒之间形成一个螺旋形的通道，除尘器下部为集水槽。

气体从除尘器一端沿切线方向进入，气体沿螺旋通道作旋转运动，在离心力的作用下，颗粒物被甩向筒壁；气流冲击水面激起的水滴和颗粒物碰撞，把一部分颗粒物捕获；携带水滴的气流继续作旋转运动，水滴被甩向器壁形成水膜，又把落在器壁上的颗粒物捕获。由于这种卧式旋风水膜除尘器综合了旋风、冲击水浴和水膜三种除尘形式，因而其除尘效率可达90%以上，最高可达98%。

影响卧式旋风水膜除尘器效率的主要因素是气速和集水槽的水位。在处理风量一定的情况下，若水位过高，螺旋形通道的断面积减小，气流通道的流速增加，使气流冲击水面过分激烈，造成设备阻力增加；反之，若水位过低，通道断面积增大，气体流速降低会使水膜形成不完全或者根本不能形成，而使除尘效率下降。试验表明，槽内水位至内筒底之间距离以100～150mm为宜，相应螺旋形通道内的断面平均风速范围应为11～17m/s。

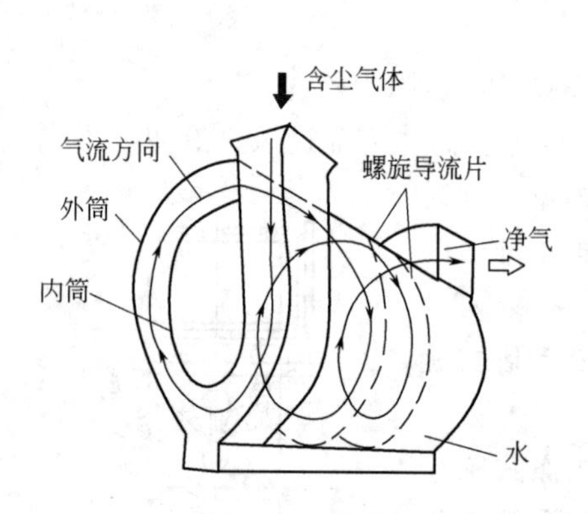

图4-24　卧式旋风水膜除尘器示意图

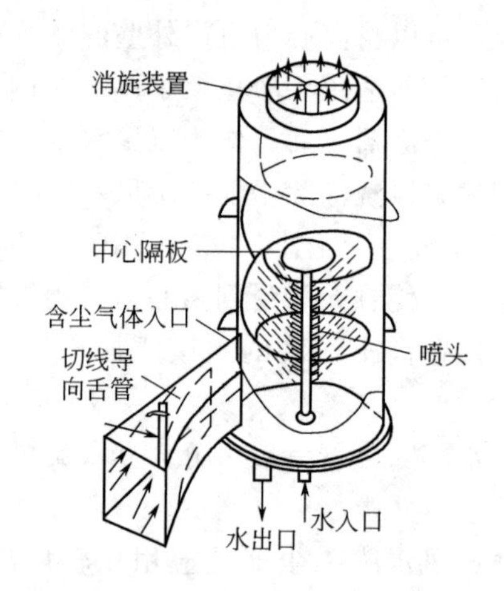

图4-25　中心喷雾旋风除尘器示意图

为了防止或减少卧式旋风水膜除尘器排出气体带水，通常将除尘器后部做成气水分离室，并增设除雾装置。

卧式旋风水膜除尘器的阻力损失大约800～1000Pa，平均耗水0.05～0.15L/m^3。由于它具有结构简单、设备压力损失小、除尘效率高、负荷适应性强、运行维护费用低等优点，因此应用十分广泛。

② 中心喷雾旋风除尘器　图4-25所示是中心喷雾旋风除尘器示意图。气流由除尘器下部以切线方向进入，水通过轴向安装的多头喷嘴喷入，颗粒物在离心力的作用下被甩向器壁，水由喷雾多孔管喷出后形成水雾，利用水滴与颗粒物的碰撞作用和器壁水膜对颗粒物的黏附作用而除去颗粒物。入口处的导流板可以调节气流入口速度和压力损失。如需进一步控制，则要靠调节中心喷雾管入口处的水压。

中心喷雾旋风除尘器结构简单，设备造价低，操作运行稳定可靠。由于塔内气流旋转运动的路程比喷雾塔长，颗粒物与液滴之间相对运动速度大，因而使颗粒物被捕集的概率大。中心喷雾旋风除尘器对粒径在0.5μm以下颗粒物的捕集效率可达95%以上，压力损失为500～2000Pa，耗水量为0.4～1.3L/m^3。

(3) 自激式除尘器

冲击液体表面依靠气流自身的动能激起水滴和水雾的除尘器称为自激式除尘器。图

4-26 所示的是自激式除尘器示意图。该除尘器由洗涤除尘室、排泥装置和水位控制系统组成。在洗涤除尘器内设置了 S 形通道，使气流冲击水面激起的泡沫和水花充满整个通道，从而使颗粒物与液滴的接触机会大大增加。气流进入除尘器后，转弯向下冲击水面，粗大的颗粒物在惯性的作用下冲入水中被水捕集直接沉降在泥浆斗内。未被捕集的微细颗粒物随着气流高速通过 S 形通道，激起大量的水花和水雾，使颗粒物与水滴充分接触，通过碰撞和截留，使气体得到进一步的净化，净化后的气体经挡水板脱水后排出。

自激式除尘器入口风速一般取 15～20m/s，进气室的下降流速 3～4m/s，S 通道内的气流速度 18～35m/s，除尘效率可达 95%，设备阻力 1000～1600Pa，耗水量 0.04L/m³。

自激式除尘器结构紧凑，占地面积小，施工安装方便，负荷适应性好，耗水量少。

(4) 泡沫除尘器

泡沫除尘器是依靠含尘气体流经筛板产生的泡沫捕集颗粒物的除尘器，又称泡沫洗涤器，简称泡沫塔。这类除尘器一般分为无溢流泡沫除尘器和有溢流泡沫除尘器两类，如图 4-27 所示。

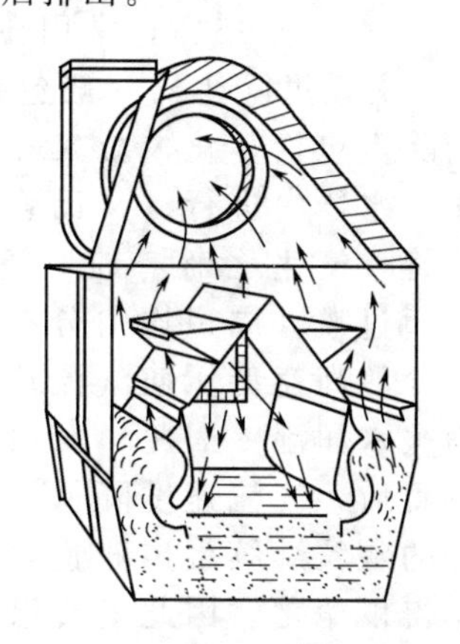

图 4-26 自激式除尘器示意图

泡沫除尘器一般做成塔的形式，根据允许压力降和除尘效率，在塔内设置单层或多层塔板。塔板一般为筛板，通过顶部喷淋（无溢流）或侧部供水（有溢流）的方式，保持塔板上具有一定高度的液面。气流由塔下部导入，均匀通过筛板上的小孔而分散于液相中，同时产生大量的泡沫，增加了两相接触的表面积，使颗粒物被液体捕集。被捕集下来的颗粒物，随水流从除尘器下部排出。

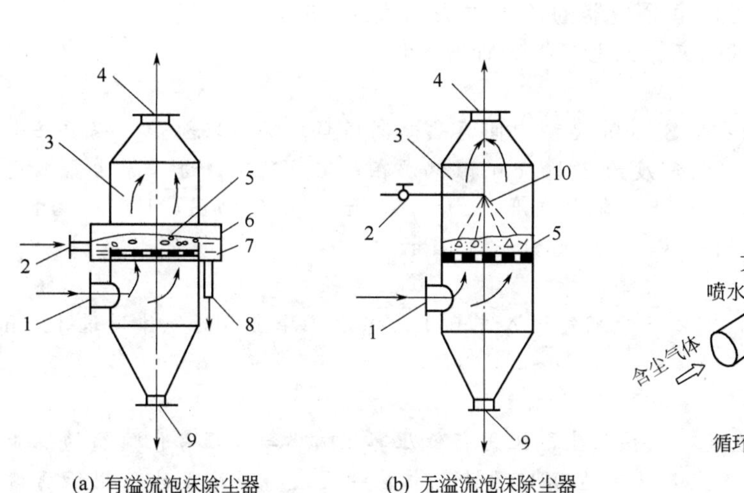

图 4-27 泡沫除尘器构造示意图

1—烟气入口；2—洗涤液入口；3—泡沫洗涤器；4—净气出口；5—筛板；6—水堰；7—溢流槽；8—溢流水管；9—污泥排出口；10—喷嘴

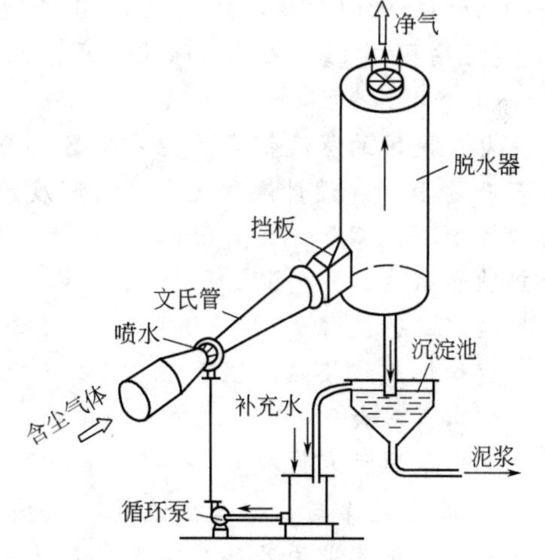

图 4-28 文丘里除尘器示意图

无溢流泡沫除尘器采用顶部喷淋供水，筛板上无溢流堰，筛板孔径 5～10mm，开孔率为 20%～30%。气流的空塔速度为 1.5～3.0m/s，含尘污水由筛孔漏至塔下部污泥排出口。

有溢流泡沫除尘器利用供水管向筛板供水。通过溢流堰维持塔板上的液面高度，液体横穿塔板经溢流堰和溢流管排出。筛孔直径4～8mm，开孔率20%～25%，气流的空塔速度为1.5～3.0m/s，耗水量约0.2～0.3L/m³。泡沫除尘器的除尘效率主要取决于泡沫层的厚度，泡沫层越厚，除尘效率越高，阻力损失也越大。

(5) 文丘里除尘器

文丘里除尘器（venturi scrubber）如图4-28所示，它是一种高效湿式除尘器，除尘效率超过95%，常用在高温烟气降温和除尘上。

文丘里除尘器一般包括文丘里管（简称文氏管）和脱水器两部分。文丘里除尘器的除尘包括雾化、凝聚和脱水三个过程，前两个过程在文氏管内进行，后一个过程在脱水器内进行。文氏管是由收缩管、喉管和扩散管三部分组成。含尘气体进入收缩管，气速逐渐增加，气流的压力逐渐变成动能，进入喉管时，流速达到最大值。水通过喉管周边均匀分布的若干小孔进入，然后在高速气流冲击下被高度雾化。喉管处的高速低压使气流达到饱和状态，同时颗粒物表面附着的气膜被冲破，使颗粒物被水润湿。因此，在颗粒物与水滴或颗粒物之间发生激烈的碰撞和凝聚。进入扩散管后，气流速度降低，静压回升，以颗粒物为凝结核的凝聚作用加快。凝结有水分的颗粒继续凝聚碰撞，小颗粒凝结成大颗粒，并很容易被脱水器捕集分离，使气体得以净化。因此，要想提高颗粒物与水滴的碰撞效率，喉部的气体速度必须较大，在工程上一般保证气速为50～180m/s，而水的喷射速度应控制在6m/s。除尘效率还与水气比有关，运行中要保持适当的水气比，以保证高的除尘效率。

由于文丘里洗涤器对细颗粒物有很高的除尘效率，而且对高温气体有良好的降温效果。因此，常用于高温烟气的降温和除尘，如炼铁高炉、炼钢电炉烟气以及有色冶炼和化工生产中的各种炉窑烟气的净化方面都常使用。文丘里洗涤器结构简单，体积小，布置灵活，投资费用低，缺点是压力损失大。低阻文丘里除尘器的压力损失为1500～2500Pa，高阻文丘里除尘器的压力损失为大于2500Pa。

【应用实例1】 文丘里除尘器用于热电厂锅炉烟气除尘

(1) 烟气特性

电厂使用的蒸汽锅炉的型号为SG-400-2型中间再热超高压自然循环煤粉炉。锅炉每小时产汽量400t。设计煤种飞灰的真密度为2.1g/cm³。锅炉在额定负荷下，进入除尘器烟气的特性如下：烟气流量，550352m³/h；含尘浓度，20～29g/m³；烟气初温，170℃；烟气绝热饱和温度，51～53℃；烟气静压，－1900～－2300Pa。

(2) 工艺流程

锅炉烟气经换热降温至170℃以下，烟气进入文丘里洗涤器。除尘后的气体通过120m高的烟囱排入大气。

(3) 主要技术性能

① 除尘效率与出口含尘浓度　在该除尘器上进行低压雾化喷嘴与高压雾化喷嘴的性能对比实验，证实采用高压喷嘴除尘效率可达98%左右，相应的飞灰排放浓度比采用低压喷嘴可下降一半左右（表4-6）。

表4-6　低压和高压雾化喷嘴性能的比较

雾化喷嘴形式	雾化水压/MPa	文丘里水耗/(kg/m³)	飞灰浓度/(g/m³)		除尘效率/%
			c_1(入口)	c_2(出口)	
低压喷嘴	0.11	0.174	19.7	0.66～0.85	95.5
高压喷嘴	1.6～2.0	0.164～0.181	22.12～26.96	0.2～0.48	98.5

② 文丘里管水耗的影响 随着文丘里管单位水耗的增加，除尘效率相应上升。但它们又与除尘设备状态完好的情况有关。

当除尘设备运行状态良好时，漏风率小于3%，单位水耗在0.17kg/m^3 左右，设备进入高效区（η=95%～96%）；当设备运行状态较差时，除尘器漏风率高于10%，单位水耗保持在设计值（0.17kg/m^3），除尘效率仅为92.5%，单位水耗大于0.194kg/m^3 时，设备进入高效区（η 为95%～96%）。

③ 捕滴器水耗的影响 在维持文丘里管水耗不变时，将捕滴器单位水耗从0.0484kg/m^3 提高到0.131kg/m^3，除尘效率可从95.2%提高到96.8%。但水耗加大会使除尘器烟气带水现象加剧。

在设备完好的情况下，除尘器的压力损失为1500～1800Pa；但除尘器严重漏风时的压力损失高达2400～2600Pa。在整个压力损失中，文丘里管的压力损失占总压力损失的$\frac{1}{4}$～$\frac{1}{3}$左右，大部分压力损失在捕滴器部分，当采用高压雾化系统时，除尘器压力损失下降200Pa左右。

（4）运行中容易出现的问题

该除尘器运行中由于捕滴器入口流速较高，它采用轴向引出方式，故除尘器的压力损失较大，风机能耗增加。为了降低除尘器压力损失，可以在除尘器出口装设消旋导流器。

（5）运转维护要点

① 重视对文丘里洗涤器的运行管理，尤其是建立一套定期处理除尘水的砾石过滤系统和环形喷嘴的制度，保证除尘用水的水质良好，水压稳定适中。每根供水管上的压力表均需定期校验，保证压力指示数据正确可信。

② 应注意使喷嘴供水管系分配合理，避免由于多层喷嘴供水方式中出现的喷嘴水量不均匀造成水膜不连续，喉管底部缺水导致积灰等现象。

③ 精心安装文丘里管喷嘴装置，每次检修更换喷嘴时，都要进行封喉效果的冷态观测，保证喷嘴正确到位，封喉良好。对检修后的捕滴器，也要进行环形喷嘴静态喷水的验收保证。

④ 控制捕滴器环形喷嘴供水压力（不大于0.02MPa）；定期检查捕滴器入口蜗壳、排灰口等易磨损腐蚀的部位，及时修补堵漏，保证捕滴器良好的工作状态，避免烟气带水。

（6）处理效果

用文丘里除尘器以后，虽然烟囱较低，但飞灰的排放浓度仍可达到环保要求。除尘器排水的pH值为3.5～4.5。但在流动过程中，pH值逐渐增加，流至灰场时pH值为7～9，符合排放标准。

练 习 4.3

选择题

1. 下列关于湿式除尘器的说法，（ ）是不正确的。

A. 液滴对颗粒物捕集作用，并非单纯的液滴与颗粒物之间的惯性碰撞和截留

B. 既具有除尘作用，又具有烟气降温和吸收有害气体的作用

C. 适用于处理高温、高湿、易燃的有害气体

D. 适用于处理黏性大和憎水性的颗粒物

2. 湿式除尘器中效率最高的一种除尘器是（　　）。
   A. 文丘里湿式除尘器　B. 旋风水膜除尘器　C. 填料床式湿式除尘器　D. 泡沫板式湿式除尘器
3. 湿式除尘器中压力损失最高的除尘器是（　　）。
   A. 重力喷雾洗涤器　B. 旋风洗涤除尘器　C. 自激式除尘器　D. 文丘里湿式除尘器
4. 能够捕集粒径大于1μm颗粒物的除尘器是（　　）。
   A. 重力沉降室　B. 挡板式除尘器　C. 旋风除尘器　D. 湿式除尘器

填空题

1. 按照除尘设备阻力的高低，把压力损失不超过________的称为低阻除尘器，把压力损失在__________范围内的除尘器称为中阻除尘器；把压力损失超过____________的称为高阻除尘器。在常见湿式除尘器中，____________属于低阻除尘器；____________属于中阻除尘器；____________属于高阻除尘器。
2. 对于泡沫除尘器，泡沫层越厚，除尘效率__________。对于卧式旋风水膜除尘器，若集水槽的水位过低，除尘效率__________。对于立式旋风水膜除尘器，若入口气速增大，则除尘效率__________。
3. 文丘里除尘器的除尘包括________、________和________三个过程。
4. 根据湿式除尘器除尘原理的不同，可以将其分为七种类型，即重力喷雾洗涤除尘器、离心洗涤除尘器、贮水式冲击水浴除尘器、板式塔洗涤除尘器、填料塔洗涤除尘器、文丘里洗涤除尘器和机械动力洗涤除尘器。试标明下图所示各除尘器的类型。

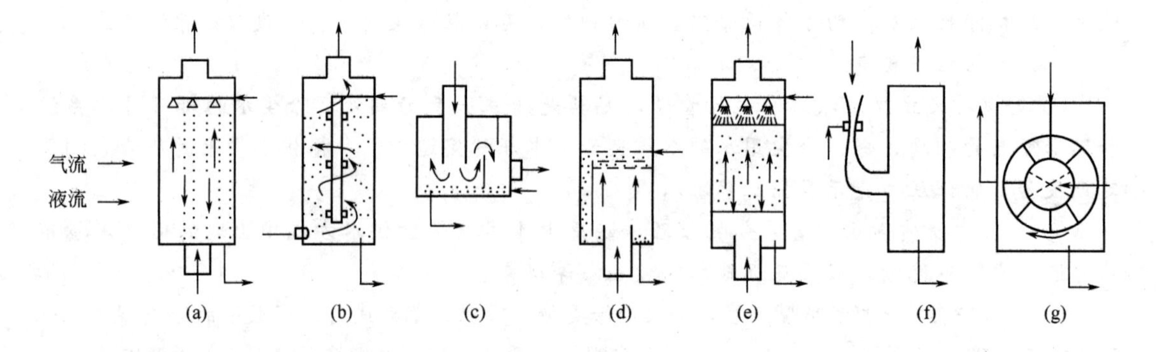

4.4 袋式除尘器

利用多孔介质的过滤作用捕集含尘气体中颗粒物的除尘设备称为过滤式除尘器。过滤式除尘器主要有三种类型。一类是以织物为滤材的表面过滤器，如袋式除尘器；另一类是以硅石、矿石、焦炭等颗粒物作滤材的过滤器，如颗粒层除尘器；还有一类是采用滤纸或玻璃纤维等填充层作滤料的过滤器，如空气过滤器。

袋式除尘器（bag house）是用纤维滤料制作的袋状过滤元件捕集含尘气体中颗粒物的除尘设备。它是一种干式高效过滤式除尘器，自19世纪中叶开始应用于工业生产以来，不断得到发展，特别是20世纪50年代以后，由于合成纤维滤料的出现，脉冲清灰及滤袋自动检漏等新技术的应用，为袋式除尘器的进一步发展及应用开辟了更加广阔的前景。

袋式除尘器主要有以下优点：适用于清除粒径0.1μm以上的颗粒物，除尘效率高达99%以上；适用性强，可以捕集不同性质的颗粒物，适用于各种工业生产的除尘过程；操作稳定，便于回收干料，无污泥处理，不会产生设备腐蚀等问题，维护简单。

袋式除尘器的主要缺点：应用范围受滤料限制；不适用于黏结性强及吸湿性强的颗粒物；过滤速度较低，设备体积庞大，滤袋损耗大，压力损失大，运行费用较高等。

4.4.1 袋式除尘器的除尘原理和滤料

(1) 除尘原理

图 4-29 是袋式除尘器除尘原理示意图。当含尘气体通过洁净的滤袋时，由于一般滤料本身的网孔较大（一般为 20～50μm），因此新用滤袋在运行初期主要捕集 1μm 以上的颗粒物，捕集的机理主要是筛分作用。粒径大的颗粒物被阻留后并在网孔中产生“架桥”现象，一段时间后，滤袋表面积聚一层颗粒物，称为颗粒物初层（聚四氟乙烯覆膜滤料的薄膜相当于起到“颗粒物初层”的作用）。此后，颗粒物初层便成了主要过滤层，此时可以捕集 1μm 以下的颗粒物。随着颗粒物在滤布上积累，除尘效率明显增大，但阻力（压力损失）也相应增加。当滤袋两侧的压力差很大时，会导致已附在滤料层上的细颗粒物被挤过颗粒物初层，使除尘效率下降，同时除尘器阻力过大会导致除尘器系统的风量显著下降。因此，当除尘器阻力达到一定值后，要及时进行清灰，清灰时不能破坏颗粒物初层，以免降低除尘效率。

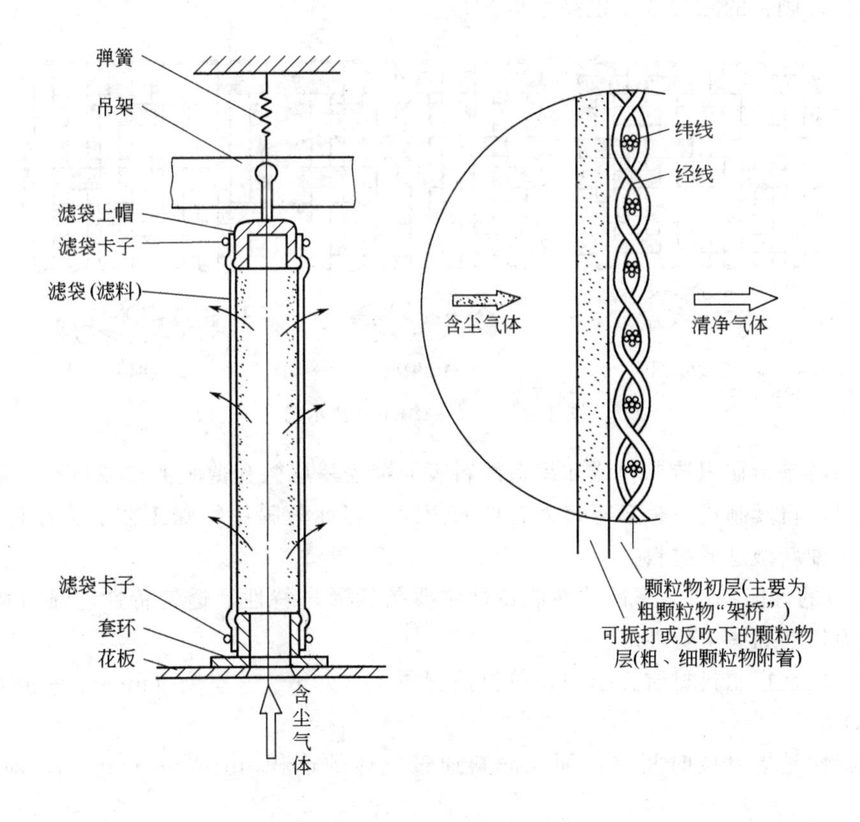

图 4-29 袋式除尘器除尘原理示意图

(2) 滤料

过滤材料简称滤料，滤料的性能直接影响着除尘器的效率、阻力等。

① 滤料的分类 按滤料的材质分为天然纤维、合成纤维、无机纤维及复合纤维滤料等。天然纤维滤料主要指棉(Co)、毛(Wo)和麻(J)。合成纤维滤料主要包括：聚丙烯；聚四氟

乙烯；聚丙烯腈；聚乙烯醇；聚氯乙烯；聚酰胺；芳香族聚酰胺；聚酰亚胺、聚酯；聚苯硫醚等。无机纤维滤料主要指碳纤维（CA）、玻璃纤维(G)和金属纤维(M)。复合纤维(C)滤料是指采用两种或两种以上纤维复合而成的滤料。

按加工方法分为织造滤料、非织造滤料和覆膜滤料。织造（W）滤料是指用织机将经线和纬线按一定的组织规律织成的滤料。织造滤料的织物组织方法分为平纹（P）、斜纹（X）和缎纹（D），如图4-30所示。其中斜纹编织滤料的综合性能较好，过滤效率和清灰效果均能满足要求，透气性比平纹滤料好，但强度比平纹滤料差。非织造（NW）滤料是指不经过传统的纺纱和织造过程而制成的滤料。针刺毡是一种常见的非织造滤料，它是以纤维为原料或完全采用纤维以针刺法成型，再经后处理而制成的滤料。玻璃纤维针刺毡是以玻璃纤维为原料，用刺针对梳理后的玻纤毡进行针刺，用机械方法使毡层玻纤之间、毡层玻纤与增强玻纤基布之间纤维相互缠结而制成的毡状非织造过滤材料。针刺毡的后处理主要有热定型、烧毛、热熔压光等，有的还要消静电、疏水、耐酸碱、憎油、覆盖等处理工艺。针刺毡的孔隙是在单根纤维之间形成的，因而在厚度方向有多层孔隙，而织造滤料的孔隙是在纱线之间形成的，其孔隙率只有针刺毡的一半左右。因此，在相同的过滤风速下，针刺毡的压力损失低于机织布，针刺毡的除尘效率也高于机织布。

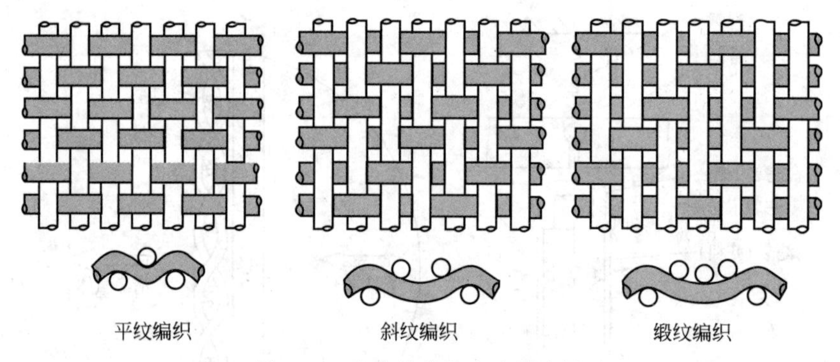

图4-30　滤布的编织方法示意图

覆膜滤料是指在织造滤料或非织造滤料表面覆盖一层微孔薄膜的过滤材料。常以聚四氟乙烯为原料，将其制成一种具有多微孔性的薄膜，将此薄膜用特殊工艺复合在种种织物上，使其成为一种新型过滤材料。

② 滤料的性能特性　滤料的性能特性主要包括形态特性、透气特性、强力特性、伸长特性、阻力特性和滤尘特性等。

形态特性是指滤料材质、结构、单位面积质量（g/m^2）、厚度（mm）、幅宽(mm)和半周长(mm)等。

透气特性是指单位时间单位面积滤料通过气体的体积[$m^3/(m^2 \cdot min)$]，即滤速（m/min）。

强力特性常用断裂强力衡量，是指把宽度为5cm、长度为25cm的滤料样品沿经向或纬向拉断所需要的力，单位为N。

伸长特性分为经向定负荷伸长率和纬向定负荷伸长率。经向定负荷伸长率是指在滤料经向上施加一定重力时滤料的经向伸长量占初始长度的百分比。纬向定负荷伸长率是指在滤料纬向上施加一定重力时滤料的纬向伸长量占初始长度的百分比。

阻力特性常用洁净滤料阻力系数和过滤阻力两方面衡量。洁净滤料阻力系数是指未接触颗粒物的洁净滤料，在规定滤速下的阻力（Pa）与滤速的比值。要求无论是针刺毡还是织造滤料的过滤阻力不大于 240 Pa。

滤尘特性常用静态除尘效率、动态除尘效率及粉尘剥离率进行衡量。静态除尘效率是指从滤料洁净状态开始连续滤尘而不清灰的状况下，颗粒物负荷与过滤风速达到规定值时的除尘效率。动态除尘效率是指在滤尘状态下，按规定的制度进行清灰后的除尘效率。颗粒物剥离率是指由于外力和颗粒物自身的因素从滤料上剥离的颗粒物质量占滤料捕集的颗粒物质量的百分比。

③ 滤料的命名　对非玻纤类滤料和玻纤类滤料分别进行命名。

非玻纤类一般织造滤料的名称由滤料的材质、加工方法、织物组织和单位面积质量四部分的代号组成。

例如：PE W D 320（涤纶织造缎纹滤料）

PE——纤维材质为涤纶；　　D——织物组织为缎纹；

W——加工方法为织造；　　320——单位面积质量为 320 g/m^2。

对于非玻纤类有特殊功能的滤料，在一般织造滤料的名称尾部再附加其功能的代号。滤料特殊功能代号分别为防静电（e）、疏水（h）、疏油（o）、耐高温（t）、阻燃（s）。

例如：PE（PE）NW$_n$（P）500 e（消静电涤纶针刺滤料）

PE——面层材质为涤纶；　　（P）——基底织物组织为平纹；

（PE）——基底材质为涤纶；　　500——单位面积质量为 500 g/m^2；

NW$_n$——加工方法为非织造针刺；　　e——特殊功能为消静电。

一般覆膜滤料的命名与一般织造滤料的命名方法相似，由覆膜材料、覆膜加工方法、单位面积质量等部分的代号组成。

例如：F（PE）C（WD）300（聚四氟乙烯覆膜涤纶织造滤料）

F——覆膜材料为膨体聚四氟乙烯；　　（WD）——基底类型为缎纹织造；

（PE）——基底材质为涤纶；　　300——单位面积质量为 300 g/m^2。

C——覆膜复合加工；

对于非玻纤类有特殊功能的覆膜滤料，在一般覆膜滤料的名称尾部再附加其功能的代号。

例如：F（PE）C（NW$_n$）500 e（消静电聚四氟乙烯覆膜涤纶针刺滤料）

F——覆膜材料为膨体聚四氟乙烯；　　（NW$_n$）——基底类型为非织造针刺；

（PE）——基底材质为涤纶；　　500——单位面积质量为 300 g/m^2；

C——覆膜复合加工；　　e——特殊功能为消静电。

玻璃纤维滤料的命名采用另外的方法，连续玻纤滤布、玻纤膨体纱滤布和玻纤针刺毡滤料三种玻纤滤料的命名方法略有不同。

连续玻纤滤布的名称由滤料所用的玻纤材质、是否经过处理、公称厚度（mm）×1000、幅宽（cm）和处理剂等的代号组成。玻纤材质类型和代号为无碱（E）、中碱（C）、高碱（A）、高强（S）；不经过处理的玻纤布代号为 W，经过处理的玻纤布代号为 WF。

例如：C WF 300 76 FCA（中碱经后处理的连续玻纤滤布）

C——玻纤材质为中碱；　　76——幅宽为 76 cm；

WF——经过后处理的织造物；　　FCA——处理剂符号。

300——公称厚度为 0.3 mm；

玻纤膨体纱布的名称由滤料所用的玻纤材质、纱的类型（膨体纱以 T 表示）、是否经过处理、公称单位面积质量（g/m^2）、幅宽（cm）和处理剂等的代号组成。

例如：C WTF 500 80 RH（中碱经后处理的玻纤膨体纱滤布）

C——玻纤材质为中碱；

WTF——经过后处理的玻纤膨体纱织造物；

500——单位面积质量为 500 g/m²；

80——幅宽为 80 cm；

RH——处理剂符号。

玻纤针刺毡滤料的名称由玻纤材质、加工方法代号（玻纤针刺毡以 NWWF 表示）、是否经过处理、公称单位面积质量（g/m²）和处理剂等的代号组成。

例如：E NW_n WF 1000 RH（无碱经后处理的玻纤针刺毡）

E——玻纤材质为无碱；

NW_n——非织造针刺；

WF——经后处理织造物；

1000——单位面积质量为 1000 g/m²；

RH——处理剂符号。

【注意】 在国标《玻璃纤维产品代号》(GB/T 4202) 中，用 MN 代表玻纤针刺毡代号。

④ 常见滤料的性能特点　合成纤维滤料具有强度高、抗折性能好、透气性好、收尘效果高等优点。但聚酯和聚酰亚胺易水解，不能用于净化湿度较大的气体，而聚苯硫醚不水解，特别适合用于净化高湿气体。玻璃纤维类滤料具有耐高温（280℃）、耐腐蚀、表面光滑、不易结露、不缩水等优点，在工业生产中广泛应用。目前国内生产的玻璃纤维滤料有普通玻纤滤布、玻纤膨体纱滤布和玻纤针刺毡三种。普通玻纤滤布的价格较低，清灰容易，但除尘效率低，颗粒物排放浓度略大，可在排放要求不高、颗粒物价值低的场合使用；玻纤膨体纱滤布捕捉颗粒物能力强，除尘效率高，价格适中，适宜在反吹风清灰方式的袋除尘设备中使用；玻纤针刺毡具有透气性好，系统阻力小，除尘效率更高，但价格较贵。玻璃纤维滤布经表面处理，可形成不同性质滤布，如抗高温、抗结露、抗静电等，满足不同工艺条件使用。

玻璃纤维覆膜滤料是在玻璃纤维基布上复合多微孔聚四氟乙烯薄膜制成的新型过滤材料，它既具有玻璃纤维的高强低伸、耐高温、耐腐蚀等优点，又具有聚四氟乙烯多微孔薄膜的表面光滑、憎水透气、化学稳定性好等优良特性。它几乎能截留含尘气流中的全部颗粒物，而且能在不增加运行阻力的情况下保证气流的最大通量，是理想的烟气滤料。

常见滤料的性能特点见表 4-7。

表 4-7　常见滤料的性能特点

类别	滤料名称	长期使用温度/℃	耐磨性	耐热性	耐酸性	耐碱性	耐氧化	耐溶剂
天然纤维	棉	75～85	较好	较好	差	较好	一般	很好
	羊毛	80～90	较好	差	较好	差	差	较好
	丝绸	70～80	较好	差	较好	差	差	较好
合成纤维	聚氯乙烯	65～70	差	差	很好	很好	很好	差
	聚酰胺	75～85	很好	较好	差	较好	一般	很好
	聚丙烯	85～95	较好	较好	很好	很好	较好	较好
	聚乙烯醇	<100	较好	一般	较好	很好	一般	一般
	聚丙烯腈	110～130	较好	较好	较好	一般	较好	很好
	聚酯	130	很好	一般	较好	较好	较好	很好
	聚苯硫醚	170～180	较好	较好	较好	较好	差	很好
	芳香族聚酰胺	220	很好	很好	较好	较好	一般	很好
	聚四氟乙烯	220～260	较好	较好	很好	很好	很好	很好
无机纤维	普通玻璃纤维	250	很差	很好	很好	差	很好	很好
	经硅油、聚四氟乙烯处理的玻璃纤维	260	一般	很好	很好	差	很好	很好
	陶瓷纤维	300～350	一般	很好	好	好	很好	很好

4.4.2 袋式除尘器除尘效率的性能指标

影响袋式除尘器除尘效率的因素有过滤风速、压力损失、滤料的性质等。

(1) 过滤风速

袋式除尘器的过滤风速是指气体通过滤布袋有效面积的表观速度。在工程上是指单位时间通过单位面积滤布含尘气体的流量。它代表了袋式除尘器处理气体的能力，是一个重要的技术经济指标。其计算公式为

$$u_f=\frac{Q}{60A} \tag{4-39}$$

式中 u_f——过滤风速，$m^3/(m^2 \cdot min)$；

Q——气体的体积流量，m^3/h（工况）；

A——过滤面积，m^2。

过滤风速的选择因气体性质和所要求的除尘效率不同而不同。一般选用范围为 0.6～1.0m/min。提高过滤风速可以减少过滤面积，提高滤料的处理能力。但风速过高会把滤袋上的颗粒物压实，使阻力加大。由于滤袋两侧的压力差增大，会使细微颗粒物透过滤料，致使除尘效率下降。另外，还要频繁清灰，增加清灰能耗，减少滤袋的寿命等。风速低，阻力也低，除尘效率高，但处理量下降。因此，过滤风速的选择要综合考虑各种影响因素。

(2) 压力损失

袋式除尘器的压力损失（设备阻力）是重要的技术经济指标之一，它不仅决定除尘器的能量消耗，同时也决定装置的除尘效率和清灰的时间间隔。

袋式除尘器的压力损失指除尘器出口与入口处气流的平均压之差（Δp）包括清洁滤料的压力损失 Δp_f 和颗粒物层的压力损失 Δp_d，即

$$\Delta p=\Delta p_f+\Delta p_d \tag{4-40}$$

由于过滤风速很低，气体流动属于黏性流，清洁滤料的压力损失 Δp_f 与过滤风速 u_f 成正比，可用式（4-41）表示

$$\Delta p_f=\xi_f \mu u_f \tag{4-41}$$

式中 ξ_f——清洁滤料的阻力系数，m^{-1}；

μ——气体黏度，$Pa \cdot s$；

u_f——过滤风速，m/s。

过滤层的压力损失 Δp_d 可表示为

$$\Delta p_d=am\mu u_f=\xi_d \mu u_f \tag{4-42}$$

式中 a——颗粒物层的平均比阻力，m/kg；

m——滤料上的颗粒物负荷，kg/m^2。

于是通过积有颗粒物的滤料的总阻力为

$$\Delta p=\Delta p_f+\Delta p_d=(\xi_f+am)\mu u_f \tag{4-43}$$

从式(4-43) 可知，袋式除尘器的压力损失与过滤速度和气体黏度成正比，而与气体密度无关。

【例 4-8】 以袋式除尘器处理常温常压的含尘气体。过滤风速 $u_f=1m/min$，滤布阻力系数 $\xi_f=2\times10^7 m^{-1}$，颗粒物层比阻力 $a=5\times10^{10} m/kg$，堆积颗粒物负荷 $m=0.1kg/m^2$，气体黏度为 $1.8\times10^{-5} Pa \cdot s$，试求压力损失。

解

$$\Delta p=\Delta p_f+\Delta p_d=(\xi_f+am)\mu u_f$$

$$=(2\times10^7+5\times10^{10}\times0.1)\times1.8\times10^{-5}\times\frac{1}{60}$$

$$=1506\ (\text{Pa})$$

（3）清灰时间与清灰周期

为使袋式除尘器的压力损失保持在正常范围内，利用机械或空气动力等手段使黏附在滤袋上的颗粒物剥落的过程称为清灰。

设袋式除尘器的入口气体颗粒物的浓度为 ρ_1，出口气体颗粒物的浓度为 ρ_2，过滤时间为 t，则滤料上的颗粒物负荷 m 可用式（4-44）计算。

$$m=(\rho_1-\rho_2)u_f t \tag{4-44}$$

式中　m——滤料上的颗粒物负荷，kg/m^2；

ρ_1——进口气体颗粒物的浓度，kg/m^3；

ρ_2——出口气体颗粒物的浓度，kg/m^3；

u_f——过滤风速，m/s；

t——过滤时间，s。

过滤时间为 t 时，颗粒物层的压力损失可用式（4-45）计算。

$$\Delta p_d=am\mu u_f=a(\rho_1-\rho_2)\mu u_f^2 t \tag{4-45}$$

随着过滤时间的增加，颗粒物层的压力损失逐渐增大，当除尘器的阻力达到清灰阻力时就必须进行清灰。对袋式除尘进行一次清灰所用的时间称为清灰时间。自上一次清灰结束与下一次清灰开始的时间间隔称为清灰周期。

【例 4-9】 采用袋式除尘器处理颗粒物浓度为 3.5 g/m^3 的气体。已知滤布阻力系数为 $2.0\times10^7\ m^{-1}$，颗粒物层比阻力为 5.0×10^{10} m/kg，过滤风速为 1.0 m/min，气体的黏度为 1.8×10^{-5} Pa·s。若使除尘器的动态除尘效率为 99.5%，要求压力损失不大于 1500Pa，试计算最大清灰周期。

解

$$\xi_f=2\times10^7\,m^{-1},\ a=5\times10^{10}\,m/kg,\ \mu=1.8\times10^{-5}\,Pa\cdot s$$

$$u_f=1.0\ m/min=0.0167\ m/s$$

设除尘器不漏风，于是：

$$\rho_2=\rho_1(1-\eta)=3.5\times10^{-3}\times(1-99.5\%)=1.75\times10^{-5}(kg/m^3)$$

$$\Delta p=\Delta p_f+\Delta p_d=[\xi_f+a(\rho_1-\rho_2)u_f t]\mu u_f$$

$$t=\frac{1}{a(\rho_1-\rho_2)u_f}\times\left(\frac{\Delta p}{\mu u_f}-\xi_f\right)$$

$$=\frac{1}{5.0\times10^{10}\times(3.5\times10^{-3}-1.75\times10^{-5})\times0.0167}$$

$$\times\left(\frac{1500}{1.8\times10^{-5}\times0.0167}-2.0\times10^7\right)=1709(s)$$

因此，该袋式除尘器的最大清灰周期为 1709s。

(4) 除尘效率和漏风率

除尘效率是指捕集的颗粒物质量与进入袋式除尘器中的颗粒物总质量的百分比。袋式除尘器属于高效除尘器，除尘效率大于 99.5%。

袋式除尘器的漏风率通常是指除尘器净气室内平均负压为 2500Pa 时，漏入或漏出袋式除尘器本体的标态风量与除尘器入口标态风量的百分比。分室反吹风类袋式除尘器的漏风率要求小于 5%。对于回转反吹风袋式除尘器来说，回转 1 圈和 2 圈的漏风率要求小于 3%，而回转 3 圈和 4 圈的漏风率要求小于 4%。对于脉冲喷吹类袋式除尘器来说，逆喷、顺喷和环隙式脉冲喷吹类袋式除尘器的漏风率要求小于 3%，对喷、气箱式脉冲喷吹类袋式除尘器的漏风率要求小于 4%。

4.4.3 袋式除尘器的结构型式、分类和命名

4.4.3.1 袋式除尘器的结构型式

根据除尘器进风口位置分为上进风式、下进风式、径向进风式和侧向进风式。根据过滤元件的形状分为圆袋式、扁袋式和折叠滤筒式。根据过滤方式分为内滤式和外滤式。根据除尘器与风机的位置分为吸入式和压入式。根据结构分为分室结构和非分室结构。根据除尘原理分为单独过滤式、静电布袋复合式和旋风布袋复合式。

(1) 上进风式与下进风式

上进风式是指含尘气流入口位于袋室上部（上箱体），气流与颗粒物沉降方向一致，如图 4-31 所示。下进风式是指含尘气流入口位于袋室下部（灰斗上部），气流与颗粒物沉降方向相反，如图 4-32 所示。若外观上是下进风式，但滤袋室设有导流板，将含尘气体引流到上部分散的，应属于上进风式。

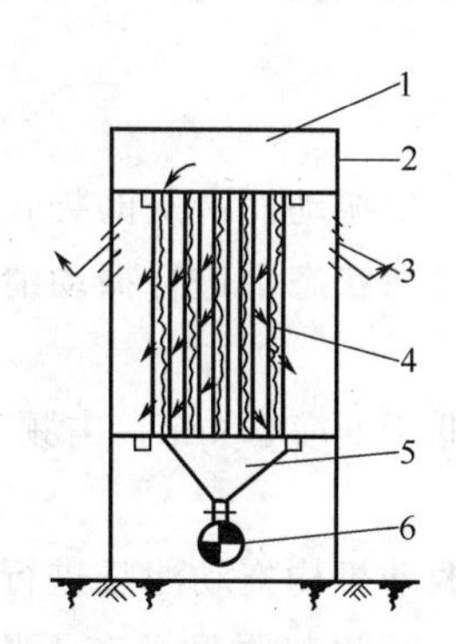

图 4-31 上进风袋式除尘器

1—空气分配室；2—含尘气体进口；3—清洁气体出口；4—滤袋；5—灰斗；6—螺旋卸尘机

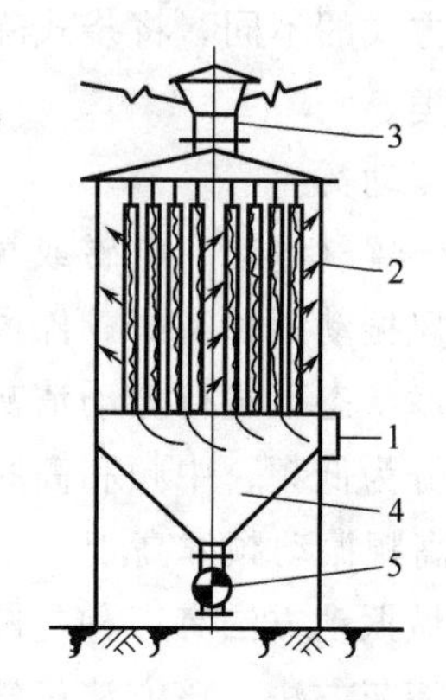

图 4-32 下进风袋式除尘器

1—含尘气体进口；2—滤袋；3—排风帽；4—灰斗；5—螺旋卸尘机

(2) 径向进风式与侧向进风式

径向进风式是指含尘气流入口位于除尘器袋室的正面，气流沿水平方向与滤袋接触。侧向进风式是指含尘气流入口位于除尘器袋室的侧面，气流沿水平方向与滤袋接触。侧向进风式一般作为其他进风方式的辅助方式。

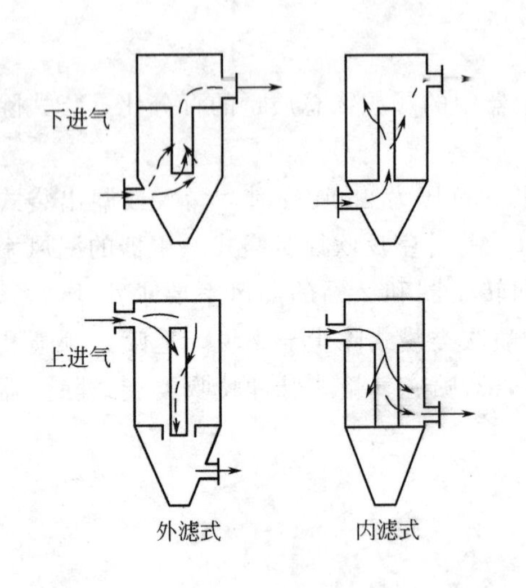

图 4-33 内、外滤式除尘器结构图

(3) 圆袋式、扁袋式与折叠滤筒式

圆袋式是指过滤元件（滤袋）为圆筒形，滤袋直径一般为100～300mm，最大不超过600mm，袋长2～12m。扁袋式是指过滤元件为平板形（信封形）、梯形、楔形、椭圆形等。折叠滤筒式是指过滤元件为褶皱式圆筒状。

(4) 内滤式与外滤式

内滤式是指含尘气流由袋内流向袋外，利用滤袋内侧捕集颗粒物。外滤式是指含尘气流由袋外流向袋内，利用滤袋外侧捕集颗粒物，如图4-33所示。

(5) 吸入式与压入式。

吸入式是指风机位于除尘器之后，除尘器为负压工作。压入式是指风机位于除尘器之前，除尘器为正压工作。

(6) 分室结构与非分室结构

分室结构是指将袋式除尘器分为若干操作单元，每个单元可独立完成过滤与清灰功能的结构。非分室结构是指袋式除尘器整体完成过滤与清灰功能的结构。

(7) 单独过滤式、静电布袋复合式和旋风布袋复合式

单独过滤式是指只利用过滤的方式捕集颗粒物。静电布袋复合式是指颗粒物先经过预荷电或外电场后再利用过滤方式捕集颗粒物。旋风布袋复合式是指先经过旋风除尘器离心分离后再利用过滤方式捕集颗粒物。

4.4.3.2 袋式除尘器的分类

根据清灰方式的不同，将袋式除尘器分为四类，即机械振动类、反吹风类、脉冲喷吹类和复合式清灰类。

(1) 机械振动类

利用机械装置（电动、电磁或气动装置）使滤袋产生振动而清灰的袋式除尘器，分为停风振动和非停风振动两种型式。停风振动是指在停止过滤状态下进行振动清灰。非停风振动是指在连续过滤状态下进行振动清灰。

振动频率分为低频、中频和高频。低频振动频率低于60次/min，中频振动频率为60～700次/min，高频振动频率高于700次/min。

常见的机械振动方法有三种，图4-34(a)是利用振动机构拖动滤袋进行上部或中部的水平方向摆动的清灰方法。该方法虽然对滤袋损伤较小，但振打强度分布不均匀。图4-34(b)是利用振动机构使滤袋沿垂直方向发生振动，从而使滤袋上的积尘脱落进入集尘斗中。该方法清灰效果好，但对滤袋下部的损伤较大。图4-34(c)是利用偏心轮使滤袋作往复扭转运动的清灰方法。图4-35是偏心轮振动清灰袋式除尘器示意图。滤袋下部固定在花板凸出接口上，上部吊挂在框架上，清灰时马达带动偏心轮，使滤袋振动，从滤袋脱落下来的颗粒物进入集尘斗中。该方法清灰效果好，耗电量小，适用于净化含尘浓度不高的废气。

机械振动类袋式除尘器的过滤风速一般取1.0～2.0m/min，阻力约800～1200Pa。这种除尘器的缺点是滤袋常受到机械力的作用而损坏较快，滤袋的检修和更换工作量较大。

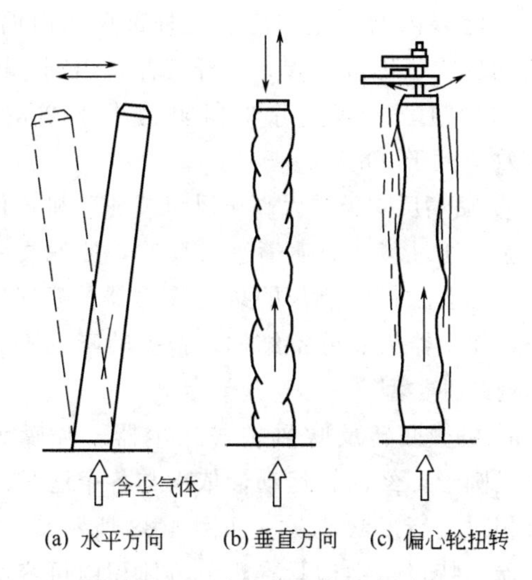

图 4-34 三种振动方法示意图

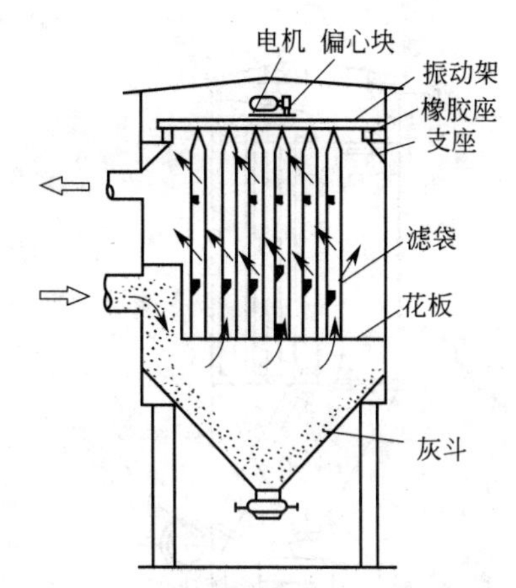

图 4-35 偏心轮振动清灰袋式除尘器示意图

(2) 反吹风类

利用阀门切换气流，在反吹气流作用下使滤袋缩瘪与鼓胀发生抖动进行清灰的袋式除尘器。根据反吹气流的不同，又分为分室反吹类和喷嘴反吹类。

① 分室反吹类 采取分室结构，利用阀门逐室切换气流，将空气或除尘后洁净循环烟气反向引入不同袋室进行清灰的除尘器。根据工作状态不同，分为分室二态和分室三态反吹袋式除尘器。分室二态是指清灰过程只有“过滤”“反吹”两种工作状态；分室三态是指清灰过程具有“过滤”“反吹”“沉降”三种工作状态，如图 4-36 所示。根据除尘器运行时所处的压力状态，可分为正压反吹袋式除尘器和负压反吹袋式除尘器。

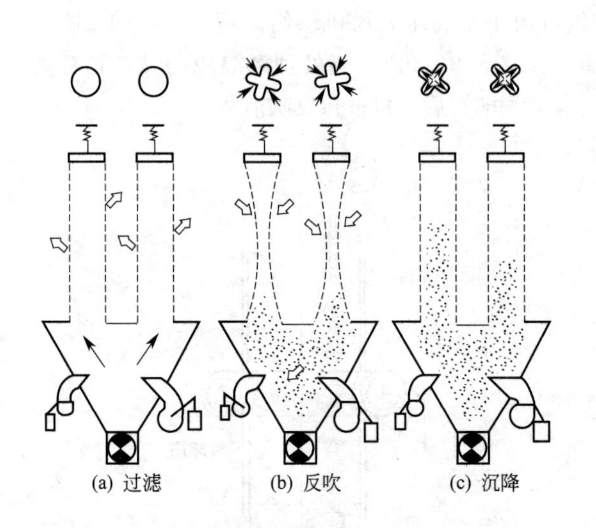

图 4-36 反吹风清灰方式示意图

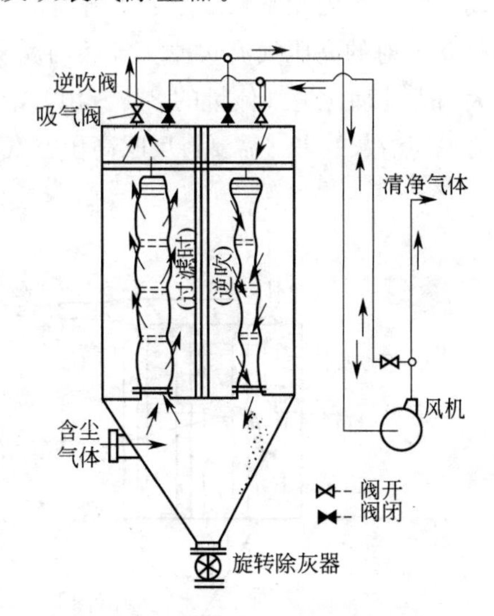

图 4-37 单袋两室反吹风袋式除尘器示意图

图 4-37 为单袋两室反吹风袋式除尘器示意图，左侧袋室正在进行过滤，右侧袋室正在进行清灰。含尘气体由灰斗进气管进入，再进入滤袋内部进行滤尘，颗粒物粒子被滤袋阻留在内表面上，穿过滤袋的洁净气体通过风机排出。阻留在滤袋内表面上的颗粒物达到一定的厚度时必须进行清灰。清灰时先关闭除尘器顶部净化气体的排出阀，开启吹入气体的进气

阀，使风机吹入的净化气体从滤袋外侧穿过滤袋，滤袋内的积尘因滤袋受外部风压而塌陷，并脱落进入灰斗中。当右侧滤袋清灰完毕时，关闭反吹气体进气阀，打开气体排出阀，即可转入滤尘过程。该类除尘器阻力小于 2000Pa，除尘效率大于 99.5%。

② 喷嘴反吹类　以高压风机或压气机提供反吹气流，通过移动的喷嘴进行反吹，使滤袋变形抖动并穿透滤料而清灰的袋式除尘器。喷嘴反吹类袋式除尘器为非分室结构，根据喷嘴的不同分为下列几种类型。

a. 机械回转反吹风袋式除尘器　喷嘴为条口形或圆形，经回转运动，依次与各个滤袋净气出口相对进行反吹清灰（如图 4-38 所示）。这种除尘器的特点是结构紧凑，单位体积内可容纳的过滤面积大，占地面积小，自带反吹风机，不受压缩空气源的限制，易损部件少，运行可靠，维护方便过滤风速为 1～1.5m/min 条件下，除尘效率大于 99.5%，阻力不大于 1500Pa。

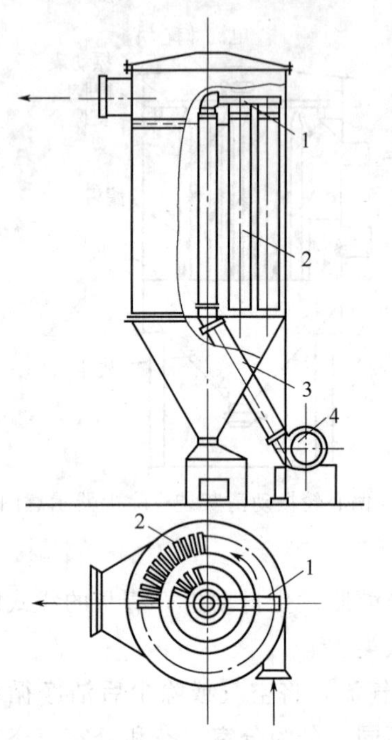

图 4-38　机械回转反吹风袋式除尘器结构示意图
1—旋臂；2—滤袋；3—灰斗；4—反吹风机

b. 气环反吹袋式除尘器　喷嘴为环缝形，套在滤袋外面，经上下移动进行反吹清灰。

图 4-39 是气环反吹清灰袋式除尘器及清灰过程示意图。气环箱紧套在滤袋外部，可作上下往复运动。气环箱内侧紧贴滤袋外处开有一条环缝（气环喷管），滤袋内表面沉积的颗粒物，被气环喷管喷射的高压气流吹掉。气环的反吹空气可由小型高压鼓风机供给。清灰耗用的反吹空气量大约为处理含尘气体量的 8%～10%，风压为 3000～10000Pa。当处理潮湿或稍黏性颗粒物时，为提高清灰效果，需要将反吹高压空气加热到 40～60℃后，再进行反吹清灰。

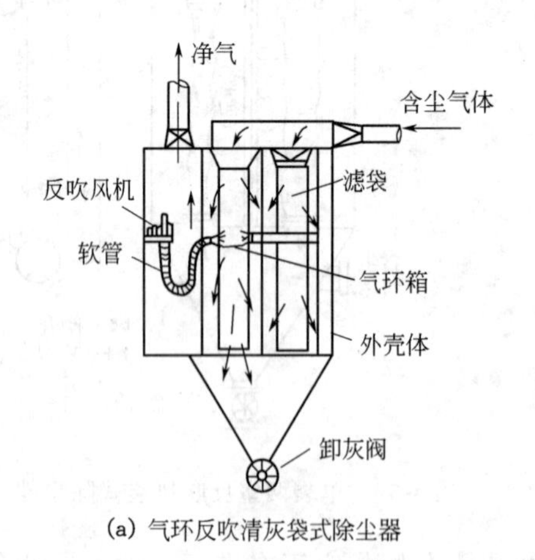

(a) 气环反吹清灰袋式除尘器

(b) 反吹清灰过程示意图

图 4-39　气环反吹清灰袋式除尘器及清灰过程示意图

气环反吹清灰袋式除尘器的特点是过滤风速高，可用于净化含尘浓度较高和较潮湿的含尘废气。主要缺点是滤袋磨损快，气环箱及传动机构容易发生故障。

气环反吹清灰袋式除尘器有24、36、48、72个袋等多种规格。滤袋直径为120mm，长2.54m，过滤风速为4～6m/min，除尘效率达99%以上，压力损失为1000～1200Pa。

c. 往复反吹袋式除尘器　是指喷嘴为条口形，经往复运动，依次与各个滤袋净气出口相对，进行反吹清灰。

d. 回转脉动反吹袋式除尘器　是指反吹气流呈脉动状供给的回转反吹袋式除尘器。

e. 往复脉动反吹袋式除尘器　是指反吹气流呈脉动状供给的往复反吹袋式除尘器。

(3) 脉冲喷吹类

以压缩空气为清灰动力，利用脉冲喷吹机构在瞬间内放出压缩空气，高速射入滤袋，使滤袋急剧鼓胀，依靠冲击振动和反向气流而清灰的袋式除尘器。

脉冲喷吹袋式除尘器示意图如图4-40所示。含尘气体由下锥体引入脉冲喷吹袋式除尘器，颗粒物阻留在滤袋外表面，通过滤袋的净化气体经文氏管进入上箱体，从出气管排出。

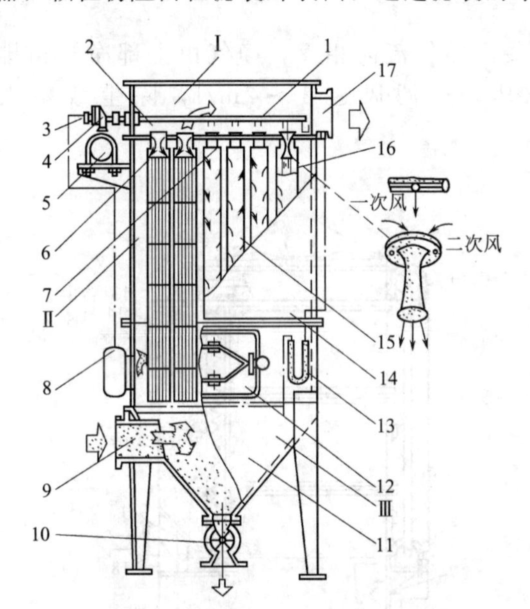

图4-40　脉冲喷吹袋式除尘器示意图

Ⅰ—上箱体；Ⅱ—中箱体；Ⅲ—下箱体
1—喷吹管；2—喷吹孔；3—控制阀；4—脉冲阀；5—压缩空气包；6—文丘里管；7—多孔板；8—脉冲控制仪；9—含尘空气进口；10—排灰装置；11—灰斗；12—检查门；13—U形压力计；14—外壳；15—滤袋；16—滤袋框架；17—净气出口

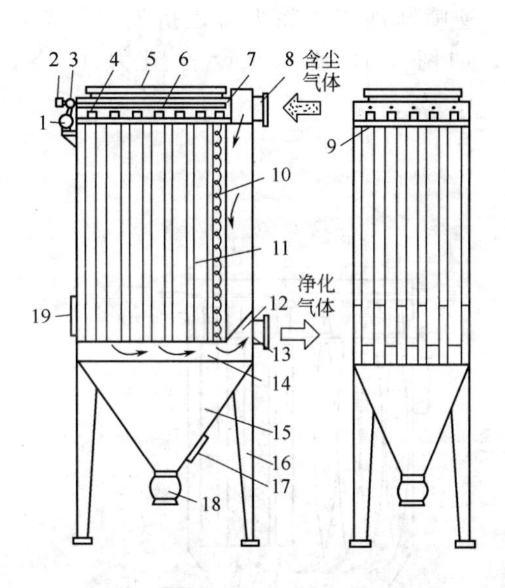

图4-41　顺喷脉冲袋式除尘器示意图

1—气包；2—电磁阀；3—脉冲阀；4—引射器；5—上盖；6—喷吹管；7—进气箱；8—进风管；9—花板；10—弹簧骨架；11—滤袋；12—进气联箱总管；13—出风管；14—进气联箱支管；15—灰斗；16—支腿；17—检查门；18—排灰阀；19—检查门

当滤袋表面的颗粒物负荷增加到一定阻力时，由脉冲控制仪发出指令，按顺序触发各控制阀，开启脉冲阀，使气包内的压缩空气从喷吹管各喷孔中以接近声速的速度喷出一次空气流，通过引射器诱导二次气流一起喷入袋室，使得滤袋瞬间急剧膨胀和收缩，从而使附着在滤袋上的颗粒物脱落。清灰过程中每清灰一次，即为一个脉冲。脉冲周期是滤袋完成一个清灰循环的时间，一般为60s左右。脉冲宽度就是喷吹一次所需要的时间，约0.1～0.2s。这种除尘器的优点是清灰过程不中断滤袋工作，时间间隔短，过滤风速高，效率在99%以上。但脉冲控制系统较为复杂，而且需要压缩空气，要求维护管理水平高。

根据喷吹气源压强的不同分为低压喷吹（低于250kPa)、中压喷吹（250～500kPa）和高压喷吹（高于500kPa)。

根据过滤与清灰同时进行与否，分为在线脉冲喷吹袋式除尘器和离线脉冲喷吹袋式除尘器。在线脉冲喷吹袋式除尘器是指滤袋进行清灰时，不切断过滤气流，过滤与清灰同时进行。离线脉冲喷吹袋式除尘器是指滤袋进行清灰时，切断过滤气流，过滤与清灰不同时进行。

根据喷吹气源结构特征，分为顺喷、逆喷、对喷、环隙、气箱式和回转式脉冲袋式除尘器。

顺喷脉冲袋式除尘器是指喷吹气流与过滤后袋内净气流向一致，净气由下部净气箱排出。图 4-41 所示是顺喷脉冲袋式除尘器示意图。气体从顶部进入风管，由滤袋外壁进入内部进行过滤，过滤后的气体汇集到下部的净气联箱，从出风管排出。这种除尘器箱体采用单元体组合结构，一般以 35 袋为一单元体，可根据处理风量大小选择组合。设备阻力小于 1400Pa，过滤风速 1～2m/s，除尘效率大于 99.5%。

逆喷脉冲袋式除尘器是指喷吹气流与滤袋内净气流向相反，净气由上部净气箱排出，如图 4-42 所示。设备阻力小于 1200Pa，过滤风速 1～2m/s，除尘效率大于 99.5%。

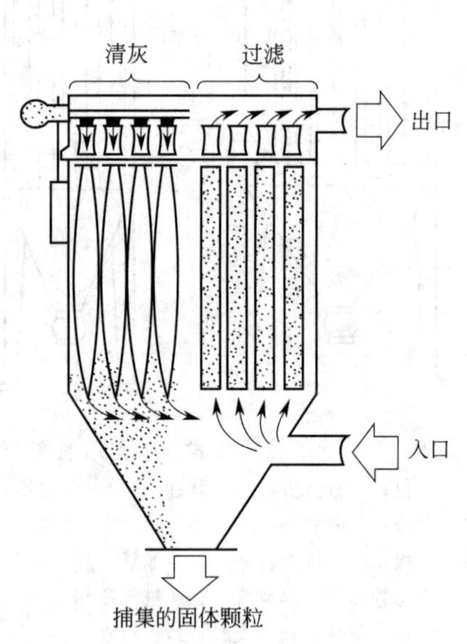

图 4-42　逆喷脉冲袋式除尘器示意图

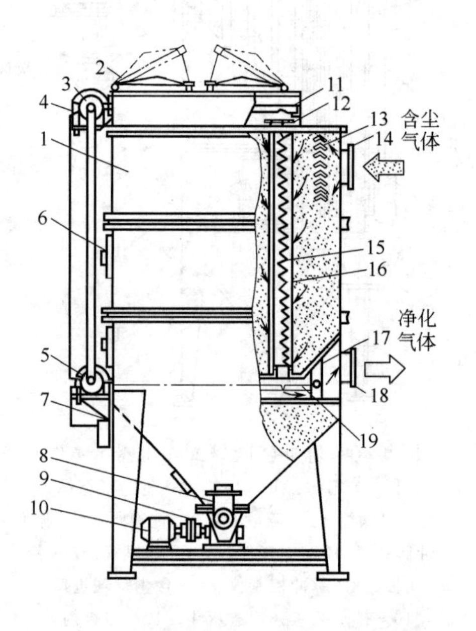

图 4-43　对喷脉冲袋式除尘器示意图

1—箱体；2—上盖；3—上气包；4—直通电磁差动阀；5—下气包；6—检查门；7—数控仪；8—出灰阀；9—减速器；10—小电机；11—上喷管；12—上喷接管；13—挡灰板；14—进风口；15—弹簧骨架；16—滤袋；17—进气联箱；18—出风口；19—下喷管

对喷脉冲袋式除尘器是指喷吹气流从滤袋上下同时射入，净气由净气联箱排出。图4-43 所示是对喷脉冲袋式除尘器示意图，它由上、中、下三部分箱体组成，含尘气体从中箱体上部进风口进入，经滤袋过滤后，沿滤袋自上而下流入下部进入气联箱，再从下风口排出。这种除尘器由于采用了上、下对喷清灰的方式，袋长可达 5m，在相同过滤面积条件下，占地面积小；在相同占地面积情况下，过滤面积可增加 50%。设备阻力小于 1500Pa，过滤风速

1～2m/s，除尘效率大于 99.5%。

环隙脉冲袋式除尘器是使用环隙形喷吹引射器的逆喷式脉冲袋式除尘器。图 4-44 所示是环隙喷吹脉冲袋式除尘器示意图。含尘气体进入预分离室除去粗粒颗粒物后，由滤袋外壁进入内部进行过滤，被净化后的气体通过环隙引射器（如图 4-45 所示）进入上箱体由排气管排出。这类除尘器主要优点是阻力小（低于 1200Pa），过滤风速高（1.5～3m/s），喷吹压力低，换袋容易，除尘效率大于 99.5%。

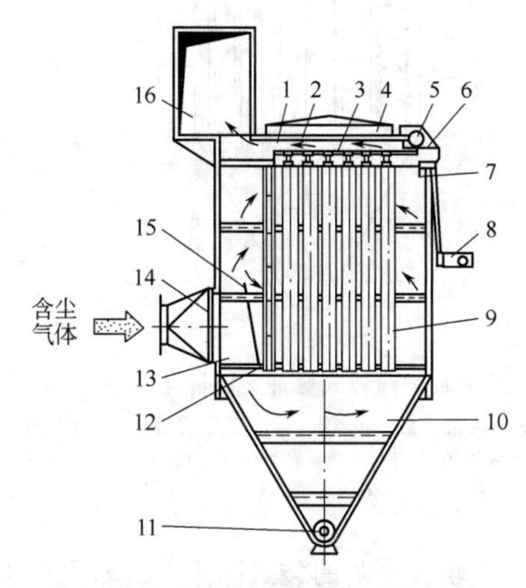

图 4-44 环隙喷吹脉冲袋式除尘器

1—环隙引射器；2—上盖；3—插接管；4—花板；5—稳压气包；6—电磁阀；7—脉冲阀；8—电控仪；9—滤袋；10—灰斗；11—螺旋输灰机；12—滤袋框架；13—预分离室；14—进风口；15—挡风板；16—排风管

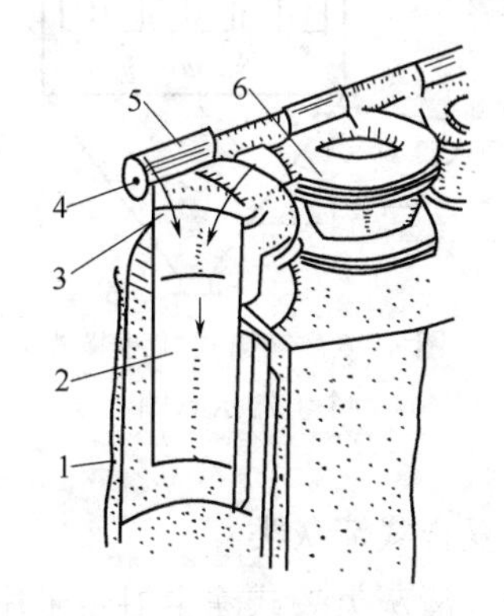

图 4-45 环隙引射器

1—滤袋；2—下体；3—环形通道；4—压缩空气进口；5—插接套管；6—上体

气箱式脉冲袋式除尘器是指袋室为分室结构，按程序逐室喷吹清灰，只是将喷吹气流喷入净气箱而不直接喷入滤袋。图 4-46 所示是气箱式脉冲袋式除尘器示意图。当含尘气体由进风口进入灰斗后，一部分较大颗粒物由于惯性碰撞和自然沉降等原因落入灰斗，大部分颗粒物随气流上升进入袋室，经滤袋过滤后，颗粒物被阻留在滤袋外侧，净化的烟气由滤袋内部进入箱体，再由阀板孔、出风口排入大气。随着过滤过程的不断进行，滤袋外侧的积尘也逐渐增多，运行阻力也逐渐增高，当阻力增至预先设定值时，清灰控制器发生信号，控制提升阀将阀板孔关闭，切断过滤烟气流，停止过滤，然后电磁脉冲阀打开，以极短的时间（0.1～0.15s）向箱体内喷入压缩空气，压缩空气在箱体内迅速膨胀，涌入滤袋内部，使滤袋产生变形、振动，滤袋外部的颗粒物便被清除下来并落入灰斗。气箱式脉冲袋式除尘器属分室离线清灰，避免颗粒物的二次吸附，且使用的脉冲阀数量少；因为袋口没有喷吹管，更换滤袋和维护工作都比较方便。设备阻力小于 1500Pa，过滤风速 1～2m/s，除尘效率大于 99.5%。

回转式脉冲袋式除尘器是指以同心圆方式布置滤袋束，每束或几束滤袋布置一根喷吹管，对滤袋进行喷吹。图 4-47 所示是回转式脉冲袋式除尘器示意图。这种除尘器大体上与回转反吹袋式除尘器相同，主要不同之处是在反吹风机与反吹旋臂之间设置了一个回转阀。清灰时，由反吹风机送来的反吹气流，通过回转阀后形成脉动气流，进入反吹旋臂，随着旋臂的旋转，依次垂直向下对每个滤袋进行喷吹。

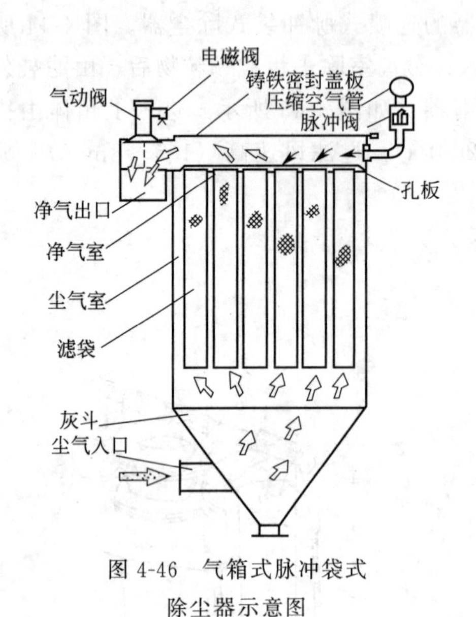

图 4-46 气箱式脉冲袋式除尘器示意图

清灰中 过滤中

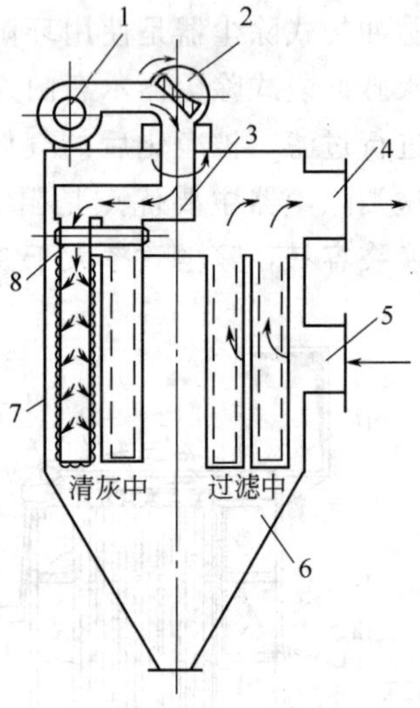

图 4-47 回转式脉冲袋式除尘器示意图

1—反吹风机；2—回转阀；3—反吹旋臂；4—净气出口；5—含尘气体进口；6—灰斗；7—滤袋；8—切换阀

(4) 复合式清灰类

复合式清灰类袋式除尘器是采用两种以上清灰方式联合清灰的袋式除尘器。常见的有机械振打与反吹风复合袋式除尘器，声波清灰与反吹风复合袋式除尘器等。

图 4-48 是机械振打与反吹风复合清灰袋式除尘器示意图。在正常过滤时，含尘气体经过气管进入，由分配管分配给各组滤袋，净气通过主阀门经排气总管排出。某室需要清灰时，关闭其上部主阀门，打开反吹风阀门，同时启动该室上部提升机构，在机械振打和反吹风的同时作用下实现清灰。

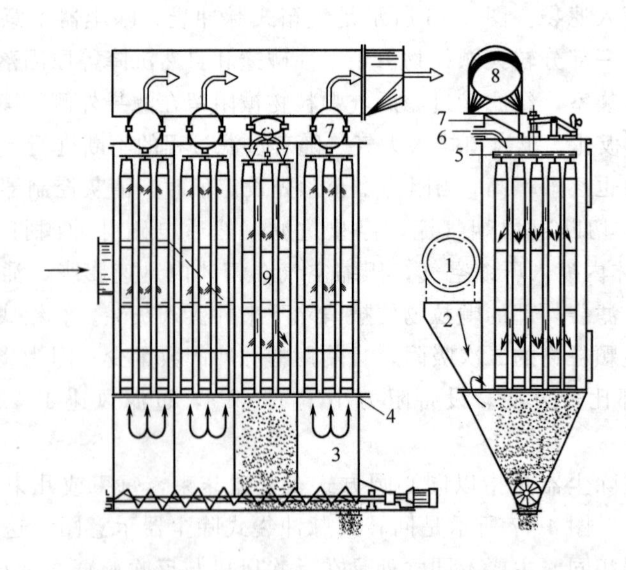

图 4-48 机械振打与反吹风复合清灰袋式除尘器示意图

1—进气管；2—分配管；3—灰斗；4—花板；5—支撑架；6—反吹风阀门；7—主风道阀门；8—排气管；9—滤袋

阅读材料

旁插扁袋除尘器

图 4-49 是旁插扁袋除尘器结构示意图，除尘箱体由多室单元组合，分为单层和双层两种布置形式。采用上进风、下排风、顺流外滤吸入式，利用三通切换阀控制，吸入外部自然空气分室负压反吹，使滤袋振动清灰。含尘气体由上部进口进入箱体，通过滤袋时颗粒物被阻留在滤袋外表面上，经过滤的干净气体汇集于排气总管，经排风机排出。

旁插扁袋除尘器由多个单元组成，可以根据需要增减层数和箱体，能灵活调节过滤面积；反吹清灰时间、次数和周期均可以调节；自动化程度高，清灰效果好。

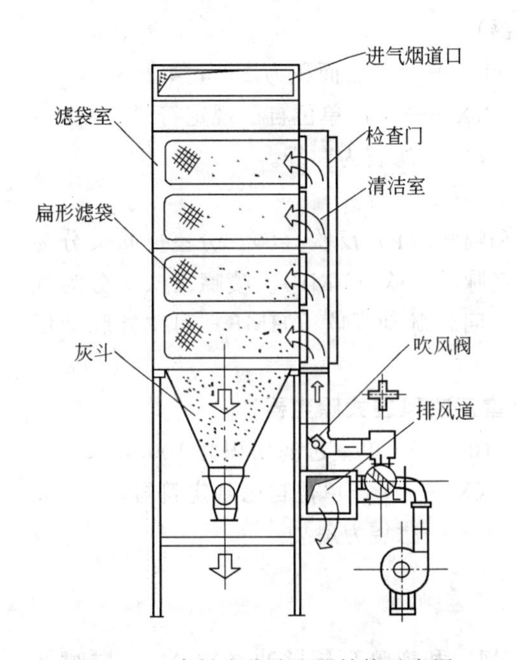

图 4-49 旁插扁袋除尘器结构示意图

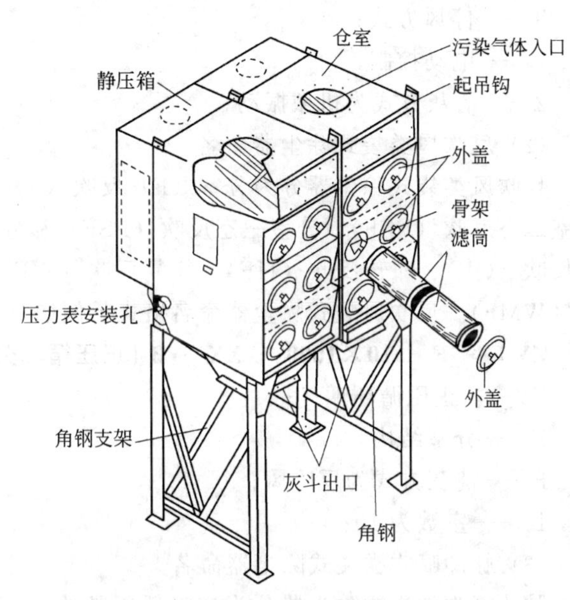

图 4-50 滤筒式除尘器结构示意图

阅读材料

滤筒式除尘器

滤筒式除尘器是袋式除尘的新一代产品，是从烟草、粮食等行业逐步向其他行业推行的一种新型除尘器。尽管其除尘效率高达99.9%，但使用上也存在一些限制。图 4-50 是滤筒式除尘器结构示意图，含尘气体通过入口到除尘器工作区，颗粒物收集在滤筒的表面，产生的清洁空气进入滤筒中央，并通过出风口排出。当颗粒物聚集到一定程度，控制仪发出清灰信号，使喷吹系统工作，此时压缩空气从气包经脉冲阀、喷吹管向滤筒内喷射，使滤筒得到清扫，被清离的颗粒物落入料仓。

滤筒采用折叠的形式布置滤料，因而滤筒过滤面积与它所占用的体积之比很大，一般大于 $300m^2/m^3$，是传统滤袋的 30～40 倍，从而大大减少除尘器的占地面积和空间。滤筒式除尘器因其滤料布置密度大，在较小体积下可以有很大的过滤面积，因而可以降低过滤速度，减少系统的阻力损失。

滤筒的过滤材料有纸制纤维、纤维薄膜层纸制纤维、聚酯纤维、聚四氟纤维薄膜层聚酯纤维等。

对于超细颗粒物来说，滤筒除尘器的过滤风速，宜选＜0.5m/min；对于一般性较粗大颗粒物来说，宜选0.5～1.5m/min。若使用纸制类滤筒，其过滤风速应＜0.5m/min，聚酯类滤筒过滤风速0.5～1.5m/min。

4.4.3.3 袋式除尘器的命名

国家标准规定袋式除尘器的命名是以清灰方法分类为主结合结构特征来命名的原则。将风机和袋式除尘器组成一个整机的形式，称为袋式除尘机组，其命名原则不变。一般将命名格式分为机械振动类、反吹风类、脉冲喷吹类和复合类。

（1）机械振动类袋式除尘器命名

机械振动类袋式除尘器分为停风（T）振动和非停风振动两种方式，振动的方式分为手动（S）、电动（D）和气动（Q），振动的频率分为低频（D）、中频（Z）和高频（G）。机械振动类袋式除尘器命名格式示例如下。

TD - Z - 150 - XX - Y（停风振动袋式除尘器）

T——停风方式；

D——电动控制；

Z——清灰方式为机械振动；

150——过滤面积为150m^2；

XX——生产单位自己规定符号；

Y——滤袋为圆袋。

（2）反吹风类袋式除尘器命名

反吹风类袋式除尘器分为分室（F）反吹（F）和喷嘴（P）反吹（F）。分室反吹又分为分室二态反吹（FEF）、分室三态反吹（FSF）和分室脉动反吹（FMF）。喷嘴反吹又分为气环反吹（QF）、回转反吹（HF）、往复反吹（WF）、回转脉动反吹（HMF）和往复脉动反吹（WMF）。反吹风袋式除尘器命名格式示例如下。

ZY F - F - 10×1000 - XX - B（正压循环分室反吹风袋式除尘器）

ZY——正压循环烟气；

F——分室结构；

F——清灰方式为反吹风；

10——室数为10；

1000——单室过滤面积为1000m^2；

XX——生产单位自己规定符号；

B——滤袋为扁袋。

（3）脉冲喷吹类袋式除尘器命名

脉冲喷吹类袋式除尘器分为逆喷低压脉冲（NDM）和逆喷高压脉冲（NGM）、顺喷低压脉冲（SDM）和顺喷高压脉冲（SGM）、对喷低压脉冲（DDM）和对喷高压脉冲（DGM）、环隙低压脉冲（HDM）和环隙高压脉冲（HGM），以及分室低压脉冲（FDM）和长袋低压脉冲（CDM）。脉冲喷吹袋式除尘器命名格式示例如下。

H L D - M - 10×1000 - XX - B（回转式低压离线脉冲袋式除尘器）

H——回转式；

L——离线清灰；

D——低压喷吹；

M——清灰方式为脉冲；

10——室数为10；

1000——单室过滤面积为1000m^2；

XX——生产单位自己规定符号；

B——滤袋为扁袋。

（4）复合类袋式除尘器命名

复合类袋式除尘器命名格式示例如下。

QH P - SF - 10×1000 - XX - Y（气环式声波反吹袋式除尘器）

QH——气环的汉语拼音缩写；

P——喷嘴反吹；

SF——清灰方式为声波与反吹风复合类；

10——室数为10；

1000——单室过滤面积为1000m^2；

XX——生产单位自己规定符号；　　　　　Y——滤袋为圆袋。

4.4.4 袋式除尘器的选型

袋式除尘器通常应用于以下场合：①颗粒物排放浓度限值低于 30 mg/m^3（标准状态干排气）；②高效捕集微细颗粒物；③含尘空气的净化；④捕集具有回收价值的颗粒物；⑤颗粒物浓度波动较大；⑥颗粒物的比电阻较高；⑦净化后气体需要循环利用。对于高温、含湿量大、含油雾和带火星的烟气一般不宜直接采用袋式除尘器进行净化，但在采取冷却降温、火星捕集和预涂粉等防护措施后，也可采用袋式除尘工艺。袋式除尘器的选型步骤如下：

（1）确定正压除尘系统或负压除尘系统

正压除尘系统指风机在除尘器之前，除尘器内的压力大于大气压力。负压除尘系统是指风机在除尘器之后，袋式除尘器净气室内的压力小于大气压力。袋式除尘工艺通常宜采用负压系统，对于含有毒有害气体的净化必须采用负压系统。

适合于采用正压除尘系统的情况：①颗粒物浓度小于 3000 mg/m^3；②颗粒物的粒径小于 10 μm；③颗粒物的黏性小；④颗粒物的磨琢性不强；⑤含尘空气的净化。

（2）确定运行温度及烟气理化性质

袋式除尘器的使用温度是设计的重要依据，常规袋式除尘器结构耐温通常按 300℃考虑，若出现运行温度偏差可能会导致严重后果。一方面是因为不同滤料所允许的最高承受温度有严格限制，所以对于高温气体来说必须将其冷却至滤布所能承受的温度以下；另一方面为防止结露，运行温度应高于气体露点温度 15～20℃。在处理高湿气体时，除尘系统及设备应采取保温措施，必要时灰斗应设置电加热或低压饱和蒸汽加热装置。

（3）确定处理风量

处理风量 Q 按入口气体工况体积流量计取。对于反吹风类袋式除尘器还应包括反吹风量。

（4）选择清灰方式

袋式除尘器的清灰方式应根据粒径大小和颗粒物的性质确定。对于粒径比较大的颗粒物（如一般的炉窑烟尘）可采用在线清灰方式（过滤袋室不停止过滤）；对于粒径非常小或黏性比较大的颗粒物要采用离线清灰方式（过滤袋室停止过滤）。对于水泥、冶金行业烟气净化宜采用脉冲喷吹袋式除尘器；对于原料性颗粒物、机械性颗粒物的捕集可采用反吹风袋式除尘器；对于燃煤锅炉烟气净化宜采用脉冲喷吹袋式除尘器。

（5）选择滤料

袋式除尘器的滤料应根据含尘气体的性质、颗粒物的性质及除尘器的清灰方式进行选择。所选滤料的性能应能满足生产条件和除尘工艺的一般情况和特殊要求，使用寿命要长，运行费用低。

① 根据气体的性质选择合适的滤料　选择滤料时要考虑气体的温度、湿度、腐蚀性、氧化性等性质。

所选滤料的连续使用温度应高于除尘器入口气体和颗粒物的温度。若气体温度低于130℃时，可选常温滤料；若气体温度高于 130℃时，应选耐高温滤料；若气体温度高于260℃时，应将烟气冷却后再选耐高温滤料或常温滤料。如燃煤火力发电厂烟气进行净化时，对于温度低于 160℃的烟气，若煤中硫含量小于 1%时，可选用聚苯硫醚纤维；若煤中硫含量大于1%时，应选用聚苯硫醚与聚四氟乙烯复合纤维。对于温度低于240℃的烟气，若煤中硫含量小于1%时，可选择聚酰亚胺纤维；若煤中硫含量小于2%时，可选择聚酰亚胺纤维与聚四氟乙烯复合纤维；若煤中硫含量大于2%时，应选择聚四氟乙烯覆膜纤维。

对于湿度较大气体的净化时，当颗粒物的浓度也较大时，宜选用防水、防油滤料（或称抗结露滤料）或覆膜滤料（基布应是经过防水处理的针刺毡）。对于含酸性、碱性、氧化性和有机溶剂气体的净化时，应选择相应耐酸性、耐碱性、抗氧化性和耐有机溶剂的滤料。对于易燃易爆气体的净化时，选用防静电涤纶针刺毡，当含尘气体既有一定的水分又为易燃易爆气体时，选用防水防油防静电（三防）绦纶针刺毡。

② 根据颗粒物的性质选择滤料　选择滤料时应考虑颗粒物的粒径、化学组成、润湿性、黏附性、爆炸性等方面，选择适当的滤料。

对于润湿性、黏附性强颗粒物的捕集时，宜选择长丝不起绒的光滑织物滤料，或选择经过镜面处理的憎水性针刺滤料。对于具有可燃性、爆炸性颗粒物的捕集时，宜选用阻燃滤料。对于流动性和摩擦性强的颗粒物的捕集时，宜选用耐磨性强的化学纤维滤料。

③ 根据清灰方式选择滤料　对于机械振动类清灰方式应选择薄而光滑、质地柔软的化纤缎纹或斜纹滤料，单位面积质量300～350 g/m^2。对于分室反吹风清灰方式，大中型除尘器优先选用缎纹或斜纹机织滤料，小型除尘器优先选用耐磨性好、透气性好的薄型针刺滤料，单位面积质量350～400 g/m^2。对于脉冲喷吹类清灰方式，应选用厚实、耐磨、强力特性高的化纤针刺毡滤料。

（6）确定过滤风速

过滤风速是指单位时间内，单位面积滤布上通过的气体量，单位为$m^3/(m^2 \cdot min)$或m/min。袋式除尘器的过滤风速应根据颗粒物的特性、选用的滤料、清灰方式和排放浓度等综合确定。

以下情况适合选取较低的过滤风速（0.5 m/min）：①颗粒物的粒径小、密度小、黏性大的炉窑烟气净化；②颗粒物浓度较高、磨琢性大的含尘气体的净化；③煤气和一氧化碳工艺气体回收系统；④垃圾焚烧烟气净化；⑤含重金属物质的烟气净化；⑥贵重金属粉的回收。

对于相同颗粒物来说，采用反吹风清灰方式允许的过滤风速最低，采用脉冲喷吹清灰方式允许的过滤风速最高，如对于含细炭黑的气体的净化，采用反吹风清灰的过滤风速为0.4 m/min，机械振动清灰的过滤风速为0.5 m/min，脉冲喷吹清灰的过滤风速为0.5～1.0 m/min。

不同材质的滤料允许的过滤风速不同，如涤纶滤料一般为0.6～1.0 m/min，而玻纤滤料一般为0.4～0.5 m/min。不同加工方法的滤料允许的过滤风速也不同，一般织物类的过滤风速为0.5～1.2 m/min，针刺类的过滤风速为1～5 m/min。

不同的清灰方式允许的过滤风速不同，机械振动清灰一般为1.0～2.0 m/min；反吹风清灰一般为1.0～1.5 m/min；对于脉冲喷吹类清灰，逆喷、顺喷、对喷和气箱的过滤风速为1.0～2.0 m/min，而环隙的过滤风速为1.5～3.0 m/min。

常见颗粒物的清灰方式及参考过滤风速见表4-8。

表 4-8 常见颗粒物的清灰方式及参考过滤风速

颗粒物种类	清灰方式与过滤风速(m/min)
炭黑、水泥窑排除的水泥、铅飞灰	反吹风(0.34～0.45)、机械振动(0.45～0.6)
化妆粉、去污粉、奶粉	反吹风(0.34～0.45)、机械振动(0.45～0.6)、脉冲喷吹(0.5～1.0)
氧化铁、氧化铅、球磨机排出的水泥、石灰	反吹风(0.4～0.5)、机械振动(0.6～0.8)
肥料、塑料、刚玉、淀粉	反吹风(0.4～0.5)、机械振动(0.6～0.8)、脉冲喷吹(0.8～1.2)
滑石粉、煤、高岭土、铝土矿、石灰石	反吹风(06～0.9)、机械振动(0.7～0.8)、脉冲喷吹(1.0～1.5)
石膏、石棉、面粉、纤维	反吹风(06～1.0)、机械振动(0.8～1.2)、脉冲喷吹(1.2～2.0)
烟草、混合饲料、植物纤维	反吹风(0.8～1.2)、机械振动(1.0～1.5)、脉冲喷吹(1.5～2.2)

(7) 选择滤袋形状

袋式除尘器滤袋按形状有扁形滤袋、异形滤袋、圆筒滤袋、双层滤袋等，按使用条件分为振动过滤袋和脉冲过滤袋，如图 4-51 所示。

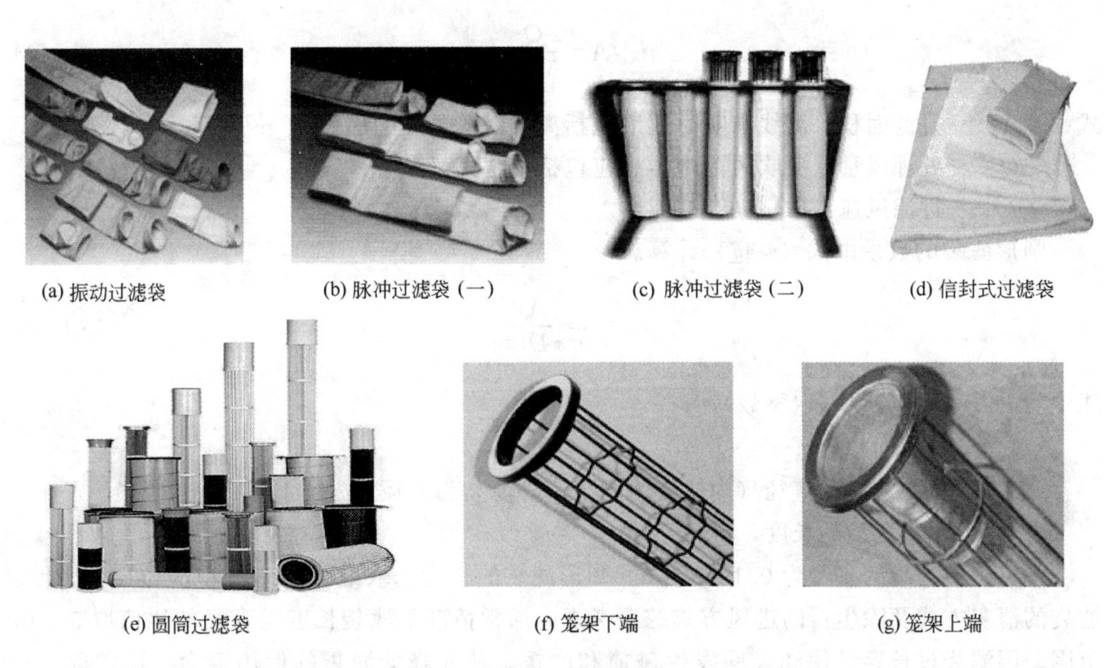

(a) 振动过滤袋　(b) 脉冲过滤袋（一）　(c) 脉冲过滤袋（二）　(d) 信封式过滤袋

(e) 圆筒过滤袋　(f) 笼架下端　(g) 笼架上端

图 4-51 不同种类的滤袋和笼架

应根据颗粒物的性质和运行条件，选择适当的清灰方式及滤袋的形状，参见表 4-9。

表 4-9 清灰方式、滤袋的形状及滤料的选择

清灰方式	滤袋形状	滤料
机械振动	内滤圆袋	筒形缎纹或斜纹织物
逆气流反吹风	内滤圆袋	①高强低伸型筒形缎纹或斜纹织物 ②加强基布的薄型针刺毡
	外滤异形袋	①普通薄型针刺毡 ②阔幅筒形缎纹织物

续表

清灰方式	滤袋形状	滤料
反吹风+振动	内滤圆袋	①高强低伸型筒形缎纹或斜纹织物 ②加强基布的薄型针刺毡
喷嘴反吹风	外滤扁袋	①中等厚度针刺毡 ②筒形缎纹织物
	内滤圆袋	厚实型针刺毡、压缩毡、ES229
脉冲喷吹	外滤圆袋	①针刺毡或压缩毡 ②纬二重或双层织物 ES729

（8）确定过滤面积和滤袋数量

袋式除尘器过滤面积是指起过滤作用的滤袋的有效面积。过滤面积按式（4-46）计算。

$$A=\frac{Q}{60u_f} \tag{4-46}$$

式中 A——过滤面积（离线清灰时还应包括离线清灰单元的面积），m^2；

Q——处理风量（反吹风除尘器还应包括反吹风量），m^3/h；

u_f——过滤风速，m/min。

圆形滤袋的数量由式（4-47）计算。

$$n=\frac{A}{\pi DL} \tag{4-47}$$

式中 n——滤袋数量（取整数）；

A——过滤面积，m^2；

D——单个滤袋的直径（内滤袋为内径、外滤袋为外径），m；

L——单个滤袋的长度，m。

常见圆形滤袋的直径为 0.1～0.3m。圆形滤袋的长度选取应根据颗粒物的粒径和密度、滤袋的清灰方式及除尘器的进风方式综合考虑，通常情况下滤袋长度与直径的比值取 5～40 范围。因滤袋过长容易使滤袋间发生碰撞和摩擦，从而降低滤袋的使用寿命，通常取 2～5m，长的也可达 10m。

（9）确定清灰制度

清灰制度是指除尘器达到清灰阻力时进行的清灰时间和清灰周期。清灰周期与除尘器入口气体颗粒物浓度及排放浓度有关，另外还与过滤风速及除尘器的清灰阻力有关。

不同类型的袋式除尘器允许的压力损失不同。机械振动类除尘器，允许的压力损失为 800～1200 Pa。分室反吹风袋式除尘器，允许的压力损失小于 2000 Pa。机械回转反吹风袋式除尘器，允许的压力损失不大于 1500 Pa。气环反吹风袋式除尘器，允许的压力损失 1000～1200 Pa。脉冲喷吹袋式除尘器，逆喷、环隙的允许阻力小于 1200 Pa，顺喷的允许阻力小于 1400 Pa，对喷、气箱的允许阻力小于 1500 Pa。

（10）确定袋式除尘器型号与规格

根据国家标准规定的袋式除尘器命名格式以及对除尘器的规格和性能要求，选择合适的除尘器型号。

表示袋式除尘器规格的项目包括名称、型式、清灰方式、过滤面积、滤袋数量（室数×单室条数）、滤袋材质、滤料单位面积质量、滤袋尺寸（圆袋：直径×长度；扁袋：周长×长度）、本体外形尺寸（矩形：长×宽×高；筒形：直径×高度）、灰斗、重量等。

表示袋式除尘器性能的项目包括工作温度、过滤风速、处理风量、设备阻力、气体性质、颗粒物性质、入口颗粒物浓度、除尘效率、漏风率、反吹风机（型号、功率、风量等）、压缩空气消耗量等。例如一种负压分室三态反吹风袋式除尘器主要的规格和性能参数如下。

型号：FY F - S - F - 10×1000 - XX - Y；

清灰方式：分室三态反吹风； 过滤风速：0.6～1.0 m/min；

过滤面积：10000 m^2； 设备阻力：1500～2000 Pa；

滤袋数量：1120 条（10×112 条）； 处理风量：3.6×10^5～6.0×10^5 m^3/h；

滤袋规格：ϕ300×10000 mm； 设备重量：508 t。

(11) 喷吹系统的选择

脉冲清灰袋式除尘器控制采用 PLC 微电脑程控仪，分定压（自动）、定时（自动），手动三种控制方式。

① 定压控制　按设定压差进行控制，除尘器压差超过设定值，各室自动依次清灰一遍。

② 定时控制　按设定时间，每隔一个清灰周期，各室依次清灰一遍。

③ 手动控制　在现场操作柜上可手动控制依次各室自动清灰一遍，也可对每个室单独清灰。

脉冲控制仪分为电动控制仪、气动控制仪和机械控制仪器等。排气阀有电磁阀、气动阀和机械阀。

脉冲控制仪是脉冲布袋除尘器、低压喷吹清灰系统的自动控制器。通过周期性输出的脉冲信号，轮流控制各路电磁阀的开闭，使压缩空气依次循环喷吹滤袋，清除滤袋上的灰尘。常见的有 SXC 系列、SXC-P 型、BKZM 步进式脉冲控制仪、TKZM-Ⅱ系列脉冲控制仪（如图 4-52 所示）和 DKZM 微电脑脉冲控制仪（如图 4-53 所示）。

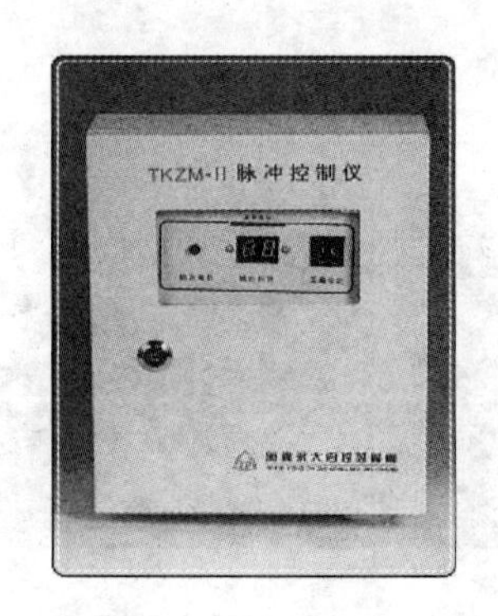

图 4-52　TKZM-Ⅱ系列脉冲控制仪

图 4-53　DKZM 微电脑脉冲控制仪

脉冲电磁阀是向除尘器滤袋内喷吹压缩空气的开关，受脉冲控制仪输出信号的控制，依次对滤袋进行喷吹清灰，用以保证除尘器效率。常见的脉冲电磁阀有 T 型、FS 型、TDF 型、TDFD 型脉冲电磁阀，TDFD 型属于低压脉冲电磁阀，适用于一切低压袋式除尘器。图 4-54 和图 4-55 分别是 TDF 型和 TDFD 型脉冲电磁阀。

文丘里喷嘴用于对滤袋进行喷射气流清灰（如图 4-56 所示）。

图 4-54　TDF 型脉冲电磁阀　　图 4-55　TDFD 型脉冲电磁阀　　图 4-56　文丘里喷嘴

4.4.5　袋式除尘器的安装、运行与维护

(1) 袋式除尘器的安装

① 在安装前应检查在运输过程中是否损坏，对于损坏的应及时修复。对排灰装置进行专门检查；转动或滑动部分，要涂以润滑脂；减速机箱内要注入润滑油，使机件正常动作。

② 安装时应按除尘器设备图纸和国家、行业有关安装的规范要求执行。

③ 安装设备由下而上，设备基础必须与设计图纸一致，安装前检查进行修整，而后吊装支柱，调整水平及垂直度后安装横梁及灰斗，灰斗固定后，检查相关尺寸，修正误差后，吊装下、中箱体及上箱体、风道，再安装气包、脉冲阀及喷管以及电气系统，压气管路系统。图 4-57 和图 4-58 是袋式除尘器安装现场。

图 4-57　袋式除尘器安装现场（一）

图 4-58　袋式除尘器安装现场（二）

④ 在安装喷吹管时，应严格按图纸进行，保证其与花板间的距离，保证喷管上各喷嘴中心与花板孔中心一致，其偏差小于 2mm。

⑤ 各检查门和连接法兰均应装有密封垫，密封垫搭接处不允许有缝隙，以防漏风。

⑥ 安装压缩空气管路时，管道内要吹扫除去污物，防止堵塞。安装后要试压，试压压力为工作压力的 1.15 倍，试压时关闭安全阀，试压后，将减压阀调至规定压力。

⑦ 按电气控制仪安装图和说明安装电源及控制线路。

⑧ 除尘器整机安装完毕，应清除除尘器箱体及灰斗等部件中的杂物。检查滤袋是否完好，滤袋张紧是否合适；检查控制仪表及其执行元件的接线；检查除尘器的严密性，主要对箱体、各法兰接口、检查门、风道、灰斗内外的焊缝作详细检查，如有漏风，应加强密封，更换密封垫；如有漏焊、气孔、咬口等缺陷应进行补焊。必要时，进行煤油检漏或对除尘器整体用压缩空气进行加压检漏。

⑨ 在有加压要求时，按要求对除尘器整体进行加压检验。试验压力按要求，一般为净气室所受负压乘以 1.15 的系数，最小压力采用除尘器后系统风机的风压值，保压 1h，泄漏率小于 2%。

⑩ 最后安装滤袋和涂刷面漆。先拆除喷吹管再安装滤袋。滤袋的搬运和停放，要注意防止袋与周围硬物、尖角物件接触、碰撞。禁止脚踩、重压，以防破损。滤袋袋口应紧密与花板孔口嵌紧，不得歪斜，不留缝隙。袋框（龙骨）应垂直从袋口往下安放。图 4-59 是安装好的脉冲喷吹袋式除尘器，图 4-60 是安装好的耐高温耐腐蚀的玻璃纤维袋式除尘器。

图 4-59 安装好的脉冲喷吹袋式除尘器

图 4-60 安装好的耐高温耐腐蚀的玻璃纤维袋式除尘器

(2) 袋式除尘器的调试

① 单机调试　除尘器选用气动动力控制阀门时，先接通压缩空气，检查气路系统的严密性，检查气动元件是否正常工作；输灰系统通电试车，检查是否正常工作；当使用吹风风机时，对风机通电试车，工作正常后关闭吹风风机。

② PLC 程控仪模拟空载试验　先逐个检查脉冲阀、排气阀、卸灰阀、螺旋输送机线路的畅通与阀门的开启关闭是否正常，再按定时控制时间，按电控程序进行各室全过程清灰。

③ 联动调试　关闭所有检查门和人孔门，启动系统风机；调节各过滤单元室的负荷，使其达到基本平衡。用皮托管和 U 形压力计测量各进风支管处的动压值，调节进风支管上的蝶阀，使各单元室过滤风量基本相等。调好后用红漆在蝶阀上做好记号，锁紧把手。

④ 实载运行　工艺设备正式运行，除尘器正式进行过滤除尘，PLC 程控仪亦正式投入运行（一般提前 5min 运行），随时对各运动部件、阀门进行检查，记录好运行参数。如按定时控制，应在除尘器阻力达到规定的阻力值（如 1500～1800Pa）时，手动开启 PLC 程控仪对滤袋进行清灰，各室清灰完成后即停，而后统计阻力再达到规定值的时间，再手动开启 PLC 程控仪对滤袋进行清灰，如此循环多次。在取得对二次清灰周期间的平稳间隔时间后，

即可以此时间数据作为程控仪“定时”控制的基数，输入程控仪。而后，程控仪即可按自动“定时控制”正式投入运行。

（3）袋式除尘器的运行与维护

① 除尘器要设专人操作和检修。全面掌握除尘器的性能和构造，发现问题及时处理，确保除尘系统正常运转。值班人员要记录当班运行情况及有关数据。

② 处理高温气体时，要查明气体冷却装置等工作是否正常。处理可燃性气体的袋式除尘器在启动时，首先要把回风风管中和其他处的残留气体全部排出。在过滤易燃易爆气体时，为防止气体爆炸，保护滤布，要查明 CO 和 O_2 的浓度以及处理气体温度等因素后，才能启动。

③ 启动前应对压力指示计、压力报警器以及气体温度计等进行检查并确认其处于正常状态。

④ 为了防止滤布堵塞，袋式除尘器要在集尘室各部位使温度保持在处理气体的露点以上的条件下运转。当采用间歇清扫方式时，应注意在规定的压差下运转。当设备停车时，颗粒物清扫装置和排风机要继续运转 10min 左右，待颗粒物清扫完毕和用空气彻底置换排烟以后，袋式除尘器才能停车。

⑤ 袋式除尘器所处理的颗粒物是极细小的，由于颗粒物种类和浓度的不同，会有爆炸的危险。例如，炼钢电炉的袋式除尘器在启动时会因残留于器内的可燃性气体被高温气体点燃而引起爆炸等。因此应尽量减少漏入集尘室和烟道中的空气量。同时检查滤布上颗粒物的附着状态，滤布有无穿孔，安装滤布的机件有无脱落，以及颗粒物清扫效果等。

⑥ 应仔细检查滤布的张力，以防在长期运行中，因处理气体温度等因素的影响而使滤袋变形，导致滤布张力不均匀，影响除尘效率。若发现排气口冒烟冒灰，表明已有滤袋破漏。检修时，逐室停风打开上盖，如发现袋口处有积灰，则说明该滤袋已破损，需更换或修补。

⑦ 转动部位要定期注油。压缩空气系统的空气过滤器要定时排污，气包最低点的排水阀要定期排水。有贮气罐的也要定时排水。

⑧ 控制阀要由专业人员检修，定期对电磁阀和脉冲阀进行检查。

⑨ 离线排气阀用的汽缸或电液推杆出厂前推（拉）力均已调试好，用户一般不需要调整即可使用。必要时可根据需要，在确保电液推杆电机工作在额定电流范围内调整溢流阀螺钉；电液推杆每半年需要更换一次液压油，油必须过滤，油中应无水，加油口必须密封，冬季采用 8 号机械油，夏季采用 10 号机械油。每半年需对电液推杆进行维护、保养一次，用煤油冲洗管道、油路集成块、滤清器等处。

⑩ 除尘器停止运行前，应开启反吹风机及脉动阀电机，空载运行 10～20min，以清除滤袋上的颗粒物。

阅读材料

颗粒层除尘器

颗粒层除尘器是利用颗粒状物料（如硅石、砾石、焦炭等）作为填料层的一种内滤式除尘装置。在除尘过程中，气体中的颗粒物粒子主要是在惯性碰撞、截留、扩散、重力沉降和静电力等多种作用下分离出来的。它具有结构简单、维修方便、耐高温、耐腐蚀、效率高等优点。过滤效率随颗粒层厚度和其上沉积的颗粒物厚度的增加而提高，压力损失也随之增大。

颗粒层除尘器的种类很多，按床层位置可分为垂直床层与水平床层颗粒层除尘器；按床层的状态可分为固定床、移动床和流化床颗粒层除尘器；按床层数一般分为单层式和多层式颗粒层除尘器；按清灰方式分为振动式反吹清灰、带梳耙反吹清灰及沸腾式反吹清灰颗粒层除尘器等。

颗粒层除尘器的结构形式主要有移动床颗粒层除尘器和梳耙式颗粒层除尘器。

（1）移动床颗粒层除尘器

根据其气流方向与颗粒滤料移动的方向可分为平行流式和交叉流式。目前更多的是采用后者。图4-61是一种新型的交叉流式移动床颗粒层除尘器。洁净的颗粒滤料装入料斗进入颗粒床层中，通过传送带使颗粒层床中的滤料均匀、稳定地向下移动。含尘气流经过气流分布扩大斗使气流均匀分布于床层中，经过颗粒层的过滤使气体得到净化。

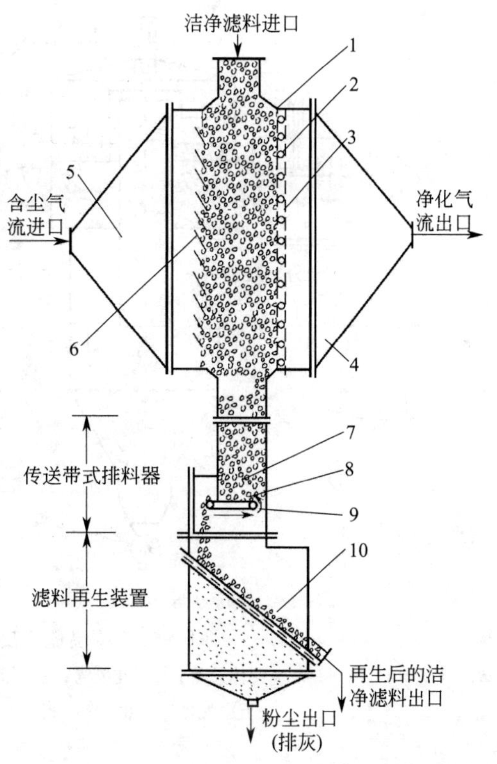

图4-61 交叉流式移动床颗粒层除尘器示意图

1—颗粒滤料层；2—支撑轴；3—可移动式环状滤网；4—气流分布扩大斗（后侧）；5—气流分布扩大斗（前侧）6—百叶窗式挡板；7—可调式挡板；8—传送带；9—转轴；10—过滤滤网

（2）梳耙式颗粒层除尘器

颗粒层除尘器中最常用的是带梳耙反吹清灰旋风式颗粒层除尘器，如图4-62所示。过滤时气体以低速切向进入下部预分离器（旋风筒），粗颗粒物被分离下来进入灰斗。经中心管进入过滤室，自下而上通过过滤层，颗粒物便被阻留在硅石颗粒表面或颗粒层空隙中，气体通过净化室和换向阀从出口排出。随着床层内颗粒物的沉积，阻力加大，过滤速度下降，达到一定程度时，需及时进行清灰。此时，控制机构操纵换向阀，关闭净气排气口，同时打开反吹风入口，反吹气流按相反方向进入颗粒床层，同时梳耙旋转搅动颗粒层，使其中沉积颗粒物被反吹风吹走，颗粒层也被梳平。被反吹风带走的颗粒物通过中心插入管进入旋风筒，此时由于流速的突然降低及气流急剧转变，颗粒物块在惯性力和重力的作用下，掉入灰斗。含少量颗粒物的反吹气流，经含尘烟气进口，汇入含尘烟气总管。进入并联的其他筒体内进一步净化。

颗粒层除尘器的性能有除尘效率、床层阻力和过滤风速。影响颗粒层除尘器性能的主要因素是床层颗粒的粒径和床层厚度。

实践证明，颗粒的粒径越大，床层的孔隙率也越大，颗粒层厚度越小，颗粒物对床层的穿透越强，除尘效率越低，但阻力损失也比较小；反之，颗粒的粒径越小，床层的孔隙率越小，颗粒层厚度越大，除尘的效率就越高，阻力也随之增加。颗粒层厚度一般为100～200mm，颗粒常采用表面粗糙的硅石（颗粒粒径为1.5～5mm），其耐磨性和耐腐蚀性都很强。

选择合适的颗粒粒径配比也是保持颗粒层除尘器良好性能的重要因素。对单层旋风式颗粒层除尘器，颗粒粒径以2～5mm为宜，其中小于3mm粒径的颗粒应占1/3以上。

颗粒层除尘器的性能还与过滤风速有关，一般颗粒层除尘器的过滤风速取30～40m/min，除尘器总阻力约1000～1200Pa，对0.5μm以上的颗粒物，过滤效率可达95%以上。

【应用实例2】 袋式除尘器用于热电厂锅炉烟尘的除尘

（1）颗粒物的性质

电厂使用的锅炉为NG130/39-2型固体排渣煤粉炉，锅炉产汽量为130t/h。设计煤种为褐煤，飞灰的电阻率为$1.23\times10^{12}\Omega\cdot cm$（温度172℃），飞灰的真密度为$2.2g/cm^3$，飞灰

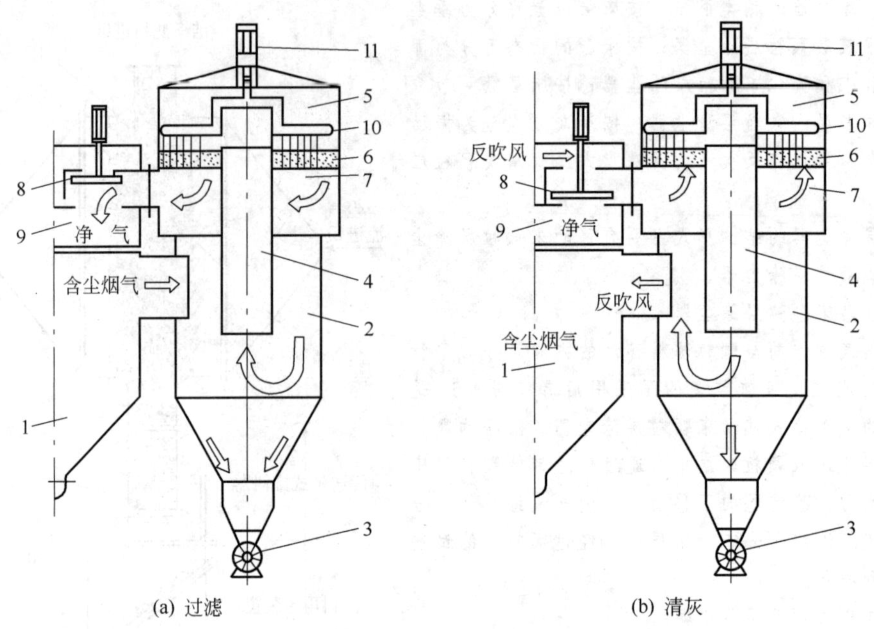

图 4-62 单层梳耙反吹清灰旋风式颗粒层除尘器

1—含尘气体总管；2—旋风筒；3—卸灰阀；4—插入管；5—过滤室；6—过滤床层；7—干净气体室；8—换向阀；9—干净气体总管；10—梳耙；11—电动机

的粒径分布见表 4-10。

表 4-10 锅炉飞灰的粒径分布

粒径/μm	<5	5～15	15～30	30～50	50～100	>100
质量分数/%	17.3	11.6	8.9	24.4	20.5	17.3

(2) 工艺流程

锅炉空气预热器出口的烟气，通过 2 个进气联箱均匀分配进入除尘器的 10 个袋室，经滤袋净化后的烟气由 10 根排气支管汇集于排气总管，由引风机排入全厂 4 台锅炉共用的 120m 高的烟囱。配套使用的引风机全风压为 3580Pa，风量为 197000m^3/h。通风机全风压为 4600Pa，风量为 78200m^3/h。

(3) 除尘器结构及其主要设计参数

除尘器结构见图 4-63，袋式除尘器为钢结构，运行层以下除灰斗外为钢筋混凝土框架，各袋室背靠背布置，前后各 5 室，共 10 个袋室。每室宽 4m，进深 5.6m，除尘器全长 20m，全宽 11.2m，高约 20m。

结构的主要特点如下：

① 烟气由进气支管经百叶窗式挡板进入灰斗。烟气中较粗的颗粒物因惯性与重力沉降作用而被分离落入灰斗，故减轻了滤袋的颗粒物负荷和对滤袋下部的磨损，有利于延长滤袋的使用寿命。

② 由于烟气温度较高。滤袋采用无碱玻璃纤维，经硅油-石墨-聚四氟乙烯浸布处理。斜纹、单经双纬，布厚 0.4mm。此滤布价格适中，透气性较好，耐高温，有较长的使用寿命。

③ 采用“过滤-反吹清灰-静止沉降”的三状态清灰，优于“过滤-反吹清灰”的二状态清灰。特别对下进风袋式除尘器，气流流动方向和被剥离的颗粒物掉落方向相反，若在清灰

图 4-63 电厂锅炉烟尘的除尘装置

后设置一定的静止时间，就会避免一部分被剥离的颗粒物重新被上升气流带到滤袋上而降低除灰效果。

④ 设备选用的耐高温电动密闭阀门，工作压力 4000Pa，工作温度为 200℃，密封材料为耐热氟橡胶，弹簧采用沉淀硬化不锈钢或 1Gr18Ni9Ti。

⑤ 整个系统设置旁路烟道，可以有效地避免锅炉运行异常烟气温度过高时烧灼滤袋。

除尘器主要设计参数如下。

处理烟气量	$300000m^3/h$	滤袋直径	300mm
总过滤面积	$10179m^2$	滤袋长度	10m
烟气温度	175℃	滤袋总数	1080 条
全过滤速度(全部袋室运行)	0.491m/min	滤袋长径比 L/D	33.3
净过滤速度(有一个袋室清灰)	0.573m/min	除尘袋分室数	10 室
滤袋入口风速	1.14m/s	滤袋布置方式	$2\overline{w}\ 4\overline{w}\ 2$

(4) 主要技术性能

主要技术性能如下。

冷态试验平均漏风率	0.61%	清灰后残留压差	750～800Pa
热态试验漏风率	2%	除尘效率	$\eta>99\%$
热态实验平均漏风率	2.63%	出口含尘浓度	$47\sim63mg/m^3$
清灰控制压力损失	1176Pa		

练 习 4.4

选择题

1. 当颗粒物的粒径大于滤袋纤维形成的网孔直径而无法通过时，这种除尘机理称为(　　)。

   A. 筛滤效应　　B. 惯性碰撞效应　　C. 钩住效应　　D. 扩散效应

2. 当含尘气体通过洁净滤袋时，起过滤作用的是（　　），当滤袋表面积聚一层颗粒物后，真正起过滤作用的是（　　）。

   A. 滤布　　B. “架桥”现象　　C. 颗粒物初层　　D. 颗粒物

3. 下面关于袋式除尘器的滤料的说法，(　　) 是不正确的。

A. 表面光滑的滤料容尘量小、除尘效率低

B. 薄滤料的滤料容尘量大、过滤效率高

C. 厚滤料的滤料容尘量大、过滤效率高

D. 表面起绒的滤料容尘量大、过滤效率高

4. 单位面积质量为 320 g/m^2 的一般涤纶织造缎纹滤料的正确命名是（　　）。

A. PE W D 320　　B. PP W P 320

C. PE N W D 320　　D. PE W X 320

5. 用袋式除尘器处理 180℃的高温的碱性烟气，应选择比较合适的滤料是（　　）。

A. 聚酰胺纤维　　B. 玻璃纤维

C. 芳香族聚酰胺纤维　　D. 棉纤维

6. 处理高湿含尘气体时应选用（　　）滤料。

A. 耐高温　　B. 抗结露　　C. 抗静电性能　　D. 耐磨

7. 用袋式除尘器净化燃煤发电厂烟气，若烟气温度高于 160℃但低于 240℃，关于滤料选择的叙述，（　　）的表述不正确。

A. 若煤中硫含量小于 1%时，可选择聚酰亚胺纤维

B. 若煤中硫含量大于 1%但小于 2%时，可选择聚苯硫醚聚四氟乙烯复合纤维

C. 若煤中硫含量大于 1%但小于 2%时，可选择聚酰亚胺与聚四氟乙烯复合纤维

D. 若煤中硫含量大于 2%时，应选择聚四氟乙烯（PTFE）覆膜纤维

8. 用袋式除尘器进行废气净化，适合于负压除尘系统的情况是（　　）。

A. 颗粒物浓度小于 3000 mg/m^3　　B. 颗粒物的粒径小于 10 μm

C. 颗粒物的黏性小，磨琢性不强　　D. 含有毒有害气体的净化

思考题

1. 图 4-64 是三种简易清灰袋式除尘器，结构简单，安装操作方便，投资少，对滤料的要求也不高，除尘效率可达 99%；主要缺点是过滤风速小（0.2～0.8m/min），不适宜处理含尘浓度过高的气体，进口浓度一般不超过 3～5g/m^3，主要用于木材加工等室内除尘。试说明各自的清灰原理。

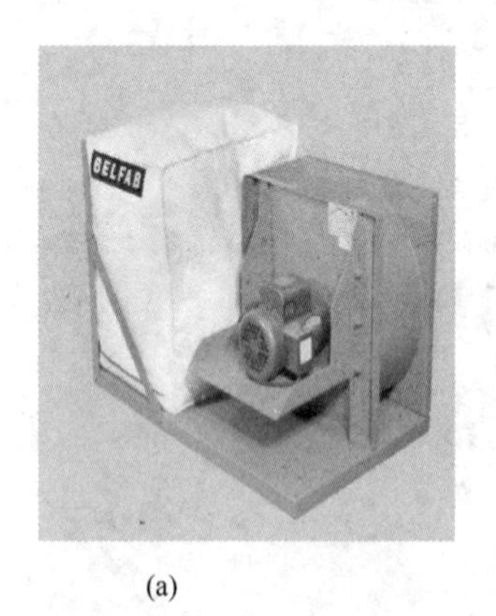

(a)

(b)

(c)

图 4-64　三种简易清灰袋式除尘器

2. 图 4-65 分别是反吹风清灰、脉冲喷吹清灰和低频声波清灰原理示意图，分别描述各自的清灰过程，并比较其优缺点。

练习题

1. 用脉冲喷吹袋式除尘器净化常温气体，采用阻力系数为 $4.8\times10^7\,m^{-1}$ 的涤纶绒布，过滤风速 $u_f=3.0$m/

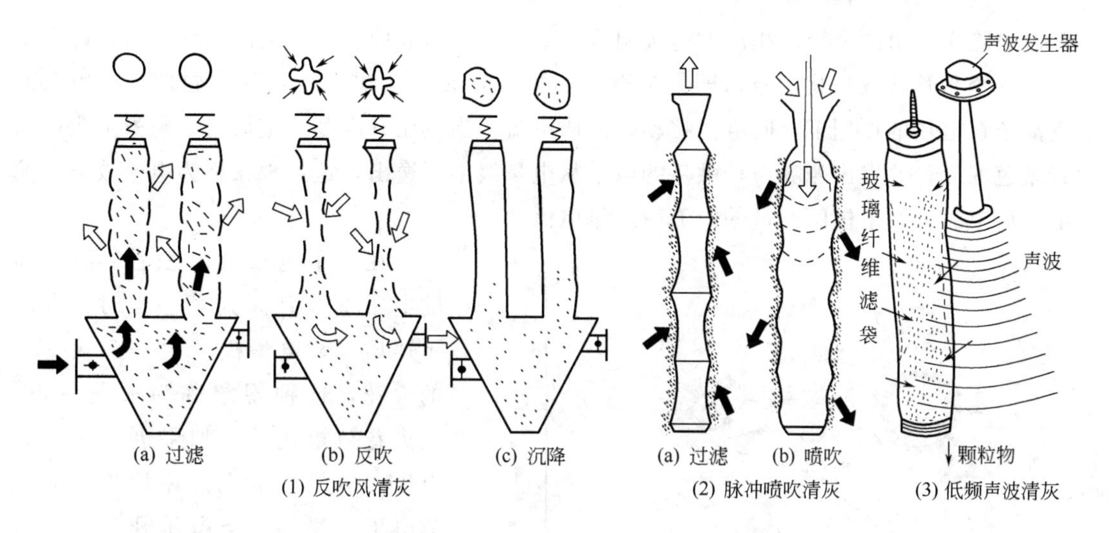

图 4-65 三种清灰方式示意图

min，堆积颗粒物负荷为 0.1kg/m^2，颗粒物层比阻力为 1.5×10^{10} m/kg，气体黏度为 1.8×10^{-5} Pa·s。试估算该除尘器的压力损失。

2. 采用机械振动式布袋除尘器净化含尘气体。气体流量为 1130m^3/min，含尘浓度为 23g/m^3，若过滤气速为 0.6m/min，试估算所需要的过滤面积。若布袋长 2.5m，直径 15cm，计算所需布袋的总面积及布袋的数目。

3. 采用袋式除尘器处理颗粒物浓度为 2.0 g/m^3 的气体。已知滤布阻力系数为 5.0×10^6 m^{-1}，洁净滤布的压力损失为 60 Pa，颗粒物层的平均比阻力为 1.0×10^9 m/kg，气体的黏度为 2.0×10^{-5} Pa·s。若使除尘器的动态除尘效率为 99.5%，要求压力损失不大于 1560 Pa，试计算最大清灰周期。

4.5 电除尘器

静电除尘是在高压电场的作用下，通过电晕放电使含尘气流中的颗粒物带电，利用电场力使颗粒物从气流中分离出来并沉积在电极上的过程。利用静电除尘的设备称为静电除尘器（electrostatic precipitator，ESP），简称电除尘器。在冶金、水泥、火力发电厂以及化工等行业中得到广泛的应用。

电除尘器的主要优点：①压力损失小，一般为 200～500Pa；②除尘效率高（适用于去除粒径 0.1～50μm 的颗粒物，除尘效率 90%～99%）；③气体处理量大（单台设备每小时可处理 10^5～10^6 m^3 的烟气）；④适用范围广（可在 350～400℃的高温下工作）；⑤能耗低，运行费用少。

电除尘器的缺点：①设备造价偏高；②除尘效率受颗粒物物理性质影响很大，不适宜直接净化高浓度含尘气体（60g/m^3 以上）；③对制造、安装和运行要求比较严格；④占地面积较大。

4.5.1 电除尘的基本原理

电除尘的基本原理包括电晕放电和颗粒物的荷电、荷电颗粒物的迁移和捕集、颗粒物清除等三个基本过程。

(1) 电晕放电和颗粒物的荷电

静电除尘器由两个极性相反的电极组成，其中一个是表面曲率很大的线状电极，即电晕极；另一个是管状或板状电极，即集尘极。如图 4-66 所示为电除尘器除尘原理，电极间的空气离子在电场的作用下，向电极移动，形成电流。当电压升高到一定值时，电晕极表面出现青紫色的光，并发出嘶嘶声，大量的电子从电晕线不断逸出，这种现象称为电晕放电。发生电晕放电时，在电极间通过的电流叫电晕电流。

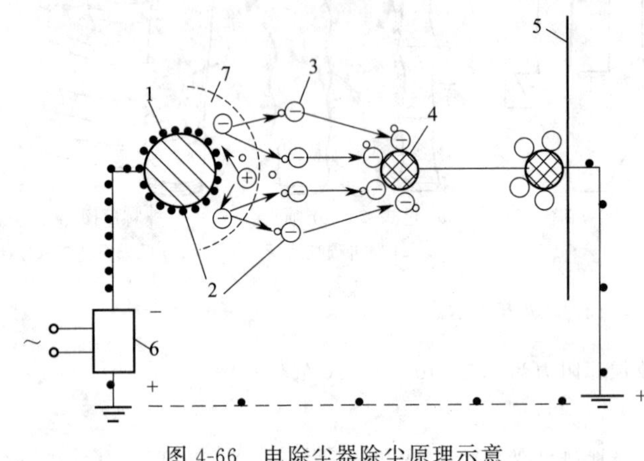

图 4-66 电除尘器除尘原理示意

1—电晕极；2—电子；3—离子；4—颗粒物；5—集尘极；6—供电装置；7—电晕区

在产生电晕放电之后，当极间的电压继续升高到某一点时，电流迅速增大，电晕极产生一个接一个的火花，这种现象称为火花放电。在火花放电之后，如果进一步升高电压，电晕电流会急剧增加，电晕放电更加激烈。当电压升至某一值时，电场击穿，出现持续的放电，爆发出强光并伴有高温，这种现象就是电弧放电。由于电弧放电会损坏设备，使电除尘器停止工作，因此在电除尘器操作中应避免这种现象。

如果在电晕极上加的是负电压，产生的是负电晕；反之，则产生正电晕。因为产生负电晕的电压比产生正电晕的电压低，而且电晕电流大，击穿电压高，所以工业应用的电除尘器均采用负电晕放电的形式。但是，正电晕产生的臭氧量小，从维护人体健康的角度来考虑，用于空气调节的小型电除尘器大多采用正电晕极。

颗粒物的荷电有两种不同的过程，一种是电场荷电，另一种是扩散荷电。电场荷电是指电晕电场中的电子在电场力的作用下作定向运动，与颗粒物碰撞后使颗粒物荷电的方式。扩散荷电是指电子由于热运动与颗粒物颗粒表面接触，使颗粒物荷电的方式。

颗粒物的荷电方式与粒径有关，粒径大于 0.5μm 的颗粒物以电场荷电为主，小于 0.2μm 的颗粒物以扩散荷电为主。由于工程中应用的电除尘器所处理颗粒物的粒径一般大于 0.5μm，而且进入电除尘器的颗粒物颗粒大多凝聚成团，所以颗粒物的荷电方式主要是电场荷电。

(2) 荷电颗粒物的迁移和捕集

在电晕区内，气体正离子向电晕极运动的路程极短，因此它们只能与极少数的颗粒物相遇并使之荷正电，而沉降在电晕极上；在负离子区内，大量荷负电的颗粒物颗粒在电场力的驱动下向集尘极运动，到达极板失去电荷后便沉降在集尘极上。

当颗粒物所受的静电力和颗粒物的运动阻力相等时，颗粒物向集尘极作匀速运动，此时的运动速度就称为驱进速度。颗粒物驱进速度与颗粒物荷电量、气体黏度、电场强度及颗粒物的直径有关，实际工作中常常根据运行条件测得总除尘效率，代入多依奇公式，求出的值称为有效驱进速度（ω_e）。表 4-11 给出了一些颗粒物的有效驱进速度。

表 4-11 各种工业颗粒物的有效驱进速度

颗粒物种类	驱进速度/(m/s)	颗粒物种类	驱进速度/(m/s)
煤粉(飞灰)	0.10～0.14	水泥生产(干法)	0.06～0.07
石膏	0.16～0.20	水泥生产(湿法)	0.10～0.11
红磷	0.03	平炉	0.06
催化剂颗粒物	0.08	冲天炉	0.03～0.04
纸浆及造纸	0.08	氧气转炉	0.08
酸雾(H_2SO_4)	0.06～0.08	多层床式焙烧炉	0.08
酸雾(TiO_2)	0.06～0.08	二级高炉(80%生铁)	0.125

(3) 被捕集颗粒物的清除

集尘极表面的颗粒物沉积到一定厚度后，会导致火花电压降低，电晕电流减小；电晕极上附有少量的颗粒物，也会影响电晕电流的大小和均匀性。为了防止颗粒物重新进入气流，保持集尘极和电晕极的清洁，应及时清灰。

电晕极的清灰一般采用机械振动的方式。集尘极清灰方法在干式和湿式除尘器中是不同的。在干式除尘器中，集尘极清灰分为机械振打、旋转刷和声波三种方式。机械振打又分为侧部振打和顶部振打。侧部振打是将振打装置设置在集尘极的侧部，大多采用挠臂锤振打。为防止颗粒物的二次飞扬，在振打轴的360°均匀布置锤头。顶部振打是将振打装置设置在集尘极的顶部，通常采用电磁锤振打。

图 4-67 旋转钢刷清灰装置

旋转钢刷清灰是在集尘极的下部设置旋转钢刷，并以一定速度不停地旋转，从而将集尘极上的颗粒物清除（如图 4-67 所示）。由于集尘极也以一定的速度进行回转运动，使整个集尘极上的颗粒物均能被钢刷清除。这是近年来出现的有别于传统机械振打的一种新型清灰方式，主要优点是不仅可防止颗粒物的二次飞扬，除尘效率高，而且可以避免反电晕现象的发生，适合粒径小，比电阻高，黏附性强的颗粒物的捕集。

图 4-68 是一种增强型振片式声波清灰器，通过喇叭的声阻抗匹配产生低频高能声波，辐射到电除尘器内的积灰区域，使颗粒物在声波作用下产生震荡，脱离其附着表面，处于悬浮流化状态，在重力或气流的作用下进入灰斗。

湿式电除尘器的清灰一般是用水冲洗集尘极板，使极板表面经常保持一层水膜，颗粒物落在水膜上时，被捕集并顺水膜流下，从而达到清灰的目的。湿法清灰的主要优点是已除去的颗粒物不会重新进入气相造成二次扬尘，同时也会净化部分有害气体，如 SO_2、HF 等；其主要缺点是极板腐蚀较为严重，含水污泥需要处理。

4.5.2 电除尘器除尘效率的影响因素

假定：①除尘器中气流为紊流状态；②在垂直于集尘极表面任一横断面上，颗粒物浓度和气流分布是均匀的；③颗粒物粒径是均一的，且进入除尘器后立即完成荷电过程；④忽略

图 4-68 增强型振片式声波清灰器

电风和二次扬尘的影响。多依奇（Dertsch）在上述假定的基础上，提出了理论捕集效率的计算公式。

$$\eta=1-\frac{c_2}{c_1}=1-\exp\left(-\frac{A\omega}{Q}\right) \quad (4\text{-}48)$$

式中 c_1——电除尘器进口含尘气体的浓度，g/m^3；

c_2——电除尘器出口含尘气体的浓度，g/m^3；

A——集尘极总面积，m^2；

Q——含尘气体流量，m^3/s；

ω——颗粒物的驱进速度，m/s。

影响除尘效率的主要因素有颗粒物特性、烟气特性、结构因素和操作因素等。

（1）颗粒物特性

颗粒物特性主要包括颗粒物的粒径分布、真密度、堆积密度、黏附性和比电阻等，其中最主要的是颗粒物的比电阻。从图 4-69 可以看出，在 A 段，颗粒物的比电阻小于 $10^4\Omega\cdot cm$，导电性能好，且随着比电阻的减小，除尘效率大大下降，而电流消耗大大地增加。在 B 段，比电阻在 $10^4\sim2\times10^{10}\Omega\cdot cm$，除尘效率较高，电流消耗比较稳定。在 C、D 段，颗粒物的比电阻大于 $2\times10^{10}\Omega\cdot cm$ 时，随着比电阻的增大，除尘效率急剧下降。因此，颗粒物的比电阻过高或过低均不利于电除尘，最适合于电除尘器捕集的颗粒物，其比电阻的范围是 $10^4\sim2\times10^{10}\Omega\cdot cm$。

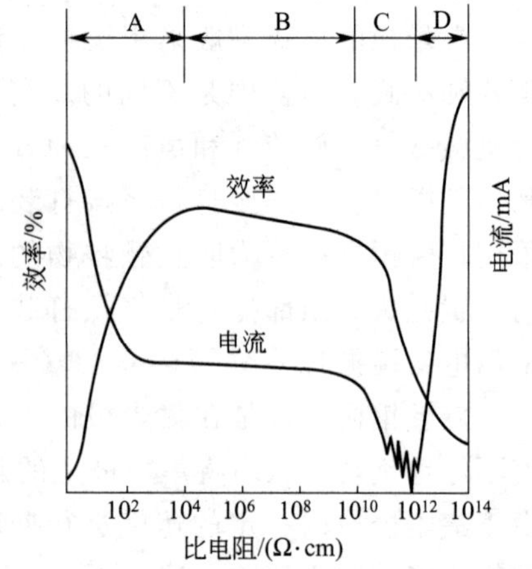

图 4-69 颗粒物的比电阻与除尘效率和电晕电流的关系

影响颗粒物比电阻的因素很多，但主要是气体的温度和湿度。所以，对于比电阻值偏高的颗粒物，往往可以通过改变烟气的温度和湿度来调节，具体的方法是向烟气中喷水，这样可以同时达到增加烟气湿度和降低烟气温度的双重目的。为了降低烟气的比电阻，也可以向烟气中加入 SO_3、NH_3 以及 Na_2CO_3 等化合物，以使颗粒物的导电性增加。

（2）烟气特性

烟气特性主要包括烟气温度、湿度、压力、成分、含尘浓度、断面气流速度和分布等。

① 气体的温度和湿度 含尘气体的温度对除尘效率的影响主要表现为对颗粒物比电阻的影响。在低温区，由于颗粒物表面的吸附物和水蒸气的影响，颗粒物的比电阻较小；随着温度的升高，作用减弱，使颗粒物的比电阻增加；在高温区，主要是颗粒物本身的电阻起作用。因而随着温度的升高，颗粒物的比电阻降低。

当温度低于露点时，气体的湿度会严重影响除尘器的除尘效率。主要会因捕集到的颗粒物结块黏结在集尘极和电晕极上，难于振落，而使除尘效率下降。当温度高于露点时，随着湿度的增加，不仅可以使击穿电压增高，而且可以使部分颗粒物的比电阻降低，从而使除尘效率有所提高。

② 含尘浓度 由于荷电颗粒物形成的空间电荷会对电晕极产生屏蔽作用，从而抑制了电晕放电。随着含尘浓度的提高，电晕电流逐渐减少，这种效应称为电晕阻止效应。当含尘浓度增加到某一数值时，电晕电流基本为零，这种现象被称为电晕封闭，此时的电除尘器失去除尘能力。

为了避免产生电晕闭塞，进入电除尘器气体的含尘浓度应小于 60g/m^3。当气体含尘浓度过高时，除了选用曲率大的芒刺形电晕电极外，还可以在电除尘器前串接除尘效率较低的机械除尘器，进行多级除尘。

③ 除尘器断面气流速度 从电除尘器的工作原理不难得知，除尘器断面气流速度越低，颗粒物荷电的机会越多，除尘效率也就越高。从图 4-70 可以看出，当锅炉烟气的流速低于 0.5m/s 时，除尘效率接近 100%。当烟气的流速高于 1.6m/s 时，除尘效率只有 84%。可见，随着气流速度的增大，除尘效率也就大幅度下降。

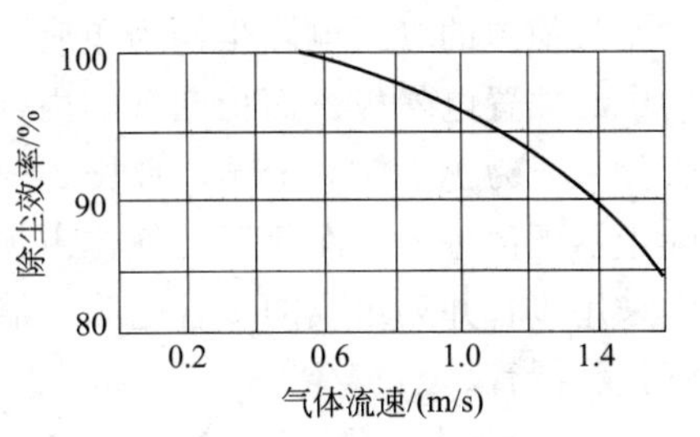

图 4-70 锅炉烟气的流速与除尘效率的关系

从理论上讲，低流速有利于提高除尘效率，但气流速度过低的话，不仅经济上不合理，而且管道易积灰。实际生产中，断面上的气流速度一般为 0.6～1.5m/s。

④ 断面气流分布 电除尘器断面气流速度分布均匀与否，对除尘效率有很大的影响。如果断面气速分布不均匀，在流速较低的区域，就会存在局部气流停滞，造成集尘极局部积灰严重，使运行电压变低；在流速较高的区域，又会造成二次扬尘。因此，除尘器断面上的气流速度差异越大，除尘效率越低。

为了解决除尘器内气流分布问题，一般采取在除尘器的入口或在出入口同时设置气流分布装置。为了避免在进、出口风道中积尘，应控制风道内气流速度在 15～20m/s 之间。

（3）结构因素

主要包括电晕线的几何形状、直径、数量和线间距；收尘极的形式、极板断面形状、极间距、极板面积、电场数、电场长度；供电方式、振打方式（方向、强度、周期）、气流分布装置、外壳严密程度、灰斗形式和出灰口锁风装置等。

（4）操作因素

主要包括伏安特性、漏风率、二次飞扬和电晕线肥大等。

电除尘器运行过程中，电晕电流与电压之间的关系称为伏安特性，它是很多变量的函数，其中最主要的是电晕极和集尘极的几何形状，及烟气成分、温度、压力和颗粒物性质等。电场的平均电压和平均电晕电流的乘积即电晕功率，它是投入到电除尘器的有效功率，电晕功率越大，除尘效率也就越高。

（5）清灰

由于电除尘器在工作过程中，随着集尘极和电晕极上堆积颗粒物厚度的不断增加，运行电压会逐渐下降，使除尘效率降低。因此，必须通过清灰装置使颗粒物剥落下来，以保持高的除尘效率。

（6）火花放电频率

为了获得最高的除尘效率，通常用控制电晕极和集尘极之间火花频率的方法，做到既维持较高的运行电压，又避免火花放电转变为弧光放电。这时的火花频率被称之为最佳火花频率，其值因颗粒物的性质和浓度、气体的成分、温度和湿度的不同而不同，一般取 30～150 次/min。

4.5.3 电除尘器的结构形式和主要部件

4.5.3.1 电除尘器的结构形式

电除尘器的结构形式很多，根据集尘极的形式可以分为管式和板式；根据气流的流动方向，分为立式和卧式；根据颗粒物在电除尘器内的荷电方式及分离区域布置的不同，分为单区和双区；根据清灰方式分为干式和湿式。

（1）管式和板式电除尘器

最简单的管式电除尘器为单管电除尘器。图 4-71 是单管电除尘器示意图，它是在圆管的中心放置电晕极，而把圆管的内壁作为集尘极，集尘极的截面形状可以是圆形或六角形。管径一般为 150～300mm，管长 2～5m，电晕线用重锤悬吊在圆管集尘极中心。含尘气体由除尘器下部进入，净化后的气体由顶部排出。由于单管电除尘器通过的气量少，在工业上通常采用多管并列组成的多管电除尘器（如图 4-72 所示）。为了充分利用空间，可以用六角形管代替圆管。

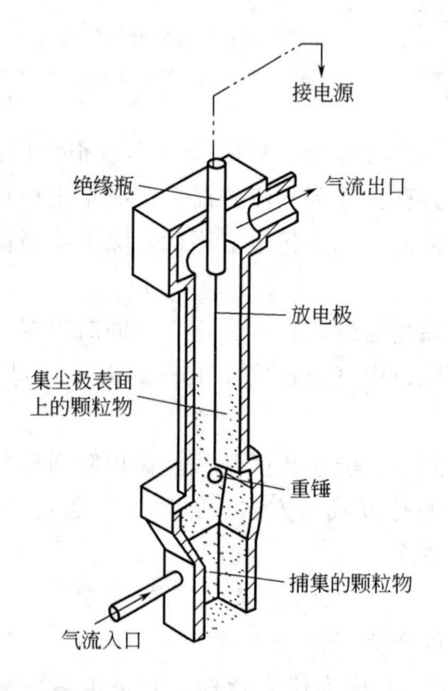

图 4-71 单管电除尘器示意图

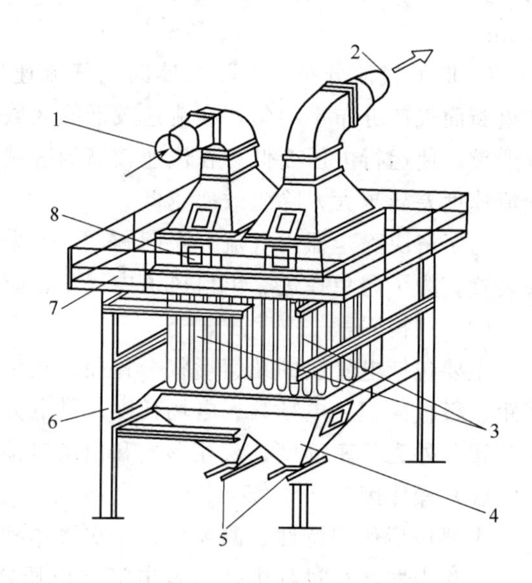

图 4-72 多管电除尘器示意图

1—含尘气体入口；2—净气出口；3—管状电除尘器；4—灰斗；5—排尘口；6—支架；7—平台；8—人孔

图 4-73 是板式电除尘器示意图，它是在一系列平行金属板间（作为集尘极）的通道中设置电晕电极。极板间距一般为 200～400mm，极板高度为2～15m，极板总长度可根据对除尘效率高低的要求而定。通道数视气量而定，少则几十，多则几百。板式电除尘器因其几何尺寸灵活而在工业除尘中广泛应用。

（2）立式和卧式电除尘器

立式电除尘器通常做成管式，垂直安装。含尘气体由下部进入，自下而上流过电除尘器。立式电除尘器的优点是占地面积小，在高度较高时，可以将净化后的烟气直接排入大气

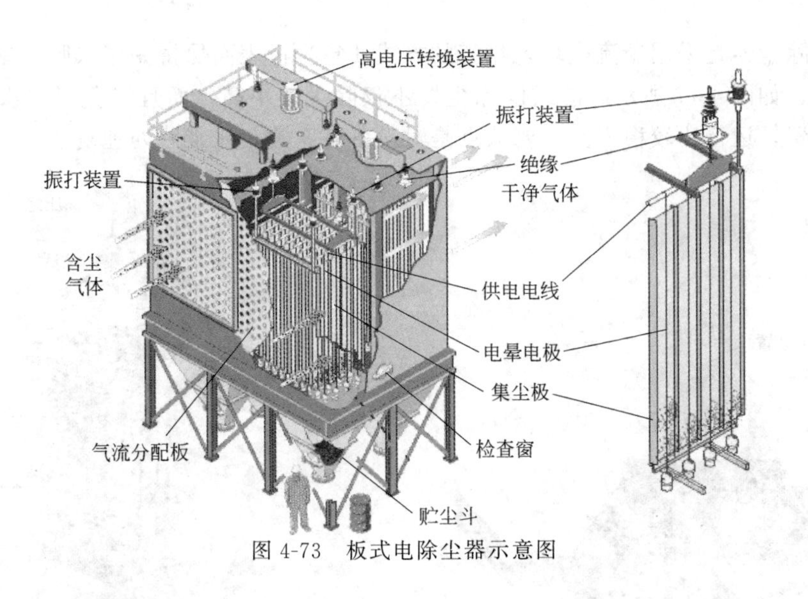

图 4-73 板式电除尘器示意图

而不另设烟囱，但检修不如卧式方便。

卧式电除尘器多为板式，气体在其中水平通过，每个通道内沿气流方向每隔 3m 左右（有效长度）划分成单独电场，常用的是 2～4 个电场。卧式电除尘器安装灵活、维修方便，适用于处理烟气量大的场合。

（3）单区和双区电除尘器

在单区电除尘器里，颗粒物的荷电和捕集在同一电场中进行，即电晕极和集尘极布置在同一电场区内，如图 4-74 所示。单区电除尘器应用广泛，通常用于工业除尘和烟气净化。

在双区电除尘器内，颗粒物的荷电和捕集分别在两个不同的区域内进行。安装电晕极的电晕区主要完成对颗粒物的荷电过程，而在装有高压极板的集尘区主要是捕集荷电颗粒物，如图 4-75 所示。双区电除尘器可以防止反电晕的现象，一般用于空调送风的净化系统。

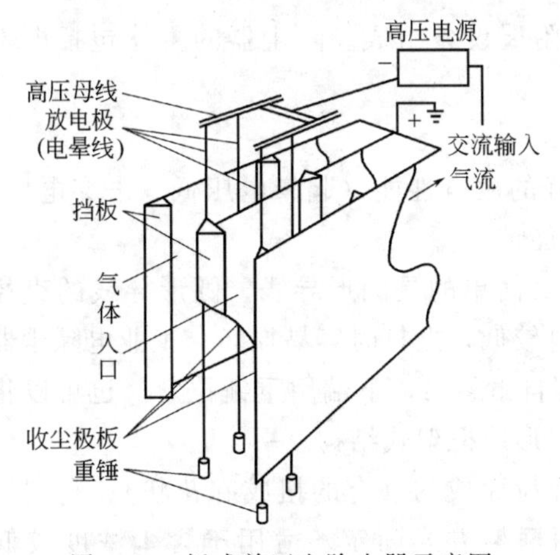

图 4-74 板式单区电除尘器示意图

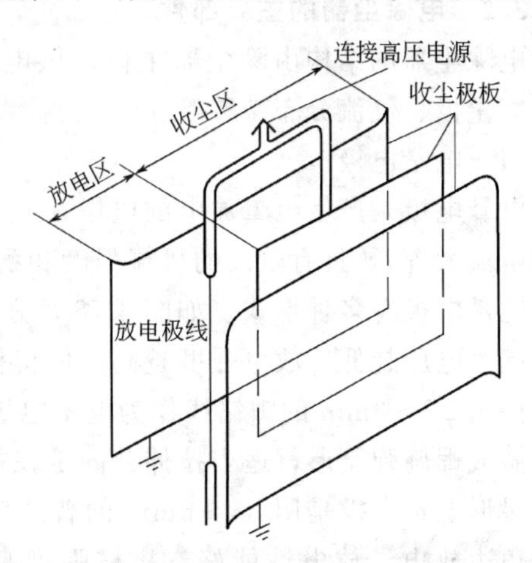

图 4-75 板式双区电除尘器示意图

（4）干式和湿式电除尘器

图 4-76 是干式电除尘器示意图，含尘气体的电离、颗粒物荷电、颗粒物的捕集及振打清灰等过程，均是在干燥状态下完成的。目前，工业上应用的电除尘器多为干式电除尘器。

湿式电除尘器是采用溢流或均匀喷雾的方式使集尘极表面保持一层水膜，用以清除被捕集的颗粒物，如图 4-77 所示。湿式电除尘器不仅除尘效率高，而且避免了二次扬尘。由于没有振打装置，运行比较稳定。主要缺点是对设备有腐蚀，泥浆后处埋复杂。

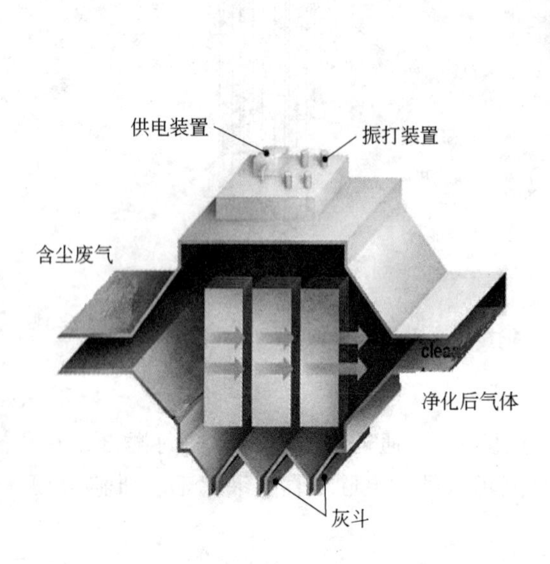

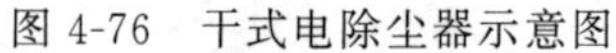
图 4-76 干式电除尘器示意图

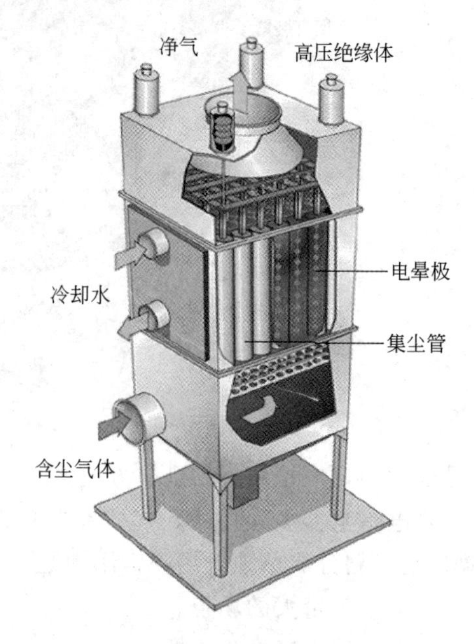

图 4-77 湿式电除尘器示意图

近年来，为了进一步提高电除尘器的效率，出现了许多新型结构的电除尘器。例如超高压宽间距电除尘器、原式电除尘器、三极预荷电除尘器和横向极板电除尘器等。这些新型电除尘器的特点是：提高颗粒物的有效驱进速度；减轻反电晕的影响；减少二次扬尘；提高除尘效率等。随着科学技术的进步，新型电除尘器将会不断地被研制出来并在工业上使用。

4.5.3.2 电除尘器的主要部件

电除尘器的结构由除尘器主体、供电装置和附属设备组成。除尘器的主体包括电晕电极、集尘极、气流分布装置等。

(1) 电晕电极

电晕电极是产生电晕放电的电极，应具有良好的放电性能（起晕电压低、击穿电压高、电晕电流大等），具有较高的机械强度和耐腐蚀性能。

电晕电极有多种形式，如图 4-78 所示。其中最简单的是圆形导线，圆形导线的直径越小，起晕电压越低、放电强度越高，但机械强度也较低，振打时容易损坏。工业电除尘器中一般使用 $\phi 2 \sim 3$mm 的镍铬线作为电晕电极，上部自由悬吊，下端用重锤拉紧。也可以将圆导线做成螺旋弹簧形，适当拉伸并固定在框架上，形成框架式结构。

星形电晕电极是用 $\phi 4 \sim 6$mm 的普通钢材经冷拉而成的（有的扭成麻花状）。它利用四个尖角边放电，放电性能好，机械强度高，采用框架方式固定。适用于含尘浓度较低的场合。

芒刺形和锯齿形电晕电极属于尖端放电，放电强度高。在正常情况下比星形电晕电极产生的电晕电流大一倍，起晕电压比其他的形式低。此外，由于芒刺或锯齿尖端放电产生的电子流和离子流特别集中，在尖端伸出方向，增强了电风，这对减弱和防止因烟气含尘浓度高时出现的电晕闭塞现象是有利的。因此芒刺形和锯齿形电晕极适合于含尘浓度高的场合，如

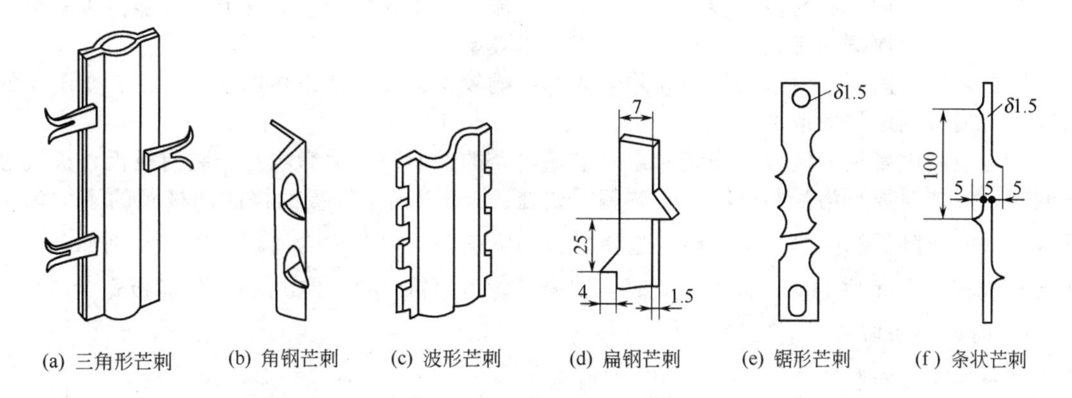

(a) 三角形芒刺　(b) 角钢芒刺　(c) 波形芒刺　(d) 扁钢芒刺　(e) 锯形芒刺　(f) 条状芒刺

图 4-78　电晕电极的形式

在多电场的电除尘器中用在第一电场和第二电场中。

相邻电晕电极之间的距离对放电强度影响较大。极距太大会减弱电场强度；极距过小也会因屏蔽作用降低放电强度。实验表明，合适间距为 200～300mm。

(2) 集尘极

集尘极的结构形式直接影响除尘效率。对集尘极的基本要求是振打时二次扬尘少；单位集尘面积金属用量少；极板较高时，不易产生变形；气流通过极板空间时阻力小等。

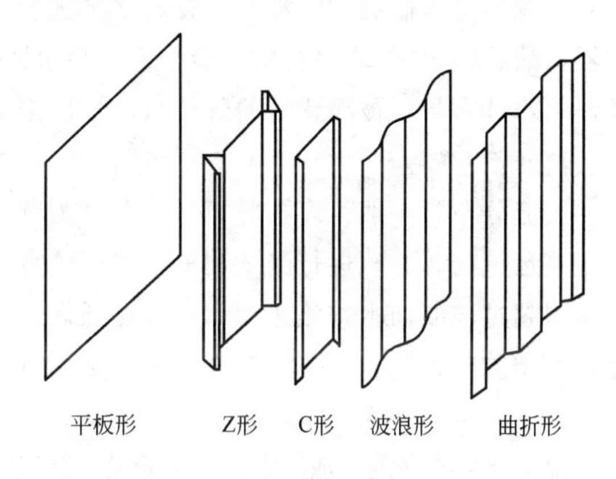

图 4-79　常见集尘极板的形式

集尘极板的形式有平板形、Z 形、C 形、波浪形、曲折形等，如图 4-79 所示。平板形极板对防止二次扬尘和使极板保持足够刚度的性能较差。近年来出现的回转式移动平板形集尘极，并配以旋转钢刷清灰方式（如图 4-80 和图 4-81 所示），可有效防止颗粒物的二次飞扬，有效提高除尘效率。

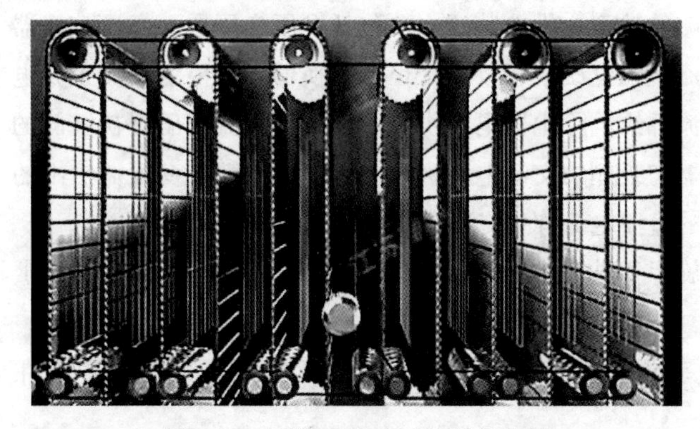
图 4-80　回转式移动平板形集尘极

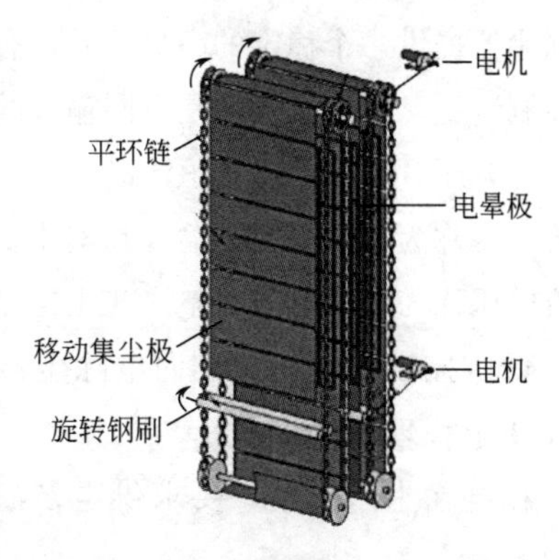

4-81　移动平板形集尘极示意图

型板式极板（除平板式外其他极板）是将极板加工成槽沟的形状。当气流通过时，紧贴极板表面处会形成一层涡流区，该处的流速较主气流流速要小，因而当颗粒物进入该区时易沉积在集尘极表面。同时由于板面不直接受主气流冲刷，颗粒物重返气流的可能性以及振打清灰时产生的二次扬尘都较少，有利于提高除尘效率。

极板之间的间距，对电场性能和除尘效率影响较大。在通常采用的60～72kV变压器的情况下，极板间距一般取200～350mm。

集尘极和电晕极的制作和安装质量对电除尘器的性能有很大影响。安装前极板、极线必须调直，安装时要严格控制极距，安装偏差要在±5%以内。极板的挠曲和极距的不均匀会导致工作电压降低和除尘效率下降。选择极板的宽度要与电晕线的间距相适应。例如，C形和Z形极板，若每块对应一根电晕线时，则极板宽度可取180～220mm。若极板宽为380～480mm时，则对应两根电晕线。

（3）气流分布装置

气流分布的均匀程度与除尘器进口的管道形式及气流分布装置有密切关系。在电除尘器安装位置不受限制时，气流应设计成水平进口，即气流由水平方向通过扩散形变径管进入除尘器，然后经1～2块平行的气流分布板后进入除尘器的电场。在除尘器出口渐缩管前也常常设一块分布板。被净化后的气体从电场出来后，经此分布板和与出口管相连接的渐缩管，然后离开除尘器。

气流分布板一般为多孔薄板，孔形分为圆孔或方孔，也可以采用百叶窗式孔板。电除尘器正式运行前，必须进行测试调整，检查气流分布是否均匀，其具体标准是：任何一点的流速不得超过该断面平均流速的±40%；任何一个测定断面上，85%以上测点的流速与平均流速不得相差±25%。如果不符合要求，必须重新调整。

（4）除尘器外壳

除尘器外壳必须保证严密，减少漏风。漏风将使进入除尘器的风量增加，风机负荷加大，电场内风速过高，除尘效率下降。特别是处理高温高湿烟气时，冷空气漏入会使烟气温度降至露点以下，导致除尘器内构件沾染灰尘和腐蚀。电除尘器的漏风率应控制在3%以下。

（5）供电装置

电除尘器的供电装置分为高压供电装置和低压供电装置。

高压供电装置用于提供颗粒物荷电和捕集所需要的电晕电流。对电除尘器供电系统的要求是对除尘器提供一个稳定的高电压并具有足够的功率。供电装置主要包括升压变压器、高压整流器和控制装置。其工作原理是电网输入的交流正弦电压，通过L-C恒流变换器，转换为交流正弦电流，经升压、整流后成为恒流高压直流电流源给电除尘器电场供电。输入到整流变压器初级侧的交流电压称为一次电压，输入到整流变压器初级侧的交流电流称为一次电流；整流变压器输出的直流电压称为二次电压，整流变压器输出的直流电流称为二次电流。

低压控制配电柜分别向电除尘器、旋风除尘器、风机及输灰系统的高、低压电气设备供电，便于管理。

在电除尘系统中，要求供电装置自动化程度高，适应能力强，运行可靠，使用寿命在20年以上。

4.5.3.3 国内常见电除尘器的型号和性能

目前国内市场上出现的静电除尘器的型号很多，主要有SHWB系列电除尘器、RWD（KFH）型电除尘器、CDG系列高压电除尘器、CDGB系列板卧式高压电除尘器、CDPK系列宽间距电除尘器、CDLG（H）型宽间距电除尘器、CJHA 和 CJHB 系列高压静电除尘器、CJmA 和 CJmB 型高压静电除尘器、DBPX 系列小型锅炉静电除尘器、DCF 系列旋伞式高压静电除尘器、GXCD 系列管状静电除尘器、JYC 系列电除尘器、RWD/KFH 型电除尘器、SZD-1370 型组合电除尘器、JG 型单管静电除尘器、QLD-抗结露型立式电除尘器、DAFY 系列防腐型立窑静电除尘器、HHD 系列宽间距卧式电除尘器等。

（1）GXCD 系列管状静电除尘器

GXCD 系列管状静电除尘器为旋风静电复合式二级除尘器，GXCD 中的 G 代表管状，X 代表旋风除尘器，C 代表超高压，D 代表电除尘器。分为单管、双管、三管、四管、六管、八管和十管，其电晕电极的形式多为圆线、星形线和芒刺线，电晕电压 80～120kV，清灰方式多为电磁振打，电场长度 8～10m，适用的灰尘比电阻为 10^4～$10^{12}\Omega\cdot$cm。其主要性能见表 4-12。

（2）CDPK 系列电除尘器

CDPK 系列电除尘器的型号可表示为 CDPK-m/n，CDPK 表示烘干机卧式电除尘器，m 表示流通面积，n 表示电场数。CDPK(H)-10/2 型适用于回转式烤干机，CDPK-10/2 型适用于小型中空干法回转窑，CDPK-30/3 型适用于五级预热回转窑，CDPK-45/3 型两台并适用于立筒式四级预热器回转窑，CDPK-90/3 型两台并适用于立筒式或四级预热器回转窑，CDPK-108/3 型适用于立筒式或四级预热器回转窑。CDPK 系列电除尘器的主要性能见表 4-13。

（3）JYC 系列电除尘器

JYC 系列电除尘器可用 JYC-m/n 表示，JYC 表示机械立窑卧式电除尘器，m 表示流通面积，n 表示电场数。JYC 系列电除尘器的主要性能见表 4-14。

（4）HHD 系列宽间距卧式电除尘器

HHD 系列宽间距卧式电除尘器可表示为 HHD-$m/n/x$，HHD 表示宽间距卧式电除尘器，m 表示流通面积，n 表示电场数，x 表示室数。流通面积 30.0～240m^2，以单室为主，有三电场和四电场，通道数 14～26。HHD 系列电除尘器的主要性能见表 4-15。

（5）SHWB 系列电除尘器

SHWB 系列电除尘器属于板式、卧式、干式电除尘器，主要型号有 SHWB20、SHWB30、SHWB40、SHWB50、SHWB60 等多个规格，其技术性能见表 4-16。其机械部分由气体分布装置、电晕极及其振打机构、集尘极及其振动装置、外壳、保温箱、灰斗和排灰装置等部分组成，其电气部分采用了 GGZ 型高压硅整流装置，分为升压部分、整流部分和控制部分，通过升压变压器可将电压由 300V 升至 72000V。

SHWB 系列电除尘器的适用条件为：烟气温度＜300℃，烟气含尘浓度＜60g/m^3，颗粒物的比电阻 10^6～$10^{10}\Omega\cdot$cm，烟气中颗粒物对电极的黏性要小，不得含有能引起设备严重腐蚀的物质，不应含有易燃易爆物质等。

表 4-12 GXCD 系列管状静电除尘器的主要性能

项 目	型 号						
	单 管	双 管	三 管	四 管	六 管	八 管	十 管
过滤面积/m^2	0.5～0.64	1.0～1.28	1.5～1.9	2.0～2.54	3.0～3.84	4.0～5.12	5.0～6.4
过滤风速/(m/s)	1.0	1.0	1.0	1.0	1.0	1.0	1.0
处理风量/(m^3/h)	1800～2300	3600～4600	5400～6800	7200～9200	10800～13800	14400～18400	18000～23000

表 4-13 CDPK 系列电除尘器主要性能

技术性能	型号规格			
	CDPK-10/2	CDPK-15/3	CDPK-20/2	CDPK-30/3
	单室两电场	单室三电场	单室两电场	单室三电场
电场断面积/m^2	10.4	15.6	20.25	31.25
处理烟气量/(m^3/h)	26000～36000	39000～56000	50000～70000	67000～112000
电场风速/(m/s)	0.7～1.0	0.7～1.0	0.7～1.0	0.9～1.0
极板间距/mm	280/500	280/390/490	300/500	300/390/500
电场长度/m	5.35	6.95	5.32	8.15
通道数	11/6	14/10/8	15/9	17/13/10
电晕线形式	W 形芒刺	W 形芒刺	W 形芒刺	W 形芒刺
电晕线每排根数	12/14	10/12/14	12/14	12/14/14
每电场有效电晕线长度/ m	441/225	260/422/338	781/580	1244/1045/783
总收尘面积/m^2	316	620	593	1330
最高允许气体温度/℃	＜250	＜250	＜250	＜250
最高允许气体压力/Pa	＋200～－2000	＋200～－2000	＋200～－2000	＋200～－2000
阻力损失/Pa	＜200	＜300	＜200	＜300
最高允许含尘浓度/(g/m^3)	30	60	30	80
设计除尘效率/%	99.5	99.7	99.5	99.8
配用高压电源/kV	60/100	60/72/100	60/100	60/72/100
电晕极振打方式	顶部提升脱钩	侧向摇摆锤	顶部提升脱钩	侧向摇摆锤
集尘极振打方式	侧向摇摆锤	侧向摇摆锤	侧向摇摆锤	侧向摇摆锤
卸灰装置	星形阀	叶轮给料器	叶轮给料器	叶轮给料器
参考价格/万元	59	109	92	147

表 4-14 JYC 系列电除尘器主要性能

技术性能	型号规格			
	JYC-25/2	JYC-35/2	JYC-45/2	JYC-36/2
	两电场	两电场	两电场	两电场
电场断面积/m^2	25.1	35.0	45.0	46.0
处理烟气量/(m^3/h)	≤60000	≤85000	≤10800	≤85000
电场风速/(m/s)	＜0.66	＜0.66	＜0.66	＜0.66
极板间距/mm	400	400	400	400
电场长度/m	3.0	3.0	3.0	2.76
总收尘面积/m^2	963	1325	1687	1365
烟气温度/℃	60～200	60～200	60～200	60～200
阻力损失/Pa	＜200	＜200	＜200	＜200
烟气排放浓度/(mg/m^3)	＜100	＜100	＜100	＜100
变压器规格	100/150	100/300	100/150	100/300
振打方式	侧向振打	侧向振打	侧向振打	顶部振打

表 4-15 HHD 系列电除尘器主要性能

技术性能	型号规格				
	HHD-30/3/1	HHD-40/3/1	HHD-50/3/1	HHD-90/4/1	HHD-240/3/2
	单室三电场	单室三电场	单室三电场	单室四电场	两室三电场
电场断面积/m^2	30.0	40.0	50.0	90.0	240.0
处理烟气量/($\times10^3 m^3$/h)	75.6～108	100.8～144	126～180	199.4～226.8	604.8～864

续表

技术性能	型号规格				
	HHD-30/3/1	HHD-40/3/1	HHD-50/3/1	HHD-90/4/1	HHD-240/3/2
	单室三电场	单室三电场	单室三电场	单室四电场	两室三电场
电场风速/(m/s)	0.7～1.0	0.7～1.0	0.7～1.0	0.7～1.0	0.7～1.0
极板间距/mm	400	400	400	400	400
通道数	14	14	18	24	26×2
电晕极形式	RS型芒刺	RS型芒刺	RS型芒刺	RS型芒刺	RS型芒刺
收尘极形式	C480	C480	C480	C480	C480
总有效电晕线长度/m	1814	2400	2981	7200	14400
总收尘面积/m^2	1733	2346	2914	7164	14328
最高允许气体温度/℃	<300	<300	<300	<300	<300
最高允许气体压力/Pa	±5000	±5000	±5000	±5000	±5000
阻力损失/Pa	<300	<300	<300	<300	<300
最高允许含尘浓度/(g/m^3)	<100	<100	<100	<100	<100
设计除尘效率/%	99.9	99.9	99.9	99.9	99.9
高压电源规格/kV/mA	72/250	72/400	72/500	100/1200	72/1200

表 4-16 SHWB 系列电除尘器技术性能表

技术性能	型号规格				
	SHWB20	SHWB30	SHWB40	SHWB50	SHWB60
	单室双电场	单室双电场	单室双电场	单室双电场	单室双电场
有效断面积/m^2	20.11	30.39	40.6	53.0	63.3
电场风速/(m/s)	0.6～0.8	1.0～1.25	1.0～1.25	1.0～1.3	1.0～1.3
电场长度/m	5.6	6.4	7.2	8.8	8.8
电晕线形式	星形	星形	星形或螺旋形	星形或螺旋形	星形或螺旋形
集尘极振打方式	扰臂锤振打	扰臂锤振打	扰臂锤振打	扰臂锤振打	扰臂锤振打
电晕极振打方式	提升脱离机构	提升脱离机构	提升脱离机构	提升脱离机构	提升脱离机构
压力损失/Pa	<300	<300	<300	<300	<300
最高允许气体温度/℃	300	300	300	300	300
设计除尘效率/%	98	98	98	98	98

SHWB 系列电除尘器主要用在冶金部门的破碎筛分厂、耐火材料厂、炼钢厂、烧结厂和建材部门的水泥厂等，也可用在火力发电厂以及轻工、化工等符合使用条件的其他部门。

4.5.4 电除尘器的选型

电除尘器选型要考虑颗粒物的理化性质（如粒径分布、密度、安息角、比电阻值等），含尘气体参数（如除尘器入口气体的流量、温度、湿度、气体中颗粒物的浓度等）以及含尘气体的化学成分等。根据需要处理的含尘气体流量、粒子的驱进速度和净化要求，确定处理风量、集尘极总面积、电场断面面积、通道数、电场数、单电场长度等。电除尘器有平板形和圆筒形，本书只介绍平板形电除尘器的有关设计计算。

（1）处理风量

处理风量是指除尘器入口气体的工况流量。对于燃煤发电厂来说，确定处理风量需要了解煤的参数（煤种、产地、煤质工业分析和元素分析、煤灰性质等）、锅炉的技术参数（如锅炉型号及制造厂、锅炉型式、最大连续蒸发量、额定蒸汽压力、额定蒸汽温度、给水温度、最大耗煤量等）以及锅炉除渣方式、锅炉除灰方式、烟气脱硫方式和脱硝方式。根据最大耗煤量估算标况烟气量，根据烟气的温度、除尘器内部压力和当地的大气压，计算工况处理风量。

$$Q=\frac{101.3\times(273+t)}{273\times(p+B)}Q_n \tag{4-49}$$

式中 Q——工况处理风量，m^3/s；

Q_n——标准状况处理风量，m^3/s；

t——烟气温度,℃；

p——当地大气压力，kPa；

B——除尘器内部静压，kPa。

（2）集尘极总面积

$$A=\frac{Q}{\omega_e}\ln\left(\frac{1}{1-\eta}\right) \tag{4-50}$$

式中 A——集尘极总面积，m^2；

Q——工况处理风量，m^3/s；

η——除尘效率；

ω_e——颗粒物有效趋进速度，m/s。

（3）比集尘极面积

$$S=\frac{A}{Q} \tag{4-51}$$

式中 S——比集尘极面积，m^2/（m^3/s）；

A——集尘极总面积，m^2；

Q——工况处理风量，m^3/s。

（4）电场有效断面面积

$$A_e=\frac{Q}{u} \tag{4-52}$$

式中 A_e——电场有效断面面积，m^2；

Q——工况处理风量，m^3/s；

u——电场风速（除尘器断面气流速度），m/s。

通常情况下，干式电除尘器的电场风速为0.7～1.2 m/s，板式湿式电除尘器电场风速≤3.5m/s，管式湿式电除尘器电场风速≤3.0 m/s。

电场风速取值与颗粒物的排放浓度及除尘效率有关。若排放浓度小于200 mg/m^3 时，除尘效率为99.0%～99.3%，电场风速一般取1.0～1.2 m/s；若排放浓度小于50 mg/m^3 时，除尘效率为99.0%～99.8%，电场风速一般取0.8～1.1 m/s。有关资料推荐的电场风速为：电厂锅炉飞灰，0.7～1.4 m/s；钢铁工业颗粒物，0.6～1.5 m/s；水泥工业颗粒物，0.7～1.2 m/s；有色金属冶炼，0.6 m/s；城市垃圾焚烧，1.1～1.4 m/s；硫酸雾，0.9～1.5 m/s。

（5）极板高度

若 $A_e \leqslant 80\text{m}^2$，则极板高度值约等于 $\sqrt{A_e}$ 的值；若 $A_e > 80\text{m}^2$，则极板高度值约等于 $\sqrt{\frac{1}{2}A_e}$ 的值。h 取值一般小于 16m。

（6）通道宽度与通道个数

可供气体通过的相邻两集尘极之间为一通道，通道宽度即为相邻两集尘极间距（同极间距）。干式电除尘的通道宽通常为 300～500mm。湿式电除尘器的通道宽通常为 250～450mm，除尘器的通道个数可由下式确定。

$$n = \frac{A_e}{bh} = \frac{Q}{bhu} \tag{4-53}$$

式中 n——除尘器的通道个数；

A_e——电场有效断面面积，m^2；

b——通道宽度（集尘极间距），m；

h——极板高度，m；

Q——工况处理风量，m^3/s；

u——电场风速，m/s。

（7）电场总长度

通常将电场沿气流方向分成若干段，每一段即为一个电场。电场总长度是指沿气流方向上集尘极的有效长度，即单个电场长度之和。由于每个通道有两个集尘极，因此电场总长度可用下式确定。

$$L = \frac{A}{2nh} \tag{4-54}$$

式中 L——电场总长度，m；

A——集尘极总面积，m^2；

n——除尘器的通道个数；

h——电场有效高度，m。

（8）确定电除尘器型号规格

表示电除尘器规格的项目包括型号、集尘极总面积、比集尘极面积、电场有效断面面积、极板高度、通道宽度与通道个数、电场总长度、集尘极形式、电晕电极形式、清灰方式、本体外形尺寸（矩形：长×宽×高；圆形：直径×高度）、灰斗、重量等。

表示电除尘器性能的项目包括工作温度、处理风量、设备阻力、气体性质、颗粒物性质、入口颗粒物浓度、设计除尘效率、漏风率、电场内停留时间等。例如一种电除尘器的主要的规格和性能参数如下。

型号：JDW 75 - 3×3.5；

电场处理风量：180000～200000m^3/h；

集尘极总面积：4158 m^2；

比集尘极面积：83～75 $\text{m}^2/(\text{m}^3/\text{s})$；

电场断面面积：79.2 m^2；

极板有效高度：9.9 m；

设计通道宽度：400 mm；

设计通道个数：20 个；

选取电场风速：0.67～0.74 m/s；

电除尘器阻力：小于 300 Pa；

设计除尘效率：99.8%；

除尘器漏风率：小于3%；　　集尘电极形式：480C；

电晕电极形式：芒刺线；　　设备清灰方式：回转绕臂锤振打。

【例4-10】 设计一电除尘器净化燃煤电站锅炉烟气。若烟气工况流量为$5.0\times10^5 m^3/h$，入口颗粒物浓度为32 g/m^3，要求出口排放浓度为100 mg/m^3。试计算该除尘器的集尘极总面积、比集尘极面积、电场断面面积、通道数和电场总长度。

解 $Q=5.0\times10^5 m^3/h=139m^3/s$，$\rho_1=32\ g/m^3$，$\rho_2=100\ mg/m^3=0.10\ g/m^3$

(1) 集尘极总面积

$$\eta=\left(1-\frac{\rho_2}{\rho_1}\right)\times100\%=\left(1-\frac{0.10}{32}\right)\times100\%=99.7\%$$

查表知燃煤电站锅炉烟气中颗粒物的ω_e取值范围为0.04～0.2 m/s，此处取0.09m/s。于是，集尘极总面积为：

$$A=\frac{Q}{\omega_e}\ln\left(\frac{1}{1-\eta}\right)=\frac{139}{0.09}\ln\left(\frac{1}{1-0.997}\right)=8972(m^2)$$

(2) 比集尘极面积

$$S=\frac{A}{Q}=\frac{8972}{139}=64.5m^2/(m^3/s)$$

(3) 电场断面面积

取电场风速$u=1.0$ m/s，则电场断面积为：

$$A_e=\frac{Q}{u}=\frac{139}{1.0}=139(m^2)$$

(4) 通道数

由于$A_e=139m^2>80m^2$，因此极板高度：

$$h\approx\sqrt{\frac{1}{2}A_e}=\sqrt{\frac{1}{2}\times139}=8.34\ (m)\text{，取 }8.80m\text{。}$$

通道宽b取400mm，于是除尘器的通道数为：

$$n=\frac{A_e}{bh}=\frac{139}{0.4\times8.8}=39.5\text{，取值 40 个}$$

(5) 电场总长度

$$L=\frac{A}{2nh}=\frac{8972}{2\times40\times8.8}=12.7\ (m)$$

阅读材料

电除尘技术的发展与展望

1. 电除尘技术的发展历史

1907年，美国加利福尼亚大学化学教授科特雷尔（F. G. Cotrell）首次成功地将电除尘器（ESP）用于捕集硫酸烟雾，随后他再次把电除尘技术用于捕集水泥生产过程产生的颗粒物。自此，电除尘器迅速得到推广应用，到20世纪60年代电除尘器已遍及各工业领域。

1911年，美国人斯特朗（W. W. Strong）率先开始电除尘理论的研究。1922年多依奇（Deutch）在安德森（Anderson）关于电除尘指数定律的基础上推导出除尘效率的理论公式，成为当今电除尘的理论基础。1980年Leonard等人提出了静电传输-紊流扩散模型，几年后我国环保工作者提出了静电传输-紊流掺混模型，该理论的提出使电除尘效率的计算更为精确并接近实际，但电除尘的理论研究仍滞后于实际。

20世纪30年代，电除尘技术传入我国。1936年本溪工农兵水泥厂在窑尾安装了我国第一台电除尘器。20世纪50年代以前，中国的电除尘器主要从苏联和民主德国引进，总共不过60台。我国电除尘技术的起步始于20世纪60年代，70年代处于初级发展阶段，80年代得到一定提升，90年代得到了快速发展。进入21世纪后，传统电除尘技术已无法完全满足要求，电除尘技术开始新一轮的技术创新。

2. 电除尘新技术

（1）移动电极电除尘技术

移动电极式电除尘器（MEEP）由常规固定电极和移动电极组成。移动电极采用了可移动的收尘极板。能有效地解决高比电阻（大于$5\times10^{12}\Omega\cdot cm$）颗粒物的收尘问题，颗粒物排放浓度可控制在小于$10mg/m^3$；能有效地减少二次扬尘，显著降低ESP出口排放浓度。

（2）薄膜电除尘技术

薄膜电除尘技术是用纤维薄膜代替金属收尘极，通过薄膜上毛细管的运动来喷洒液体可以在垂直和水平方向上理想配置水流，一旦薄膜被完全浸透，水流就会顺着薄膜表面向下流动，冲洗收尘极的表面，被收集的微粒颗粒物连续不断地被冲走，从而解决了湿式ESP极板上清灰不干净的问题。

薄膜主要由玻璃纤维、塑料等抗腐蚀、绝缘材料制成，加添加剂后可以替代不锈钢和其他昂贵的材料，成本大大降低。

（3）磁控电除尘技术

利用电磁场对带电粒子的运动轨迹可进行有效控制的原理开发磁控电除尘器，成为电除尘技术的一个新突破口。磁控电除尘技术通过外加电磁力的作用避免荷电颗粒物的返混。该技术不仅除尘效率高，而且避免了大量的材料消耗及高精度的加工和安装要求，是一项极具开发应用前景的电除尘新技术。

（4）高浓度电除尘技术

通常将含尘浓度大于$100g/m^3$的烟气视为高浓度烟气。现代先进的水泥生产工艺将生料粉全部经电除尘收集后再送去预热、分解和煅烧，电除尘入口浓度可达$500\sim1000g/m^3$。因此，非常有必要发展高浓度电除尘技术。目前，虽然高浓度电除尘技术在国内外已有不少工程应用，但在预收尘装置、气流分布装置、极配形式、清灰装置、高压供电装置等多方面需进一步完善。

（5）高频开关电源技术

常规的可控硅（SCR）电源产生的峰值电压比平均电压高25%，极易在电场中触发电火花，导致除尘效率不高。高频开关（SIR）电源则是一个与线路频率无关的可变脉动电源，能为电除尘器提供接近从纯直流方式到脉动幅度很大的各种电压波形，可以通过对某个特定工况提供最合适的电压波形来提高除尘效率。它比可控硅电源节能20%左右，还具有重量轻、体积小、箱内用油少等优点。

（6）等离子体技术

等离子体技术是极具开发意义的广义电除尘技术，能同时除尘、脱硫、脱硝和净化其他有害气体。通过等离子体和ESP的联合作用，能除去$0.04\mu m$以上的微粒，颗粒物排放浓度可控制在$5mg/m^3$以下。

（7）泛比电阻电除尘技术

泛比电阻电除尘技术是在常规ESP的阴极框架上添加辅助电极，阳极采用轻型极板且在垂直于气流方向上交错布置，板面平行于气流，形成可以调节的单双区复合式电除尘器。将阳极交错布置，一方面增强了颗粒物的荷电效果；另一方面大大提高了平均收尘场强，强化了收尘效果。交错布置的阳极还形成了一个半封闭式的收尘区，能有效地抑制颗粒物的二次飞扬，提高了对低比电阻颗粒物和微细颗粒物的适应性。此外，辅助极对电晕极的放电抑制作用，能有效地控制高比电阻颗粒物易发生的反电晕；辅助极对带正电颗粒物的捕集作用，能有效地防止电晕闭塞，使电除尘器更适应对高含尘浓度烟气的处理。

（8）电袋复合式除尘技术

串联式电袋复合除尘器将前级电除尘和后级袋除尘有机地串联成一体，烟气先经过前级电除尘，充分发挥其捕集中高浓度颗粒物效率高（80%以上）和低阻力的优势，进入后级袋除尘时，不仅浓度大为降低，且前级的荷电效应又提高了颗粒物在滤袋上的过滤特性，使滤袋的透气性能和清灰性能得到明显改善，滤袋的使用寿命大大提高。

嵌入式电袋复合除尘器是对每个除尘单元，在电除尘中嵌入滤袋结构，电除尘电极与滤袋交错排列。嵌入式电袋复合除尘技术的主要技术特点和原理与串联式电袋复合除尘技术相似，但结构更紧凑，性能优于串联式电袋复合除尘技术。

阅读材料

电袋复合除尘器

电袋复合除尘器是指利用静电除尘和过滤除尘相结合的一种复合式除尘器。电袋复合除尘器为一箱式结构，箱体内分为电场区和滤袋区。电场区和滤袋区可有多种配置形式，目前普遍采用前级电场区后级滤袋区的组合形式。图4-82是常见的电场区和滤袋区前后串联的电袋复合除尘器示意图。气体经过分布板先进入电场区，气体中的颗粒物在电场区荷电并大部分被捕集，未被捕集的颗粒物（约10%～20%）进入滤袋区被捕集，净化后的气体从净气管排出。

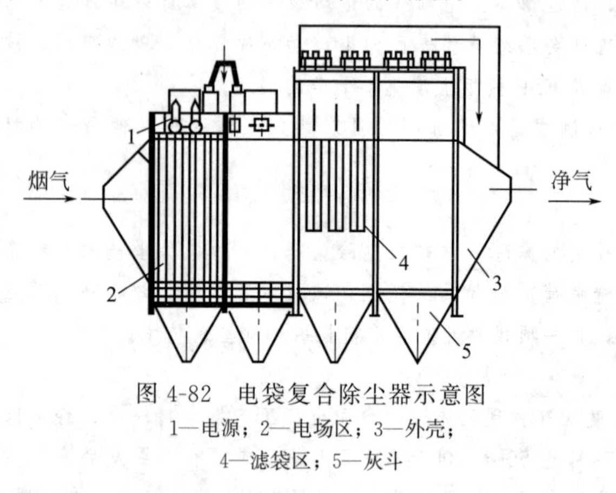

图4-82 电袋复合除尘器示意图

1—电源；2—电场区；3—外壳；
4—滤袋区；5—灰斗

电袋复合除尘器兼具电除尘器和袋式除尘器的优点，同时还避免了二者的缺点。不仅除尘效率高，而且设备阻力小，滤袋寿命长，运行费用低。由于单一电除尘器受颗粒物特性的影响很大，造成除尘效率极不稳定，电袋复合除尘器发挥了袋式除尘器对颗粒物特性适应范围广的特点，从而消除颗粒物特性对电除尘器除尘效率的制约因素，在整体上提高了除尘效率。虽然袋式除尘器有高的除尘效率，但运行阻力大，滤袋寿命短，滤袋要经常维修和更换，从而导致运行费用高。电袋复合除尘器发挥电收尘器压力损失小，在第一电场能收集80%～90%颗粒物的优点，使滤袋入口处的颗粒物浓度大大降低，可以减少滤袋的清灰频率，延长滤袋的使用寿命，降低运行费用。

电袋复合除尘器能捕集0.1μm以上的颗粒物，适用于颗粒物比电阻高，对运行稳定性要求高和颗粒物排放浓度要求严格的烟气净化。

阅读材料

电除雾器

电除雾器是指应用静电引力原理，采用各种形式的收尘极（阳极）和放电极（阴极）组成的用于分离并收集气体中的液态物质的装置。根据用途可将电除雾器分为管式电除雾器（标记为DW）和蜂窝式电除焦油器（标记为FDJ）两种。

管式电除雾器主要用于处理硫酸烟雾，不适用于处理易燃易爆烟气。其处理气量一般小于$5\times10^4 m^3/h$，工作温度不超过45℃，工作压力为-7.3×10^3～0Pa，环境温度－30～40℃，相对湿度为100%。管式电除雾器的本体阻力≤500Pa，当采用一级除雾装置时，出口酸雾浓度≤30mg/ m^3；当采用二级除雾装置时，出口酸雾浓度≤5.0mg/ m^3。

蜂窝式电除焦油器主要用于煤气净化工艺中焦油的去除。其处理煤气量一般为5×10^4～$6\times10^4 m^3/h$，工作温度不超过120℃，工作压力小于100kPa，煤气中氧含量不大于1%。蜂窝式电除焦油器的本体阻力≤1000Pa，出口油雾浓度≤20mg/m^3。

4.5.5 电除尘器的安装、调试、运行与维护

（1）电除尘器的安装

在安装电除尘器时应注意以下几个问题。

① 安装前检查设备是否完好、齐全，如果由于运输原因筒体产生变形，硅高压整流器有漏油现象，必须校正复原后，方可安装。

② 安装除尘器的基础必须水平，灰斗支座与基础采用弹性紧固连接。

③ 电场筒体必须与水平面垂直，且各法兰间要加密封衬垫（如石棉绳）再用螺栓拧紧，电晕线需校直后均匀悬挂于筒体的中心，电晕线中心与筒体壁间距离为（350±5)mm。

④ 应有良好的密闭性，壳体的所有焊接应采用连续焊接，并用煤油渗透法检验其气密性。

⑤ 收尘器在安装、焊接过程中所产生的毛刺、飞边往往会使操作电压不能升高，因此电场内的焊缝均需要用手提式砂轮打光。

⑥ 集尘电极与电晕电极的极间距必须严格保证，$40m^2$ 以下的电除尘器，极间距偏差应小于 5mm，大于 $40m^2$ 的除尘器，极间距偏差应小于 10mm。

⑦ 高压硅整流器应放置在靠近电场本体进线口的位置，负高压输出端及连线周围必须要有 500mm 以上的空间，安装后需静置 24h 方可试车。

⑧ 对于安装于室外的除尘器和硅高压整流器，必须加设防雨防潮设施，硅高压整流器四周设防护栏杆，并挂“高压危险”字样牌子。

⑨ 风机的电机、振打器、电动排灰阀等电器按电器有关规定接线，电除尘器本体、硅高压整流器、控制箱等应接地线，其接地电阻要求不大于 4Ω，绝缘电阻应不低于 0.5MΩ。

⑩ 电源控制箱、振打器控制箱，应放在干燥、通风、便于操作的值班室内。

（2）调试

电除尘器在安装完毕后（如图 4-83 和图 4-84 所示），应进行调试，其内容如下。

图 4-83 安装完毕的电除尘器（一）

图 4-84 安装完毕的电除尘器（二）

① 通冷风，在第一电场前端测定沿电场断面的气流分布均匀性。要求任何一点的流速不得超过该断面平均流速的 40%；任何一个测定断面，85%以上的测点流速与平均流速不得相差 25%。如不符合要求，应进行调整，多孔分布板可堵住若干个孔进行调整，对于翼形多孔板可调整翼片角度。

② 启动两极振打装置，使其运转 8h，检查运转是否正常，包括振打轴的转向，电动机是否发热，测定收尘极的振打频率等。

③ 接通保温箱内电加热器，检查温升速度及温度控制范围是否满足要求。

④ 启动排灰装置和锁风装置，使其运转 4h，检查运转是否正常，电动机是否发热。

⑤ 每个电场至少测定三排收尘极板面上若干点的振打加速度，若个别点加速度过小，

则应加固极板与撞击杆的连接。

⑥ 关闭各检查门，对除尘器通以气体，测定其进、出口气体量，计算漏风率，要求漏风率应小于3%，否则应检查焊缝和连接处的气密性。

⑦ 全部电气连接线配接和电场高压进线安装完毕，检查无误后，把高压控制箱电压调节旋钮转至0位，关闭电源，再把高压变压器与控制箱之间的电源线接通。

⑧ 接通高压硅整流器，在除尘系统不通烟尘情况下通电试车（即无负载试车），首先把输出电压、电流旋钮调至最小位置，然后开启电源，逐步升压，电场应能升至额定电压而不发生击穿，否则应进行适当调整。

(3) 运行操作步骤

① 启动电除尘器前的准备工作

a. 高压控制柜上的“输出电流选择键”应全部复位；

b. 合上高压控制柜上的空气开关，电源指示灯亮；

c. 按下高压控制柜上的“自检”按钮并保持二次电流表、二次电压表和一次电压表均有读数（二次电流表读数一般很小），表明回路正常。

【注意】按“自检”按钮时，若二次电流表无指示，不允许继续操作，否则会损坏变压器。

② 电除尘器启动

a. 电除尘器投入使用前4h，启动保温箱内的电加热器，对绝缘套管进行加热；

b. 启动水封拉链运输机，使其连续运行；

c. 启动旋风除尘器的星形卸灰阀，使其连续运行；

d. 启动电除尘器各振打装置；

e. 启动工艺系统排风机，使烟气通过电除尘器；

f. 启动高压供电装置，向电场送电。具体操作是先按下高压控制柜上的“高压”按钮，“高压”指示灯亮，再扳动“输出电流选择键”，逐步增加输出电流值，直到电场主体上的电压出现饱和或电场即将产生闪络为止。

③ 收尘器正常操作

a. 在电除尘器运行过程中，至少每4h检查一次各振打装置和排灰传动机构的运行情况；

b. 岗位工人每隔1h记录每个电场高压供电装置低压端的电流、电压值，高压端的电流、电压值；振打程序的选择；各振打机构、排灰机构及输灰机构的运行情况；故障及处理情况；

c. 每隔2h进行一次排灰，多台螺旋运输机依次运行，每台螺旋运输机上的星形卸灰阀依次运行。开机顺序为先启动螺旋运输机，再依次启动星形卸灰阀；关机顺序为先停星形卸灰阀，待螺旋运输机内的灰输送完后再停螺旋运输机。

【注意】 在高压运行时，操作人员不得打开电除尘器人孔口。为了防止高压供电装置操作过电压，不能在高压运行时拉闸。

④ 电除尘器的关机

a. 将高压控制柜上的“输出电流选择键”逐一复位；

b. 按下“关机”按钮，关闭空气开关；

c. 停止工艺排风机；

d. 继续开动各振打机构和排灰输灰装置30min，使机内积灰及时排出，调节控制箱输出电流、电压指示为零，再关上电源开关。

（4）电除尘器主体的维护

① 每周对保温箱进行一次清扫，在清扫过程中需同时检查电晕极支撑绝缘子及石英套管是否有破损、漏电等现象，如有破损，应及时更换。

② 每周应检查一次各振打转动装置及卸灰输灰转动装置的减速机油位，并适当补充润滑油。

③ 各减速机第一次加油运转一周后更换新油，并将内部油污冲净，以后每 6 个月更换一次润滑油，润滑油可采用 40 号机械油，推荐采用 90 号工业齿轮油。

④ 每周清扫一次电晕极振打转动瓷联轴，在清扫过程中需同时检查是否有破坏，漏电等现象，如果有破坏，则应及时更换。

⑤ 每年检查一次电除尘器壳体、检查门等处与地线的连接情况，必须保证其电阻值小于 4Ω。

⑥ 根据极板的积灰情况，选择适宜的振打程序或另编程序。

⑦ 每 6 个月检查一次电除尘器保温层，如发现破损，应及时修理。

⑧ 每年测定一次电除尘器进出口处烟气量、含尘浓度和压力降，从而分析电收尘器性能的变化。

⑨ 电除尘器工作 3 个月以上，应利用工艺生产停车机会对电除尘器内部构件进行检查、维护，其维护内容如下。

a. 检查各层气体分布板孔是否被颗粒物堵塞，若部分孔被颗粒物堵塞，则应仔细检查振打装置的工作状况，并进行适当处理；

b. 检查两极间距，仔细检查每个电场每个通道的偏差是否在 10mm 以内，每根电晕线与阳极距离的偏差是否在 5mm 以内，达不到要求应进行处理；

c. 检查两极板面的积灰情况，如发现个别极板积灰过厚，则应分析该极板的振打情况，并进行适当处理；

d. 检查各检查门、顶盖、法兰连接等处是否严密，如有漏风，要进行处理；

e. 检查各振打装置是否松动、磨损等；

f. 检查机内的积灰情况。

⑩ 操作人员进入电场内之前必须做如下工作。

a. 确认电场已断电；

b. 在高压控制柜上挂“正在检修设备，禁止合闸”的警告；

c. 用放电线给电场放电。

（5）电气部分的维护

① 高压控制柜和高压发生器均不允许开路运行。

② 及时清扫所有绝缘件上的积灰和控制柜内部积灰，检查接触器开关、继电器线圈、触头的动作是否可靠，保持设备的清洁干燥。

③ 每年测量一次高压发生器和控制柜的接地电阻（≤2Ω）。

④ 每年更换一次高压发生器的干燥剂。

⑤ 每年一次进行变压器油耐压试验，其击穿电压不低于交流有效值 40kV/2.5mA。

（6）电除尘器常见故障及处理方法

电除尘器运行过程中常见故障产生原因及一般处理方法见表 4-17。

表 4-17 常见故障产生原因及一般处理方法

故障现象	产生原因	处理方法
指示灯不亮	接触不良或电源内部有短路	改善接触，排除短路点
按"自检按钮"，二次电流表无读数，一次电压表及二次电压表读数大于额定值的70%	回路中有开路	排除开路点
按"自检按钮"，二次电流表有读数，一次电压表及二次电压表无读数	回路中有短路	排除短路点
一次工作电流大，二次电压升不高，甚至接近于零	1. 集尘极板和电晕极之间短路 2. 石英套管内壁冷凝结露，造成高压对地短路 3. 电晕极振打装置的绝缘瓷瓶破损，对地短路 4. 高压电缆或电缆终端接头击穿短路 5. 灰斗内积灰过多，颗粒物堆积至电晕极框架 6. 电晕极短线，线头靠近集尘极	1. 清除短路杂物或剪去折断的电晕线 2. 擦石英套管，或提高保温箱箱内的温度 3. 更换绝缘瓷瓶 4. 更换损坏的电缆或电缆接头 5. 清除灰斗内的积灰 6. 剪去折断的电晕线线头
二次工作电流正常或偏大，二次电压升至较低发生短路	1. 两极间的距离局部变小 2. 有杂物挂在集尘极板或电晕极上 3. 保温箱或绝缘室温度不够，绝缘套管内壁受潮漏电 4. 电晕极振打装置绝缘套管受潮积灰，造成漏电 5. 保温箱内出现正压，含湿量较大的气体从电晕极绝缘套管外排 6. 电缆击穿或漏电	1. 调整极间距 2. 清除杂物 3. 擦抹绝缘套管内壁，提高保温箱内的温度 4. 提高绝缘套管箱内温度 5. 采取措施，防止出现正压或增加一个热风装置，鼓入热风 6. 更换电缆
二次电压正常，二次电流显著降低	1. 集尘极板积灰过多 2. 集尘极板或电晕极的振打装置未开或失灵 3. 电晕线过大，放电不良 4. 烟气中颗粒物浓度过大，出现电晕闭塞	1. 清除积灰 2. 检查并修复振打装置 3. 分析原因，采取必要措施 4. 改进工艺流程，降低烟气的颗粒物含量
二次电压和一次电流正常，二次电流无读数	1. 整流输出端的避雷器或放电间隙击穿 2. 毫安表并联的电容损坏，造成短路 3. 变压器至毫安表连接导线在某处接地 4. 毫安表的指针卡住	1. 修复或更换 2. 更换电容 3. 查找电路 4. 修复或更换毫安表
二次电流不稳定，毫安表指针急剧摆动	1. 电晕线折断，其残留段受风吹摆动 2. 烟气湿度过小，造成颗粒物比电阻值上升 3. 电晕极支撑绝缘套管对地产生放电	1. 剪去残留段 2. 由工艺人员进行适当处理 3. 处理放电部位
过电压跳闸	1. 外部连线有松动或断开 2. 电网输入的电压太高 3. 工况变化，电场呈高阻状态	1. 接好松动或断开的线 2. 适当减少输出电压 3. 适当减少输出电流

续表

故障现象	产生原因	处理方法
一次二次电压和电流正常，但收尘效率降低	1. 气流分布板孔被堵 2. 灰斗的阻流板脱落，气流发生短路 3. 靠出口处的排灰装置严重漏风	1. 检查气流分布板的振打装置是否失灵 2. 检查阻流板，并做适当处理 3. 加强排灰装置的密闭性
排灰装置卡死或保险跳闸	1. 有掉锤故障 2. 机内有杂物掉入排灰装置 3. 若是拉链机，则可能发生断链故障	停机修理

【应用实例3】 用静电除尘器治理水泥厂立窑废气

(1) 废气的来源及性质

水泥厂废气包括立窑水泥熟料颗粒物气体，干法窑、熟料、冷却机、生料磨、黏土烘干机、煤磨等排放的含尘烟气，其中以立窑烟气为主。

立窑烟气温度低，湿度大，并含有大量的 SO_3 等酸性氧化物。因此，产生结露后容易造成设备的严重腐蚀。覆盖的湿料层厚度不同，窑面烟气的温度、湿度不同，腐蚀的程度也就不同。目前，国内绝大多数的立窑为暗火或浅暗火操作，烟气结露比较轻微。

立窑烟气含尘浓度低、颗粒粗、磨蚀性强，颗粒物的粒径分布见表 4-18。

表 4-18 颗粒物的粒径分布

粒径/($\times10^{-6}$m)	<10	<25	<50	<75	<100	<250	平均
体积/%	10.6	15.8	30.5	14.1	8.89	20.21	38.91

当烟气温度在 150～250℃时，湿度较小，颗粒物比电阻大于临界值（$10^{10}\Omega\cdot cm$），此时火花频率增加，操作电压降低。当颗粒物比电阻高于 $10^{11}\Omega\cdot cm$ 时，会在集尘极颗粒物层内出现电火花，即会产生明显的反电晕。反电晕会导致电晕电流密度降低，严重干扰颗粒物的荷电和捕集，致使电除尘器的除尘效率明显降低。

(2) 除尘系统

水泥厂立窑烟气除尘系统如图 4-85 所示。立窑产生的含尘烟气，经过烟气调质后送入静电除尘器，净化后的气体经引风机输送至烟囱排入大气。

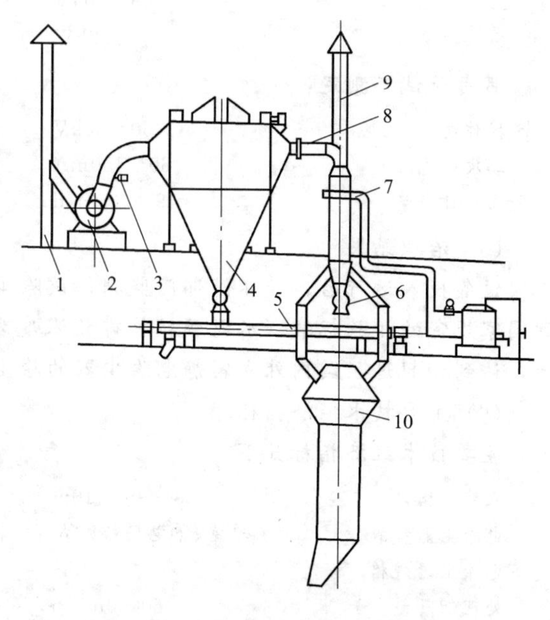

图 4-85 水泥厂立窑除尘系统示意图

1—烟囱；2—引风机；3—蝶阀；4—静电除尘器；5—螺旋输送机；6—回转下料器；7—烟气调质装置；8—伸缩节；9—旁烟囱；10—立窑

为了保证除尘系统的正常运行，应注意以下操作条件。

① 关闭 50%以上的窑门或轮流开一个窑门进行操作。

② 采用浅暗火煅烧熟料。

③ 负压控制及调节喷雾增湿降温装置，二次电压及电流均设在控制室控制。使烟气温度控制在 90～120℃以上，喷雾适量，二

次电压电流稳定，除尘效率高。

(3) 除尘器主要结构特点

外部结构特点如下所述。

① 在矩形箱体顶部有四个小房式泄压阀，一方面防止CO等可燃性气体燃爆，避免发生破坏性损失；另一方面，为检修两极提供方便。

② 进出箱体端有进出气喇叭口，内装电动蝶阀，进气端喇叭口接管处装有伸缩节和烟气调质装置。

③ 箱体两侧设置检修门。

④ 箱体底部有单灰斗和安全回转下料器。

⑤ 箱体由两侧固定支撑，顶部装有电加热器及恒温控制器，四个绝缘保温箱和进线保温箱。箱体两侧装有两极辅助极和气体均风板，机械振打清灰传动装置和爬梯等。

内部结构特点如下所述。

① 采用V15型芒刺防腐电晕极，使放电清灰性能明显提高，耗电低。

② 采用C形或W形耐腐蚀集尘极板，与芒刺形电晕极组成宽间距高压直流不均匀单电场。单电场不仅提高了除尘性能，而且大幅度地降低了静电除尘器的体积、质量、电耗及投资。

③ 装有防腐除尘辅助极，防止荷电颗粒物被带出电场，进一步提高收尘效率。

④ 在烟气入口设有导流、气流分布和挡风阻流等装置，使烟气均匀通过电场。

⑤ 在泄压阀内设有足够的爆破面积，保证运行的安全。

(4) 运行情况

空负荷试车测定：

二次电压	60～80kV	二次电流	200～300mA
输入功率	13.2kW		

带负荷试车测定：

操作电压	50～60kV	蝶阀开度	70°～75°
二次电流	60～100mA	烟气温度	90～120℃
立窑日产量	9～10.5t/d		

(5) 治理结果

设备投入运行后，经环保部门监测，该除尘器可使出口颗粒物浓度降至150mg/m^3，达到国家规定的排放标准（水泥颗粒物排放浓度为150mg/m^3），系统的除尘效率在98.5%以上，达到和超过了国内外立窑静电除尘器的除尘效率。

(6) 主要技术经济指标

主要技术经济指标如下。

立窑规格	ϕ2.9m×10m	设计 $f=A/Q$ 值	36.24s/m
电除尘器型式	单室、单电场板卧式	集尘极板面积	604m^2
电除尘器规格	30m^2	除尘器质量	1.581t/m^2
处理烟气量	60000m^3/h	极板电耗	0.00187kV·A/m^2
除尘效率	99%	除尘器投资	0.9607万元/m^2
电场风速	0.55m/s	除尘器总投资	23.845万元/台
颗粒物驱进速度	12～14cm/s		

水泥厂立窑静电除尘器的应用，不但使立窑烟气的排放达到国家规定的标准，避免了大

气环境的污染，而且还可创造一定的经济效益，电除尘器每天回收 8.5t 生料，按成本计，每台除尘器每年可创效益 12.5 万元，两年可回收全部投资。

练　习　4.5

填空题

1. 静电除尘的基本原理包括__________、__________和__________三个基本过程。
2. 电除尘器适用于捕集比电阻为__________的颗粒物。
3. 电除尘器适用于去除粒径为__________的颗粒物，除尘效率为__________。
4. 进入电除尘器的含尘浓度宜控制在__________以下。
5. 实际生产中，除尘器断面气流速度一般为__________。
6. 根据颗粒物在电除尘器内的荷电方式及分离区域布置的不同，可将电除尘器分为__________和__________。根据集尘极的形式可将电除尘器分为__________和__________。

理解并回答问题

1. 电除尘的基本原理是什么？除尘过程是怎样的？
2. 电除尘器有哪些结构形式？各种形式有哪些特点？
3. 电除尘器由哪些主要部件组成的？各部件的作用是什么？对这些部件有哪些基本要求？
4. 在电除尘中，颗粒物比电阻过高和过低时除尘效率有何影响？电除尘器处理颗粒物最适宜的比电阻范围是多少？若颗粒物的比电阻过高，应采取哪些措施调整其比电阻？
5. 什么是“电晕闭塞”，对电除尘有什么危害，应如何防止出现“电晕闭塞”？
6. 与固定式集尘极相比较，回转式移动平板形集尘极具有什么特点？

练习题

1. 某电除尘器用来捕集平炉尾气中的颗粒物，已知尾气流量为 $5m^3/s$，排放标准要求捕集尾气中 99.5% 的颗粒物，试估算该电除尘器的集尘板面积。
2. 利用一小型板式电除尘器捕集烟气中的颗粒物，该除尘器有 3 个通道，通道宽 25cm，集尘板的高和长均为 3.66m，烟气的体积流量为 $7200m^3/h$，操作压力为 1atm（1atm＝101.325kPa），粒子的驱进速度为 12.2cm/s。试确定：

   （1）烟气流速分布均匀时的除尘效率。

   （2）由于烟气分布不均匀，某一通道内烟气量占烟气总量的 50%，其他两通道的烟气量各占 25% 时除尘器的除尘效率。
3. 某钢铁厂烧结机尾气电除尘器集尘板总面积为 $1982m^2$，电场断面面积为 $40m^2$，烟气流量 $44.4m^3/s$，该除尘器进、出口烟气颗粒物浓度的实测值分别为 $26.8g/m^3$ 和 $0.133g/m^3$。

   （1）计算该除尘器的除尘效率。

   （2）计算颗粒物的有效驱进速度。

   （3）参考以上数据设计一台电除尘器，处理烟气量为 $70.0m^3/s$，要求除尘效率达到 99.8%。
4. 设计一电除尘器用来处理某发电厂锅炉颗粒物。若处理风量为 $150000m^3/h$，入口颗粒物浓度为 $3000mg/m^3$，要求出口颗粒物浓度降至 $40mg/m^3$。试计算该除尘器所需极板面积、电场断面面积、通道数和电场总长度。

4.6 除尘装置的选择

除尘器的种类和形式很多，具有不同的性能和使用范围。正确地选择除尘器并进行科学的维护管理，是保证除尘设备正常运转并完成除尘任务的必要条件。如果除尘器选择不当，就会使除尘设备达不到应有的除尘效率，甚至无法正常运转。

4.6.1 除尘装置的选择原则

选择除尘器时，必须全面考虑除尘效率、压力损失、设备投资、占用空间、操作费用及对维修管理的要求等因素，其中最主要的是除尘效率。一般来说，选择除尘器时应该注意以下几个方面的问题。

（1）排放标准和除尘器进口颗粒物浓度

在除尘系统中设置除尘器的目的是为了保证排至大气的气体含尘浓度能够达到排放标准的要求。因此，不同行业的大气污染物产生装置的颗粒物排放标准是选择除尘器的首要依据。依照排放标准，根据除尘器进口气体的颗粒物浓度，确定除尘器的除尘效率。要达到同样的排放标准，进口颗粒物浓度越高，要求除尘器的除尘效率也必须高。若废气的颗粒物浓度较高时，在静电除尘器或袋式除尘器前应设置低阻力的初级净化设备。一般来说，对于文丘里、喷淋塔等湿式除尘器的理想含尘浓度应在10g/m^{3}以下；对于袋式除尘器的理想颗粒物浓度范围是0.2～10g/m^3；静电除尘器的理想颗粒物浓度应在30g/m^{3}以下。

（2）颗粒物的性质

黏性大的颗粒物容易黏结在除尘器表面，最好采用湿式除尘器，不宜采用过滤除尘器和静电除尘器；对于纤维性和疏水性颗粒物不宜采用湿法除尘；比电阻过大或过小的颗粒物不宜采用电除尘。处理磨损性颗粒物时，旋风除尘器内壁应衬垫耐磨材料，袋式除尘器应选用耐磨滤料；处理具有爆炸性危险的颗粒物，必须采取防爆除尘器。

另外，选择除尘器时，必须了解处理颗粒物的粒径分布和除尘器的分级效率。表4-19列出了用标准二氧化硅颗粒物（$\rho=2700$kg/m^3）进行实验得出不同除尘器的分级效率，可供选用除尘器时参考。一般情况，当颗粒物粒径较小时，应选择湿式、过滤式或电除尘器；当颗粒物粒径较大时，可以选择机械式除尘器。

表4-19 除尘器的分级效率

除尘器名称	全效率/%	不同粒径(μm)时的分级效率/%				
		0～5 (20%)	5～10 (10%)	10～20 (15%)	20～44 (20%)	>44 (35%)
带挡板的沉降室	56.8	7.5	22	43	80	90
普通的旋风除尘器	65.3	12	33	57	82	91
长锥体旋风除尘器	84.2	40	79	92	99.5	100
喷淋塔	94.5	72	96	98	100	100
电除尘器	97.0	90	94.5	97	99.5	100
文丘里除尘器	99.5	99	99.5	100	100	100
袋式除尘器	99.7	99.5	100	100	100	100

注：括号中的数值为粒子的粒径分布。

（3）含尘气体性质

对于高温、高湿的气体不宜采用袋式除尘器；当气体中含有 SO_2、NO_x 等有害气体时，可以适当考虑用湿式除尘器，但要注意设备的防腐蚀。对于气体中含有 CO 等易燃易爆的气体时，应将 CO 转化为 CO_2 后再进行除尘。

（4）气体的颗粒物浓度

若气体的颗粒物浓度较高时，可用机械除尘器；颗粒物浓度较低时，可用文丘里除尘器或袋式除尘器；若进口气体的颗粒物浓度较高，而要求出口气体的颗粒物浓度低时，可采用多级除尘器串联的组合方式除尘。在电除尘器或袋式除尘器前应设置低阻力的初级净化设备，除去粗大的颗粒物，降低了后面除尘器入口颗粒物浓度，可以防止电除尘器由于颗粒物浓度过高产生的电晕闭塞；可以减少洗涤式除尘器的泥浆处理量；可以防止文丘里除尘器喷嘴堵塞和减少喉管磨损等。

（5）设备投资和运行费用

在选择除尘器时既要考虑设备的一次投资（设备费、安装费和工程费），还必须考虑易损配件的价格、动力消耗、日常运行和维修费用等，同时还要考虑除尘器的使用寿命、回收颗粒物的利用价值等因素。选择除尘器时要结合本地区和使用单位的具体情况，综合考虑各方面的因素。表 4-20 是各种除尘器的综合性能表，可供选用除尘器时作为参考。

表 4-20 各种除尘器的综合性能

除尘器名称	适用的粒径范围/μm	除尘效率/%	压力损失/Pa	设备费用	运行费用	投资费用和运行费用的比例
重力沉降室	＞50	＜50	50～130	低	低	
挡板式除尘器	＞20	50～70	300～800	低	低	
旋风除尘器	＞5	60～70	800～1500	中	中	1∶1
冲击水浴除尘器	＞1	80～95	600～1200	中	中	1∶1
旋风水膜除尘器	＞1	95～98	800～1200	中	中	3∶7
文丘里除尘器	＞0.1	90～98	4000～10000	低	高	3∶7
电除尘器	＞0.1	90～98	50～130	高	中	3∶1
袋式除尘器	＞0.1	95～99	1000～1500	较高	较高	1∶1

4.6.2 除尘器的适用范围

（1）惯性除尘器

惯性除尘器造价比较低，维护管理方便，耐高温，耐腐蚀性，适宜含湿量大的烟气。但对粒径在 5μm 以下的颗粒物去除率较低，当气体含尘浓度高时，这类除尘器可作为初级除尘，以减轻二级除尘的负荷。

重力沉降室适宜颗粒物粒径较大，要求除尘效率较低，场地足够大的情况；挡板式除尘器适宜排气量较小，要求除尘效率较低的地方；旋风除尘器适宜要求除尘效率较低的地方，主要用于 1～20t/h 的锅炉烟气的处理。

（2）湿式除尘器

湿式除尘器结构比较简单，投资少，除尘效率比较高，能除去小粒径颗粒物，并且可以同时除去一部分有害气体，如火电厂烟气脱硫除尘一体化等。其缺点是用水量比较大，泥浆和废水需进行处理，设备及构筑物易腐蚀，寒冷地区要注意防冻。

(3) 过滤式除尘器

过滤式除尘器以袋滤器为主，其除尘效率高，能除掉微细的颗粒物。对处理气量变化的适应性强，最适宜处理有回收价值的细小颗粒物。但袋式除尘器的投资比较高，允许使用的温度低，操作时气体的温度需高于露点温度，否则，不仅会增加除尘器的阻力，甚至由于湿尘黏附在滤袋表面而使除尘器不能正常工作。当颗粒物浓度超过颗粒物爆炸下限时也不能使用袋式过滤器。

袋式除尘器广泛应用于各种工业生产的除尘过程。大型反吹风布袋除尘器，适用于冶炼厂、铁合金、钢铁厂等除尘系统的除尘；大型低压脉冲布袋除尘器，适用于冶金、建材、矿山等行业的大风量烟气净化；回转反吹风布袋除尘器，适用于建材、粮食、化工、机械等行业的颗粒物净化；中小型脉冲布袋除尘器，适用于建材、粮食、制药、烟草、机械、化工等行业的颗粒物净化；单机布袋除尘器，适用于各局部扬尘点如输送系统、库顶、库底等部位的颗粒物净化。

颗粒层除尘器适宜于处理高温含尘气体，也能处理比电阻较高的颗粒物，当气体温度和气量变化较大时也能适用。其缺点是体积较大，清灰装置较复杂，阻力较高。

(4) 电除尘器

电除尘器具有除尘效率高、压力损失低、运行费用较低的优点。电除尘器的缺点是投资大、设备复杂、占地面积大，对操作、运行、维护管理都有较高的要求。另外，对颗粒物的比电阻也有要求。目前，电除尘器主要用于处理气量大，对排放浓度要求较严格，又有一定维护管理水平的大型企业电除尘器主要应用领域包括电力行业、冶金行业、建材行业、化工行业等。

4.6.3 主要污染行业废气净化除尘器的选择

(1) 钢铁工业的治理对象及除尘设备的选择见表4-21。

表4-21 钢铁工业的治理对象及除尘设备的选择

治理对象		宜选用的除尘设备
烧结厂	烧结原料准备系统	冲激式除尘器、泡沫除尘器、脉冲袋式除尘器
	混合料系统	冲激式除尘器
	烧结机废气	大型旋风除尘器和电除尘器
	整料系统	大风量袋式除尘器或电除尘器
	球团竖炉烟气	袋式除尘器或电除尘器
炼铁厂	炉前矿槽	袋式除尘器
	高炉出铁场	袋式除尘器
	碾泥机室	袋式除尘器
炼钢厂	吹氧转炉烟气	文丘里洗涤器或电除尘器
	电炉烟气	袋式除尘器或电除尘器
轧钢厂	轧机排烟	冲激式除尘器或泡沫除尘器
	火焰清理机废气	湿式电除尘器
	铅浴炉烟气	冲激式除尘器或袋式除尘器
铁合金厂	矿热电炉废气	袋式除尘器和文丘里洗涤器
	钨铁电炉废气	反吹风袋式除尘器
	钼铁车间废气	喷淋除尘器和反吸风袋式除尘器
	矾铁车间回转窑废气	旋风除尘器和电除尘器
耐火材料厂	竖窑烟气	旋风除尘器和电除尘器或袋式除尘器
	回转窑废气	旋风除尘器和电除尘器或袋式除尘器
	沥青烟气	袋式除尘器

(2) 有色冶金工业

有色冶金工业的治理对象及除尘设备的选择见表 4-22。

表 4-22 有色冶金工业的治理对象及除尘设备的选择

治理对象		宜选用的除尘设备
氧化铝厂	氧化铝生产炉窑废气	多管除尘器或电除尘器
	碳素电极生产废气	袋式除尘器
重有色金属炼铁厂	烟气除尘(干法)	旋风除尘器、袋式除尘器和电除尘器
	烟气除尘(湿法)	水膜旋风除尘器、冲击式除尘器、自激式除尘器等
稀有金属炼钢厂	金属颗粒物	旋风除尘器、袋式除尘器
	含铍废气	旋风除尘器、袋式除尘器或电除尘器,高效湿式除尘器
	钼精矿焙烧烟气	袋式除尘器或旋风除尘器-电除尘器组合
有色金属加工厂	轻有色金属加工废气	袋式除尘器或电除尘器
	重有色金属加工废气	旋风除尘器和袋式除尘器

(3) 电力工业

电力工业主要是燃煤电厂锅炉烟气的治理,采用的除尘设备有旋风除尘器、电除尘器、袋式除尘器等。

(4) 建材工业

建材工业的治理对象及除尘设备的选择见表 4-23。

表 4-23 建材工业的治理对象及除尘设备的选择

治理对象		宜选用的除尘设备
水泥厂	煅烧工艺废气	增湿塔-电除尘器系统或空气冷却塔-玻璃袋式除尘器系统
	烘干工艺废气	旋风除尘器-玻璃袋式除尘器或旋风除尘器-电除尘器组合
	粉磨工艺废气	旋风除尘器-防爆型袋式除尘器或旋风除尘器-防爆型电除尘器组合
	破碎机颗粒物	回转反吹风袋式除尘器或电除尘器
	仓库颗粒物	单机布袋除尘器或反吹风布袋除尘器
陶瓷工业	坯料制备过程废气	旋风除尘器、回转反吹风扁袋除尘器
	成型工艺过程废气	旋风除尘器、CCJ 冲激式除尘机组,袋式除尘器
	烧结废气	袋式除尘器
	辅助材料加工过程废气	脉冲袋式除尘器

(5) 化学工业和石油化学工业

化学工业和石油化学工业的治理对象及除尘设备的选择见表 4-24。

表 4-24 化学工业和石油化工的治理对象及除尘设备的选择

治理对象		宜选用的除尘设备
氮肥工业	尿素颗粒物	湿法喷淋回收
磷肥工业	磷矿加工过程废气(干法)	旋风除尘器-袋式除尘器组合
	磷矿加工过程废气(湿法)	旋风分离-水膜除尘或旋风分离-泡沫除尘
	高炉钙镁磷肥废气	旋风除尘器-袋式除尘器组合或旋风除尘器-电除尘器组合
	辅助材料加工过程废气	脉冲袋式除尘器
石油化工	催化裂化颗粒物	旋风除尘器-电除尘器组合

(6) 机械工业

机械工业的治理对象及除尘设备的选择见表 4-25。

表 4-25 机械工业的治理对象及除尘设备的选择

治理对象	宜选用的除尘设备
铸造设备(混砂机、落砂机、喷抛丸清理机)除尘	回转反吹风袋式收尘器或气箱脉冲袋式除尘器
机床设备(车床、磨床、锯床)除尘	回转反吹风袋式除尘器或单机袋式除尘机组
物料破碎、筛分及输送设备(破碎机、筛分设备、输送机、包装机)除尘	脉冲袋式除尘器、回转反吹风袋式除尘器或单机袋式除尘机组

阅读材料

高梯度磁分离技术

磁分离技术是利用外加磁场的作用，使具备磁性的物质得到分离，20 世纪 70 年代初钢毛类微型聚磁介质与铁线圈相结合的 Kolm-Manston 型现代高梯度分离器的出现，扩大了传统的磁分离技术的应用范围。烟气除尘是高梯度磁分离技术在大气污染控制中的主要应用之一。

高梯度磁分离器是一个松散的填装着高饱和不锈钢聚磁钢毛的容器，该容器安装在通常有螺旋管线圈产生的磁场中，当液体中的污染物对钢毛的磁力作用大于其重力、黏性阻力及惯性力等竞争力时，污染物被截留在钢毛上，分离过程可连续进行，直到通过该分离器的压力降过高或钢毛上过重的负载降低了对污染物的去除效率为止。然后切断磁路，将钢毛捕集的污染物用干净的流体反冲洗下来，使分离器再生，达到从流体中去除污染物的目的。

随着磁除尘器的磁场强度的增加，磁除尘效率增加。当磁场强度达到某一值后，由于聚磁钢毛已达到磁化饱和状态，因而除尘效率增加不多。继续加大激磁电流，磁场强度增加不大，聚磁钢毛反而出现振动，导致一些颗粒物脱离聚磁钢毛而进入气流中，因而除尘效率有下降趋势；当磁除尘器内气流速度增加，磁除尘效率下降。

高梯度磁分离技术在大气污染控制中的应用尚需进一步研究，但在烟气除尘方面的初步应用已经显示了巨大的优势和广阔的应用前景。随着超导磁分离技术的发展和完善，将进一步提高磁场强度和梯度，可以更有效地分离弱磁性和微细颗粒，扩大分离范围，实现连续工作，大幅度提高处理量，从而在环境中的应用更加完善。

练 习 4.6

选择题

1. 重力沉降室的除尘原理是（　　）。
   A. 重力作用　B. 离心作用　C. 静电吸引　D. 过滤作用
2. 只能有效地捕集 50μm 以上颗粒物的除尘装置是（　　）。
   A. 重力沉降室　B. 旋风除尘器　C. 文丘里洗涤器　D. 袋式除尘器
3. 可以有效地捕集最小粒径为 0.1μm 的颗粒物除尘装置是（　　）。
   A. 重力喷雾洗涤器　B. 旋风洗涤除尘器　C. 文丘里洗涤器　D. 袋式除尘器
4. 高湿烟气和润湿性好的亲水性颗粒物的净化，宜选择（　　）。
   A. 惯性除尘器　B. 湿式除尘器　C. 袋式除尘器　D. 电除尘器
5. 需同时除尘和净化有害气体时，可采用（　　）。
   A. 湿式除尘器　B. 颗粒层除尘器　C. 袋式除尘器　D. 电除尘器
6. 若颗粒物净化遇水后，能产生可燃或有爆炸危险的混合物时，不得使用（　　）。
   A. 惯性除尘器　B. 湿式除尘器　C. 袋式除尘器　D. 电除尘器
7. 对于如下几种洗涤器，液气比最大的湿式除尘装置是（　　）。

A. 重力喷雾洗涤器　B. 旋风洗涤器　C. 文丘里洗涤器　D. 填料洗涤器

8. 关于除尘器的叙述，（　）是错误的。

A. 电除尘器和布袋除尘器都是高效除尘器

B. 电除尘器的压力损失和操作费用都比布袋除尘器高

C. 电除尘器的一次投资费用要比布袋除尘器高

D. 布袋除尘器的运行维护费用比电除尘器高

9. 下列关于含尘气体的预处理，（　）是不正确的。

A. 含尘气体的浓度高于除尘器的允许浓度时，入除尘器之前宜设预处理设施

B. 当含尘气体温度高于除尘器所容许的工作温度时，应采取冷却降温措施

C. 处理含炽热颗粒物的含尘气体时，在袋式除尘器之前可不设火花捕集器

D. 当颗粒物比电阻大于 $2\times10^{10}\Omega\cdot cm$ 时，烟气进入电除尘器之前应进行调质处理

10. 需要干式回收尾气中的有用组分时，不能选择（　）。

A. 旋风除尘器　B. 湿式除尘器　C. 袋式除尘器　D. 电除尘器

现场实习

到火力发电厂、水泥厂、钢铁厂等有除尘设备的工厂进行现场实习，并按下列要求完成实习报告。

（1）了解各种除尘设备的投资费用情况；

（2）学习各种除尘设备的运行管理方面的知识和技能；

（3）了解各种除尘设备的维护维修知识和技能。

5

气态污染物控制技术

【学习指南】气态污染物控制技术是本书的重要内容之一。学习时首先要理解或掌握净化气态污染物的基本原理、基本概念、基本计算；能够针对不同的净化对象选择合适的吸收剂、吸附剂或催化剂；能够理解典型污染物的净化工艺流程，特别是烟气湿法脱硫工艺。在学习过程中，可以从净化原理、净化设备、工艺条件、方法特点、影响净化效率的因素、运行费用等方面对各种净化方法进行比较。通过学习能针对不同的气态污染物提出适当的净化方法和工艺流程。

5.1 气态污染物的净化方法

控制 SO_2、NO_x、碳氢化合物、氟化物等气态污染物的排放，主要的途径是净化工艺尾气。目前常用的方法有吸收法、吸附法、催化转化法、燃烧法和冷凝法等。

5.1.1 吸收法

5.1.1.1 吸收法的基本原理

(1) 吸收的概念

利用吸收剂将混合气体中的一种或多种组分有选择地吸收分离过程称作吸收 (absorption)。具有吸收作用的物质称为吸收剂 (absorbent)，被吸收的组分称为吸收质 (absorbate)，吸收操作得到的液体称为吸收液或溶液，剩余的气体称为吸收尾气。

根据吸收过程中发生化学反应与否，将吸收分为物理吸收和化学吸收。物理吸收（physical absorption）是指在吸收过程中不发生明显的化学反应，单纯是被吸收组分溶于液体的过程，如用水吸收 HCl 气体。化学吸收（chemical adsorption）是指吸收过程中发生明显化学反应，如用氢氧化钠溶液吸收 SO_2，用酸性溶液吸收 NH_3 等气体。

吸收法净化气态污染物就是利用混合气体中各成分在吸收剂中的溶解度不同，或与吸收剂中的组分发生选择性化学反应，从而将有害组分从气流中分离出来。由于化学反应增大了吸收的传质系数和吸收推动力，加大了吸收速率，因此对于废气流量大、成分比较复杂、吸收组分浓度低的废气，大多采用化学吸收。吸收法是分离、净化气体混合物最重要的方法之一，被广泛用于净化含 SO_2、NO_x、HF、HCl 等废气。

（2）气液平衡

在恒定的温度和压力下，吸收剂与混合气体接触时，气体中可被吸收的组分溶解于液体中达到一定的浓度，同时已被吸收的组分也可能由液相中解吸出来并重新回到气相。在气液刚接触时，吸收是主要的，随着吸收时间的增加，溶液中吸收质的浓度不断增大，吸收速率不断降低，而解吸速率不断增加，达到某一时刻时，吸收速率与解吸速率相等，即同一时间里溶解于液体中的气体分子数等于从液体中解吸出来的气体分子数，从而达到了所谓气液平衡状态。

气体组分能溶于吸收剂中是吸收操作的必要条件。溶解于吸收剂中的气体量不仅与气体、液体本身性质有关，而且还与温度及气体的分压有关。在气体总压不太高时，一定温度下的稀溶液在气、液两相平衡时，吸收质组分在液相中的浓度与该组分在气相中的分压成正比。这就是著名的亨利定律，其数学表达式为：

$$p^* = Ex_A \tag{5-1}$$

式中 p^*——组分 A 在气相中的平衡分压，kPa；

E——亨利系数，kPa；

x_A——组分 A 在液相中的浓度，以物质的量分数表示。

对于易溶气体来说，E 值很小，而对于难溶气体来说，E 值很大。通常情况下，E 值随温度的升高而增大。

若溶质在液相中的浓度用 c_A（$kmol/m^3$）表示时，亨利定律可用下式表示。

$$p^* = \frac{c_A}{H} \tag{5-2}$$

式中 p^*——组分 A 在气相中的平衡分压，kPa；

c_A——组分 A 在液相中的浓度，$kmol/m^3$；

H——溶解度系数，kmol/（m^3·kPa）。

（3）吸收机理模型——双膜理论

双膜理论是惠特曼（W. G. Whitman）和刘易斯（L. K. Lewis）于 20 世纪初提出的气液界面传质过程的经典理论模型。双膜理论把整个气液相间传质过程简化为溶质通过两层有效膜的分子扩散过程（如图 5-1 所示），较好地解释了液体吸收剂对气体吸收质的吸收过程，其要点如下。

① 气液两相接触时存在着稳定的相界面，界面两侧附近各有一层很薄的稳定的气膜或

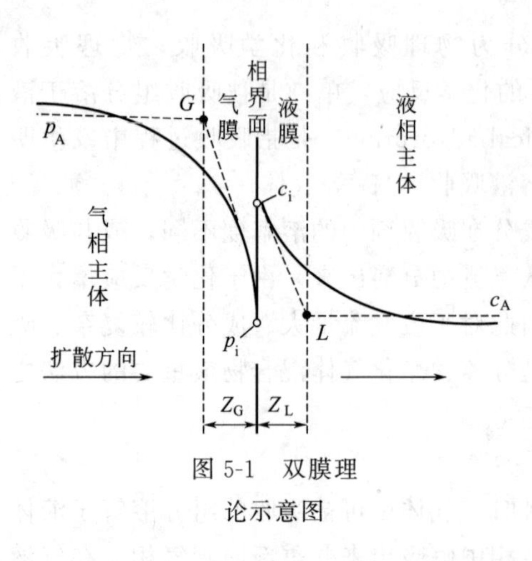

图 5-1 双膜理论示意图

液膜，吸收质是以分子扩散方式从气相主体通过此双膜层进入液相主体。

② 在相界面上，气液两相呈平衡状态，即相界面上不存在传质阻力。

③ 在膜层以外的气液两相主体区不存在浓度梯度，仅在膜层发生浓度改变。

由双膜理论模型可知，被吸收组分 A 通过双膜层的分子扩散速率即为吸收速率。组分 A 通过气膜的吸收速率可用下式表示。

$$N_A = k_g(p - p_i) \tag{5-3}$$

式中 N_A——吸收速率，kmol/（m²·s）；

k_g——气膜传质系数，kmol/（m²·s·kPa）；

p，p_i——组分 A 分别在气相主体和界面上的分压，kPa；

$p-p_i$——气相传质推动力，kPa。

组分 A 通过液膜的吸收速率可用下式表示。

$$N_A = k_l(c_i - c) \tag{5-4}$$

式中 N_A——吸收速率，kmol/（m²·s）；

k_l——液膜传质系数，m/s；

c，c_i——组分 A 分别在液相主体和界面上的浓度，kmol/m³；

c_i-c——液相传质推动力，kmol/m³。

在稳定吸收的过程中，组分 A 通过气膜的吸收速率与通过液膜的吸收速率相等，于是：

$$N_A = k_g(p - p_i) = k_l(c_i - c) \tag{5-5}$$

由于 k_g、k_l、p_i 和 c_i 不宜直接测定，在实际应用中常采用吸收的总速率方程。

$$N_A = K_g(p - p^*) = K_l(c^* - c) \tag{5-6}$$

式中 N_A——吸收速率，kmol/（m²·s）；

K_g——气相总传质系数，kmol/（m²·s·kPa）；

K_l——液相总传质系数，m/s；

p^*——与液相主体中浓度 c 成平衡的气相分压，kPa；

c^*——与气相主体分压 p 成平衡的液相浓度，kmol/m³。

当气液平衡关系符合亨利定律时，气相总传质系数与气膜传质系数和液膜传质系数有如下关系。

$$\frac{1}{K_g} = \frac{1}{k_g} + \frac{1}{Hk_l} \tag{5-7}$$

$\frac{1}{K_g}$表示传质总阻力，$\frac{1}{k_g}$为气膜阻力，$\frac{1}{Hk_l}$为液膜阻力。

当气液平衡关系符合亨利定律时，液相总传质系数与气膜传质系数和液膜传质系数有如下关系。

$$\frac{1}{K_l} = \frac{1}{k_l} + \frac{H}{k_g} \tag{5-8}$$

$\frac{1}{k_1}$表示传质总阻力，$\frac{1}{k_1}$为液膜阻力，$\frac{H}{k_g}$为气膜阻力。

在吸收过程中，当气膜阻力为主要时，表示吸收速率由气膜控制。当液膜阻力为主要时，表示吸收速率由液膜控制。一般来说，对易溶气体的吸收属于气膜控制，如用水吸收氨气和氯化氢气体；对难溶气体的吸收属于液膜控制，如用水吸收氧气和二氧化碳气体。对于溶解度既不太大也不太小的气体来说，气膜阻力和液膜阻力均不可忽略。

(4) 吸收流程

根据吸收剂与废气在吸收装置中的流动方向，可将吸收工艺分为逆流操作、并流操作和错流操作。

逆流操作是指被吸收气体由下向上流动，而吸收剂则由上向下流动，在气、液逆向流动的接触中完成传质过程。并流操作是指被吸收气体与吸收剂同时由吸收设备的上部向下部流动。错流操作是指被吸收气体与吸收剂呈交叉方向流动。在实际吸收工艺流程中一般采用逆流操作。

根据对吸收剂的再生与否，将吸收过程分为非循环过程（图 5-2）和循环过程（图5-3）。非循环过程中对吸收剂不进行再生，而循环过程中吸收剂可以循环使用。

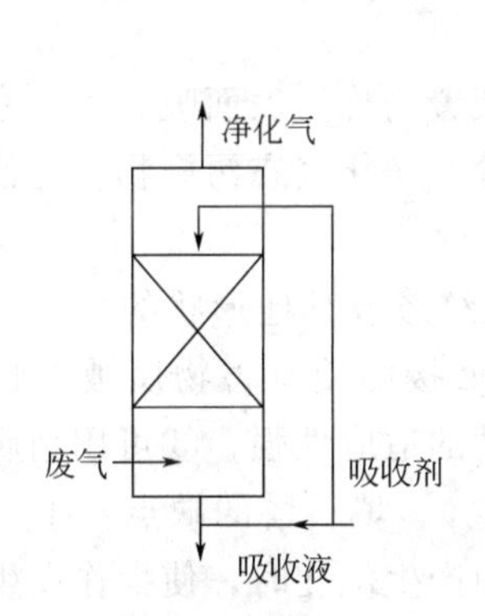

图 5-2 非循环过程气体吸收流程

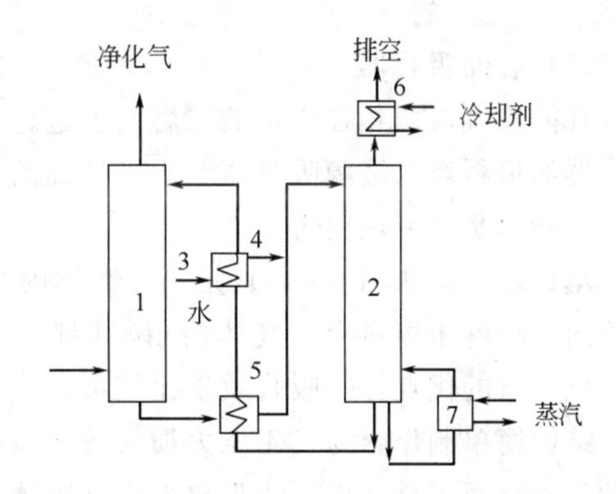

图 5-3 循环过程气体吸收流程

1—吸收塔；2—解吸塔；3—泵；4—冷却器；5—换热器；6—冷凝器；7—再沸器

5.1.1.2 吸收剂

(1) 常用的吸收剂

水是常用的吸收剂，用水可以吸收废气中能溶于水的组分，如 SO_2、HF、NH_3、HCl 及煤气中的 CO_2 等。碱金属和碱土金属的盐类、铵盐等属于碱性吸收剂，能与酸性气体发生化学反应，因此可以除去 SO_2、HF、HCl、NO_x 等组分。硫酸属于酸性吸收剂，可以用来吸收碱性组分。有机吸收剂可以吸收有机废气，如聚乙烯醚、二乙醇胺等。表 5-1 列出了工业上净化有害气体所用的吸收剂。

表 5-1 常见有害气体的吸收剂

有害气体	吸收过程中所用的吸收剂	有害气体	吸收过程中所用的吸收剂
SO_2	H_2O，NH_3，NaOH，Na_2CO_3，Na_2SO_3，$Ca(OH)_2$，$CaCO_3/CaO$，碱性硫酸铝，MgO，ZnO，MnO	HCl	H_2O，NaOH，Na_2CO_3
		Cl_2	NaOH，Na_2CO_3，$Ca(OH)_2$
		H_2S	NH_3，Na_2CO_3，二乙醇胺，环丁砜
NO_x	H_2O，NH_3，NaOH，Na_2SO_3，$(NH_4)_2SO_3$	含 Pb 废气	CH_3COOH，NaOH
HF	H_2O，NH_3，Na_2CO_3	含 Hg 废气	$KMnO_4$，NaClO，浓 H_2SO_4，KI-I_2

(2) 吸收剂的选择

选择吸收剂时应遵循以下原则：

① 对被吸收组分有较强的溶解性和良好的选择性。

② 具有比较适宜的物理性质，如黏度小，较低的凝固点，适宜的沸点，比热容不大，不起泡等。

③ 具有低的饱和蒸气压，以减少吸收剂的损失。

④ 具有良好的化学性质，如不易燃，热稳定性高，无毒性；同时还要求吸收剂对设备的腐蚀性小。

⑤ 廉价易得，最好能就地取材，易于再生重复使用。

⑥ 有利于有害物质的回收利用。

在选择吸收剂时要根据吸收剂的特性权衡利弊，有的吸收剂虽然具有很好的性能，但不易得到或价格昂贵，使用就不经济。有的吸收剂虽然吸收能力强，吸收容量大，但不易再生或再生时能耗较大，在选择时应慎重。

5.1.1.3 常用吸收装置

目前工业上常用的吸收装置可分为表面吸收器、鼓泡式吸收器和喷洒式吸收器三大类。

(1) 表面吸收器

凡能使气液两相在固定的接触面上进行吸收操作的装置均称为表面吸收器。常见的表面吸收器如填料塔、液膜吸收器、水平液面的表面吸收器等。净化气态污染物普遍使用的是填料塔，特别是逆流填料塔。

填料塔 (packed tower) 是一种筒体内装有环形、波纹形或其他形状的填料，吸收剂自塔顶向下喷淋于填料上，气体沿填料间隙上升，通过气液接触使有害物质被吸收的净化装置。填料塔的优点：①吸收效果比较可靠；②对气体变动的适应性强；③可用耐腐蚀材料制作，结构简单制作容易；④压力损失较小 (490Pa/m 塔高)。填料塔的缺点：①当气流过大时发生液泛而不易操作；②吸收液中含固体或吸收过程中产生沉淀时，使操作发生困难；③填料数量多，质量大，检修不方便。

图 5-4 是典型的逆流填料吸收塔示意图。废气由塔底进入塔体，自下而上穿过填料层，最后由塔顶排出。吸收剂由塔顶通过分布器均匀地喷淋到填料层中，并沿着填料层向下流动，从塔底排出塔外。在废气沿塔上升的同时，与吸收剂在填料层中充分接触，污染物浓度逐渐降低，而塔顶喷淋的总是新鲜的吸收液，因而吸收传质的平均推动力大，吸收效果好。

(2) 鼓泡式吸收器

鼓泡式吸收器内均有液相连续的鼓泡层，分散的气泡在穿过鼓泡层时有害组分被吸收。常见的装置有鼓泡塔、湍球塔和各种板式吸收塔。净化气态污染物中应用较多的是鼓泡塔和筛板塔。

板式塔的优点：①结构简单，空塔速度高；②气体处理量大；③增加塔板数可提高净化效率或者处理浓度较高的气体。

板式塔的主要缺点：①安装要求严格；②操作弹性小，气量急剧变化时不能操作；③压力损失较大 (980～1200Pa/板)。

鼓泡塔的优点：①塔不易堵塞；②压力损失小。其主要缺点是受气流速度影响大，当气流速度过小时，不能发挥应有的效能；当气流速度过大时，吸收效率降低。

图 5-5 是简单的连续鼓泡式吸收器示意图。气体由下面的多孔板进入，通过支撑板上面的液体时形成鼓泡层。

图 5-6 所示的是筛板式吸收塔示意图。沿塔高装有塔板，两相在每块塔板上接触。塔板分为错流式、穿流式、气液并流式等几种。在错流式板式吸收塔内，气体和液体以错流的方式运动，塔板上装有专门的溢流装置，使液体从上一块塔板流到下一块塔板，而气体不通过溢流装置从塔底进入，从塔顶排出。在穿流式板式吸收塔内，气体从塔底进入，从塔顶排出，液体流动的方向则相反。气液两相在塔板上的接触是以完全混合的方式进行的。在气液并流式板式吸收塔内，气、液的流动方向是一致的。

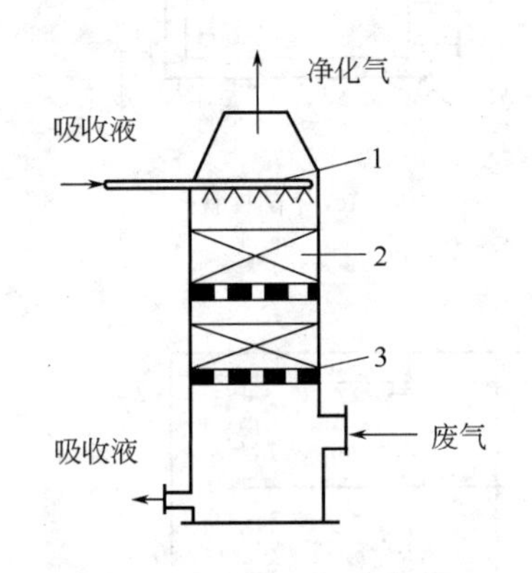

图 5-4 逆流填料吸收塔示意图
1—喷淋装置；2—填料；
3—填料支撑板

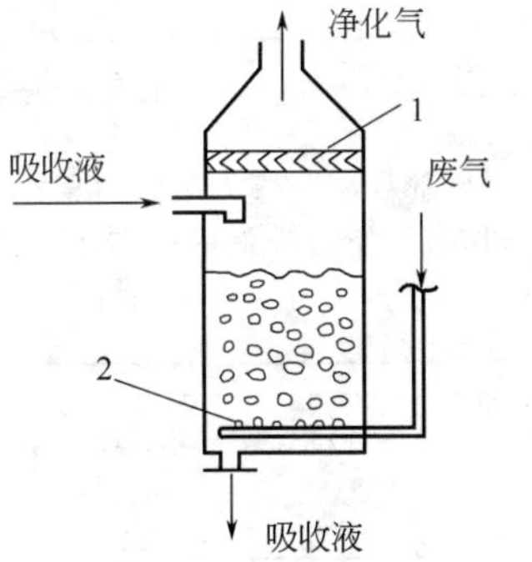

图 5-5 连续鼓泡式吸收塔示意图
1—雾沫分离器；2—气体分布管

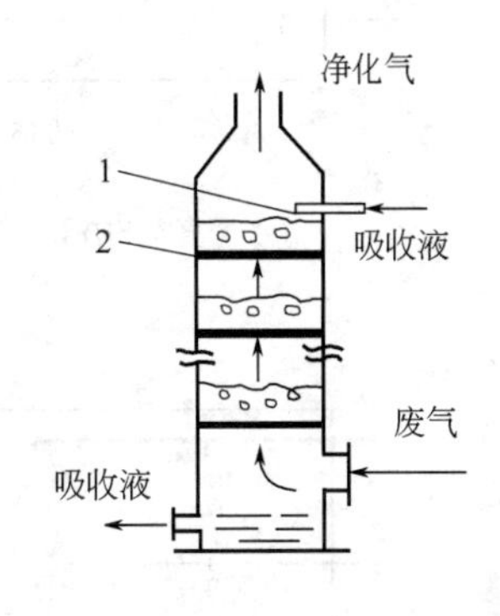

图 5-6 筛板式吸收塔示意图
1—进液管；2—筛板

（3）喷洒式吸收器

用喷嘴将液体喷射成为许多细小的液滴，以增大气-液相的接触面，完成传质过程。比较典型的装置是空心喷洒吸收器和文丘里吸收器。

图 5-7 所示是几种空心喷洒吸收器示意图。在吸收器中，气体通常是自下而上流动，而液体则是由装在塔顶的喷射器呈喇叭状喷洒。当塔体比较高时，可将喷洒器分层放置，也可以采用如图 5-8 所示的组合喷洒方式。空心喷洒吸收器结构简单，造价低廉，阻力小，但吸收效率不是很高，因此应用受到了极大的限制。

文丘里吸收器结构简单，设备体积小，处理气量大，净化效率高，具有同时除尘、吸收气体和降温的特性，但其阻力大，动力消耗大。因此，在净化一般气态污染物时应用受到限制，比较适宜净化含尘废气。

5.1.1.4 吸收装置的选择

吸收装置是实现气相和液相传质的装置，选择时要充分了解生产任务的要求，以便于选择合适的吸收装置。一般可从物料的性质、操作条件和对吸收装置自身的要求三个方面来考虑。

（1）物料的性质

对于溶解度大的气体，宜优先采用填料塔或喷淋塔；对于溶解度小的气体，只能选择鼓泡塔或填料塔；对于易起泡沫、高黏性的物料系统宜选择填料塔；对于有悬浮固体、有残渣或易结垢的物料，可选用大孔径筛板塔；对于有腐蚀性的物料宜选用填料塔，也可以选择无溢流筛板塔；对于在吸收过程中有大量的热量交换的系统，宜选用填料塔或筛板塔。

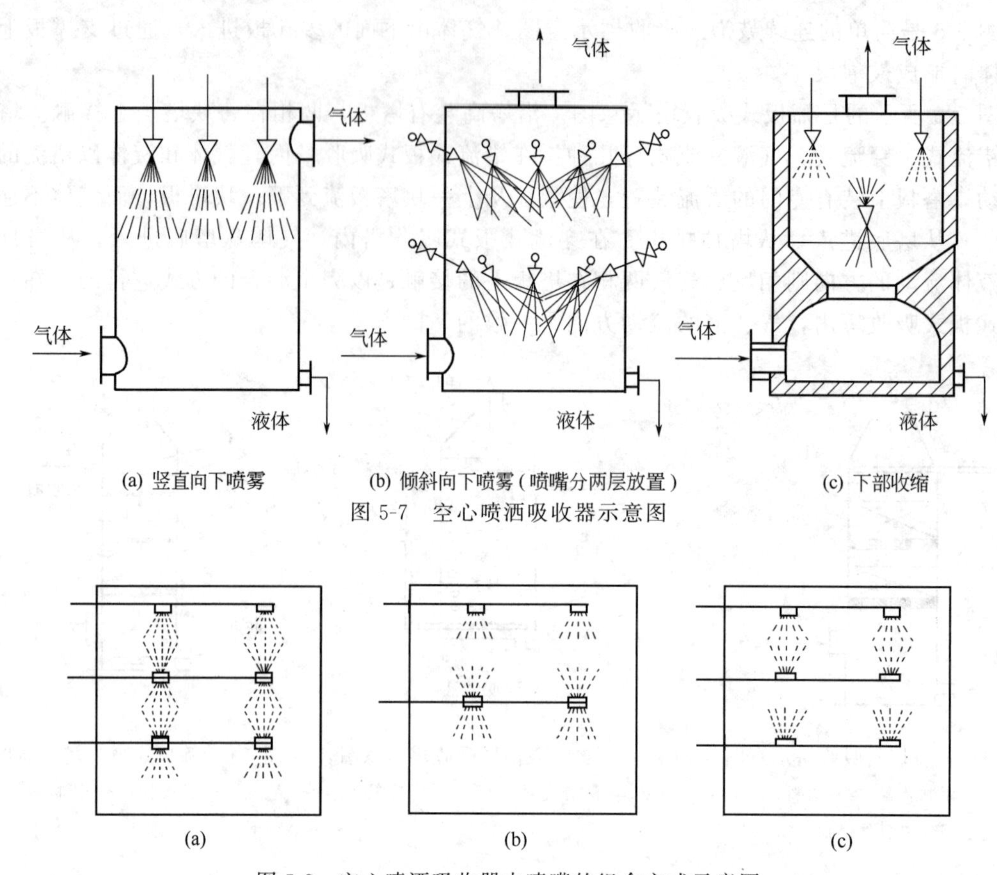

(a) 竖直向下喷雾　(b) 倾斜向下喷雾（喷嘴分两层放置）　(c) 下部收缩

图 5-7　空心喷洒吸收器示意图

(a)　(b)　(c)

图 5-8　空心喷洒吸收器中喷嘴的组合方式示意图

（2）操作条件

几种常见塔型操作参数可参考表 5-2。对气相处理量大的系统宜选用板式塔，而气相处理量小的则用填料塔；对于有化学反应的吸收过程，或处理系统的液气比较小时，选用填料塔或板式塔比较有利。对于易吸收的气体宜取小的液气比，不易吸收的宜取较大的液气比。

表 5-2　几种常见塔型操作参数

塔　型	填料塔	板式塔	湍球塔	空塔(喷淋塔)
空塔气速/(m/s)	0.5～2.0	2.0～3.0	2.0～5.0	1.5～4.0
液气比/(L/m^3)	0.5～2.0	1.5～3.0	1.5～3.0	2.0～10
运行阻力/Pa	＜500/m	＜1200/板	＜2000	＜2000

（3）对吸收装置的要求

对吸收装置的一般要求是：吸收装置处理废气能力大；净化效率高（对氮氧化物的净化效率≥80%，对硫酸雾、氯化氢、二氧化碳、氟化物的净化效率≥90%，对铬酸雾、氰化氢、有机物的净化效率≥95%）；气液比值范围宽，操作稳定；压力损失小（通常小于2000Pa）；结构简单，造价低，易于加工制造、安装和维修等。

5.1.2　吸附法

5.1.2.1　吸附法基本原理

（1）吸附的概念

由于固体表面上存在着分子引力或化学键力，能吸附分子并使其富集在固体表面上，这种现象称为吸附（adsorption）。将具有吸附作用的固体物质称为吸附剂（adsorbent），被吸附的物质称为吸附质。

根据吸附过程中吸附剂和吸附质之间作用力的不同，可将吸附分为物理吸附和化学吸附。在吸附过程中，当吸附剂和吸附质之间的作用力是范德华力（或静电引力）时称为物理吸附（physical adsorption）；当吸附剂和吸附质之间的作用力是化学键时称为化学吸附（chemical adsorption）。

物理吸附的特点：①吸附剂和吸附质之间不发生化学反应；②吸附过程进行较快，参与吸附的各相之间迅速达到平衡；③吸附是一种放热过程，其吸附热较小，相当于被吸附气体的升华热，一般为 20kJ/mol 左右；④吸附过程可逆，无选择性。

化学吸附的特点：①吸附剂和吸附质之间发生化学反应，并在吸附剂表面生成一种化合物；②化学吸附过程一般进行缓慢，需要很长时间才能达到平衡；③化学吸附也是放热过程，但吸附热比物理吸附热大得多，相当于化学反应热，一般为 84～417kJ/mol；④具有选择性，常常是不可逆的。

在实际吸附过程中，物理吸附和化学吸附一般同时发生，低温时主要是物理吸附，高温时主要是化学吸附。

吸附法净化气态污染物就是利用固体吸附剂对气体中各组分吸附选择性的不同而将有害组分吸附在固体物质表面上，从而达到净化的目的。主要适用于低浓度有毒有害气体的净化。

（2）吸附过程

吸附方法的广泛应用促进了吸附理论的发展，为了阐明吸附过程的实质相继提出了各种理论和学说，如位势论、BET 学说、毛细管凝聚学说、静电学说、电吸附学说和朗格缪尔（Langmuir）化学学说等。目前尚没有一种理论能概括各种吸附现象。

吸附的全过程可分为外扩散、内扩散、吸附和脱附四个过程，吸附过程如图 5-9 所示。

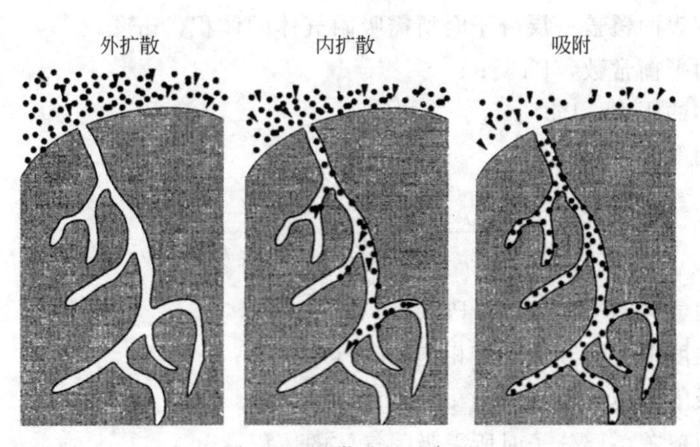

图 5-9　吸附过程示意图

外扩散过程是吸附剂外围空间的气体吸附质分子穿过气膜，扩散到吸附剂表面的过程，是吸附全过程的第一步。

内扩散过程是吸附质分子进入吸附剂微孔中并扩散到内表面的过程。

吸附过程是经过外扩散和内扩散到达吸附剂内表面的吸附质分子被吸附在内表面的过程。

脱附过程是部分被吸附的分子离开吸附剂的内表面和外表面，进入气膜层，并反扩散到气相主体中的过程。

（3）吸附平衡与吸附等温方程式

对于可逆的吸附过程来说，在吸附质被吸附的同时，部分已被吸附的物质由于分子的热运动而脱离固体表面又回到气相中去。当吸附速率与脱附速率相等时，就达到了吸附平衡。

在一定温度下，达到吸附平衡时，吸附量随平衡浓度（或压力）变化的曲线称为吸附等温线，把描述吸附等温线的数学表达式称为吸附等温方程式。目前，应用比较广泛的吸附等温方程式有 Freundlich 吸附等温方程式、Langmuir 吸附等温方程式和 B. E. T. 吸附等温方程式。

Freundlich 吸附等温方程式为：

$$q=\frac{x}{m}=kp^{n} \tag{5-9}$$

式中 q——单位质量吸附剂在吸附平衡时的饱和吸附量，kg/kg 或 m^3/kg；

x——被吸附组分的量，kg 或 m^3；

m——吸附剂的量，kg；

p——吸附平衡时气体的分压，Pa；

k——经验常数（可看成是单位压力时的吸附量）；

n——经验常数（n 的数值在 0～1 之间）。

Langmuir 吸附等温方程式为：

$$\frac{V}{V_{m}}=\frac{bp}{1+bp} \tag{5-10}$$

式中 V——气体压力为 p 时的吸附体积，m^3；

V_m——附剂表面覆盖一层分子时所需吸附气体的体积，m^3；

b——吸附平衡常数，Pa^{-1}；

p——气体的压力，Pa。

B. E. T. 吸附等温方程式为：

$$\frac{p}{V(p_{0}-p)}=\frac{1}{V_{m}C}+\frac{(C-1)p}{V_{m}p_{0}C} \tag{5-11}$$

式中 p——吸附气体的平衡分压，Pa；

p_0——同温度下吸附气体的液相饱和蒸汽压，Pa；

V——被吸附气体的体积，m^3；

V_m——表面覆盖一层分子时所需吸附气体的体积，m^3；

C——给定温度下的常数。

（4）吸附量

在一定条件下单位质量吸附剂上所吸附的吸附质的量称为吸附量，用“kg 吸附质/kg 吸附剂”来表示，也可以用质量分数表示。它是衡量吸附剂吸附能力的重要物理量，因此在工业上被称为吸附剂的活性。

吸附剂的活性有静活性和动活性两种表示。吸附剂的静活性是指在一定条件下，达到平衡时吸附剂的平衡吸附量。吸附剂的动活性是指在一定的操作条件下，吸附一段时间后，从吸附剂层流出的气体中开始出现吸附质的吸附量。

单位体积吸附剂所吸附的吸附质的量可用吸附传质方程表示。

$$a = k\Delta ct \tag{5-12}$$

式中 a——吸附量，kg 吸附质/kg 吸附剂；

k——质量传递系数，单位是 $m^3/(kg \cdot s)$；

Δc——浓度差，kg/m^3；

t——吸附时间，s。

【注意】 若吸附量 的单位用 kg/m^3 表示，则 k 的单位为 s^{-1}。

(5) 影响气体吸附的因素

影响吸附的因素很多，主要有操作条件、吸附剂和吸附质的性质、吸附质的浓度等。

① 操作条件的影响 操作条件主要是指温度、压力、气体流速等。对物理吸附而言，在低温下对吸附有利，而对于化学吸附过程，提高温度对吸附有利。从理论上讲，增加压力对吸附有利，但压力过高不仅增加能耗，而且在操作方面要求更高，在实际工作中一般不提倡。当气体流速过大时，气体分子与吸附剂接触时间短，对吸附不利。若气体流速过小，处理气体的量相应变小，又会使设备增大。因此气体流速要控制在一定的范围之内，固定床吸附器的气体流速一般控制在 0.2～0.6m/s 范围内。

② 吸附剂性质的影响 衡量吸附剂吸附能力的一个重要概念是“有效表面积”，即吸附质分子能进入的表面积。被吸附气体的总量随吸附剂表面积的增加而增加。吸附剂的孔隙率、孔径、颗粒度等均影响比表面积的大小。

③ 吸附质性质的影响 除吸附质分子的大小外，吸附质的分子量、沸点和饱和性等也对吸附量有影响。如用同一种活性炭吸附结构类似的有机物时，其分子量越大、沸点越高，吸附量就越大。而对于结构和分子量都相近的有机物，其不饱和性越高，则越易被吸附。

④ 吸附质浓度的影响 吸附质在气相中的浓度越大，吸附量也就越大。但浓度大必然使吸附剂很快饱和，再生频繁。因此吸附法不宜净化污染物浓度高的气体。

(6) 吸附法的特点

吸附法净化气态污染物的优点是：①净化效率高；②能回收有用组分；③设备简单，流程短，易于实现自动控制；④无腐蚀性，不会造成二次污染。

可以采用吸附法净化的气态污染物有低浓度的 SO_2 烟气、NO_x、H_2S、含氟废气、酸雾、含铅及含汞废气、恶臭、沥青烟及碳氢化合物等。

5.1.2.2 吸附剂

(1) 吸附剂的性能参数

描述吸附剂物理结构的主要参数包括比表面积、孔隙率与空隙率、孔容与孔体积、孔径与孔径分布等。

① 比表面积 比表面积是指单位质量吸附剂所具有的表面积，单位为 m^2/g。吸附剂的表面积是指吸附剂颗粒的外表面积与微孔内表面积之和。吸附剂的表面积主要是微孔内表面积，其外表面积很小。用 B. E. T. 法测定的比表面积被称为 BET 比表面积。

② 孔隙率与空隙率 孔隙率是指一定量的吸附剂孔穴体积占吸附剂颗粒体积的百分率。

空隙率是指一定量自然堆积的吸附剂颗粒之间的空隙体积占吸附剂堆积体积的百分率。

③ 孔容与孔体积　吸附剂中微孔的容积称为孔容，通常以单位质量吸附剂中吸附剂微孔的容积来表示，单位为 m^3/g。孔容是吸附剂的有效体积，用饱和吸附量推算出来的值，也就是吸附剂能容纳吸附质的体积。严格说来，吸附剂的孔体积不一定等于孔容，因为只有吸附剂中的微孔才有吸附作用，所以孔容中不包括粗孔。而孔体积中包括了所有孔的体积，一般要比孔容大。

④ 孔径与孔径分布　吸附剂的孔径是指吸附剂内孔尺寸的大小。通常将孔径大于 50nm 的称为大孔，小于 2nm 的称为微孔，介于二者之间的称为介孔（过渡孔）。孔径分布是指某类孔径的孔占所有孔的比例。孔径分布常与吸附剂的吸附能力有关，一般来说，微孔越多，则孔容越大，比表面积也就越大，吸附能力就越强。由于吸附剂中的大孔可以为吸附质分子进入微孔提供通道，因此大孔也应占有适当的比例。有的吸附剂（如沸石分子筛）只有均匀的微孔，只有比孔径小的分子能进入孔穴而被吸附，比孔径大的分子被拒之孔外，因此具有强的选择性。

（2）吸附剂的种类和性质

吸附剂的种类很多，可分为天然吸附剂和合成吸附剂。天然矿产品如活性白土和硅藻土等经过适当加工，就可以形成多孔结构的吸附剂。人造的无机材料吸附剂主要有活性炭、活性碳纤维、硅胶、活性氧化铝及合成沸石分子筛等。近年来还研制出多种大孔吸附树脂，与活性炭相比，它具有选择性好、性能稳定、易于再生等优点。

目前，工业上广泛采用的吸附剂主要有以下几种。

① 活性炭（activated carbon）　活性炭是应用最早，用途较为广泛的一种优良吸附剂。它是由各种含碳元素的物质如煤、木材、果壳、果核等炭化后，再用水蒸气或化学试剂进行活化处理，制成孔穴十分丰富的吸附剂。制备活性炭最好的原料是椰子壳，其次是核桃壳和桃核等。

活性炭是一种具有非极性表面、疏水性和亲有机物的吸附剂，常常被用来吸附回收空气中的有机溶剂（如苯、甲苯、丙酮、乙醇、乙醚、甲醛等），还可以用来分离某些烃类气体，以及用来脱臭等。活性炭的主要缺点是具有可燃性，使用温度一般不超过 200℃。

在实际工作中，对活性炭的技术指标有一定的要求，见表 5-3。

表 5-3　活性炭的技术指标

堆积密度 /(kg/m^3)	灰分/%	水分/%	孔容 /(cm^3/g)	比表面积 /(m^2/g)	平均孔径 /nm	比热容 /[kJ/(kg·℃)]	着火点/℃
200～600	0.5～80	0.5～2.05	0.01～0.1	600～1700	0.7～1.7	0.84	300

活性碳纤维是一种新型的高效吸附剂，它是用超细的活性炭微粒与各种纤维素、人造丝、纸浆等混合制成各种不同类型的纤维状活性炭。微孔范围在 0.5～1.4nm，比表面积大（大于 $1100m^2/g$），有较大的吸附量和较快的吸附速率。主要用于吸附各种无机和有机气体、水溶性的有机物、重金属离子等，特别对一些恶臭物质的吸附量比颗粒活性炭要高出 40 倍。

蜂窝活性炭是指将粉末状活性炭和润滑剂用水溶性黏合剂捏合后经蜂窝模具压制成型，再经干燥、炭化、活化后制成的蜂窝状的吸附材料。它具有比表面积比较大（大于 $700m^2/g$），吸附容量高，使用寿命长等特点，广泛用于各种气体净化设备中。

碳分子筛是 20 世纪 70 年代发展起来的一种主要成分为碳元素的分子筛。因其含有大量直径为 4 埃的微孔，具有良好的选择性，可用来分离空气中的氧气和氮气，工业上利用变压吸附装置来制取氮气。

② 活性氧化铝（activated alumina） 活性氧化铝是由氧化铝的水合物加热脱水而形成的多孔物质，其晶格构型分为α型、γ型和中间型，其中起吸附作用的主要是γ型。活性氧化铝吸附极性分子，无毒，机械强度大，不易膨胀，比表面积大，宜在200～250℃下再生，其技术指标参见表5-4。在污染物控制技术中常用于石油气的脱硫及含氟废气的净化。

表 5-4 活性氧化铝的技术指标

堆积密度 /(kg/m^3)	比热容 /[kJ/(kg·℃)]	孔容 /%	比表面积 /(m^2/g)	平均孔径 /nm	再生温度 /℃	最高稳定温度 /℃
608～928	0.88～1.04	0.5～2.0	210～360	1.8～4.8	200～250	500

③ 硅胶（silica gel） 硅胶是用硅酸钠与酸反应生成硅酸凝胶（$SiO_2 \cdot nH_2O$），然后在115～130℃下烘干、破碎、筛分而制成各种粒度的产品。硅胶具有很好的亲水性，当用硅胶吸附气体中的水分时，能放出大量的热，使硅胶容易破碎，但吸附量很大，可达自身质量的50%。在工业上主要用于气体的干燥和从废气中回收烃类气体，也可用作催化剂的载体。工业用硅胶的主要技术指标参见表5-5。

表 5-5 工业用硅胶的主要技术指标

堆密度/(kg/m^3)	比热容/[kJ/(kg·℃)]	比表面积/(m^2/g)	SiO_2 含量/%
800	0.92	600	99.5

④ 沸石分子筛（molecular sieve） 应用最广的沸石分子筛是具有多孔骨架结构的硅酸盐结晶体。按SiO_2和Al_2O_3的单元比不同，将分子筛分为A型、X型和Y型。A型的比值等于2，X型的比值为2.3～3.3，Y型的比值为3.3～6。按孔径从小到大的顺序，A型沸石分子筛又分为3A、4A和5A型。

分子筛具有许多孔径均匀的微孔，比孔径小的分子能进入孔穴而被吸附，比孔径大的分子被拒之孔外，因此具有强的选择性。与其他吸附剂相比较，沸石分子筛具有如下特点：①具有很高的吸附选择性；②具有强的吸附能力；③是强极性吸附剂，对极性分子特别是对水分子具有强的亲和力；④热稳定性和化学稳定性高。

分子筛可以从废气中选择性地除去NO_x、H_2O、CO_2、CO、CS_2、SO_2、H_2S、NH_3、CCl_4和烃类等气态污染物。

(3) 吸附剂的选择

对吸附剂的基本要求：①大的比表面积和孔隙率（由于吸附作用主要发生在微孔内表面上，空穴越多，内表面越大，则吸附性能越好）；②良好的选择性（由于不同的吸附剂因其组成和结构不同，所表现出的优先吸附能力就不同，只有具有良好的选择性，才能经济有效地净化气态混合物）；③易于再生（吸附法净化气态污染物应包括吸附和吸附剂再生的全部过程）；④机械强度大，化学稳定性强，热稳定性好；⑤原料来源广泛，价格低廉。

不同的吸附剂其适用范围不同，工业上常用吸附剂的应用范围见表5-6。

在实际工作中，选择的吸附剂要完全满足吸附剂的基本要求往往是很难的，只能在全面衡量后择优选用。选择时可按下述方法进行。

① 初步选择 选择吸附剂除要有一定的机械强度外，最主要的是对分离组分具有良好的选择性和较强的吸附能力。对于极性分子，可优先考虑使用分子筛、硅胶和活性氧化铝。对于非极性分子或分子量较大的有机物，应选用活性炭。因为活性炭对碳氢化合物具有良好

的选择性和较强的吸附能力。对分子较大的吸附质，应选用活性炭和硅胶等孔径较大的吸附剂，而对于分子较小的吸附质，则应选用分子筛，因分子筛的选择性更多地取决于微孔的大小。在选择吸附剂时还必须注意的一点是，吸附质分子的大小必须小于微孔的大小。

表 5-6 不同吸附剂的应用范围

吸附剂	应用范围
活性炭	苯、甲苯、二甲苯、甲醛、乙醇、乙醚、煤油、汽油、光气、乙酸乙酯、苯乙烯、CS_2、CCl_4、$CHCl_3$、CH_2Cl_2、H_2S、Cl_2、CO、SO_2、NO_x
活性氧化铝	H_2S、SO_2、HF、烃类
硅胶	H_2S、SO_2、烃类
分子筛	H_2S、Cl_2、CO、SO_2、NO_x、NH_3、Hg（气）、烃类
褐煤、泥煤	SO_2、SO_3、NO_x、NH_3

当污染物的浓度较大而净化要求不高时，可采用吸附能力适中而价格便宜的吸附剂。当污染物浓度较高而净化要求也很高时，考虑用不同的吸附剂进行两级吸附处理。

② 活性与寿命实验　对初步选出的一种或几种吸附剂应进行活性和寿命实验。活性实验一般在小试阶段进行，而对活性较好的吸附剂一般应通过中试进行寿命实验。

③ 经济评估　对初步选出的几种吸附剂进行经济估算，从中选用费用低，效果较好的吸附剂。

（4）吸附剂的再生

吸附剂的容量有限，当吸附剂达到饱和或接近饱和时，必须对其进行再生操作。常用的再生方法有升温再生、降压再生、吹扫再生、置换再生和化学转化再生等。

① 升温再生　根据吸附剂的吸附容量在等压下随温度升高而降低的特点，使热气流与床层接触直接加热床层，使吸附质脱附，吸附剂恢复吸附性能。加热方式有过热水蒸气法、烟道气法、电加热和微波加热法等。

② 降压再生　再生时压力低于吸附操作的压力，或对床层抽真空，使吸附质解吸出来，再生温度可与吸附温度相同。

③ 吹扫再生　向再生设备中通入不被吸附的吹扫气，降低吸附质在气相中的分压，使其解吸出来。操作温度越高，通气温度越低，效果越好。

④ 置换再生　采用可吸附的吹扫气，置换床中已被吸附的物质，吹扫气的吸附性越强，床层解吸效果越好。

⑤ 化学再生　向床层中通入某种物质使其与被吸附的物质发生化学反应，生成不易被吸附物质而解吸下来。

影响吸附剂再生的因素与影响气体吸附的因素相同，主要有温度、压力、吸附质的性质和气相组成、吸附剂的化学组成和结构等。当影响吸附的因素主要是温度和压力等操作条件时，一般是通过降低温度和增大压力来提高吸附量，对这类吸附剂进行再生时可以采用升温再生法、降压再生法和吹扫再生法；当影响吸附的因素主要是吸附质的性质和气相组成或吸附剂的化学组成和结构等时，通常采用置换再生或化学再生法。

在实际工作中，人们一方面要求吸附容量大、吸附效率高，另一方面又要求易于再生，这是一对对立统一的矛盾。因为吸附能力越强，就可能越不易再生。因此在选择吸附剂时要考虑吸附容量和再生两方面的因素。表 5-7 列出了活性炭上易于再生和难以再生的物质，作为选择吸附剂时的参考。

表 5-7 活性炭上易于再生和难以再生的物质

活性炭上易于再生的物质	苯、甲苯、混合二甲苯、氯苯；甲醇、乙醇、丁醇、异丙醇；酮类、脂肪烃、芳香烃；乙酸乙酯、乙酸丁酯、乙酸戊酯；二硫化碳、四氯化碳、四氢呋喃、汽油等
活性炭上难以再生的物质	丙烯酸、丙烯酸乙酯、丙烯酸丁酯、丙烯酸异丁酯、丁酸、二丁胺、二亚乙基三胺、甲基乙基吡啶

5.1.2.3 常用的吸附装置

目前所使用的吸附净化装置主要有固定床、移动床、流化床和转轮吸附装置。

(1) 固定床吸附装置

固定床吸附装置是指吸附过程中，吸附剂料层处于静止状态的吸附装置。按照吸附装置矗立的方式，可将固定床吸附装置分为立式、卧式两种；按照吸附装置的形状可将其分为方形、圆形两种。固定床吸附装置的特点是结构简单，价格低廉，特别适合于小型、分散、间歇性污染源排放气体的净化。固定床吸附装置的缺点是间歇操作，为保证操作正常运行，在设计流程时应根据其特点，设计多台吸附装置互相切换使用。

图 5-10 是方形立式吸附装置示意图。吸附剂床层高度在 0.5～2.0m 的范围内，吸附剂填充在栅板上。为了防止吸附剂漏到栅板的下面，在栅板上放置两层不锈钢网。使吸附剂再生的常用方法是从栅板的下方将饱和蒸汽通入床层。为了防止吸附剂颗粒被带出，在床层上方用钢丝网覆盖。在处理腐蚀性流体混合物时可采用由耐火砖和陶瓷等防腐蚀材料制成的具有内衬的吸附装置。

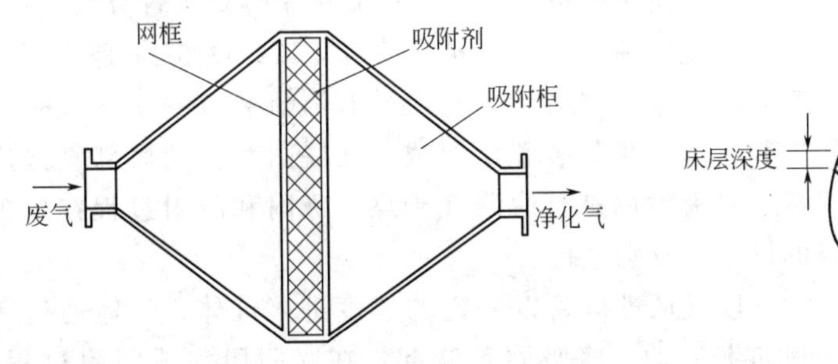

图 5-10 方形立式吸附装置示意图

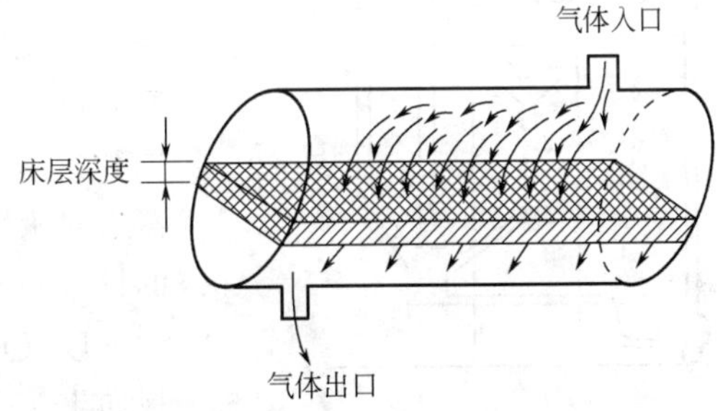

图 5-11 卧式吸附装置示意图

图 5-11 是卧式吸附装置示意图。其壳体为圆柱形，封头为椭圆形，一般用不锈钢或碳钢制成。吸附剂床层高度为 0.5～1.0m。卧式吸附装置的优点是流体阻力小，从而减少动力消耗。其缺点是由于吸附剂床层横截面积大，易产生气流分配不均匀现象。

(2) 移动床吸附装置

移动床吸附装置是指吸附剂在床内连续移动，依次完成吸附、脱附和再生，并重新进入吸附段的吸附装置。移动床吸附装置主要由吸附剂冷却器、吸附剂加料装置、吸附剂卸料装置、吸附剂分配板和吸附剂脱附装置等部件组成，如图 5-12 所示。吸附剂从设备顶部进入冷却器，降温后经分配板进入吸附段，借重力作用不断下降，并通过整个吸附器。在吸附段吸附剂与气体逆流接触，气体中易被吸附的组分优先被吸附，未被吸附的组分从吸附段的顶部引出称为塔顶产品。吸附了吸附质的吸附剂进入精馏段（增浓段），在气流中吸附剂上较易挥发的组分被置换出去，此时吸附剂上只剩下易被吸收的组分，然后进入脱附段（汽提阶段），在底部上来的脱附蒸汽的加热和吹扫作用下进行脱附，从而获得塔底产品。吸附剂继续下降至脱附塔，进一步将尚未脱附的组分全部脱附下来，吸附剂下降到下提升罐，再用气体提升至再生器，再生后的吸附剂从顶部进入冷却器，如此循环进行吸附分离过程。

移动床吸附装置的特点：①处理气量大；②适用于稳定、连续、量大的气体净化；③吸附和脱附连续完成，吸附剂可以循环使用；④动力和热量消耗大，吸附剂磨损大。

(3) 流化床吸附装置

流化床吸附装置是指在吸附过程中，在高速气流的作用下，吸附剂上下浮沉呈流化状态的吸附装置。在设备中流体以不同的流速通过细颗粒固定床层时，就出现如图 5-13 所示的状态。当气体以很小的流速从下向上穿过吸附剂床层时，固体颗粒静止不动。随着气体流速的逐渐增大，固体颗粒会慢慢地松动，但仍然保持互相接触，床层高度也没有变化，这种情况便是固定床操作。随着气速的继续增大，颗粒作一定程度的移动，床层膨胀，高度增加，称为临界流化态。当气速大于临界气速时，颗粒便悬浮于气体之中，并上下浮沉，这便是流化状态。

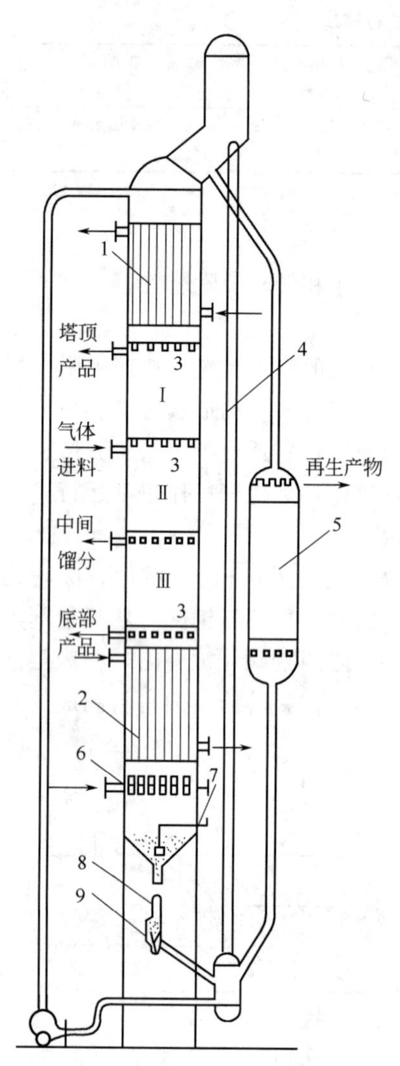

图 5-12 移动床吸附装置示意图

Ⅰ—吸附段；Ⅱ—精馏段；Ⅲ—脱附段
1—冷却器；2—脱附塔；3—分配板；
4—提升管；5—再生器；6—吸附剂
控制机械；7—固粒料面控制器；
8—密封装置；9—出料阀门

按照流化体系的不同，将流化床吸附装置分为气固、液固流化床和气、液、固三相流化床。图 5-14 是典型的气固流化床吸附装置，它由带有溢流装置的多层吸附装置和移动式脱附装置所组成。在脱附装置的底部直接用蒸汽对吸附剂进行脱附和干燥，吸附和脱附过程在单独的设备中分别进行。

废气从进口管以一定的速度进入锥体，气体通过筛板向上流动，将吸附剂吹起，在吸附段完成吸附过程。吸附后的气体进入扩大段，由于气流速度降低，固体吸附剂又回到吸附段，而净化后的气体从出口管排出。

由于流化床操作过程中，气体与吸附剂混合非常均匀，床层中没有浓度梯度，因此，当使用一个床层不能达到净化要求时，可以使用多床层来实现。

流化床吸附装置的特点：①由于流体与固体的强烈搅动，大大强化了传质系数；②由于采用小颗粒吸附剂，并处于运动状态，从而提高了界面的传质速度，使其适宜于净化大气量的污染废气；③由于传质速率的提高，使吸附床的体积减小；④由于强烈的搅拌和混合，使床层温度分布均匀；⑤由于固体和气体同处于流动状态，可使吸附与再生工艺过程连续化操作。流化床吸附装置的最大缺点是炭粒经机械磨损造成吸附剂的损耗。

(4) 转轮吸附装置

转轮吸附装置是指利用颗粒状、蜂窝状或毡状的吸附材料制备而成的具有一定厚度的圆形可转动的吸附装置，如图 5-15 所示。从断面来看，转轮被分为吸附区、再生区（脱附区）

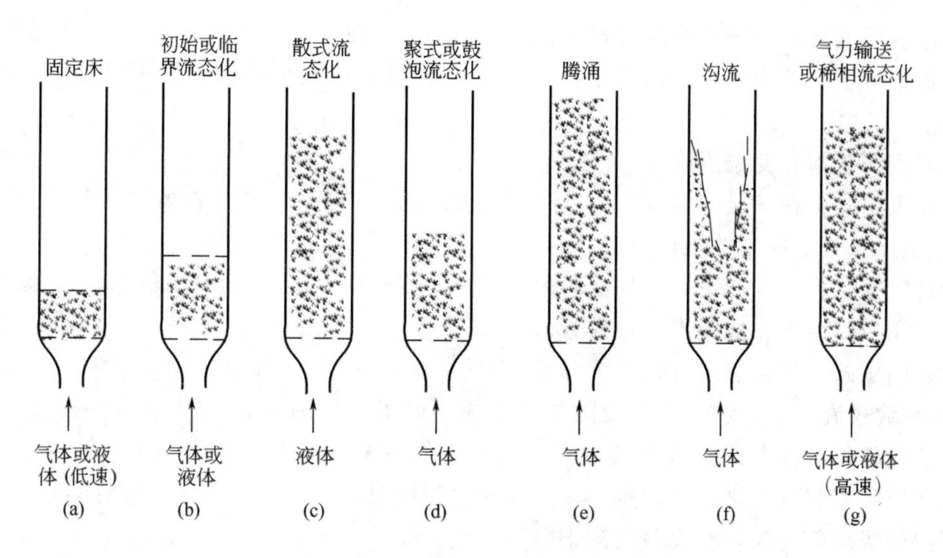

图 5-13 流化状态示意图

和冷却区三个扇面通道，其中吸附区最大，约占整个转轮的六分之五，再生区和冷却区只占整个转轮的六分之一。废气先通过吸附区通道进行吸附，转轮在电机驱动下按规定方向转动，当吸附了一定量吸附质的吸附剂转至再生区通道时，利用热气流使吸附质脱附，实现了吸附剂的再生。当再生后的高温区转至冷却区通道时，利用冷气流进行冷却，冷却后又进入吸附区通道进行吸附。如此循环进行吸附和再生操作。该类吸附装置实现了吸附工序和脱附工序的一体化，占地面积小，吸附剂的机械磨损低，特别适合于挥发性有机废气的处理。

衡量吸附装置的性能指标主要有处理气量、净化效率和压力损失等。一般来说，吸附装置的净化效率应不低于 90%，采用颗粒状吸附剂时其压力损失不大于 2500Pa，采用纤维状吸附剂时其压力损失不大于 4000Pa。

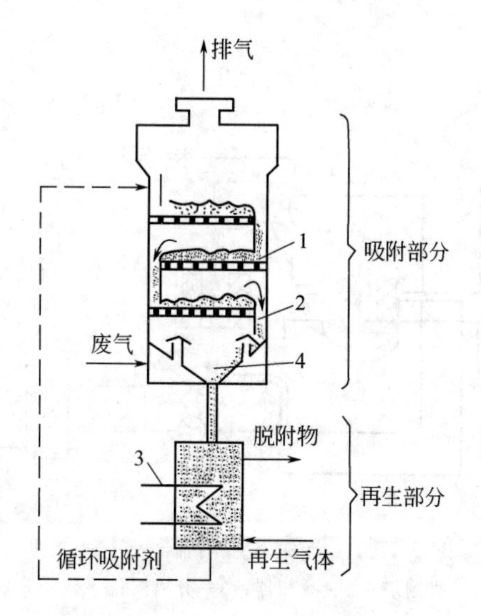

图 5-14 气固流化床吸附装置示意图

1—扩大段；2—吸附段；3—筛板；4—锥体

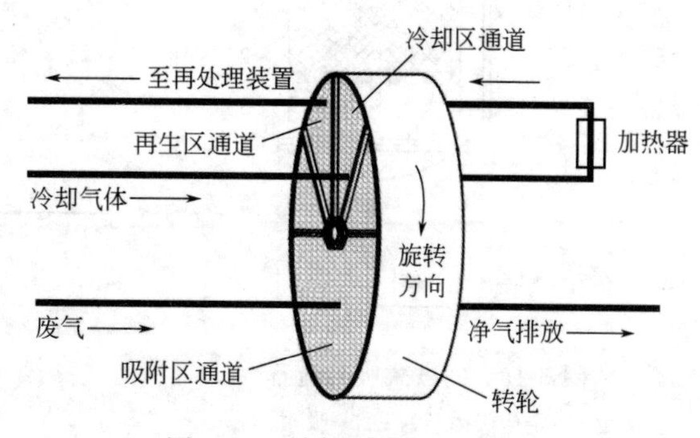

图 5-15 转轮吸附装置示意图

5.1.2.4 吸附工艺

在进行吸附工艺选择时应综合考虑废气的来源、组分、温度、压力和流量等因素。要求进入吸附装置的气体中颗粒物的含量应低于 5mg/m³，废气温度应低于 40℃，废气中易燃、易爆气体的浓度应低于其爆炸极限下限的 50%。否则，应先采用预处理手段达到吸附操作相关要求。

（1）变压吸附和变温吸附

变压吸附是指在一定温度下，采用较高压力（高压或常压）完成吸附，采用较低压力（常压或负压）完成脱附的操作方法。

变温吸附是指在常压下，利用吸附剂的平衡吸附量随温度升高而降低的特性，采用常温吸附，采用较高温度完成脱附的操作方法。

（2）间歇式、半连续式和连续式操作

① 间歇式流程　一般由单个吸附装置组成，如图 5-16 所示。适用于废气排放量较小、污染物浓度较低、间歇式排放废气的净化。当排气间歇时间大于吸附剂再生所需要的时间时，可在原吸附装置内进行吸附剂再生；当排气间歇时间小于再生所需要的时间时，可将吸附装置内的吸附剂更换，对失效吸附剂集中再生。

② 半连续式流程　该流程是应用最普遍的一种吸附流程，可用于净化间歇排放气也可以用于连续排放气的净化。流程可由两台或三台吸附装置并联组成，如图 5-17 所示。在用两台吸附装置并联时，其中一台进行吸附操作，另一台则进行再生操作，适应于再生周期小于吸附周期的情形。当再生周期大于吸附周期时，则需要三台吸附装置并联使用，其中一台进行吸附，一台进行再生，而第三台则进行冷却或其他操作，以备使用。

③ 连续式流程　当废气是连续性排放时，应使用连续式流程，如图 5-18 所示。该流程一般由连续性操作的流化床吸附装置和移动床吸附装置等组成，其特点是吸附与吸附剂的再生同时进行。

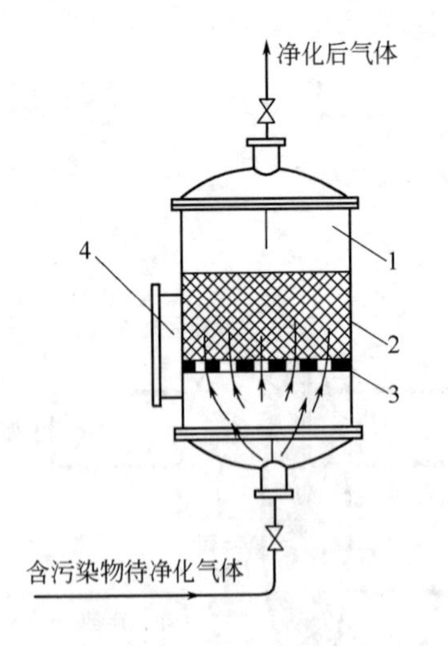

图 5-16　间歇式吸附流程

1—固定床吸附装置；2—吸附剂；3—气流分布板；4—人孔

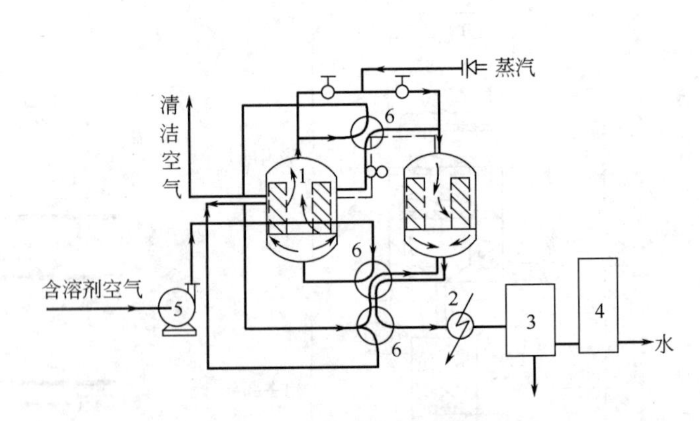

图 5-17　半连续式吸附流程

1—吸附塔；2—冷却器；3—分离器；4—废水处理装置；5—风机；6—换向阀

5.1.2.5　固定床吸附过程计算

（1）保护作用时间与希洛夫（Schieloeff）方程

在固定床间歇操作吸附过程中，吸附开始一段时间后，床层逐渐被吸附质所饱和。从吸附开始到流出的气体中刚刚出现吸附质的这段时间，称为吸附剂的保护作用时间，有时也称为透过时间（breakthrough time），用符号 τ 来表示。

保护作用时间与吸附层厚度的关系可用下列方程式表示：

$$\tau = KL - \tau_0 \tag{5-13}$$

式中 τ——保护作用时间，s；

L——吸附层厚度，m；

τ_0——保护作用时间损失，s；

K——吸附层保护作用系数，s/m。

K 值可由下式求得：

$$K = \frac{a\rho}{uc_0} \tag{5-14}$$

式中 a——平均静活性值，质量分数；

ρ——吸附剂的堆积密度，kg/m^3；

u——气体流速，m/s；

c_0——吸附质的初始浓度，kg/m^3。

式(5-13) 即为著名的希洛夫方程。若将其改写为

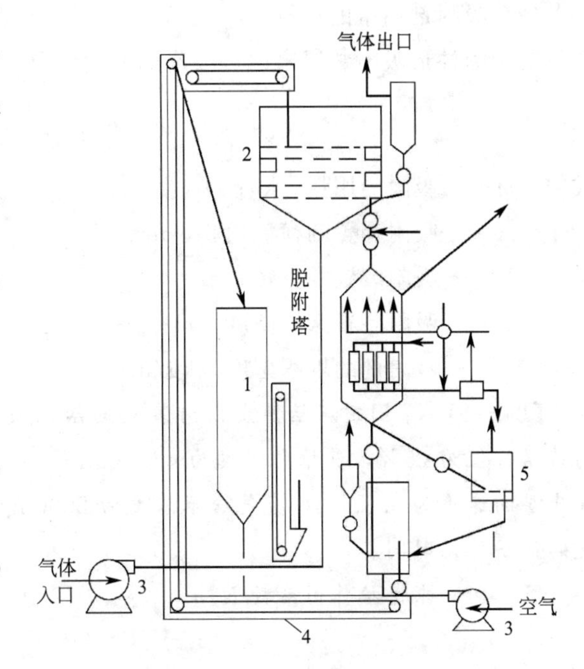

图 5-18 连续式流化床吸附流程

1—料斗；2—流化床吸附装置；3—风机；4—皮带传送机；5—再生塔

$$\tau = K(L - L_0) \tag{5-15}$$

式中 L_0——吸附层的长度损失，也称为死层。

式(5-15) 即为具有实用价值的希洛夫方程。L_0 与 τ_0 的关系为

$$\tau_0 = KL_0 \tag{5-16}$$

（2）床层截面积的计算

固定床的截面积用下式计算。

$$A = \frac{Q}{u} \tag{5-17}$$

式中 A——固定床的截面积，m^2；

Q——处理气体的工况流量，m^3/s；

u——吸附层的气体流速，m/s。

固定床吸附装置吸附层的气体流速通常根据吸附剂的形态进行确定。当采用颗粒状吸附剂时，气体流速应低于 0.6 m/s；当采用纤维状吸附剂时，气体流速应低于 0.15 m/s；当采用蜂窝状吸附剂时，气体流速应低于 1.2 m/s。

(3) 吸附剂用量的计算

对于圆柱形吸附装置来说，吸附剂的用量可用下式计算：

$$m=AL\rho=\frac{1}{4}\pi D^2 L\rho \tag{5-18}$$

式中 m——吸附剂用量，kg；

A——吸附装置的横截面积，m^2；

D——吸附装置的直径，m；

L——吸附装置床层高度，m；

ρ——吸附剂的堆积密度，kg/m^3。

【例 5-1】 某固定床活性炭吸附装置的活性炭装填厚度为 0.6m，活性炭对苯吸附的平均静活性值为 25%，其堆积密度为 $425kg/m^3$。假定其死层厚度为 0.15m，气体通过吸附装置床层的速度为 0.3m/s，废气含苯浓度为 $2000mg/m^3$，求该吸附装置中活性炭床层对苯废气的保护作用时间。

解 (1) 求保护作用系数 K

$$K=\frac{\alpha\rho}{uc_0}=\frac{0.25\times425}{0.3\times2000\times10^{-6}}=1.77\times10^5\ (s/m)$$

(2) 求保护作用时间 τ

$$\tau=K(L-L_0)=1.77\times10^5\times(0.6-0.15)=7.97\times10^4(s)=22(h)$$

【例 5-2】 由实验测得含有 $15g/m^3 CCl_4$ 的空气混合物以 0.5m/s 的速度通过粒径为 3mm 的活性炭层，数据如下。

吸附层厚/m	0.1	0.15	0.2	0.25	0.30
保护作用时间/min	217	358	499	640	781

若活性炭层的堆积密度为 $500kg/m^3$，试求：

(1) 希洛夫公式中的常数 K；

(2) 希洛夫公式中的保护作用时间损失 τ_0；

(3) 在此操作条件下活性炭吸附 CCl_4 的吸附容量。

解 (1) 求希洛夫公式中的常数 K

根据希洛夫方程 $\tau=KL-\tau_0$，由所给数据进行线性回归，得直线方程 $\tau=2820L-65$，于是 $K=2820$ (min/m) $=1.69\times10^5$ (s/m)

(2) 求希洛夫公式中的保护作用时间损失 τ_0

由直线方程 $\tau=2820L-65$，得 $\tau_0=65$ (min)

(3) 求活性炭吸附 CCl_4 的吸附容量

$$a=\frac{uKc_0}{\rho}=\frac{1.69\times10^5\times0.5\times15\times10^{-3}}{500}=2.54\times10^{-2}\ (kg\ CCl_4/kg\ 活性炭)$$

5.1.3 催化转化法

催化转化法净化气态污染物是利用催化剂的催化作用，将废气中的有害物质转变为无害物质或易于去除物质的方法。在催化剂作用下，废气中的有害物质被氧化为无害物质或更易处理的物质的方法称为催化氧化法。利用甲烷、氨、氢气等还原性气体将废气中有害物质还原为无害物质的方法称为催化还原法。能够利用催化转化法净化的气态污染物有 SO_2、NO_x、CO 等，特别适用于汽车排放废气中 CO、碳氢化合物及 NO_x 的净化。

5.1.3.1 催化剂及其性能

催化剂是能够改变化学反应速度，而本身的化学性质在化学反应前后不发生变化的物质。

（1）催化剂组成

工业用固体催化剂中，主要包含活性物质、助催化剂和载体。

活性物质是催化剂组成中对改变化学反应速度起作用的组分。活性物质也可以作催化剂单独使用，如将 SO_2 氧化为 SO_3 时所用的 V_2O_5 催化剂。表 5-8 列出了净化气态污染物所用的几种常见催化剂。

表 5-8 几种常见催化剂的组成

活性物质	载体	用途
V_2O_5 （含量 6%～12%）	SiO_2 （助催化剂 K_2O 或 Na_2O）	有色金属冶炼烟气制酸；硫酸厂尾气回收制酸
Pt、Pd （含量 0.5%）	Al_2O_3-SiO_2	硝酸工业及化工生产尾气中 NO_x 的净化
$CuCrO_2$	Al_2O_3-MgO	
Pt、Pd、Rh	Al_2O_3、Ni、NiO	碳氢化合物的净化
CuO、Cr_2O_3、Mn_2O_3	Al_2O_3	
稀土金属氧化物	Al_2O_3	
碱土、稀土和过渡金属氧化物	Al_2O_3	汽车尾气净化

助催化剂是存在于催化剂基本成分中的添加剂。这类物质单独存在时本身没有催化活性，当它与活性组分共存时，就能显著地增强催化剂的催化活性。如将 SO_2 氧化为 SO_3 时，在所用的 V_2O_5 催化剂中加入 K_2SO_4，可以使 V_2O_5 的催化活性大大提高。

载体是承载活性物质和助催化剂的物质。其基本作用是提高活性组分的分散度，使催化剂具有较大的表面积，且可以改善催化剂的活性、选择性等催化性能。载体还能使催化剂具有一定的形状和粒度，能增强催化剂的机械强度，如图 5-19 所示。常用的载体材料有硅藻土、硅胶、分子筛、氧化铝等。

（2）催化剂的性能

催化剂的性能主要是指催化剂的活性、选择性及稳定性等。

① 催化剂的活性　催化剂的活性是衡量催化剂催化性能大小的标准。活性大小的表示方法分为两类：一类是工业上用来衡量催化剂生产能力的大小；另一类是实验室里用来筛选

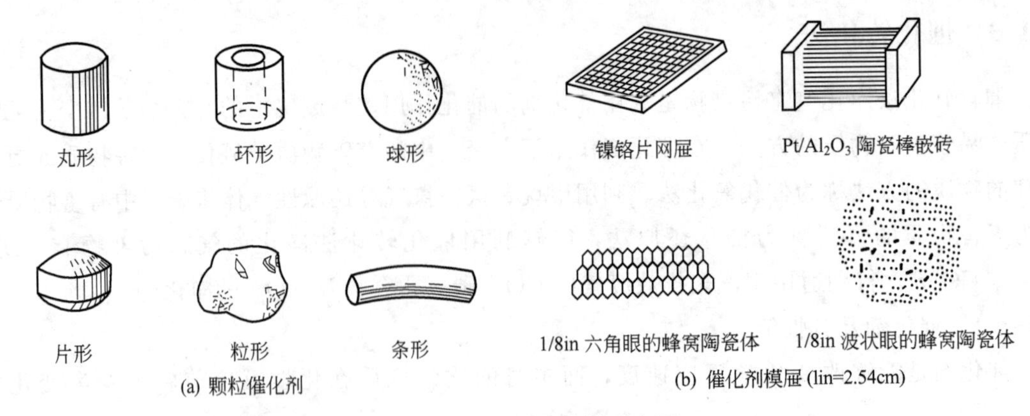

图 5-19　不同形状载体示意图

催化剂活性物质。

工业催化剂的活性常用在一定条件下单位体积或单位质量的催化剂在单位时间内所得到的产品的产量来表示。

$$A=\frac{m_1}{tm_2} \tag{5-19}$$

式中　A——催化剂的活性，kg/(h·g)；

m_1——产品的产量，kg；

m_2——催化剂的质量，g；

t——反应时间，h。

在实验室里，通常采用催化剂的比活性来表示。比活性是催化剂单位面积上所呈现的催化活性。若1g催化剂的表面积为S，总活性为A，则比活性A_0可用式（5-20）表示。

$$A_0=\frac{A}{S} \tag{5-20}$$

② 催化剂的选择性　如果化学反应可能同时向几个平行方向发生，催化剂只对其中的某一个反应起加速作用的性能，称为催化剂的选择性。一般可用原料通过催化剂的床层后，得到的目标产物量与参加反应的原料量的比值来表示。

$$B=\frac{n_1}{n_0}\times100\% \tag{5-21}$$

式中　B——催化剂的选择性；

n_1——所得到目标产物的量，mol；

n_0——参加反应原料的量，mol。

③ 催化剂的稳定性　催化剂在化学反应过程中保持活性的能力称为催化剂的稳定性。稳定性应包括热稳定性、机械稳定性和抗毒性，通常用使用寿命来表示催化剂的稳定性。

影响催化剂性能的因素很多，但归纳起来主要有催化剂的老化和中毒两个方面。老化是指催化剂在正常工作条件下逐渐失去活性的过程。一般来说，温度越高，老化速度就越快。中毒是指反应物料中少量的杂质使催化剂活性迅速下降的现象。致使催化剂中毒的物质称为催化剂的毒物。催化剂中毒分为暂时性中毒和永久性中毒，前者用通水蒸气等简单方法可以恢复其活性，后者则不能。催化剂中毒的原因是由于活性表面被破坏或其活性中心被其他物质所占据，导致催化剂的活性和选择性迅速下降。

易使催化剂中毒的毒物有 HCN、CO、H_2S、S、As、Hg、Pb 等。如 0.16%的砷可以使铂的活性降低 50%；0.01%的氰氢酸可以使镍的活性完全丧失，因此在选择催化剂时要考虑其抗毒性。

(3) 催化剂的选择

对催化剂的要求是：①具有极高的净化效率，使用过程中不产生二次污染；②具有较高的机械强度；③具有较高的热稳定性；④抗毒性强，具有尽可能长的寿命；⑤化学稳定性好、选择性高。

一般来说，贵金属催化剂的活性较高，选择性高，不易中毒，但价格昂贵。非贵金属催化剂的活性较低，有一定的选择性，价格便宜，但易中毒，热稳定性也差。在大气污染控制中，目前使用较多的是铂、钯等贵金属，其次是含锰、铜、铬、钴、镍等金属氧化物，以及稀土元素。

(4) 催化剂的制备方法

制备催化剂的方法是将活性组分负载于载体上。常用的负载方法大致可以分为三种，即浸渍法、混捏法和共沉淀法，其中最常用的是浸渍法。

将活性组分制成溶液，浸渍已成型的载体，再经过干燥和灼烧制得催化剂的方法称为浸渍法。混捏法是将活性组分原材料与载体的原材料采用物理的方法混捏在一起，处理成型后再制得催化剂的方法。共沉淀法是采用化学共沉淀的方法获得载体材料和活性组分的混合物，再制成催化剂的方法。

5.1.3.2 催化反应器

催化转化法净化气态污染物所采用的气固催化反应器主要有固定床反应器和流化床反应器。这里只介绍固定床反应器。

固定床反应器的主要优点：①反应速率较快；②催化剂用量较少；③操作方便（流体停留时间可以严格控制，温度分布可以适当调节）；④催化剂不易磨损。固定床反应器的主要缺点是传热性能差。

按照反应器的结构可将固定床反应器分为管式、搁板式和径向反应器等。按反应器的温度条件和传热方式又分为等温式、绝热式和非绝热式反应器。绝热式反应器又分为单段式和多段式。

(1) 单段绝热反应器

单段绝热反应器的结构如图 5-20 所示。反应气体从圆筒体上部通入，经过预分布装置，均匀地通过催化剂层，反应后的气体经下部引出。

单段绝热反应器结构简单，造价低廉，阻力小，反应器内部体积得到充分利用，但床层内温度分布不均匀。适用于气体中污染物浓度低，反应热效应小，反应温度波动范围宽的情况。在催化燃烧、净化汽车排放气以及喷漆、电缆等行业中，控制有机溶剂污染大多采用单段绝热反应器。

(2) 多段式绝热反应器

多段式绝热反应器是将多个单层绝热床串联起来，如图 5-21 所示。热量由两个相邻床层之间引入或引出，使各单个绝热床的反应能控制在比较合适的温度范围内。

(3) 管式固定床反应器

管式固定床反应器属于非绝热式反应器，其结构与管式换热器相似，如图5-22所示。根据催化剂填装的部位不同，将管式固定床反应器分为多管式和列管式。在多管式反应器中，催化剂装填在管内，载热体或冷却剂在管外流动；在列管式反应器中，催化剂装在管

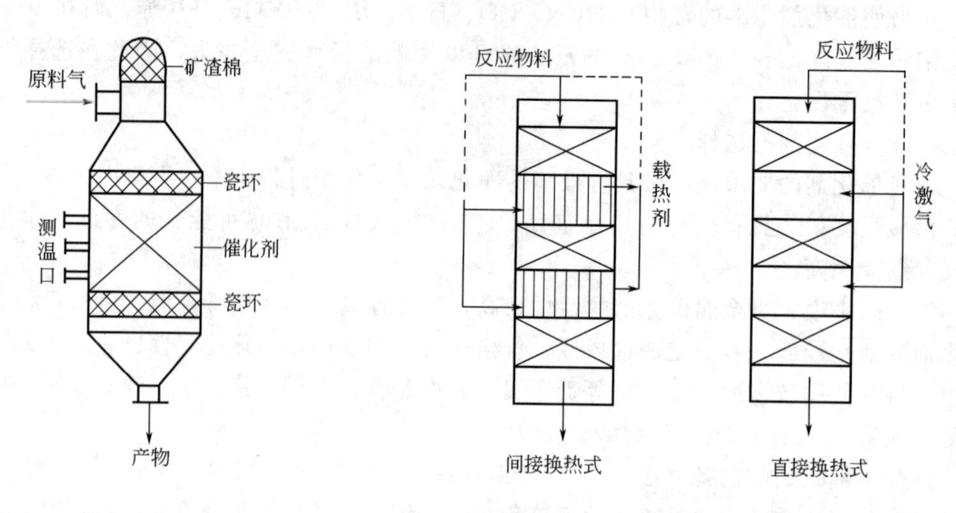

图 5-20 单段绝热反应器示意图

图 5-21 多段式绝热反应器示意图

间，载热体或冷却剂由管内通过。根据换热介质的不同，将管式固定床反应器分为外换热式和自换热式。外换热式是以热水或烟道气为换热介质；而自换热式是以原料气为换热介质。

与多管式反应器相比，列管式反应器催化剂装载量大，生产能力强，传热面积大，传热效果好，但在管间装填催化剂不太方便。若催化剂的寿命较长，要求换热条件好时可以使用管式反应器。

(4) 径向固定床反应器

在径向固定床反应器中，流体流动方向如图 5-23 所示。由于反应气流是径向穿过催化剂，它与轴向反应器相比，具有气流流程短、阻力降小、动力消耗少的特点。可以采用较细颗粒的催化剂，使催化剂的有效面积增大，有利于提高净化效率。

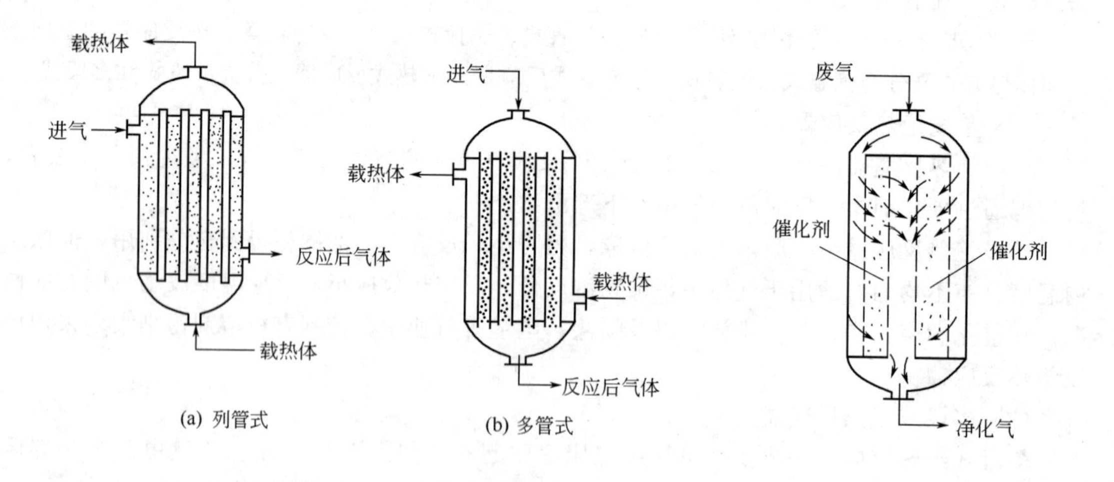

图 5-22 管式固定床反应器示意图

图 5-23 径向固定床反应器示意图

5.1.4 燃烧法

燃烧法是对含有可燃性有害组分的混合气体进行氧化燃烧或高温分解，使有害组分转化为无害物的方法。燃烧法的工艺简单，操作方便，现已广泛应用于石油工业、化工、食品、喷漆、绝缘材料等主要含有碳氢化合物（HC）废气的净化。燃烧法还可以用于CO、恶臭、沥青烟等可燃有害组分的净化。有机气态污染物燃烧后生成CO_2和H_2O，因此该方法不能回收有用的物质，但可以利用燃烧时放出的热。

燃烧法分为直接燃烧、热力燃烧和催化燃烧。

5.1.4.1 直接燃烧法

直接燃烧也称为直接火焰燃烧，是把废气中可燃的有害组分当作燃料直接燃烧，从而达到净化的目的。该方法只能用于净化可燃有害组分浓度较高或燃烧热值较高的气体。如果可燃性组分的浓度高于燃烧上限，可以混入适量的空气进行燃烧；如果可燃组分的浓度低于燃烧下限，可以加入一定量的辅助燃料维持燃烧。

(1) 燃烧过程及设备

浓度较高的废气可采用窑炉等设备进行直接燃烧，甚至可以通过一定装置将废气导入锅炉进行燃烧。

在石油和化学工业中，主要是“火炬”燃烧。图5-24是火炬燃烧器示意图，它是将废气直接通入烟囱，在烟囱末端进行燃烧。当气流混合良好和氢碳比在0.3以上时有助于燃烧彻底。若燃烧时火焰呈蓝色，说明操作良好；若火焰呈橙黄色，并拖着一条黑烟尾巴，说明操作不良。对于不完全的燃烧反应，可以在烟囱顶部喷入蒸气加以消除。

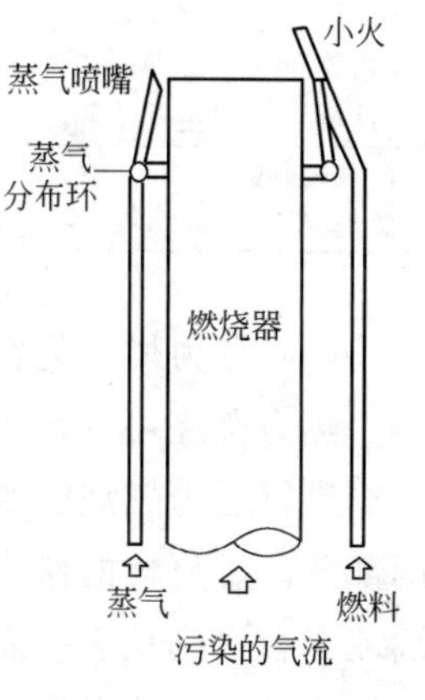

图5-24 火炬燃烧器示意图

火炬燃烧的优点是安全简单、成本低。其主要缺点一是燃烧后产生大量的烟尘对环境造成二次污染，二是不能回收热能而造成热辐射。在实际操作中应尽量减少火炬燃烧。

(2) 直接燃烧的特点

直接燃烧的特点：①直接燃烧不需要预热，燃烧的温度在1100℃左右，可烧掉废气中的炭粒，燃烧完全的最终产物是CO_2、H_2O和N_2等；②燃烧状态是在高温下滞留短时间的有火焰燃烧，能回收热能；③适用于净化可燃有害组分浓度较高或燃烧热值较高的气体。

5.1.4.2 热力燃烧法

热力燃烧是利用辅助燃料燃烧放出的热量将混合气体加热到要求的温度，使可燃有害组分在高温下分解成为无害物质，以达到净化的目的。热力燃烧所使用的燃料一般为天然气、煤气、油等。适用于处理由连续、稳定生产工艺产生的有机废气。

(1) 热力燃烧过程

热力燃烧过程可分为三个步骤：首先是辅助燃料燃烧，其作用是提供热量，以便对废气进行预热；第二步是废气与高温燃气混合并使其达到反应温度；最后是废气中可燃组分被氧化分解，在反应温度下充分燃烧。

(2) 热力燃烧条件和影响因素

温度和停留时间是影响热力燃烧的重要因素。对于大部分物质来说，温度为740～820℃，停留时间为0.1～0.3s内可反应完全；大多数的碳氢化合物在590～820℃范围内即可完全氧化，但CO和炭粒则需要较高的温度和较长的停留时间才能燃烧完全。不同的气态污染物，在燃烧炉中完全燃烧所需的温度和停留时间不同，一些含有有机物的废气在燃烧净化时所需的反应温度和停留时间见表5-9。

表5-9 废气燃烧净化所需的反应温度和停留时间

废气净化范围	燃烧炉停留时间/s	反应温度/℃
碳氢化合物（销毁90%以上）	0.3～0.5	680～820
碳氢化合物+CO（销毁90%以上）	0.3～0.5	680～820
臭味		
（销毁50%～90%）	0.3～0.5	540～650
（销毁90%～99%）	0.3～0.5	590～700
（销毁99%以上）	0.3～0.5	650～820
白烟（雾滴）	0.3～0.5	430～540
黑烟（炭粒）	0.7～1.0	760～1100

（3）热力燃烧装置

热力燃烧可以在专用的燃烧装置中进行，也可以在普通的燃烧炉中进行。

进行热力燃烧的专用装置称为热力燃烧炉。热力燃烧炉的主体结构包括燃烧器和燃烧室两部分。燃烧器的作用是使辅助燃料燃烧生成高温燃气；燃烧室的作用是使高温燃气与废气湍流混合达到反应所需的温度，并使废气在其中的停留时间达到要求。热力燃烧炉又分为配焰燃烧炉和离焰燃烧炉两类。

图5-25是配焰燃烧炉示意图。它是将燃烧分配成许多小火焰，布点成线。废气被分成许多小股，并与火焰充分接触，这样可以使废气与高温燃气迅速达到完全的湍流混合。配焰方式的最大缺点是容易造成火焰熄灭。因此，当废气中缺氧或废气中含有焦油及颗粒物等情况时不宜使用配焰燃烧炉。

离焰燃烧炉是将燃烧与混合两个过程分开进行，辅助燃料在燃烧器中进行火焰燃烧，燃烧后产生的高温燃气在炉内与废气混合并达到反应温度，如图5-26所示。

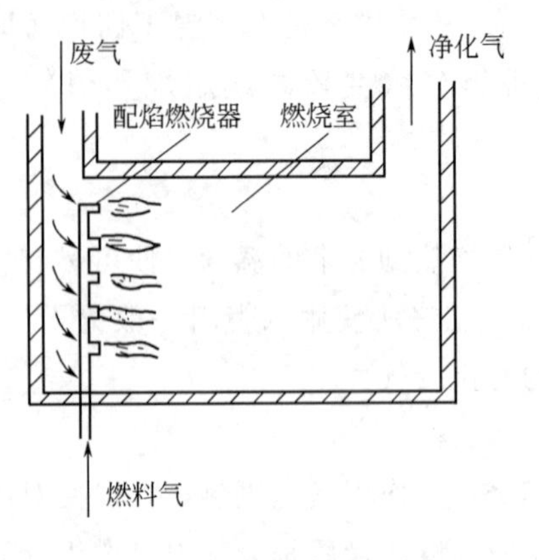

图5-25 配焰燃烧炉示意图

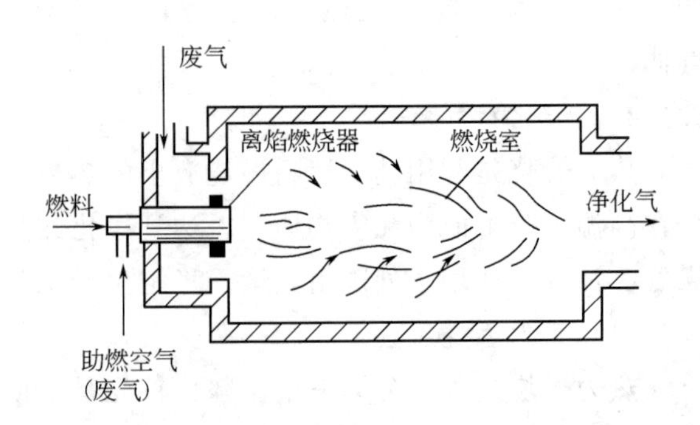

图5-26 离焰燃烧炉示意图

离焰燃烧炉的特点是可用废气助燃，也可以用空气助燃，对于氧含量低于16%的废气依然适用；对燃料种类的适应性强，既可用气体燃料，也可用油作燃料；火焰不易熄灭，且可以根据需要调节火焰的大小。

（4）热力燃烧的特点

热力燃烧的特点：①需要进行预热，温度控制为540～820℃，可以烧掉废气中的炭粒，气态污染物最终被氧化分解为CO_2、H_2O和N_2等；②燃烧状态是在较高温度下停留一定时间的有焰燃烧；③可适用于各种气体的燃烧，能除去有机物及超细颗粒物；④热力燃烧设备结构简单，占用空间小，维修费用低。

热力燃烧的主要缺点是操作费用高，易发生回火，燃烧不完全时产生恶臭。

5.1.4.3 催化燃烧法

催化燃烧是指在催化剂存在的条件下，废气中可燃组分能在较低的温度下进行燃烧，并转化为二氧化碳和水等化合物的方法。目前，催化燃烧法已应用于金属印刷、绝缘材料、漆包线、炼焦、油漆、化工等多种行业中有机废气的净化。催化燃烧法的最终产物为CO_2和H_2O，无法回收废气中原有的组分，因此操作过程中能耗大小及热量回收的程度将决定催化燃烧法的应用价值。

（1）催化燃烧的催化剂

用于催化燃烧的催化剂以贵金属Pt、Pd使用最多，因为这些催化剂的活性好，使用寿命长。中国由于贵金属资源稀少，研究较多的为稀土催化剂。目前已研制使用的催化剂见表5-10。

表5-10 催化剂性能

催化剂	活性组分含量/%	90%转化温度/℃	最高使用温度/℃
Pt-Al_2O_3	0.1～0.5	250～300	650
Pd-Al_2O_3	0.1～0.5	250～300	650
Pd-Ni、Cr丝或网	0.1～0.5	250～300	650
Pd-蜂窝陶瓷	0.1～0.5	250～300	650
Mn、Cu-Al_2O_3	5～10	350～400	650
Mn、Cu、Cr-Al_2O_3	5～10	350～400	650
Mn-Cu、Co-Al_2O_3	5～10	350～400	650
Mn、Fe-Al_2O_3	5～10	350～400	650
锰矿石颗粒	25～35	300～350	500
稀土元素催化剂	5～10	350～400	700

催化燃烧的催化剂主要有以Al_2O_3为载体的催化剂和以金属为载体的催化剂。前者现已使用的有蜂窝陶瓷钯催化剂、蜂窝陶瓷铂催化剂、γ-Al_2O_3粒状催化剂、γ-Al_2O_3稀土催化剂等。后者已经使用的有镍铬丝蓬体球钯催化剂、铂钯/镍铬带状催化剂、不锈钢丝网钯催化剂等。要求选择的催化剂使用温度为200～700℃，并能承受700～900℃短时间的高温冲击，正常工况下使用寿命8500h以上。

（2）催化燃烧工艺流程和设备

催化燃烧基本工艺流程如图5-27所示，主要由预热器、热交换器、反应器及预处理设备组成。催化燃烧工艺流程有分建式和组合式两种。在分建式流程中，预热器、热交换器、反应器均作为独立设备分别设立，其间用管路连接，一般用于处理气流量较大的场合。组合式流程是将预热器、热交换器、反应器组合安装在同一设备中，即所谓的催化燃烧炉，一般适用于气流量较小的场合。

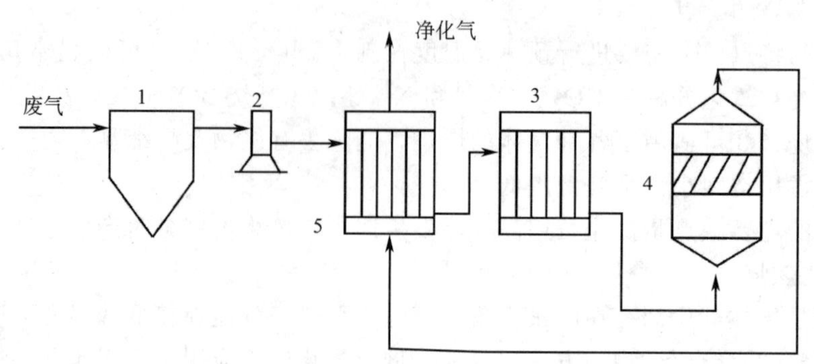

图 5-27 催化燃烧基本工艺流程

1—预处理；2—鼓风机；3—预热器；4—反应器；5—换热器

无论是分建式还是组合式工艺，其流程的组成具有下列共同点：①进入催化燃烧装置的气体首先要经过预处理，除去颗粒物、液滴及有害组分，避免催化床层的堵塞和催化剂中毒；②进入催化床层的气体必须预热，使其达到起燃温度，只有达到起燃温度催化反应才能进行；③由于催化反应放出大量的热，因此燃烧尾气的温度很高，对这部分热量必须加以回收利用。

进行催化燃烧的设备即催化燃烧炉，如图 5-28 所示。主要包括预热与燃烧部分，预热部分除设置加热装置外，还应保持一定长度的预热区，以使气体温度分布均匀。为防止热量损失，对预热段应予以良好保温。

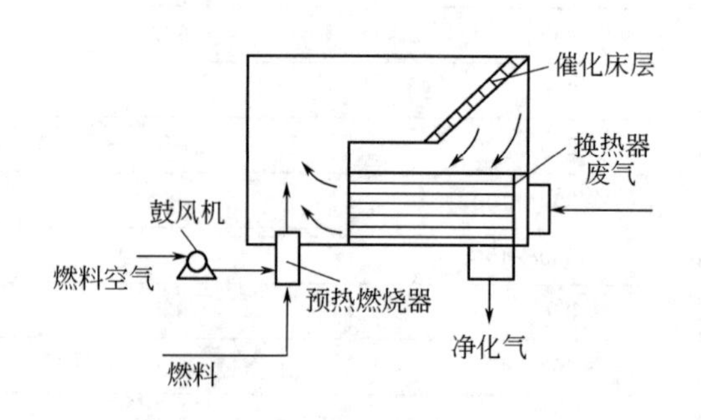

图 5-28 催化燃烧炉示意图

由于催化燃烧装置预热室的预热温度最好在 200～350℃，最高不能超过 400℃。因此，进入催化燃烧装置的废气温度应低于 400℃，否则应进行降温处理。废气中有机物的浓度应低于其爆炸极限下限的 25%，废气中不能含有引起催化剂中毒的物质，颗粒物的浓度应小于 10 mg/m^3。

(3) 催化燃烧的特点

催化燃烧特点：①需要预热，温度控制在 200～400℃，为无火焰燃烧，安全性好；②燃烧温度低，辅助燃料消耗少；③对可燃性组分的浓度和热值限制较小，但组分中不能含有颗粒物、雾滴和易使催化剂中毒的气体。

5.1.5 冷凝法

冷凝法是利用物质在不同温度下具有不同的饱和蒸气压的性质，通过降低系统的温度或提高系统的压力，使处于蒸气状态的污染物冷凝并从废气中分离出来的过程。适用于净化浓度大的有机溶剂蒸气，或作为吸附、燃烧等净化高浓度废水气时的预处理，以便减轻这些方法的负荷。还可以作为吸附法中脱附组分的后处理，或作为吸附、燃烧等净化高浓度废气时的预处理，以便减轻这些方法的负荷。

(1) 冷凝法基本原理

在气液两相共存体系中，蒸气态物质由于凝结变为液态物质，液态物质由于蒸发变为气态物质。当凝结与蒸发的量相等时即达到了平衡状态。相平衡时液面上的蒸气压力即为该温度下与该组分相对应的饱和蒸气压。若气相中组分的蒸气压小于其饱和蒸气压时，液相组分继续蒸发；若气相中组分的蒸气压大于其饱和蒸气压时，蒸气就将凝结为液体。

同一物质饱和蒸气压的大小与温度有关，温度越低，饱和蒸气压值就越小。对于含有一定浓度的有机物废气，若将其温度降低，废气中有机物蒸气的浓度不变，但与其相应的饱和蒸气压值随温度的降低而降低。当降到某一温度时，与其相应的饱和蒸气压值就会低于废气组分分压，该组分就凝结为液体。在一定压力下，一定组分的蒸气被冷却时，刚出现液滴时的温度称为露点温度。冷凝法就是将气体中的有害组分冷凝为液体，从而达到分离净化的目的。

冷凝法具有如下特点：①适宜净化高浓度废气，特别是有害组分单纯的废气；②可以作为燃烧与吸附净化的预处理；③可用来净化含有大量水蒸气的高温废气；④所需设备和操作条件比较简单，回收物质纯度高。但用来净化低浓度废气时，需要将废气冷却到很低的温度，成本较高。

（2）冷凝法流程和设备

根据所使用的设备不同，可将冷凝法流程分为直接冷凝（如图 5-29 所示）和间接冷凝（如图 5-30 所示）两种。直接冷凝采用接触冷凝器，而间接冷凝采用表面冷凝器。

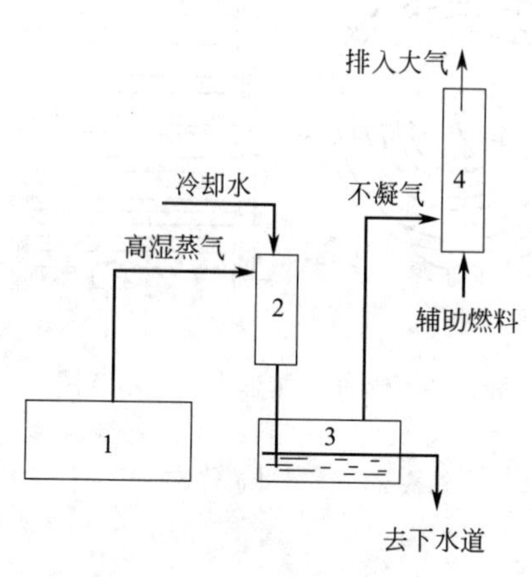

图 5-29 直接冷凝流程
1—真空干燥炉；2—接触冷凝器；
3—热水池；4—燃烧净化炉

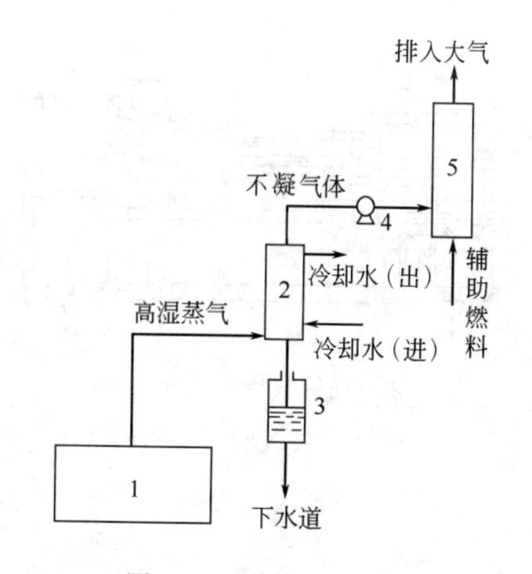

图 5-30 间接冷凝流程
1—真空干燥炉；2—冷凝器；3—冷凝液贮槽；
4—风机；5—燃烧净化炉

接触冷凝器（contact condenser）是将冷却介质与废气直接接触进行热量交换的设备（如图 5-31 所示），如喷淋塔、填料塔、板式塔、喷射塔等均属于这一类设备。冷却介质不仅可以降低废气的温度，而且可以使废气中的有害组分溶解。使用这类设备冷却效果好，但冷凝物质不易回收，易造成二次污染，必须对冷凝液进一步处理。

表面冷凝器（surface condenser）将冷却介质与废气隔开，通过间壁进行热量交换，使废气冷却。典型的设备如列管式冷凝器（如图 5-32）、喷淋式蛇管冷凝器（如图 5-33 所示）。在使用这一类设备时，可以回收被冷凝组分，但冷却效率较差。

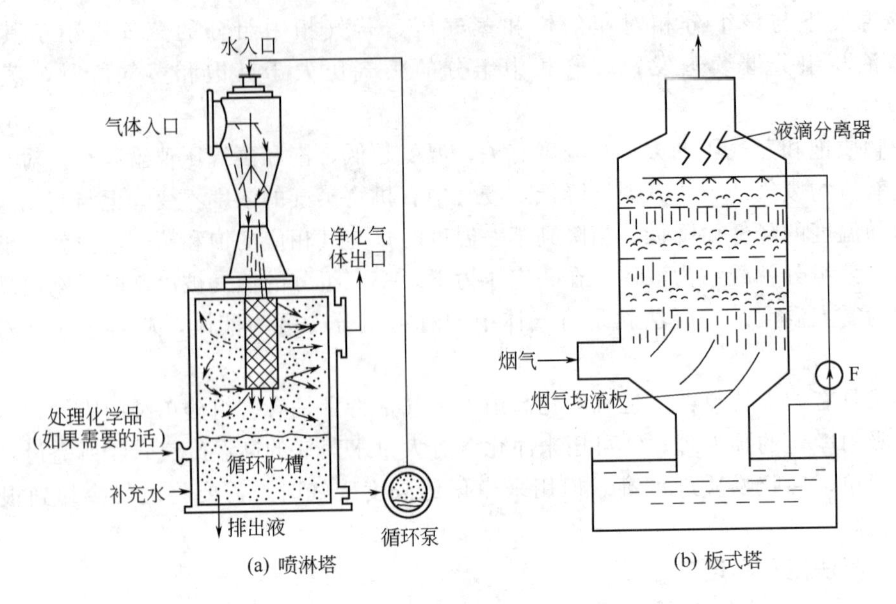

图 5-31　接触冷凝器示意图

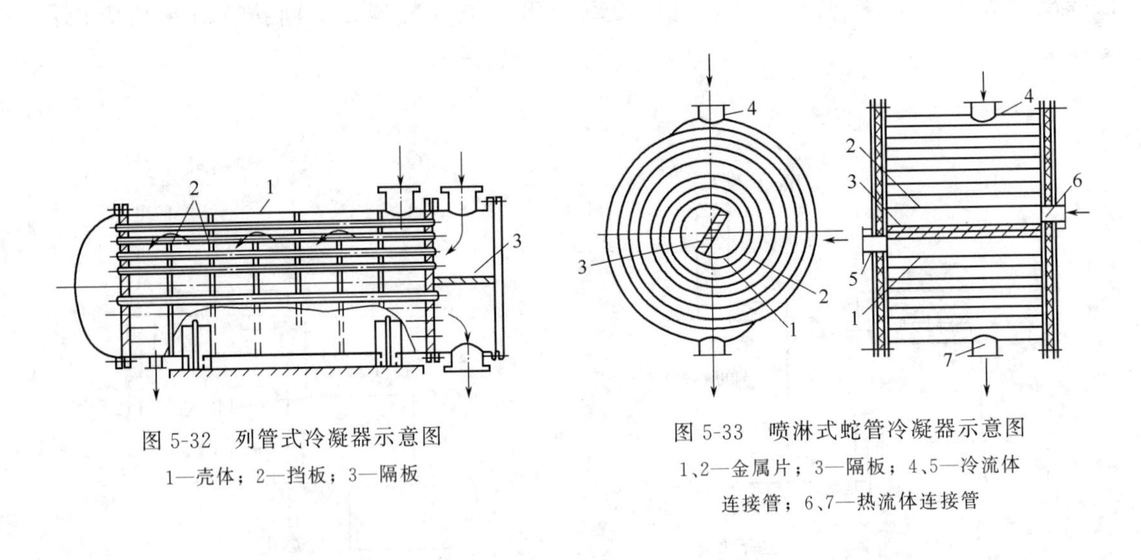

图 5-32　列管式冷凝器示意图

1—壳体；2—挡板；3—隔板

图 5-33　喷淋式蛇管冷凝器示意图

1、2—金属片；3—隔板；4、5—冷流体连接管；6、7—热流体连接管

练　习　5.1

填空题

1. 吸收法净化气态污染物是利用混合气体中各成分在吸收剂中的____________不同，或与吸收剂中的组分发生____________，从而将有害组分从气流中分离出来。
2. 用水吸收 HCl 气体属于____________，用水吸收 CO_2 属于____________，用水吸收 NH_3 属于____________。(填气膜控制或液膜控制)
3. 非循环吸收过程是指对____________不进行再生，而循环过程是指将____________循环使用。
4. 分子筛具有吸附选择性是因为________________________。
5. 燃烧法分为____________、____________，和____________。
6. 进入催化燃烧装置的气体首先要除去颗粒物、液滴等有害组分，其目的是________________。

选择题

1. 不能用来处理气态污染物的方法是（　　）。

A. 碰撞法　　B. 吸收法　　C. 吸附法　　D. 冷凝法

2. 不能用来处理气态污染物的装置是（　　）。

A. 多管旋风除尘器　B. 鼓泡吸收塔　C. 填料吸收塔　D. 空心喷洒吸收器

3. 用于处理可被冷凝的气体或蒸气的装置是（　　）。

A. 表面冷凝器和接触冷凝器　　B. 文丘里洗涤器

C. 空心喷洒吸收器　　D. 流化床吸附装置

4.（　　）不宜选用填料塔。

A. 溶解度大的气体

B. 易起泡沫、高黏性的物料系统

C. 有悬浮固体、有残渣或易结垢的物料

D. 传质速度由气相控制的系统

5. 沸石分子筛具有很高的吸附选择性是因为（　　）。

A. 具有许多孔径均一的微孔　B. 是强极性吸附剂　C. 化学稳定性高　D. 热稳定性高

6. 当影响吸附的因素主要是吸附质的性质和气相组成或吸附剂的化学组成和结构等时，对吸附剂进行再生通常可采用的方法是（　　）。

A. 升温再生法　　B. 降压再生法　　C. 吹扫再生法　　D. 置换再生或化学再生法

7. 特别适宜于净化大气量污染废气的吸附装置是（　　）。

A. 固定床吸附装置　B. 移动床吸附装置　C. 流化床吸附装置

8. 易使催化剂中毒的气体物质是（　　）。

A. H_2S　B. SO_2　C. NO_x　D. Pb

9. 将 SO_2 氧化为 SO_3 时，在所用的 V_2O_5 催化剂中加入 K_2SO_4 的作用是（　　）。

A. 活性物质　　B. 助催化剂　　C. 载体　　D. 增强催化剂的机械强度

10. 工业上用来衡量催化剂生产能力大小的性能指标是（　　）。

A. 催化剂的活性　　B. 催化剂的比活性　C. 催化剂的选择性　D. 催化剂的稳定性

11. 可用来分离空气中的氧气和氮气的吸附剂是（　　）。

A. 活性炭纤维　　B. 蜂窝活性炭　　C. 碳分子筛　　D. 核桃壳质活性炭

12. 关于燃烧法的叙述，（　　）说法不正确。

A. 直接燃烧法适用于可燃组分浓度高的气体

B. 直接燃烧法适用于燃烧热值较低的气体

C. 热力燃烧法适用于燃烧热值较低的气体

D. 催化燃烧法适用于燃烧热值较低的气体

计算题

1. 在总压力为110.5kPa的条件下，采用填料塔用水吸收空气中的氨气。若气膜吸收系数为 5.2×10^{-6} kmol/（m^2·s·kPa），液膜吸收系数为 1.55×10^{-4} m/s，假定气液平衡关系符合亨利定律，溶解度系数 $H=0.725$ kmol/（m^3·kPa）。

（1）试计算气相总传质系数和液相总传质系数；

（2）通过计算说明吸收速率是由气膜控制还是液膜控制。

2. 在直径为1.5m的立式吸附装置中，装入1.1m高，堆积密度为220kg/m^3 活性炭。含苯蒸气的空气以0.50m/s速度通过吸附层，苯蒸气的初始浓度为400mg/m^3，苯蒸气完全被活性炭吸附。若活性炭对苯的平均静活性值为20%，死层0.1m。求：

（1）装入活性炭的量；

(2) 保护作用时间；

(3) 若操作周期之间无间隔，每天 (24h) 可净化多少废气?

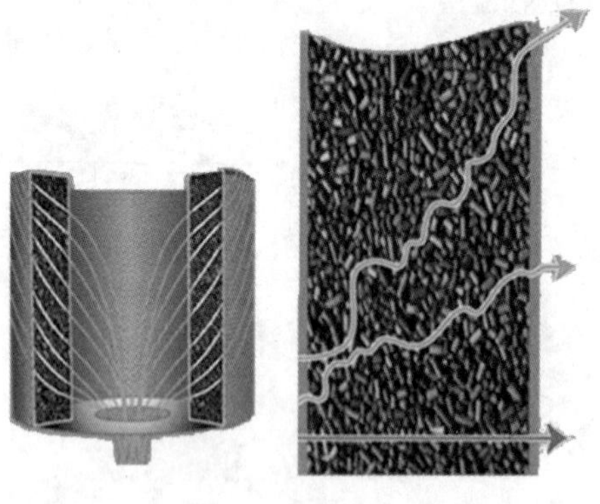

3. 用活性炭填充的固定床吸附装置，活性炭颗粒直径为3mm，把浓度为0.15kg/m³ CCl_4 蒸气通入床层，气体流速为5m/min。在气体流过220min后，吸附质达到床层0.1m处；505min后达到0.2m处。设床层高1m，计算吸附床最长能操作多长时间，而 CCl_4 蒸气不会逸出。

实践调查题

1. 调查市售空气净化器去除空气中 $PM_{2.5}$ 和甲醛的方法原理。

2. 左图是采用活性炭吸附法去除空气中甲醛的空气净化器滤层和气体穿透的路线示意图。为了增加保护作用时间，应如何设计进风和出风位置?

5.2 烟气脱硫技术

为了控制排入大气中的 SO_2，早在19世纪人们就开始进行有关烟气脱硫 (flue gas desulfurization, FGD) 的研究，但大规模开展这项技术的研究和应用是从20世纪60年代开始的。从技术、成本和效果等方面综合考虑，烟气脱硫目前仍是世界上广泛应用、最有效的脱硫方法。

烟气脱硫技术按脱硫剂的形态分为湿法、半干法和干法；按照烟气脱硫后的生成物是否回收，将脱硫技术分为抛弃法和回收法；根据净化原理将烟气脱硫分为吸收法、吸附法和催化转化法等。

5.2.1 湿法烟气脱硫

湿法烟气脱硫 (wet FGD) 是采用含有吸收剂的溶液或浆液在湿润状态下洗涤烟气以除去 SO_2。由于是气液反应，脱硫反应速率快、效率高、脱硫剂利用率高是目前广泛采用的方法之一。但系统存在堵塞以及脱硫后的烟气温度低于酸露点，易产生腐蚀问题。湿法的流程和设备相对比较复杂，所需费用也较高。为了避免二次污染，必须对污水进行处理，运行成本较高。

湿法脱硫工艺包括石灰石/石灰-石膏法、钠碱吸收法、碱性硫酸铝-石膏法、氨法、氧化镁吸收法、海水脱硫技术等。

石灰石/石灰洗涤脱硫工艺是烟气脱硫最早采用的工艺之一。因石灰石来源广泛，原料易得，成本低，是技术最成熟，应用最广泛的技术，特别适用于电站锅炉的脱硫装置。根据最终产物及其利用情况不同，将石灰石/石灰洗涤法分为抛弃法、石灰石/石灰-石膏法和石灰-亚硫酸钙法。石灰石/石灰-石膏法经过多年的发展，已成为技术较成熟，运行状况较稳定的脱硫工艺，脱离率可达90%以上。

5.2.1.1 石灰石/石灰-石膏法

石灰石/石灰-石膏法 (limestone-gypsum process) 烟气脱硫技术最早是由英国皇家化学工业公司提出的，该方法脱硫的基本原理是用石灰或石灰石浆液吸收烟气中的 SO_2，先生成亚硫酸钙，然后将亚硫酸钙氧化为硫酸钙。

(1) 反应原理

用石灰石或石灰浆液吸收烟气中的二氧化硫分为吸收和氧化两个工序，先吸收生成亚硫酸钙，然后再氧化为硫酸钙。

① 吸收过程　在吸收塔内进行，主要反应如下。

石灰浆液作吸收剂：　$Ca(OH)_2 + SO_2 \longrightarrow CaSO_3 \cdot \frac{1}{2}H_2O + \frac{1}{2}H_2O$

石灰石浆液吸收剂：

$$CaCO_3 + SO_2 + \frac{1}{2}H_2O = CaSO_3 \cdot \frac{1}{2}H_2O + CO_2$$

$$CaSO_3 \cdot \frac{1}{2}H_2O + SO_2 + \frac{1}{2}H_2O = Ca(HSO_3)_2$$

由于烟道气中含有氧，还会发生如下副反应。

$$2CaSO_3 \cdot \frac{1}{2}H_2O + O_2 + 3H_2O = 2CaSO_4 \cdot 2H_2O$$

② 氧化过程　在氧化塔内进行，主要反应如下。

$$2CaSO_3 \cdot \frac{1}{2}H_2O + O_2 + 3H_2O = 2CaSO_4 \cdot 2H_2O$$

$$Ca(HSO_3)_2 + \frac{1}{2}O_2 + H_2O = CaSO_4 \cdot 2H_2O + SO_2$$

(2) 常规工艺流程

石灰石/石灰-石膏法烟气脱硫装置主要由烟气系统、吸收剂制备系统、烟气吸收及氧化系统、脱硫副产物处理系统、脱硫废水处理系统、自控和在线监测系统等组成。典型石灰石/石灰-石膏法烟气脱硫工艺流程如图 5-34 所示。

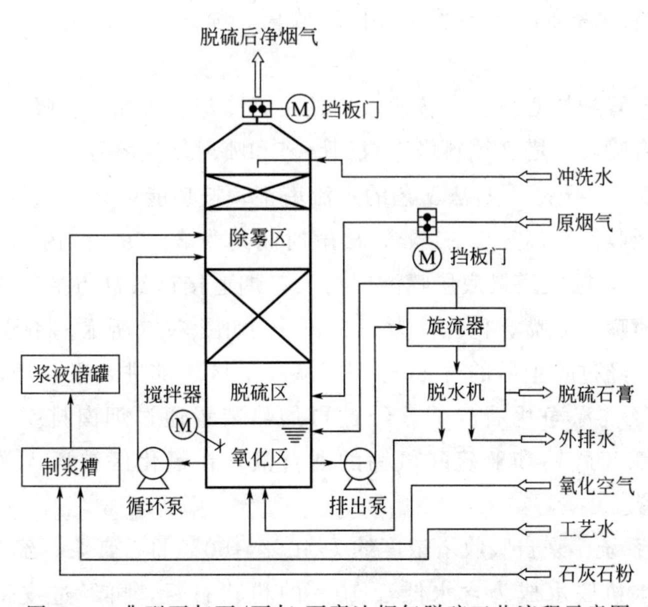

图 5-34　典型石灰石/石灰-石膏法烟气脱硫工艺流程示意图

① 烟气系统　原烟气经进口挡板门进入吸收塔，洗涤脱硫后的烟气经除雾器除去带出的小液滴后，通过吸收塔的顶部送入烟囱排放。一般不允许设置烟气旁路装置。对于多个主

体工程共用一座吸收塔时，宜设置脱硫增压风机，原烟气经脱硫增压风机增压后再进入吸收塔。对于设置烟气换热器的脱硫工程，原烟气经过换热后再进入吸收塔。设置烟气换热器时应考虑烟囱防腐及环保要求确定换热后净烟气的温度。

进入吸收塔的烟气温度宜为85～120℃，烟气中SO_2的浓度一般应不大于12000mg/m^3（以干烟气计）。通常情况下，入口烟尘浓度≤30mg/m^3（标态）。对于燃煤锅炉烟气应先经过除尘再进入吸收塔，并使烟气中颗粒物浓度小于400mg/m^3（标态），若要对脱硫副产物进行资源化利用时，烟气中颗粒物的浓度不宜大于100mg/m^3（标态）。

② 吸收剂制备系统　石灰石/石灰-石膏法烟气脱硫的吸收剂可以采用石灰石，也可以采用生石灰。在资源落实的条件下，一般优先选用石灰石作为吸收剂。当厂址附近有可靠优质的生石灰供应来源时，可采用生石灰粉作为吸收剂。选用生石灰粉作为吸收剂时，要求生石灰粉中CaO含量≥80%，细度应满足180目90%过筛率。选用熟石灰粉作为吸收剂时，要求熟石灰粉中$Ca(OH)_2$含量≥90%。

对于采用石灰石作为吸收剂的系统，为保证脱硫石膏的综合利用及减少废水排放量，用于脱硫的石灰石中$CaCO_3$含量≥90%。石灰石的细度应根据石灰石的特性和脱硫系统与石灰石粉磨制系统综合优化确定。对于燃烧中低含硫燃料煤质的锅炉，石灰石粉的细度应保证250目90%过筛率；当燃烧中高含硫燃料煤质时，石灰石粉的细度应保证325目90%过筛率。

制备石灰石浆液吸收剂时，可以采用由市场直接购买粒度符合要求的粉状成品，加水搅拌制成石灰石浆液；或由市场购买一定粒度要求的块状石灰石，经石灰石湿式球磨机制成石灰石浆液；或由市场购买块状石灰石，经石灰石干式球磨机制成石灰石粉，加水搅拌制成石灰石浆液。当采用石灰石块进厂方式时，若厂内设置破碎装置时，宜采用不大于100mm的石灰石块；若厂内不设置破碎装置时，宜采用不大于20mm的石灰石块。

③ 烟气吸收及氧化系统　该系统主要由吸收塔、喷淋系统、除雾器、氧化风机、循环泵等组成。

吸收塔是脱硫装置的核心设备，普遍采用的是集冷却、再除尘、吸收和氧化为一体的新型吸收塔，常见的有喷淋空塔、填料塔、双回路塔和喷射鼓泡塔等。

喷淋空塔是石灰石/石灰-石膏法工艺的主流塔型，按功能可分为除雾区、脱硫区和氧化区。脱硫区（喷淋吸收区）高度5～15m，接触时间约为2～5s。区内设有3～6个喷淋层，喷淋层层间距≥1.8m，吸收塔最底层喷淋层与入口烟道接口最高点的间距≥2.5m。每个喷淋层装有多个雾化喷嘴，喷嘴雾化粒径为1～2mm，如图5-35所示。将配好的石灰石浆液用泵送入吸收塔顶部，经过除尘后的含SO_2烟气从喷淋区下部进入吸收塔，与均匀喷入的吸收浆液逆流接触。经洗涤净化后的烟气经过再加热装置通过烟囱排空。石灰浆液在吸收SO_2后，成为含有亚硫酸钙和亚硫酸氢钙的混合液，在氧化区被通入的压缩空气氧化成$CaSO_4$，并生成石膏。

④ 副产物处置系统　来自吸收塔浓度约为40%～60%的石膏浆，经泵进入水力旋流器浓缩，然后通过脱水机脱水成为含水低于10%的粉状石膏，再经过皮带运输机存入石膏仓库。

⑤ 污水处理系统　一般来说，脱硫污水的pH值为4～6，悬浮物含量为9000～12700mg/L，并含有汞、铅、铜、镍、锌等重金属及砷、氟等非金属。处理的方法是先向污

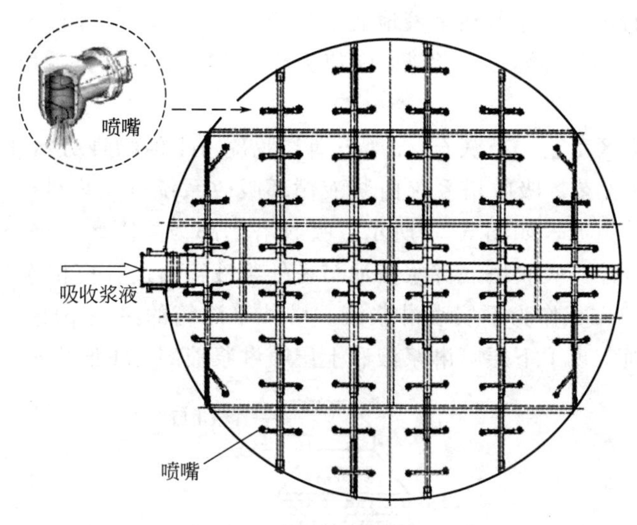

图 5-35 喷淋层示意图

水中加入石灰乳，将 pH 值调至 6～7，去除部分重金属和氟化物。继续加入石灰乳、有机硫和絮凝剂，将 pH 值调至 8～9，使重金属生成氢氧化物和硫化物沉淀。

(3) pH 值分区工艺流程

常见的 pH 值分区脱硫工艺流程分为 pH 值自然分区工艺、pH 值物理分区工艺和 pH 值物理分区双循环工艺。

① pH 值自然分区工艺　石灰石-石膏法烟气脱硫 pH 值自然分区工艺的典型代表是单塔双区工艺。吸收塔系统主要由浆液循环吸收系统、氧化系统和除雾器等组成，如图 5-36

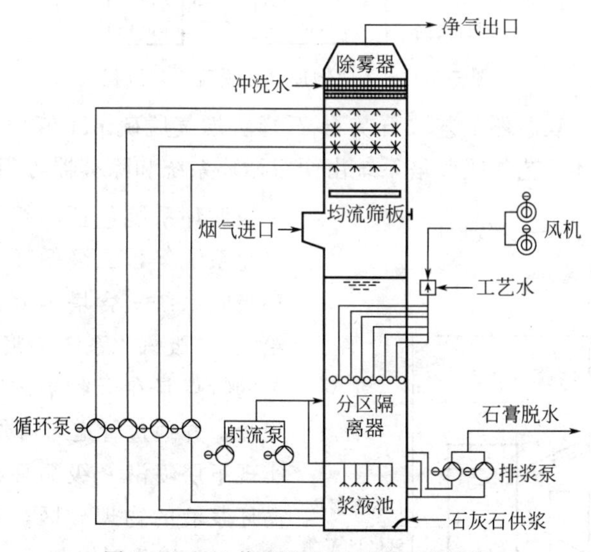

图 5-36 pH 值自然分区脱硫工艺流程

所示。吸收塔上部为除雾器、喷淋层和均流筛板。均流筛板与吸收塔入口烟道接口最高点的间 距不小于 0.8m，与最下层喷淋层的间距不小于 1.8m。当采取两层均流筛板时，上下层均流筛板间距不小于 1.5m。均流筛板开孔率为 28%～40%，厚度为 1.5～3mm，孔径为 25～35mm。吸收塔上部分为喷淋吸收区和均流筛板持液区，底部浆液池分为上部氧化结晶区和下部供浆射流区。该工艺的特点是在吸收塔底部浆液池内加装分区隔离器和向下引射搅拌装置，使密度较重的石灰石滞留在浆液池底层形成浆液pH值自然上下分区，隔离器以上浆液pH值为4.8～5.5，隔离器以下浆液pH值为5.5～6.2。循环泵抽取较高pH值浆液进行喷淋吸收。

② pH值物理分区工艺　石灰石-石膏法烟气脱硫pH值物理分区工艺的典型代表是塔外浆液箱pH值分区工艺。吸收塔系统由浆液循环吸收系统（含塔外浆液箱）、塔内和塔外氧化系统、除雾器等组成，如图5-37所示。吸收塔上部为除雾区、喷淋吸收区和均流筛板持液区，下部为浆液池。吸收塔底部浆液池与塔外浆液箱通过管道相连。吸收塔内浆液池的浆液pH值为5.2～5.8，作为下层喷淋浆液。塔外浆液箱的浆液pH值为5.6～6.2，作为上层喷淋浆液。从而实现了下层喷淋浆液和上层喷淋浆液的pH值物理分区。

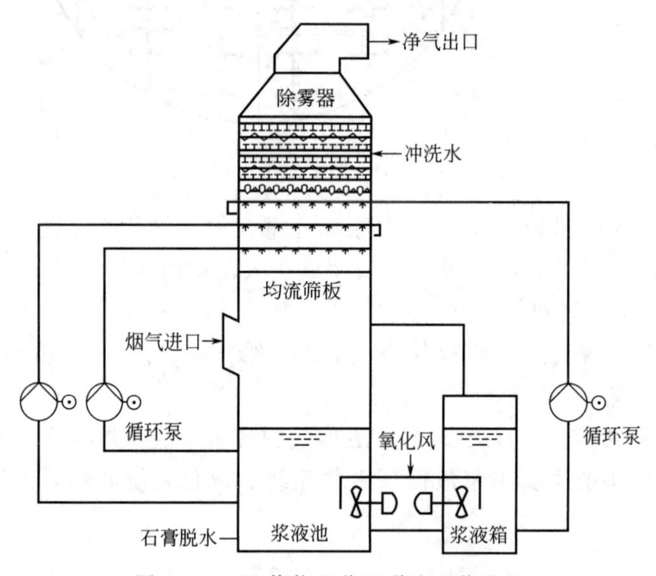

图5-37　pH值物理分区脱硫工艺流程

③ pH值物理分区双循环工艺　石灰石-石膏法烟气脱硫pH值物理分区双循环工艺的典型代表是单塔双循环工艺。吸收塔系统由两级循环系统和除雾器等组成，如图5-38所示。

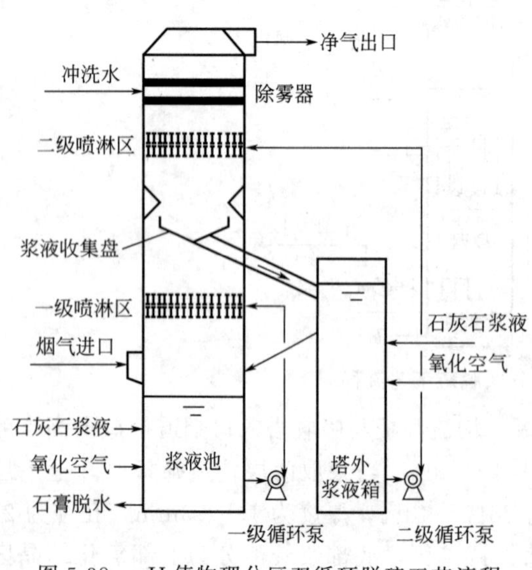

图5-38　pH值物理分区双循环脱硫工艺流程

一级循环系统包括一级浆液循环吸收系统和氧化系统等，二级循环系统包括二级浆液循环吸收系统（含塔内浆液收集盘、塔外浆液箱）、二级氧化系统、浆液旋流系统等。该工艺的特点是在吸收塔内喷淋层间加装浆液收集盘，并通过管道与塔外的循环浆液箱连接，实现下层喷淋一级循环浆液和上层喷淋二级循环浆液的物理分区，并对上下两级循环浆液的pH值分别控制。一级循环浆液pH值为4.5～5.3，二级循环浆液pH值为5.8～6.2。二级循环浆液经旋流系统后部分返回，部分排至吸收塔内浆液池。

（4）操作影响因素

① 浆液的pH值　浆液的pH值是影响

脱硫效率的重要因素。一方面，浆液的 pH 值影响吸收过程，pH 值高，传质系数增高，SO_2 的吸收速度加快；pH 值低，SO_2 的吸收速度就下降，pH 值下降到 4 以下时，则几乎不能吸收 SO_2。另一方面，pH 值影响石灰石/石灰的溶解度。用石灰石吸收 SO_2 时，pH 值较高时，$CaSO_3$ 溶解度很小，而 $CaSO_4$ 溶解度则变化不大，随着 SO_2 的吸收，溶液 pH 值降低，溶液中溶有较多的 $CaSO_3$，在石灰石粒子表面形成一层液膜，液膜内部因石灰石的溶解使 pH 值上升，石灰石粒子表面被液膜内表面析出的 $CaSO_3$ 所覆盖，使粒子表面钝化，因此浆液的 pH 值应控制适当。一般情况下，以石灰石为吸收剂时，吸收浆液的 pH 应控制在 5.2～5.8 之间。以石灰为吸收剂时，吸收浆液的 pH 应控制在 5.2～6.2 之间。在燃煤电厂超低排放烟气脱硫工程中，采用 pH 值分区技术以消除浆液 pH 值对脱硫效率的影响。

② 浆液浓度　浆液浓度的选择应控制合适，因为过高的浆液浓度易产生堵塞、磨损和结垢，但浆液浓度较低时，脱硫率较低且 pH 值不易控制。石灰浆液浓度为 10%～15%，钙硫比(Ca/S)≤1.10。石灰石浆液浓度为 30%，钙硫比(Ca/S)≤1.05。

③ 氧化方式　在烟气脱硫过程中，根据不同的要求，可以采用自然氧化和强制氧化。自然氧化是利用烟气中的残余氧将液相中的 SO_3^{2-} 和 HSO_3^- 氧化生成 SO_4^{2-}，氧化率一般小于 15%。强制氧化是向氧化槽中鼓入空气，几乎将所有的 SO_3^{2-} 和 HSO_3^- 氧化生成 $CaSO_4 \cdot 2H_2O$。该产品经处理后可以作为商业石膏出售。

④ 防止结垢　脱硫系统的结构和堵塞是湿法工艺中最常见的问题。造成结垢堵塞的固体沉积，主要以三种方式出现，即因溶液或浆液中的水分蒸发而使固体沉积；$Ca(OH)_2$ 或 $CaCO_3$ 沉积或结晶析出；$CaSO_3$ 被氧化成 $CaSO_4$ 从溶液中结晶析出。其中后者是导致脱硫塔发生结垢的主要原因，特别是硫酸钙结垢坚硬，一旦结垢就难以去除，影响到所有与脱硫液接触的阀门、水泵、控制仪器和管道等。为防止固体沉积，特别是防止 $CaSO_4$ 的结垢，除使吸收器应满足持液量大，控制钙硫比，气液相间相对速度高（空塔流速≤3.8m/s），有较大的气液接触表面积，内部构件少，压力降小等条件外，还可采用控制吸收液过饱和和使用添加剂等方法。

控制吸收液过饱和的最好方法是在吸收液中加入二水硫酸钙晶种或亚硫酸钙晶种，提供足够的沉积表面，使溶解盐优先沉积在上面，减少固体物向设备表面的沉积和增长。

向吸收液中加入添加剂也是防止设备结垢的有效方法，常用的添加剂有已二酸、乙二胺四乙酸、硫酸镁、氯化钙和单质硫等。

已二酸其酸度介于碳酸和亚硫酸之间，在原有的石灰石/石灰流程中加入已二酸，可起到缓冲吸收液 pH 值的作用。已二酸的缓冲机理是已二酸与石灰石/石灰反应，形成已二酸钙，在吸收器内，已二酸钙与已被吸收的 SO_2（以 H_2SO_3 形式）反应生成 $CaSO_3$，已二酸得以再生，重新与石灰石/石灰反应。已二酸的存在抑制了气液界面上由于 SO_2 溶解而导致 pH 值降低，从而使液面处 SO_2 的浓度提高，大大地加速了液相传质速度，提高了 SO_2 的吸收速率。因洗涤液中已二酸钙较易溶解，避免了石灰石/石灰法的结垢和堵塞现象。

在实际应用中，可以在浆液循环回路的任何位置加入已二酸。在 SO_2 去除率相同时，无已二酸系统时石灰石的利用率为 60%～70%，使用已二酸，利用率可提高到 80%以上，因而减少了最终的固体废物量。一般情况下 1t 石灰石已二酸的用量为 1～5kg。

加入单质硫是通过抑制作用防止 SO_3^{2-} 和 HSO_3^- 被氧化生成 $CaSO_4 \cdot 2H_2O$。加入元素硫后在液相中生成 $S_2O_3^{2-}$，氧气首先与 $S_2O_3^{2-}$ 反应。

5.2.1.2 碱性硫酸铝-石膏法

碱性硫酸铝-石膏法是采用碱性硫酸铝溶液作为吸收剂吸收 SO_2，吸收 SO_2 后的吸收液经过氧化后用石灰石再生，再生过的碱性硫酸铝溶液循环使用，主要产物为石膏。由于在吸收和吸收液的再生处理中使用了不同的碱，故称为双碱法。由于采用清液吸收，从而克服了湿式石灰石/石灰-石膏法中结垢的缺点，不存在结垢和料浆堵塞等问题；另外，副产石膏的纯度较高，应用范围也更广泛。20 世纪 30 年代英国 ICI 公司用碱式硫酸铝溶液吸收 SO_2，后来日本同和矿业公司改进了工艺，开发了碱式硫酸铝-石膏法，故又称为同和法。

(1) 反应原理

① 吸收剂的制备　碱式硫酸铝水溶液的制备可用粉末硫酸铝即 $Al_2(SO_4)_3 \cdot 16\sim18H_2O$ 溶于水，添加石灰石或石灰粉中和，沉淀出石膏，即得所需碱度的碱式硫酸铝。其主要反应如下。

$$2Al_2(SO_4)_3+3CaCO_3+6H_2O \xlongequal{} Al_2(SO_4)_3 \cdot Al_2O_3+3CaSO_4 \cdot 2H_2O+3CO_2$$

② 吸收　在吸收塔中，碱式硫酸铝溶液吸收 SO_2 的反应式为

$$Al_2(SO_4)_3 \cdot Al_2O_3+3SO_2 \xlongequal{} Al_2(SO_4)_3 \cdot Al_2(SO_3)_3$$

③ 氧化　在氧化塔中，利用压缩空气将吸收 SO_2 后生成的 $Al_2(SO_4)_3 \cdot Al_2(SO_3)_3$ 浆液氧化，反应式为

$$Al_2(SO_4)_3 \cdot Al_2(SO_3)_3+\frac{3}{2}O_2 \xlongequal{} 2Al_2(SO_4)_3$$

④ 中和　在中和槽中，加入石灰石作为中和剂，再生出碱式硫酸铝吸收剂，同时沉淀出石膏，其反应式为

$$2Al_2(SO_4)_3+3CaCO_3+6H_2O \xlongequal{} Al_2(SO_4)_3 \cdot Al_2O_3+3CaSO_4 \cdot 2H_2O+3CO_2$$

(2) 工艺流程

碱式硫酸铝-石膏法工艺流程如图 5-39。该工艺过程主要由吸收剂的制备系统、吸收系统、氧化系统和中和系统组成。

吸收 SO_2 后的吸收液送入氧化塔，塔底鼓入压缩空气，使 $Al_2(SO_3)_3$ 氧化。氧化后的吸收液大部分返回吸收塔循环使用，只引出小部分送至中和槽，加入石灰石再生，并副产石膏。

主要设备为吸收塔和氧化塔。吸收塔为双层填料塔，塔的下段为增湿段，上段为吸收段，顶部安装除沫器。氧化塔为空塔，在塔底装置特殊设计的喷嘴，压缩空气和吸收液同时经过该喷嘴喷入塔内，如图 5-40 所示。

碱式硫酸铝-石膏法的优点是处理效率高，液气比较小，氧化塔的空气利用率较高，设备材料较易解决。

(3) 影响因素

① 吸收液碱度　碱式硫酸铝中能吸收 SO_2 的有效成分为 Al_2O_3，它在溶液中的含量常用碱度表示，碱性硫酸铝可用 $(1-x)Al_2(SO_4)_3 \cdot xAl_2O_3$ 表示。例如纯 $Al_2(SO_4)_3$ 中 Al_2O_3 含量为零，其碱度为 0；$0.8Al_2(SO_4)_3 \cdot 0.2Al_2O_3$ 的碱度为 20%；而纯 $Al(OH)_3$ 的碱度则为 100%。一般来说吸收液碱度愈高，吸收效率也愈高。但碱度在 50%以上时容易生成絮状物，将妨碍吸收操作，若碱度过低则会降低吸收液的吸收能力。因此工业生产中常常将碱度控制在 20%～30%，中和后的吸收剂碱度控制在 25%～35%。

② 操作液气比　由于溶液对 SO_2 有良好的吸收能力，即使液气比较小，也可取得较好

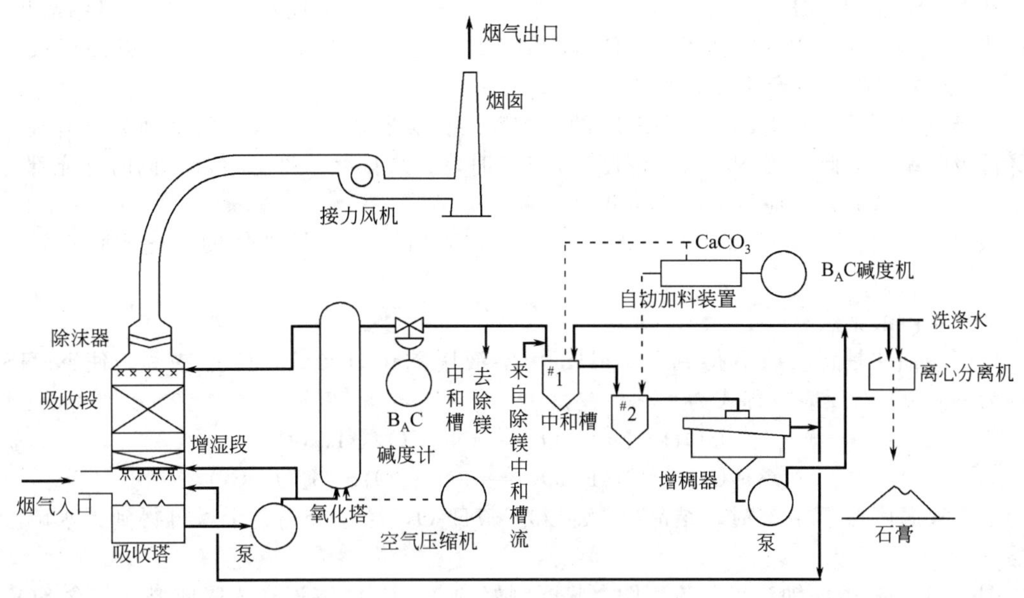

图 5-39 碱式硫酸铝-石膏法工艺流程

的吸收效果。但液气比的大小与吸收温度、烟气中 SO_2 和 O_2 的浓度有关，当吸收温度较高、SO_2 浓度较大或 O_2 含量较低时，均需增大液气比值。工业生产中，吸收段液气比值控制为 $10L/m^3$，增湿段则为 $3L/m^3$。

③ 氧化催化剂 在工业生产中，为了减少操作的液气比值，可在吸收液中加入氧化催化剂强化氧化反应。一般使用 $MnSO_4$ 作催化剂，用量为 0.2～0.4g/L，但由于锰离子随反应时间的延长浓度减少，因此一般加入量为 1～2g/L。

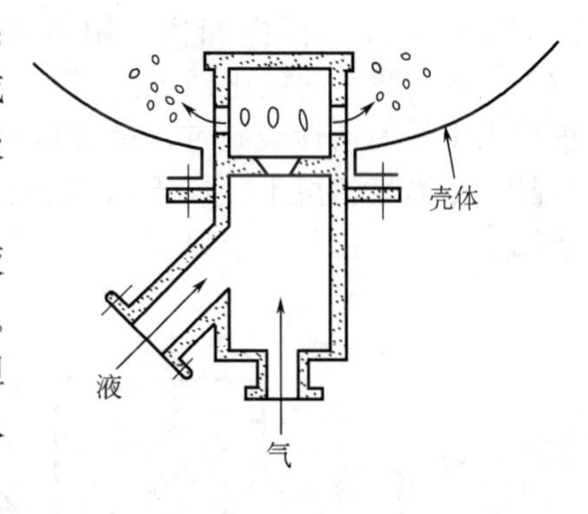

图 5-40 喷嘴示意图

5.2.1.3 钠碱吸收法

钠碱法就是用 NaOH 或 Na_2CO_3 水溶液吸收废气中的 SO_2 后，不用石灰（石灰石）再生，而直接将吸收液处理成副产品。与石灰石/石灰法相比，该法具有吸收速度快，不存在堵塞、结垢问题等优点。根据钠碱液的循环使用与否分为循环钠碱法和亚硫酸钠法。

（1）循环钠碱法

循环钠碱法又称威尔曼洛德（Wellman Lord）法，采用 NaOH 或 Na_2CO_3 作为初始吸收剂，在低温下吸收烟气中的 SO_2。反应方程式为

$$2Na_2CO_3 + SO_2 + H_2O \longrightarrow 2NaHCO_3 + Na_2SO_3$$

$$2NaHCO_3 + SO_2 \longrightarrow Na_2SO_3 + H_2O + 2CO_2\uparrow$$

$$2NaOH + SO_2 \longrightarrow Na_2SO_3 + H_2O$$

$$Na_2SO_3 + SO_2 + H_2 \longrightarrow 2NaHSO_3$$

随着 Na_2SO_3 逐渐转变成 $NaHSO_3$，溶液的 pH 值将逐渐下降。当吸收液中的 pH 值降低到一定程度时，溶液的吸收能力降低，这时将吸收 SO_2 后含有 $NaHSO_3$ 的吸收液送入解吸系统，加热使 $NaHSO_3$ 分解，获得固体 Na_2SO_3 和高浓度的 SO_2。反应方程式为

$$2NaHSO_3 \longrightarrow Na_2SO_3 + SO_2\uparrow + H_2O$$

在 Na_2SO_3 和 $NaHSO_3$ 混合溶液中，由于 Na_2SO_3 的溶解度较小，可以让其结晶出来，然后将固体 Na_2SO_3 用水溶解后返回吸收系统重复使用。高浓度的 SO_2 可以加工成液体 SO_2，或送去制酸或生产硫黄等产品。

由于氧化副反应而生成的 Na_2SO_4 的增加，会使吸收液面上 SO_2 的平衡分压升高，从而降低吸收率。因此，当 Na_2SO_4 浓度达到5%时，必须排除一部分母液，同时补充部分新鲜碱液。为降低碱耗，应尽力减少氧化。

该法最大的优点是可以回收高浓度的 SO_2，适用于大流量烟气的净化，脱硫效率大于90%。

（2）亚硫酸钠法

亚硫酸钠法是将吸收后得到的 $NaHSO_3$ 溶液用 NaOH 或 Na_2CO_3 中和，使 $NaHSO_3$ 转变为 Na_2SO_3，反应方程式为

$$NaOH+NaHSO_3 \longrightarrow Na_2SO_3+H_2O$$

$$Na_2CO_3+2NaHSO_3 \longrightarrow 2Na_2SO_3+H_2O+CO_2\uparrow$$

当溶液温度低于33℃时，结晶出 $Na_2SO_3 \cdot 7H_2O$，经过分离、干燥可得到无水硫酸钠成品。

图5-41是亚硫酸钠法工艺流程图。将配制好的 Na_2CO_3 溶液送入吸收塔，与含 SO_2 的气体逆流接触，循环吸收至溶液pH值在5.6～6.0时，即得到 $NaHSO_3$ 溶液。将吸收后的 $NaHSO_3$ 溶液送至中和槽，用 NaOH 溶液中和至pH≈7时，用蒸汽加热，驱尽其中的 CO_2。加入适量的硫化钠溶液以除去铁和重金属离子。然后继续用烧碱中和至pH值为12，再加入少量的活性炭脱色，过滤后便得到含量约为21%的 Na_2SO_3 溶液。用蒸汽加热浓缩，结晶，用离心机甩干，烘干后就得到了 Na_2SO_3 产品。其纯度达96%，可供纺织、化纤、造纸工业的漂白剂或脱氯剂。

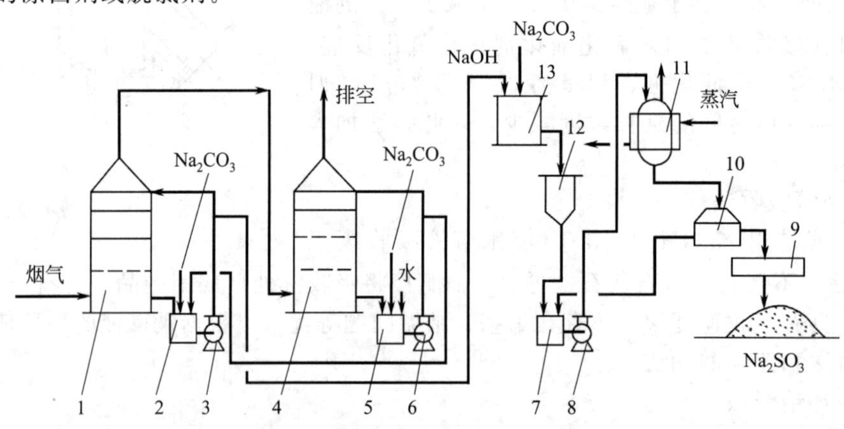

图5-41 亚硫酸钠法工艺流程

1、4—吸收塔；2、5—循环槽；3、6、8—泵；7—中和液贮槽；9—干燥器；10—离心机；11—蒸发器；12—中和液过滤器；13—中和槽

该法具有脱硫效率高（90%～95%），工艺流程简单，操作方便，费用低等优点。其主要缺点是碱消耗量大，因而只适合于小流量烟气的净化。

5.2.1.4 氨法

氨法烟气脱硫是以氨基物质作吸收剂，脱去烟气中二氧化硫并得到硫酸铵或其他副产物的湿法烟气脱硫工艺。常用的氨基物质有液氨或氨水，以及碳酸氢铵或尿素等。与其他碱类吸收剂相比，氨法主要优点是脱硫效率高（大于90%），脱硫费用低，氨可以留在副产品内，以氮肥的形式提供使用。但氨易挥发，使吸收剂的消耗量增加。在氨法中，因吸收液再

生方式及副产品不同而有不同的脱硫方法，主要有氨-酸法、氨-硫铵法和氨-亚硫酸铵法等。

（1）氨-酸法

氨-酸法是将吸收 SO_2 后的吸收液用硫酸分解，可副产高浓度二氧化硫气体和硫酸铵化肥，还可将高浓度二氧化硫气体制成硫酸。该方法于 20 世纪 30 年代已应用于生产，具有工艺成熟，设备简单，操作方便等优点，因此被广泛用于处理硫酸尾气。

氨-酸法净化硫酸尾气分为吸收、分解和中和三个主要工序。

① 吸收　尾气中的 SO_2 被吸收剂吸收生成 $(NH_4)_2SO_3$ 和 NH_4HSO_3。

$$2NH_3+SO_2+H_2O \longrightarrow (NH_4)_2SO_3$$

$$(NH_4)_2SO_3+SO_2+H_2O \longrightarrow 2NH_4HSO_3$$

由于尾气中含有 O_2 和 CO_2，在吸收过程中还会发生下列副反应。

$$2(NH_4)_2SO_3+O_2 \longrightarrow 2(NH_4)_2SO_4$$

$$2NH_4HSO_3+O_2 \longrightarrow 2NH_4HSO_4$$

$$2NH_3+H_2O+CO_2 \longrightarrow (NH_4)_2CO_3$$

在吸收过程中所生成的酸式盐 NH_4HSO_3 对 SO_2 不具有吸收能力。随着吸收过程的进行，吸收液中的 NH_4HSO_3 数量增多，吸收液吸收能力下降，此时需向吸收液中补充氨，使部分 NH_4HSO_3 转变为 $(NH_4)_2SO_3$，以保持吸收液的吸收能力。

$$NH_4HSO_3+NH_3 \longrightarrow (NH_4)_2SO_3$$

② 分解　含有亚硫酸氢铵和硫酸铵的循环吸收液，当其达到一定浓度时，可自循环系统中导出一部分，送到分解塔中用浓硫酸进行分解，得到二氧化硫气体和硫酸铵溶液。反应如下。

$$2NH_4HSO_3+H_2SO_4 \longrightarrow (NH_4)_2SO_4+2SO_2\uparrow+2H_2O$$

$$(NH_4)_2SO_3+H_2SO_4 \longrightarrow (NH_4)_2SO_4+SO_2\uparrow+H_2O$$

提高硫酸浓度可加速反应的进行，因此一般采用 93%～98%的硫酸进行分解。为了提高分解效率，硫酸用量应达到理论量的 1.15 倍。

③ 中和　分解后的过量的酸，需用氨进行中和，中和后得到的硫酸铵送去生产硫铵肥料。

$$H_2SO_4+2NH_3 \longrightarrow (NH_4)_2SO_4$$

氨-酸法净化硫酸尾气工艺流程如图 5-42 所示。含有 SO_2 的硫酸尾气进入吸收塔的下部，与循环吸收液逆流接触。吸收了 SO_2 后的吸收液进入循环槽中，并在此补充氨和水，以维持循环液的碱度，使吸收液部分再生，并保持 $(NH_4)_2SO_3/NH_4HSO_3$ 比值稳定，吸收后的尾气经除沫器后放空。当循环吸收液中 NH_4HSO_3 含量达到一定值时，引出一部分送至高位槽，并将高位槽的吸收液和硫酸高位槽中的硫酸一并送入混合槽，在混合槽内经折流板的作用均匀混合后，再送入分解塔。在混合槽内，母液与硫酸作用可分解出 100% SO_2 气体，送至液体 SO_2 工序。在分解塔内，母液在硫酸作用下继续分解并放出 SO_2 气体，由底部通入空气将 SO_2 气体吹出，可得 7%左右的 SO_2 气体，送入硫酸生产系统。经分解塔分解后的母液呈酸性，由分解塔底进入中和槽后，需连续通入氨以中和过量的硫酸，可得硫铵溶液。若送至蒸发结晶工序，可制造固体硫酸铵。该系统属于一段氨吸收法，其特点是设备数量少，操作简单，不消耗蒸汽，但分解液酸度高，氨和酸的耗量大，SO_2 的吸收率一般仅为 90%左右。

为了提高 SO_2 的吸收率和硫酸铵母液的浓度，减少氨和硫酸的消耗，可以采用两段氨吸收法。第一段采用较高浓度、较低碱度的循环液，使引出的吸收液中含有较多的 NH_4HSO_3，从而降低分解时的酸耗，并提供较浓的硫酸铵母液副产品；第二段采用较低浓度、较高碱度的循环吸收液，以保证较高的吸收效率。

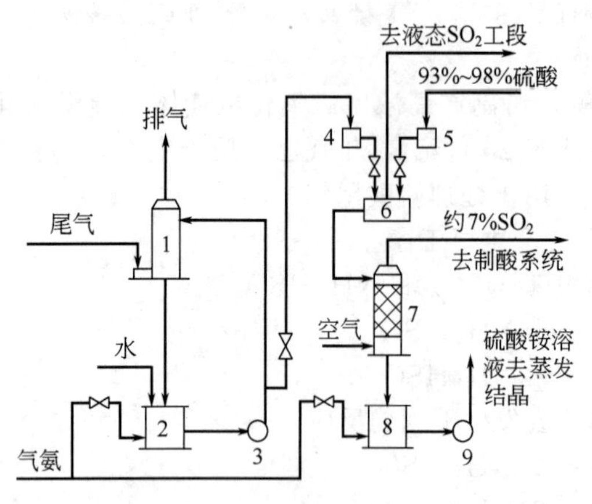

图 5-42　氨-酸法净化硫酸尾气工艺流程

1—尾气吸收塔；2—母液循环槽；3—母液循环泵；4—母液高位槽；5—硫酸高位槽；6—混合槽；7—分解塔；8—中和槽；9—硫酸铵液泵

氨-酸法的吸收设备可采用空塔、填料塔和泡沫塔，因泡沫塔气液传质良好，故一般采用较多。

(2) 氨-硫铵法

氨-硫铵法是将吸收 SO_2 后的吸收液氧化，得到硫酸铵副产物。与石灰石/石灰－石膏法相比具有如下优点：具有脱硫效率高（大于95%），适用于较高二氧化硫含量烟气的净化；避免结垢和堵塞情况的发生；获得价值高的硫酸铵副产物。可用于火力发电锅炉、工业锅炉以及冶金、焦化、电解铝等窑炉的烟气脱硫。

氨-硫铵法烟气脱硫工艺流程如图 5-43 所示。经过静电除尘后的烟气通过增压风机增压后进入吸收塔，与喷淋的氨液逆流接触，烟气中的 SO_2 与吸收剂反应生成 $(NH_4)_2SO_3$ 和 NH_4HSO_3。净烟气经吸收塔内的除雾器除雾后从塔顶排出。生成的 $(NH_4)_2SO_3$ 在吸收塔的氧化池被氧化风机鼓入的空气氧化成 $(NH_4)_2SO_4$。将硫酸铵溶液送至副产物处理的蒸发器，将水分蒸发后使硫酸铵结晶析出。将含硫酸铵晶体的浆液送至旋流器、离心机进行固液分离，母液返回吸收塔，湿的硫酸铵干燥后得到成品硫酸铵。吸收液在循环过程中根据脱硫需要从氨罐中补充吸收剂，从而确保吸收液对二氧化硫的吸收效率。

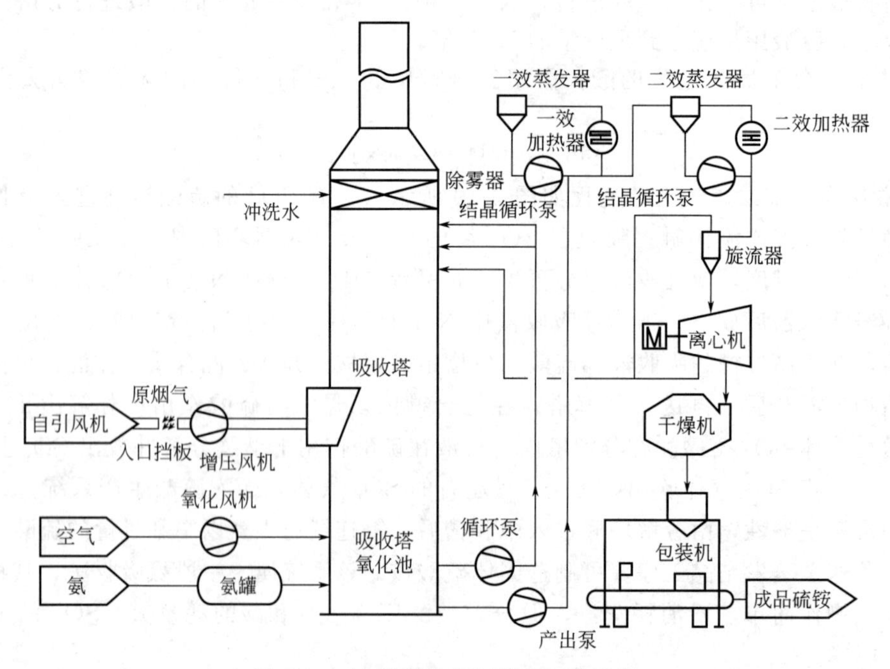

图 5-43　氨-硫铵法烟气脱硫工艺流程

进入吸收塔的烟气温度宜为 80～170℃，烟气中 SO_2 的浓度一般应不大于 30000mg/m³（以干烟气计），颗粒物的浓度一般应不大于 50mg/m³（以干烟气计），锅炉烟气应先经过除尘再进入吸收塔。

吸收工艺的主要技术参数和要求：吸收塔的喷淋层不少于三层，单层液气比≥0.5L/m^3。吸收塔的空塔速率≤3.8m/s，吸收塔的压力损失≤2000Pa。除雾器的除雾性能应确保烟气中雾滴浓度≤50mg/m^3（以干烟气计）。氨的逃逸浓度（指吸收塔出口干烟气中 NH_3 的浓度）小时均值应低于 3mg/m^3，氨回收率应不小于 98%。

5.2.1.5 氧化镁法

一些金属氧化物，如 MgO、ZnO、MnO_2 等，对 SO_2 都具有较好的吸附能力，将金属氧化物制成浆液洗涤气体，由于其吸收效率高，吸收液再生容易，因而常被用来净化 SO_2 废气。氧化锌法适合锌冶炼企业的烟气脱硫；氧化锰法可用无实用价值的低品位软锰矿为原料净化炼铜尾气中的 SO_2，并得副产品——电解锰；氧化镁法多用于净化电厂锅炉烟气。氧化镁法可处理大气量的烟气，具有脱硫效率比较高（可达 90%以上），无结垢问题，可长期连续运转，并可回收硫，避免产生固体废物等特点，在有镁矿资源的地区，是一种有竞争性的脱硫技术。目前，在国外有大规模工业装置运行。

（1）反应原理

利用循环的 MgO 浆液与 SO_2 反应生成含结晶水的亚硫酸镁和硫酸镁，将这些生成物分离、干燥，再进行煅烧，在煅烧炉内加入少量的焦炭，亚硫酸镁和硫酸镁就分解成氧化镁和高浓度的二氧化硫。氧化镁水合后成为氢氧化镁循环使用，高浓度 SO_2 气体作为副产品加以回收利用，生产硫酸或硫黄。该方法主要包括吸收、分离干燥、分解三部分。

① 吸收　主要反应为

$$MgO + H_2O \xlongequal{} Mg(OH)_2\text{(浆液)}$$

$$Mg(OH)_2 + SO_2 + 5H_2O \xlongequal{} MgSO_3 \cdot 6H_2O$$

$$MgSO_3 + SO_2 + H_2O \xlongequal{} Mg(HSO_3)_2$$

$$Mg(HSO_3)_2 + Mg(OH)_2 + 10H_2O \xlongequal{} 2MgSO_3 \cdot 6H_2O$$

为了保证上述第三个反应的完成，MgO 必须过量 5%。研究表明，吸收塔中过量的空气会将部分 $MgSO_3$ 氧化成 $MgSO_4$，反应方程式如下。

$$2MgSO_3 + O_2 \xlongequal{} 2MgSO_4$$

$$MgO + SO_3 \xlongequal{} MgSO_4$$

吸收塔中形成的硫酸镁大部分由过剩空气氧化亚硫酸镁所致。由于 $MgSO_4$ 热分解需要的温度比 $MgSO_3$ 高，因此应当限制亚硫酸盐的氧化。

② 分离干燥　从吸收塔中排出的吸收液中固体含量为 10%，固液分离后进行干燥，除去结晶水，得到 $MgSO_3$、$MgSO_4$、MgO 和惰性组分（如飞灰）的混合物。由干燥过程排出的尾气需通过旋风除尘器捕集夹带的固体颗粒。

③ 分解　将干燥后的 $MgSO_3$ 和 $MgSO_4$ 煅烧，重新得到 MgO，同时放出 SO_2。

$$C + \frac{1}{2}O_2 \xlongequal{} CO$$

$$MgSO_3 \xlongequal{} MgO + SO_2\uparrow$$

$$MgSO_4 + CO \xlongequal{} MgO + SO_2\uparrow + CO_2\uparrow$$

煅烧炉排气中含有 10%的 SO_2，经过初步净化可用来生产硫酸。在煅烧时应严格控制煅烧温度。适宜的煅烧温度为 660～870℃，当煅烧温度超过 1200℃时，会发生 MgO 烧硬或烧结现象而失去脱硫作用。

（2）工艺流程及设备

图 5-44 所示为氧化镁浆液吸收法净化锅炉烟气工艺流程。锅炉燃烧排出的烟气在文氏管洗涤器内用 MgO 浆液洗涤，脱去 SO_2 后排空。吸收液用离心机将 $MgSO_3$、$MgSO_4$ 结晶分离后送干燥器中进行干燥，母液返回吸收系统。干燥后的 $MgSO_3$、$MgSO_4$ 在煅烧炉中煅烧，得到的 MgO 重新制成浆液循环使用，煅烧得到的 SO_2 送去制酸。

主要吸收设备是开米柯文氏管洗涤器如图 5-45 所示。烟气由洗涤器顶端引入，在文氏管喉颈与循环浆液发生强烈雾化作用，强化了气液接触，使吸收效率提高。开米柯文氏管洗涤器的特点：①处理气体量大；②无结垢故障，可长期连续运行；③气液接触效率高，可获得高的脱硫率。

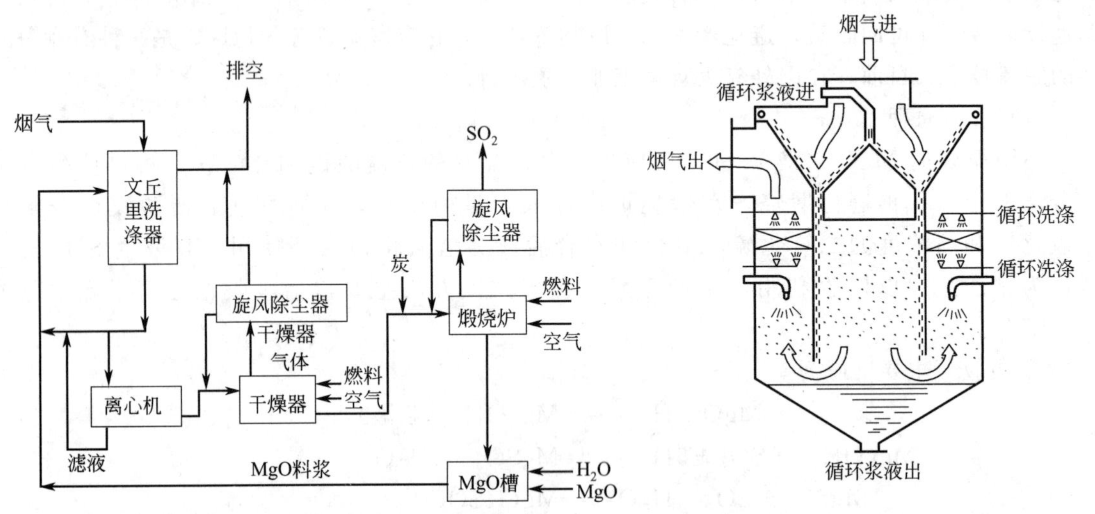

图 5-44 氧化镁浆液吸收法净化锅炉烟气工艺流程

图 5-45 开米柯文氏管洗涤器

5.2.1.6 海水烟气脱硫技术

海水烟气脱硫是以海水作为吸收剂的湿法烟气脱硫工艺。

天然海水含有大量的可溶性盐，其中主要成分是氯化钠和硫酸盐及一定量的可溶性碳酸盐。海水通常呈碱性，pH 值一般为 7.5～8.3，海水中的可溶盐类一般都可以与其酸式盐之间相互转化，因此海洋是一个巨大的具有天然碱度的缓冲体系，依靠海水天然碱度就能使脱硫海水的 pH 值得到恢复，既达到了烟气脱硫的目的，又能满足海水排放的要求。

（1）反应原理

① 吸收　在吸收塔内利用海水作脱硫剂对烟气进行逆向喷淋洗涤，烟气中的 SO_2 被海水吸收变为液相中的亚硫酸盐，其反应如下。

$$SO_2+H_2O=\!=\!=H_2SO_3$$

$$H_2SO_3=\!=\!=H^++HSO_3^-$$

② 氧化　含亚硫酸盐的海水进入曝气池，在曝气池内发生氧化反应，生成硫酸盐和 H^+，但由于海水中存在大量的 HCO_3^-，它与 H^+ 反应生成 CO_2 和 H_2O，从而使 pH 值维持正常。硫酸盐是海水中的天然成分，距脱硫海水排放口一定的距离，脱硫海水和海水之间的差异就会消失。其反应如下。

$$2HSO_3^-+O_2=\!=\!=2SO_4^{2-}+2H^+$$

$$H^{+}+HCO_3^{-}=\!=\!=CO_2\uparrow+H_2O$$

上述过程消耗的氧，通过对吸收 SO_2 后的海水作空气曝气处理，以保证排放海水的氧含量并驱除过量的 CO_2。

(2) 工艺流程

按照是否向海水中加入其他化学物质，可将海水脱硫工艺流程分为两类。一类是不加任何化学物质，以 Flake-Hydro 工艺为代表；另一类是添加石灰或石灰石、石灰混合物，以 Bechtel 工艺为代表。

Flake-Hydro 海水烟气脱硫工艺流程如图 5-46 所示，主要由海水输送系统、烟气系统、SO_2 吸收系统和海水水质恢复系统组成。

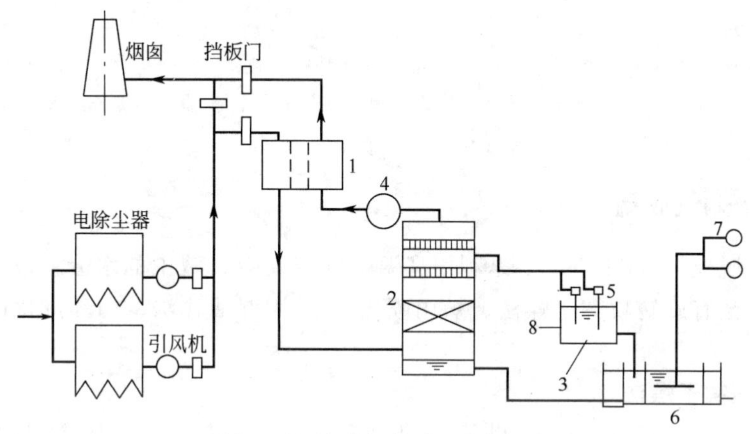

图 5-46 海水烟气脱硫工艺流程

1—气-气热交换器；2—吸收塔；3—混合器；4—增压风机；5—海水升压泵；6—曝气池；7—曝气风机；8—机组凝汽器循环冷却水

① 海水输送系统 海水通过虹吸井的吸水池，经过加压泵将海水送入吸收塔顶部。

② 烟气系统 锅炉排出的烟气经除尘和冷却后，从塔底送入吸收塔，吸收塔出口的清洁烟气经过加热升温至 70℃以上经烟囱排入大气。

③ SO_2 吸收系统 从塔底送入吸收塔的烟气与由塔顶均匀喷洒的纯海水逆向充分接触混合，海水将烟气中 SO_2 吸收生成亚硫酸根离子。

④ 海水水质恢复系统 海水水层恢复系统的主体结构是曝气池，曝气池中注入大量海水（循环冷却水）并和鼓入适量的压缩空气，使海水中的亚硫酸盐转化为稳定无害的硫酸盐，同时释放出 CO_2，使海水的 pH 值升到 6.5 以上，达标后排入大海。

Flake-Hydro 工艺实际上是一种湿式抛弃法脱硫工艺，适用于沿海燃用中、低硫煤的电厂，尤其是淡水资源比较匮乏的地区。具有以下优点。

① 工艺简单，运行可靠；

② 系统无磨损、堵塞和结垢问题，系统利用率高；

③ 不添加脱硫剂，无废水废料处理问题，运行管理工作较简单；

④ 系统脱硫率达 90%；

⑤ 投资省，运行费用低，一般投资占电厂投资的 7%～8%，全烟气量处理时系统电耗占发电量的 1%～1.5%左右。投资和运行费用通常比石灰石-石膏法低三分之一以上。

阅读材料

磷铵肥法烟气脱硫工艺

磷铵肥法烟气脱硫技术属于回收法，以其副产品为磷铵而命名。该工艺过程主要由吸附（活性炭脱硫制酸）、萃取（稀硫酸分解磷矿萃取磷酸）、中和（磷铵中和液制备）、吸收（磷铵液脱硫制肥）、氧化（亚硫酸铵氧化）、浓缩干燥（固体肥料制备）等单元组成。主要分为烟气脱硫系统和肥料制备系统。

① 烟气脱硫系统　烟气经高效除尘器后使含尘量低于 200mg/m³，用风机将烟压升高到 7000Pa，先经文氏管喷水降温调湿，然后进入活性炭脱硫塔组（其中一只塔周期性切换再生），控制一级脱硫率大于 70%，并制得浓度约为 30% 的硫酸，一级脱硫后的烟气进入二级脱硫塔用磷铵浆液洗涤脱硫，净化后的烟气经分离雾沫后排放。

② 肥料制备系统　在常规单槽多浆萃取槽中，同一级脱硫制得的稀硫酸分解磷矿粉（P_2O_5 含量大于 26%），过滤后获得稀磷酸（浓度大于 10%），加氨中和后制得磷铵，作为二级脱硫剂，二级脱硫后的料浆经浓缩干燥制成磷铵复合肥料。

5.2.2 半干法烟气脱硫

半干法烟气脱硫（Semi-FGD）是利用高温烟气蒸发吸收液中的水分，最后脱硫产物呈干态。常见的方法有旋转喷雾干燥法、炉内喷钙-炉后增湿活化法、循环流化床烟气脱硫技术等。

5.2.2.1 旋转喷雾干燥法

旋转喷雾干燥法（SDA）是 20 世纪 80 年代迅速发展起来的一种半干法脱硫工艺，适合于中小型电厂和燃料为中、低硫煤的中小机组的电站锅炉。

旋转喷雾干燥法是用碱性吸收剂的悬浮液或溶液通过高速旋转雾化器雾化成细小的雾滴喷入吸收塔中，并在塔中与经气流分布器导入的热烟气接触，水蒸气和碱性吸收液在干湿两种状态下同 SO_2 反应，干燥产物在气液后用除尘器除去。该法设备和操作简单，系统能耗较低，只是湿法工艺所需能耗的 1/3～1/2。因此，投资及运行费用较低，经济性能较好，适合于中国国情。但脱硫率不高（80%～85%），吸收剂消耗大、利用率不高，对高硫煤不经济。

（1）反应原理

烟气中 SO_2 被雾化的吸收剂浆液吸收，在雾滴与 SO_2 反应的同时，雾滴中的水分被高温烟气干燥，因此所得生成物是粉状干料，含游离水分一般在 2% 以下。然后用除尘器进行气固分离，即达到烟气脱硫的目的。主要包括以下几个步骤。

① 生石灰制浆　$CaO + H_2O = Ca(OH)_2$

② SO_2 被灰浆液滴吸收　$SO_2 + H_2O = H_2SO_3$

③ 吸收的 SO_2 与脱硫剂反应　$Ca(OH)_2 + H_2SO_3 = CaSO_3 + 2H_2O$

④ 液滴中 $CaSO_3$ 过饱和结晶析出　$CaSO_3(aq) = CaSO_3(s)$

⑤ 部分 $CaSO_3$（液）被溶于液滴中的氧所氧化　$CaSO_3(aq) + \frac{1}{2}O_2 = CaSO_4(aq)$

⑥ $CaSO_4$ 饱和结晶析出　$CaSO_4(aq) = CaSO_4(s)$

以上反应使气相中 SO_2 不断溶解从而达到脱硫目的，在此过程中碱性物质被不断消耗，需由固体吸收剂溶解补充。

(2) 工艺流程

喷雾干燥脱硫工艺流程如图 5-47 所示，主要分为脱硫浆液的制备、脱硫浆液的雾化、雾滴与烟气接触、SO_2 吸收和水分的蒸发、灰渣的再循环与排除五个步骤。

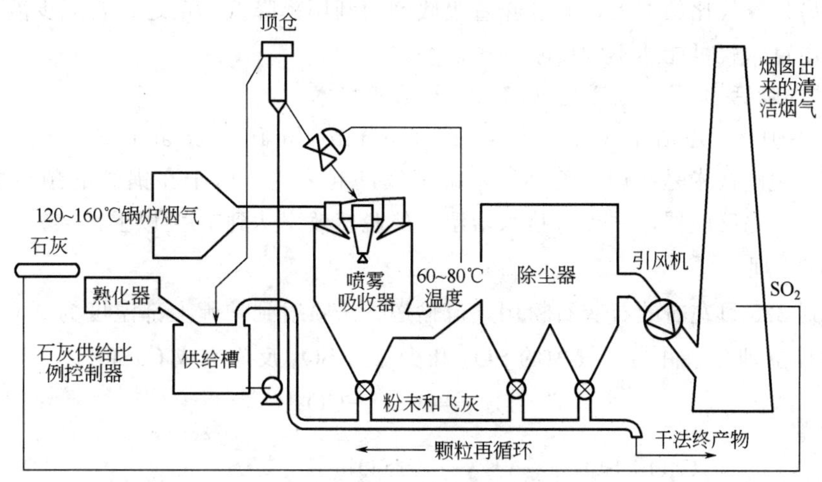

图 5-47 喷雾干燥脱硫工艺流程

① 脱硫浆液的制备 采用 CaO 含量尽可能高的石灰作脱硫剂。石灰仓内的粉状石灰经螺旋输送机送入消化槽，并制成高浓度浆液，然后进入配浆槽，并过滤去除大颗粒的杂质。在配浆槽内用水将浓浆稀释到 20%左右。制备好的石灰浆液用泵送到吸收剂罐，再用泵送到高位槽备用。

② 脱硫浆液的雾化 制备好的石灰浆液从高位槽自动流入旋转离心雾化器内，经分配器进入高速旋转的雾化轮，浆液被喷射成石灰乳雾化微滴。

③ 雾滴与烟气接触 烟气沿切线方向进入喷雾干燥吸收塔顶部的蜗壳状烟气分配器，沿雾化轮四周进入塔内，正好与吸收剂形成逆向接触。

④ SO_2 吸收和水分的蒸发 烟气与吸收剂在吸收塔内接触后，即发生热交换和化学反应。烟气中的 SO_2 与 $Ca(OH)_2$ 反应生成 $CaSO_4$ 和 $CaSO_3$ 粉粒。

在吸收塔内，SO_2 的吸收与水分的蒸发主要分为两个阶段进行。第一阶段为恒速干燥阶段，主要是浆液表面水的自由蒸发。由于浆液表面水分的存在为吸收 SO_2 的反应创造了良好的条件，属于气-液反应过程，约有 50%的吸收反应发生在该段，所需时间约 1～2s。随着水分的蒸发，浆液中固体物含量增加。当浆液滴表面出现明显的固体物质时，便进入第二阶段。在这一阶段，由于 SO_2 必须穿过固体颗粒表面向内扩散，才能与内部的吸收剂发生反应，因此反应速率减慢。

⑤ 灰渣的再循环与排除 部分粉粒在喷雾干燥吸收塔内被收集，剩余部分粉粒和烟气中的飞灰随气流进入袋式除尘器或电除尘器而被分离。为提高脱硫剂利用率，吸收塔和除尘器排出的灰渣部分被再循环使用，其余部分则进行综合利用。

(3) 影响因素

试验结果表明，脱硫效率随 Ca/S 增大而增大。当 Ca/S 小于 1 时，脱硫效率完全由吸收剂的量所决定；当 Ca/S 大于 1 时，脱硫效率增加缓慢，石灰利用率也下降。因此为了提高系统运行的经济性及所要求的脱硫效率，在操作上要根据烟气中 SO_2 浓度和烟气温度调节好喷入的吸收剂量。

由于 SO_2 与吸收剂的反应主要发生在液滴上，因而吸收剂的雾化状况、烟气同雾滴的接触状况和作用时间对 SO_2 的脱除和吸收剂的利用率都有影响。增大液气比，则吸收剂喷出雾滴多，有利于气-液间的良好接触，但使水分蒸发量增大，造成烟气中水分增加，在滤袋中冷凝；另外液气比的增大，则意味着吸收剂的利用率降低。反之，若减少液气比，即减少吸收剂的用量，就可能达不到要求的脱硫率。

5.2.2.2 炉内喷钙-炉后增湿活化（LIFAC）脱硫技术

炉内喷钙-炉后增湿活化（limestone injection into the furnace and activation of calcium，LIFAC）烟气脱硫技术是在炉内喷钙的基础上发展起来的。由于在锅炉的预热器和除尘器之间加装一个活化反应器，并进行喷水增湿，使脱硫效率达到 70%以上。

（1）反应原理

将磨细到 325 目左右的石灰石粉用气流输送方法喷射到炉膛上部温度为 900～1250℃的区域，$CaCO_3$ 立即分解并与烟气中的 SO_2 和少量的 SO_3 反应生成 $CaSO_4$。

$$CaCO_3 = CaO + CO_2 \uparrow$$

$$CaO + SO_2 + \frac{1}{2}O_2 = CaSO_4$$

$$CaO + SO_3 = CaSO_4$$

在活化器内炉膛中未反应的 CaO 与喷入的水反应生成 $Ca(OH)_2$，SO_2 与生成的 $Ca(OH)_2$ 快速反应生成 $CaSO_3$，有部分被氧化成 $CaSO_4$。

$$CaO + H_2O = Ca(OH)_2$$

$$Ca(OH)_2 + SO_2 = CaSO_3 + H_2O$$

$$CaSO_3 + \frac{1}{2}O_2 = CaSO_4$$

（2）工艺流程

炉内喷钙-炉后增湿活化烟气脱硫系统主要由石灰石粉制备系统、炉内喷钙系统、烟气增湿活化系统、仪表控制系统和电气系统组成，其工艺流程示意图如图 5-48 所示。

① 石灰石粉制备系统　该系统的作用是提供脱硫剂石灰石粉，包括石灰石原料的运输、石灰石粉的制备及运输等。要求石灰石粉的粒度为 325 目，并具有较高的比表面积，以使其在较短时间内完成煅烧及吸收 SO_2 的反应。

② 炉内喷钙系统　该系统的主要任务是完成石灰石粉计量、送粉量调节、炉内喷钙、煅烧分解、与 SO_2 反应等。石灰石粉通过压缩空气正压输送到石灰石粉仓。用泵将石灰石粉输送到设置在炉前的计量给料系统。螺旋给料机将粉料送入混合器，再由风机将粉料经过喷嘴喷入炉膛。为了使石灰石粉气流能与烟气混合均匀，喷嘴处的喷射速度应保持 60～90m/s，并设置了二次风作为助推空气。喷射到炉内的石灰石粉立即分解为 CaO，并与 SO_2 反应，生成 $CaSO_4$。

③ 烟气增湿活化系统　该系统的作用是通过活化器内喷水与烟气充分混合，使没有反应的 CaO 与 H_2O 反应生成 $Ca(OH)_2$，从而进一步脱硫。活化器是整个脱硫系统的心脏，其本体是直径 11m、高 43m 的罐状塔，外壁需要较好保温。烟气在活化器的顶部分成 9 路进入活化器，每一通道中有一喷嘴。压缩空气和水通过一根同心双层管进入，通过头部的 5

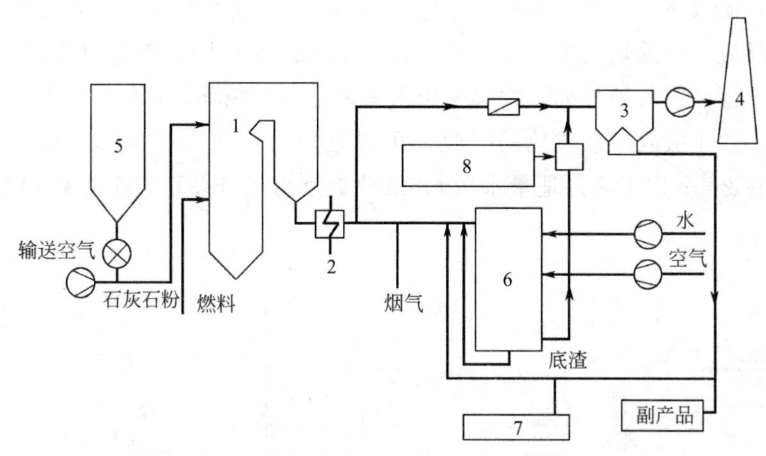

图 5-48 炉内喷钙-炉后增湿活化烟气脱硫工艺流程

1—锅炉；2—空气预热器；3—静电除尘器；4—烟囱；5—石灰石粉计量仓；6—活化器；7—再循环灰槽；8—空气加热器

只喷嘴呈扇状水平喷出，形成水雾。烟气穿过水雾层进入活化器。

④ 仪表控制系统　以小型的DCS系统（集中分散控制系统）组成的自动化装置可以实现整个脱硫系统的自动控制。在单元控制室内，以带屏幕显示和键盘操作的操作员站为中心，实现脱硫系统正常运行工况的监视和调整、异常工况的报警和紧急事故处理等。DCS系统还可以提供以安全为目的的联锁保护，对单个设备进行远方启停，并对运行工况的数据进行采集和分析等。

该控制系统可以对运行中影响工艺性能的主要参数（石灰石喷射量、活化器出口温度、再热器出口温度、再循环灰渣量、助推风风量）进行自动控制。

（3）主要性能保证

① 石灰石粉 $CaCO_3$ 含量>93%，80%粉粒粒径<40μm，Ca/S 为 2.5 时，系统脱硫率≥75%（炉内喷钙的脱硫率约 25%～35%，烟气经过加水增湿活化和干灰再循环，可使系统的脱硫率达到 75%；若将电除尘器捕集的部分物料加水制成灰浆喷入活化器增湿活化，可使系统总脱硫率提高到 85%。但这一步增加的投资约占脱硫系统总投资的 5%）。

② 电除尘器前颗粒物浓度≤$72g/m^3$（标准状态），烟气温度>70℃。

③ 活化器出口烟气温度>55℃，压力损失<1300Pa。

④ 系统的平均电负荷<760kW。

⑤ 系统的利用率>95%。

5.2.2.3 循环流化床烟气脱硫技术

循环流化床烟气脱硫（CFB-FGD）是 20 世纪 80 年代德国鲁奇（Lurgi）公司开发的一种脱硫工艺，以循环流化床原理为基础，通过脱硫剂的多次再循环，延长了脱硫剂与烟气的接触时间，大大提高了脱硫剂的利用率和脱硫效率（90%）。

烟气循环流化床主要由吸收剂制备系统、二氧化硫吸收系统、除尘系统、吸收剂再循环系统、自控和在线监测等系统组成。其典型工艺流程如图 5-49 所示。烟气经过一级除尘器后进入脱硫塔，吸收剂可以是干粉，同时少量水作为增湿水分别进入脱硫反应塔中（也可将吸收剂与水混合制成浆液，再喷入脱硫反应塔中)，烟气与加入的吸收剂及再循环灰充分混合，发生化学反应，脱除烟气中二氧化硫气体。烟气由脱硫塔上部出口排出，经过分离器、二级除尘器后，固体颗粒被分离，大部分送入塔内进行再循环，烟气继续经过引风机，通过烟囱排入大气。用于吸收二氧化硫的吸收剂可以是消石灰［$Ca(OH)_2$］或生石灰（CaO）。生石灰粉粒应在2mm以下，加适量水后4min内温度可以升高至60℃，CaO含量≥80%。

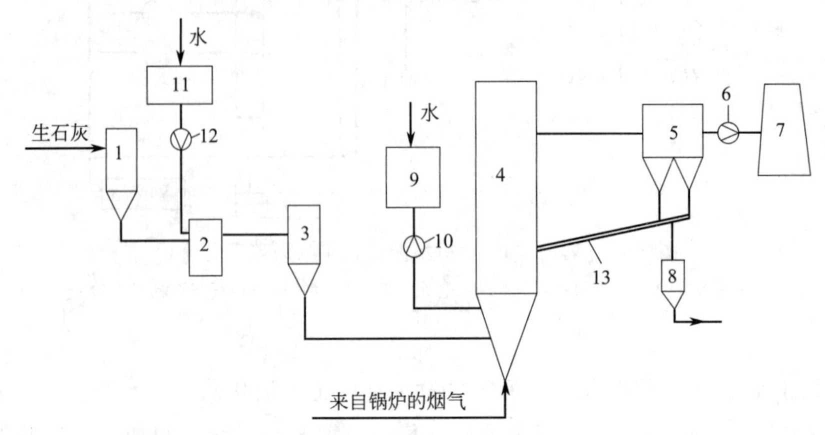

图5-49 烟气循环流化床法净化烟气中SO_2工艺流程

1—生石灰仓；2—生石灰消化装置；3—消石灰仓；4—脱硫反应器；
5—分离器或除尘器；6—引风机；7—烟囱；8—残渣仓；9—工艺水箱；
10—工艺水泵；11—消化装置水箱；12—消化水泵；13—吸收剂再循环回送装置

5.2.3 干法烟气脱硫

干法烟气脱硫（dry FGD）是用粉状或粒状吸附剂或催化剂来脱除废气中的SO_2。常见的有高能电子活化氧化法（包括电子束照射法、脉冲电晕等离子体法)、荷电干吸收剂喷射脱硫法（CDSI)、活性炭吸附法、超高压脉冲活化分解法和流化床氧化铜法等。中国在20世纪90年代曾引进了高能电子活化氧化（电子束照射法）和荷电干吸收剂喷射脱硫设备。高能电子活化氧化法可以同时进行烟气脱硫脱硝，在烟气中NO_x净化技术一节中介绍，这里只介绍荷电干吸收剂喷射脱硫法和活性炭吸附法。

5.2.3.1 荷电干吸收剂喷射脱硫法

荷电干吸收剂喷射系统（charged dry sorbent injection，CDSI）是由美国阿兰柯环境资源公司（Alanco Environmental Resources Co.）在20世纪90年代开发的干法脱硫技术。该法投资少，占地面积小，工艺简单，但对脱硫剂中$Ca(OH)_2$的含量、粒度及含水率的要求较高；另外，脱硫效率也不高，当Ca/S为1.5左右时，脱硫效率达60%～70%。适用于中小型锅炉的烟气脱硫。

(1) 工艺流程

图5-50是荷电干脱硫剂喷射系统图，主要由脱硫剂给料装置、高压电源和喷枪等组成。当脱硫剂粉末以高速流过喷枪主体时，就进入高压静电电晕区，从而使脱硫剂粒子荷电。当荷电的脱硫剂粉末通过喷枪的喷管被喷射到烟气流中后，因排斥作用便很快在烟气中扩散，

迅速与烟气中的 SO_2 发生反应，生成 $CaSO_3$，通过电除尘器除去。

由于脱硫剂能形成均匀的悬浮状态，使每个吸收剂粒子的表面都暴露在烟气中，增大了与 SO_2 接触的概率，与传统的烟道内直接喷钙脱硫技术相比，有效地提高了 SO_2 的去除率。另外脱硫剂粒子表面的电晕荷电，还大大提高了脱硫剂的活性，减少了同 SO_2 反应所需的滞留时间，一般在 2s 左右即可完成反应，而传统的烟道内直接喷钙脱硫充分反应的时间要 4s 以上。

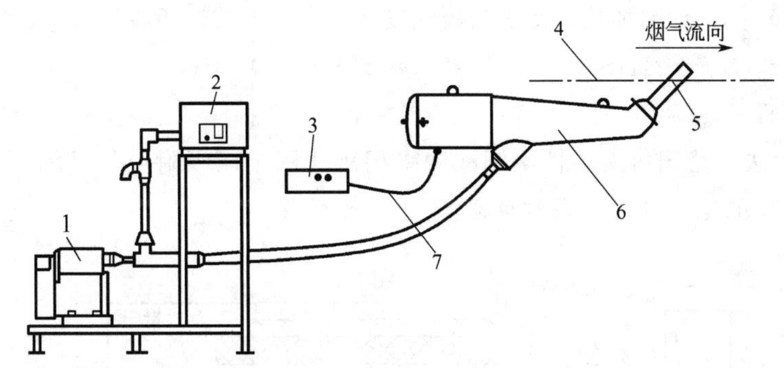

图 5-50 荷电干脱硫剂喷射系统（CDSI）

1—反馈式鼓风机；2—干粉给料机；3—高压电源发生器；4—烟气管道

5—安装板；6—喷枪主体；7—高压包心电缆

（2）技术要求

① 荷电干脱硫剂喷射系统一般安装在锅炉烟气出口处适当位置上，从脱硫剂喷入位置到除尘设备之间的烟道长度应保证 2s 的滞留时间。

② 为了提高脱硫剂的利用率，使荷电粉末不会因为过多的颗粒物撞击而失去电荷，要求到达脱硫剂喷入位置时的颗粒物浓度不超过 $10g/m^3$（标准状态）。若超过则可以采用预除尘装置来降低颗粒物的浓度。

③ 要求脱硫剂干粉末中，$Ca(OH)_2$ 含量＞90％，含水量≤0.5％，粒度30～50μm。

④ Ca/S 为 1.5 左右，脱硫效率 60％～70％。

5.2.3.2 活性炭吸附法

吸附法脱除 SO_2 是用活性固体吸附剂吸附烟气中的 SO_2，然后再用一定的方法把被吸附的 SO_2 释放出来，使吸附剂再生供循环使用。目前应用最多的吸附剂是活性炭，在工业上已有较成熟的应用。

（1）反应原理

活性炭对烟气中 SO_2 的吸附，既有物理吸附，也有化学吸附，特别是当烟气中存在着氧气和水蒸气时，化学反应表现得尤为明显。这是因为在此条件下，活性炭表面对 SO_2 与 O_2 的反应具有催化作用，使烟气中的 SO_2 氧化成 SO_3，SO_3 再和水蒸气反应生成硫酸。

① 吸附

物理吸附：

$$SO_2 \longrightarrow SO_2^*$$

$$O_2 \longrightarrow O_2^*$$

$$H_2O \longrightarrow H_2O^*$$

化学吸附：
$$2SO_2^* + O_2^* \longrightarrow 2SO_3^*$$
$$SO_3^* + H_2O \longrightarrow H_2SO_4^*$$
$$H_2SO_4^* + nH_2O \longrightarrow H_2SO_4 \cdot nH_2O$$
总反应：
$$2SO_2 + 2H_2O + O_2 \longrightarrow H_2SO_4$$

② 活性炭再生　活性炭吸附的硫酸存在于活性炭的微孔中，降低了其吸附能力。可通过水洗或加热放出 SO_2，使活性炭得到再生。水洗再生是用水洗出活性炭微孔中的硫酸。加热再生是对吸附有 SO_2 的活性炭加热，使炭与硫酸发生反应，硫酸被还原为 SO_2，反应如下。
$$2H_2SO_4 + C = 2SO_2\uparrow + 2H_2O + CO_2\uparrow$$

（2）工艺流程

① 水洗再生法　德国鲁奇活性炭制酸法采用卧式固定床吸附流程见图 5-51 所示，可用于硫酸厂、钛白厂的尾气处理，得到稀硫酸。

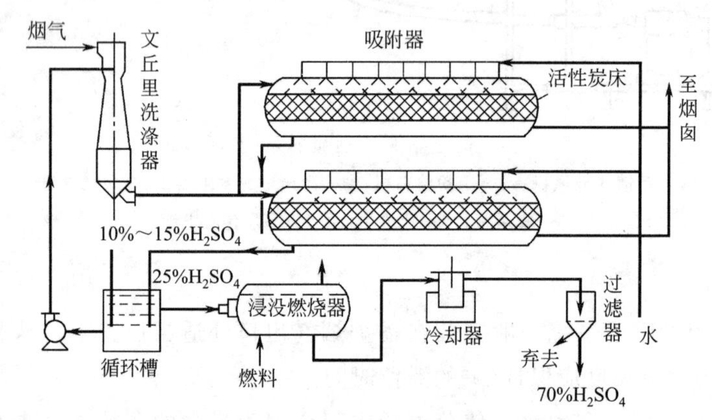

图 5-51　固定床吸附流程

含 SO_2 尾气先在文丘里洗涤器内被来自循环槽的稀硫酸冷却并除尘。洗涤后的气体进入固定床活性炭吸附装置，经活性炭吸附净化后的气体排空。在气流连续流动的情况下，从吸附装置顶部间歇喷水，洗去在吸附剂上生成的硫酸，此时得到 10%～15% 的稀酸。此稀酸在文丘里洗涤器冷却尾气时，被蒸浓到 25%～30%，再经浸没式燃烧器等的进一步提浓，最终浓度可达 70%，可用来生产化肥。该流程脱硫效率达 90%。

② 加热再生法　图 5-52 所示是活性炭移动床吸附脱除烟气中 SO_2 工艺流程图，图5-53 是 SO_2 烟气净化系统图。烟气送入吸附塔与活性炭逆流接触，SO_2 被活性炭吸附而脱除，净化气经烟囱排入大气。吸附了 SO_2 的活性炭被送入脱附塔，先在废气热交换器内预热至 300℃，再与 300℃的过热水蒸气接触，活性炭上的硫酸被还原成 SO_2 放出。脱硫后的活性炭与冷空气进行热交换而被冷却至 150℃后，送至空气处理槽，与预热过的空气接触，进一步脱除 SO_2，然后送入吸附塔循环使用。从脱附塔产生的 SO_2、CO_2 和水蒸

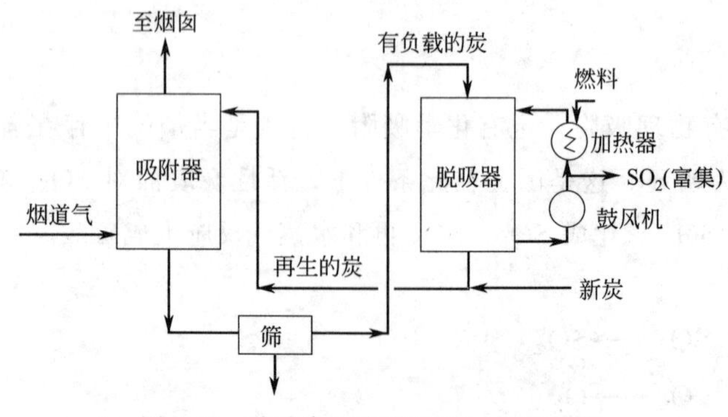

图 5-52　移动床吸附脱除 SO_2 工艺流程

气经过换热器除去水蒸气后，送入硫酸厂。此法脱硫率为85%左右。

图 5-53 SO_2 烟气净化系统

（3）影响因素

① 温度 在用活性炭吸附 SO_2 时，物理吸附及化学吸附的吸附量均受到温度的影响，随着温度的升高，吸附量下降。在实际操作中，因工艺条件不同，实际吸附温度有低温、中温和高温吸附（见表 5-11）。

表 5-11 三种活性炭吸附法的比较

活性炭吸附	低温（20～100℃）	中温（100～160℃）	高温（>200℃）
吸附方式	主要是物理吸附	主要是化学吸附	化学吸附
再生技术	水洗生成 H_2SO_4，氨水洗生成 $(NH_4)_2SO_4$	加热至 250～350℃ 释放出 SO_2	高温，生成硫的氧化物、硫化物和硫等
优　点	催化吸附剂的分解和损失很小	气体不需预处理	接近 800℃，高效产品自发解吸，气体不需要预处理
缺　点	吸附剂仅一小部分表面起作用，液相硫酸浓度会阻碍扩散，需要对气体进行预冷却	一部分表面起作用，再生要损失一部分炭，解吸 SO_2 需再处理，吸附剂可能中毒也可能着火	产品处理较困难，炭会损耗，吸附剂可能中毒也可能着火

② 氧和水分 氧和水分的存在，导致化学吸附的进行，使总吸附量大大增加，当含量低于3%时，反应效率下降，氧含量高于5%时反应效率明显提高。一般烟气中氧含量为5%～10%，能够满足脱硫反应要求。而水蒸气的浓度影响到活性炭表面上生成的稀硫酸的浓度。

③ 吸附时间 在吸附过程中，吸附增量随吸附时间的增加而减少。在生成硫酸量达30%之前，吸附进行得很快，吸附量与吸附时间成正比；当大于30%以后，吸附速度减慢。

阅读材料

填充式电晕法烟气脱硫技术

填充式电晕法是近几年发展起来的一项新技术，该方法设备简单、操作简便、投资少，因此成为国际上干法脱硫的研究前沿。填充式电晕法脱硫原理为：在高压电晕放电的情况下，由于电场的作用，在烟气中形成大量的非平衡态等离子体。在高能电子的碰撞下，烟气中的 H_2O、O_2、SO_2 等气体分子活化、裂解或电离，产生大量氧化性强的活化基团（如 OH·、O、O_3、$O_2^{\cdot}$ 等）。电晕电场的存在源源不断地提供了这些粒子的来源。而 SO_2 在其中发生一系列的气体等离子体化学反应，最终使二氧化硫氧化成三氧化硫。

【应用实例 4】 简易石灰石/石灰-石膏湿法用于化工厂锅炉烟气脱硫

山东潍坊化工厂、南宁化工集团公司和重庆长寿化工厂先后从日本引进了 35t/h 锅炉的简易石灰石/石灰-石膏湿法烟气脱硫系统。该系统脱硫装置的设计、制造、运输及现场运行调试由日本三菱重工提供技术指导，土建、设备安装等由化工厂自己进行。

(1) 工艺流程及设备

图 5-54 是潍坊化工厂的 FGD 工艺流程。从锅炉空气预热器来的烟气经水膜除尘器除尘后由引风机导入吸收塔。吸收塔除了在下部设置一层喷浆管外，没有其他内构件，压损很低，故不设脱硫装置用的升压风机。经吸收塔处理后的烟气除雾后直接从安装在塔顶的烟囱排放。这样，不需对脱硫装置下游的烟道及老厂烟囱内壁进行防腐处理；烟气不再加热直接排放，省去了烟气换热器。

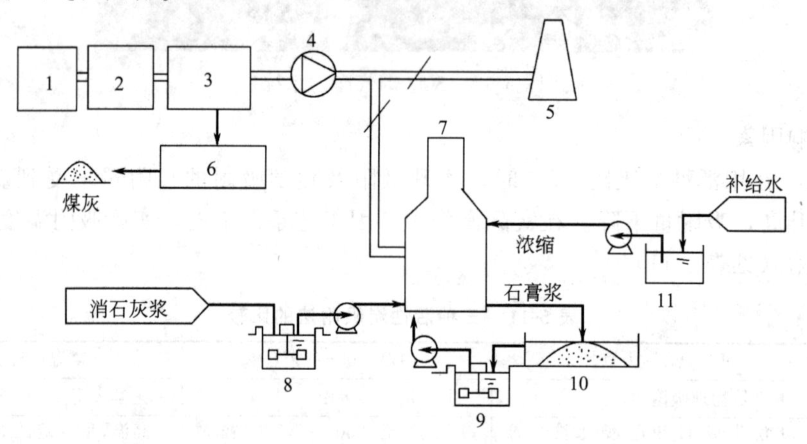

图 5-54 潍坊化工厂的 FGD 工艺流程

1—蒸汽发生器；2—空气预热器；3—水膜式除尘器；4—IDF；5—原有烟囱；6—沉淀槽；7—烟囱组合型吸收塔；8—消石灰浆液槽；9—滤液槽；10—石膏槽；11—补给水槽

系统的烟囱组合型简易脱硫装置采用了对流式液柱吸收塔（简称液柱塔），图 5-55 是液柱吸收塔示意图。从吸收塔下部导入的烟气在塔内上升的过程中与吸收液相接触，烟气中的 SO_2 和烟尘被有效地脱除。吸收液由设置在吸收塔下部的单层喷管向上喷出，在上部散开后落下。在这喷上落下的过程中，形成了较大的气流接触面，促进了烟气中 SO_2 及烟尘的脱除。这种烟囱组合型液柱吸收塔内部结构简单，压损小，维修方便；烟囱安装在塔顶，占地面积小，不需烟道，也无需对原有烟囱进行改造或防腐处理。

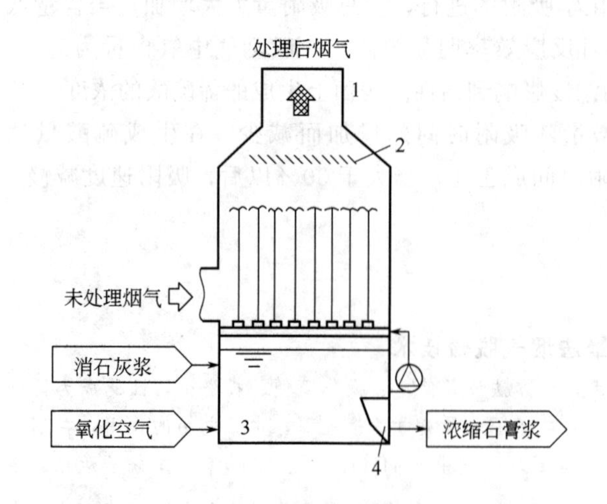

图 5-55 液柱吸收塔示意图

1—烟囱；2—除雾器；3—吸收塔液室；4—浓缩槽

在吸收塔下部的液室中鼓入空气，将吸收 SO_2 生成的 HSO_3^- 氧化成为 SO_4^{2-}。SO_4^{2-} 在吸收塔内与连续送入的电石渣浆进行反应，生成可以利用的副产品——石膏。

塔内生成的石膏浆在设置于吸收塔内的浓缩槽中被浓缩后，送入石膏槽（如图 5-56 所示）。浓缩槽设置在吸收塔液室中，进入浓缩槽的石膏浆靠重力自然沉降浓缩，浓缩的性能可由通入空气来调整。这样，能将经过一定程度浓缩、粒径较大的石膏有选择地从吸收塔抽出。

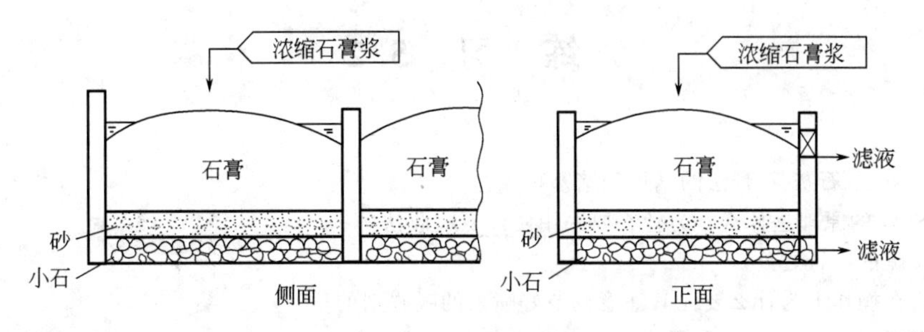

图 5-56 石膏槽简图

石膏槽底部铺有小石子和沙，加入浓缩的石膏浆后，滤液可同时从上、下排出。经过振动器的振动，可将石膏脱水至可装卸的程度，这样就省去了带式过滤机、离心分离机等石膏脱水设备。脱水后的石膏用机铲挖出，装车外运。

在脱硫装置专用的控制室中设有脱硫控制台、监视器及打印机。当现场的各台设备启动后，通过脱硫控制台可对各台设备的运行状态、吸收液的 pH 值、进出口 SO_2 浓度以及电石渣浆的投入量等进行自动控制与监视。各个数据及其随时间的变化趋势图都可在监视器上显示，并可存储在计算机内或打印出来进行分析。

（2）脱硫性能

系统脱硫性能测试结果见表 5-12。

表 5-12 脱硫性能测试结果

项目	设计值	实验值
锅炉负荷	100%	100%
脱硫装置入口烟气		
流量/(m^3/h)	100000	93300
温度/℃	68	66
烟尘浓度/(mg/m^3)	148	189
压力/Pa	784	225
SO_2浓度(干)/(mg/m^3)	1500	1050
脱硫装置出口烟气		
流量/(m^3/h)	103255	96500
温度/℃	51.8	41
烟尘浓度/(mg/m^3)	70	80
压力/Pa	0	−176
SO_2浓度(干)/(mg/m^3)	450	185
脱硫率	70%	82.4%
脱硫装置烟气压损/Pa	784	总计 225

（3）脱硫成本

根据厂方提供的数据，不考虑设备折旧、不计脱硫剂（电石渣）成本的前提下，脱硫系统的年运行费用为 65.48 万元，年脱除 SO_2 量 1589t，脱除 1t SO_2 的成本为 412 元。

（4）特点及问题

① 脱硫装置集吸收、氧化、石膏初浓缩和烟囱于一体，体积小，压损低，占地少，投资和运行费用较低；自动化程度高，电脑监控，运行简单；性能可靠，运行稳定，维修费用低；脱硫效率达到设计要求。

② 装置投运后，由于除雾器能力所限，烟囱出现下酸雨现象；石膏槽中人工手持振动器脱水劳动强度大。经过改进，这些问题已基本得到解决。

③ 运行中液气比较大，使进一步降低电耗困难。

练 习 5.2

思考题

1. 如何防止石灰石/石灰-石膏法的结垢和堵塞现象？
2. 氨法脱除 SO_2 的原理是什么？为什么要采用两段氨吸收法？
3. 简述海水脱硫的可行之处。
4. 喷雾干燥法在操作上为什么要尤其注意调节好喷入的吸收剂的量？
5. 影响活性炭吸附 SO_2 的因素有哪些？

选择题

1. 目前应用最广且技术最成熟的烟气脱硫工艺是（　　）。
   A. 石灰-石膏湿法　　B. 钠碱吸收法　　C. 循环流化床法　　D. 旋转喷雾干燥法
2. 用石灰-石膏湿法烟气脱硫工艺流程中，一般控制料浆 pH 值为（　　）。
   A. 8～9　　B. 6 左右　　C. <4　　D. >9
3. 在石灰石/石灰-石膏法湿法烟气脱硫工艺流程中，为防止 $CaCO_3$ 和 $Ca(OH)_2$ 沉积造成设备堵塞，无效的方法是（　　）。
   A. 选用内部构件少，阻力小的设备　　B. 加入己二酸
   C. 加入硫酸镁　　D. 提高烟气的温度
4. 活性炭吸附法净化含 SO_2 烟气，对吸附有 SO_2 的活性炭加热进行再生，该方法属于（　　）。
   A. 升温再生　　B. 吹扫再生　　C. 置换脱附　　D. 化学转化再生
5. 下列关于燃煤电厂烟气脱硫的叙述，（　　）是不正确的。
   A. 可以采用石灰石/石灰-石膏法工艺
   B. 只能采用烟气循环流化床工艺
   C. 燃用含硫量大于或等于 1.5%煤、或总蒸发量大于 410t/h 等级的锅炉，当周围 80km 内有可靠的氨源时，宜使用氨法工艺，并对副产物进行深加工利用
   D. 燃用中低硫燃料的海边电厂，经过海洋环保论证，可使用海水法脱硫或以海水为工艺水的钙法脱硫
6. 关于石灰石/石灰-石膏法烟气脱硫工艺的叙述，（　　）不正确。
   A. 以生石灰粉作为吸收剂时，要求生石灰粉中 CaO 含量≥80%
   B. 以熟石灰粉作为吸收剂时，要求熟石灰粉中 $Ca(OH)_2$ 含量≥90%
   C. 以石灰石粉作为吸收剂时，要求熟石灰石粉中 $CaCO_3$ 含量≥90%
   D. 以石灰石粉作为吸收剂时，要求熟石灰石粉中 $CaCO_3$ 含量≥75%
7. 关于氨－硫铵法燃煤锅炉烟气脱硫工艺的叙述，（　　）不正确。
   A. 脱硫效率比石灰石/石灰-石膏法高
   B. 允许烟气中 SO_2 的浓度比石灰石/石灰-石膏法高
   C. 允许烟气中颗粒物的浓度比石灰石/石灰-石膏法高
   D. 避免石灰石/石灰-石膏法中结垢和堵塞情况的发生
8. 关于石灰石-石膏法烟气脱硫 pH 值自然分区、物理分区和物理分区双循环工艺的叙述，（　　）不正确。
   A. 三种分区工艺均是上层喷淋浆液的 pH 值高于下层的 pH 值
   B. 三种分区工艺均是上层喷淋浆液的 pH 值低于下层的 pH 值
   C. pH 值自然分区工艺为上层喷淋浆液的 pH 值高于下层的 pH 值
   D. pH 值物理分区工艺为下层喷淋浆液的 pH 值低于上层的 pH 值

计算题

1. 燃煤锅炉烟气脱硫前烟气流量为 Q_1（m^3/h），烟气中 SO_2 的浓度为 ρ_1（mg/m^3），脱硫后烟气流量为 Q_2（m^3/h），烟气中 SO_2 的浓度为 ρ_2（mg/m^3）。试推导出脱硫效率的计算公式。
2. 某电厂燃煤锅炉烟气中 SO_2 的体积分数为 0.28%，排放标准中规定 SO_2 的最高允许排放浓度为 $50mg/m^3$，脱硫效率至少要达到多少时才能实现达标排放？脱硫效率至少要达到多少时才能实现超低排放（SO_2 的排放浓度为 $35mg/m^3$）？

现场教学

到安装有烟气脱硫净化设备的工厂参观学习。要求：

① 掌握该工厂采用的净化方法、净化设备和工艺流程；

② 了解净化效率，分析影响净化效率的因素；

③ 了解设备成本、运行费用及综合利用情况。

5.3 烟气中氮氧化物净化技术

人类活动排放的氮氧化物 90%以上来自燃料的燃烧过程，如各种锅炉、焙烧炉和燃烧炉的燃烧过程；机动车和柴油车排气；硝酸生产和各种硝化过程；冶金工业中的炼焦、冶炼等高温过程和金属表面的硝酸处理等。

国内外控制氮氧化物通常采用的方法主要包括：①低 NO_x 生成燃烧技术；②烟气脱硝；③高烟囱扩散稀释等方法。近期内，烟气脱硝仍是控制氮氧化物污染的主要方法。目前，烟气脱硝技术有气相反应法、液体吸收法、吸附法、液膜法和微生物法等。

气相反应法又分为高能电子氧化法（包括电子束照射法和脉冲电晕等离子体法）、还原法和低温常压等离子体分解法三类。液体吸收法较多，应用也较广泛。与干法相比，湿法工艺具有设备简单、投资少等优点，但净化效率较低。吸附法脱除氮氧化物效率高，但因吸附容量小，吸附剂用量大，设备庞大，再生频繁等因素，限制其广泛应用。液膜法和微生物法是国外新近提出的脱硝工艺。高能电子氧化法和液膜法可以同时脱硫脱硝。目前工业上应用的主要是气相反应法和液体吸收法两类。

还原法是利用还原剂将烟气中的氮氧化物还原为氮气的方法。根据反应中是否使用催化剂将还原法分为催化还原法和非催化还原法。根据还原剂在还原氮氧化物的同时是否与氧气发生反应，将还原法分为选择性还原法和非选择性还原法。将还原剂有选择性地与氮氧化物发生还原反应而不与氧气反应的还原法称为选择性还原法，将还原剂与氧气反应的还原法称为非选择性还原法。

非选择性催化还原法是在一定温度下，以 Pt、Pd 等贵金属作催化剂，用还原剂（H_2、CO、CH_4 等）将废气中的 NO_2 和 NO 还原为 N_2。同时还原剂还与废气中的氧气反应，并放出大量的热。由于该法存在还原剂用量大，需要贵金属作催化剂，需要热回收装置，运行费用高等缺点，逐渐被选择性非催化还原法和选择性催化还原法所替代。

5.3.1 选择性催化还原法

选择性催化还原法（selective catalytic reduction，SCR）通常用 NH_3 作为还原剂，在催化剂的作用下，在较低温度条件下，NH_3 有选择地将废气中的 NO_x 还原为 N_2。选择性催化还原法主要用于硝酸生产、硝化过程、金属表面的硝酸处理、催化剂制造等非燃烧过程

产生的 NO_x 废气，也可用于净化燃烧烟气中的 NO_x。

（1）反应原理

在温度较低时，在反应器中 NH_3 与废气中的 NO_2 和 NO 在催化剂的作用下发生如下反应。

$$4NH_3 + 6NO = 5N_2 + 6H_2O$$
$$8NH_3 + 6NO_2 = 7N_2 + 12H_2O$$

选择合适的催化剂，可以降低副反应 $4NH_3 + 3O_2 = 2H_2 + 6H_2O$ 的速率。

在一般的选择性催化还原工艺中，反应温度常控制在 300℃以下，因为温度超过 350℃，会发生下列副反应。

$$2NH_3 = N_2 + 3H_2$$
$$4NH_3 + 5O_2 = 4NO + 6H_2O$$

（2）工艺流程

根据 SCR 脱硝反应器的安装位置，SCR 脱硝工艺分为高粉尘布置、低粉尘布置和尾部布置三种。高粉尘布置是指将 SCR 反应器布置在锅炉省煤器和空气预热器之间，烟气不需要加热就能达到高的脱硝效率。但烟气中高浓度的颗粒物不仅会对催化剂的催化能力产生影响，而且很容易使催化剂失去活性甚至中毒，减少使用寿命。低粉尘布置是指将 SCR 反应器布置在省煤器、除尘器和空气预热器之间，可降低烟气中颗粒物对催化剂的影响。尾部布置是指将 SCR 反应器布置在除尘器和脱硫系统之后，由于烟气温度通常只有 50～60℃，需要换热器将烟气温度提高到催化剂的活性温度。

图 5-57 是火电厂烟气 SCR 脱硝工艺流程图。该工艺流程主要由烟气系统、还原剂系统、催化反应系统和辅助系统等组成。锅炉出来的含 NO_x 烟气与经空气稀释过的氨在 SCR 反应器中发生化学反应，生成 N2 和 H_2O。净化后的烟气经过除尘后排出。

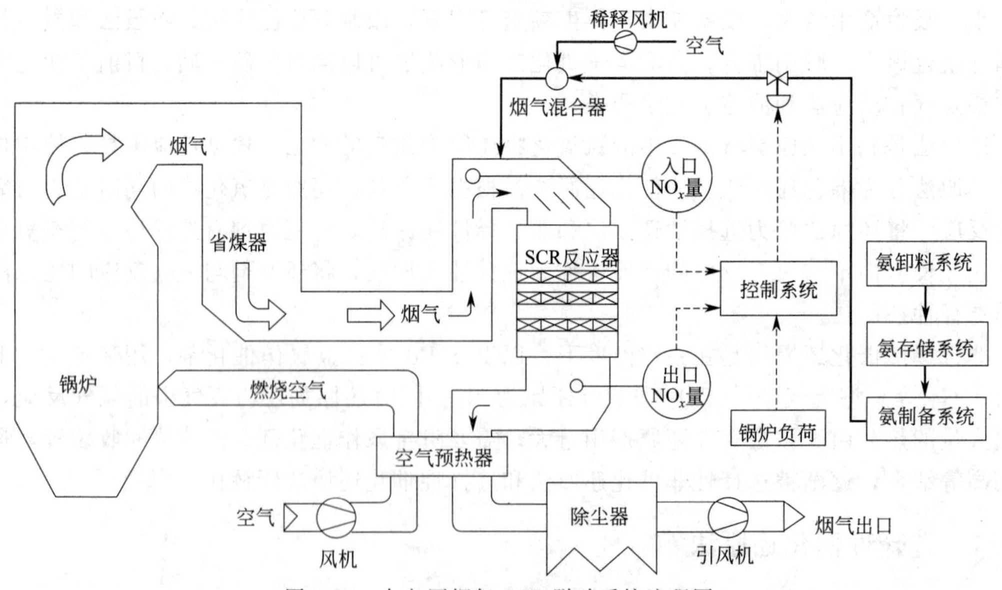

图 5-57　火电厂烟气 SCR 脱硝系统流程图

① 烟气系统　烟气系统主要由空气风机、空气预热器、锅炉、除尘器、引风机等组成。

空气风机将经预热器预热后的空气送入锅炉内使燃料燃烧，从锅炉出来的烟气混合氨气后进入 SCR 反应器，从反应器中出来的尾气经除尘器除尘后通过引风机排出。

② 还原剂系统 常用的还原剂有氨水（20%～25%）、液氨和尿素。若使用尿素还原剂时，可采用热解或水解方法由尿素制备 NH_3。尿素热解制氨工艺是用除盐水将固体尿素溶解配制成 40%～50%的尿素溶液，通过雾化喷嘴喷入热解器分解出 NH_3，经稀释风降温至 260～350℃，再由氨喷射装置喷入 SCR 反应器中。

尿素水解制氨气工艺流程如图 5-58 所示。运送至现场的颗粒状尿素送入尿素颗粒储仓，经计量后加入尿素溶解罐中加水溶解，配制成一定浓度的尿素溶液，并通过蒸气加热控制溶液温度在 40℃左右。通过供给泵将尿素溶液送入水解反应器，在蒸气加热条件下，尿素水解成 NH_3 和 CO_2。将生成的 NH_3 送入缓冲罐，再送至氨和空气混合器中，与稀释空气混合后通过喷射装置喷入 SCR 反应器中。

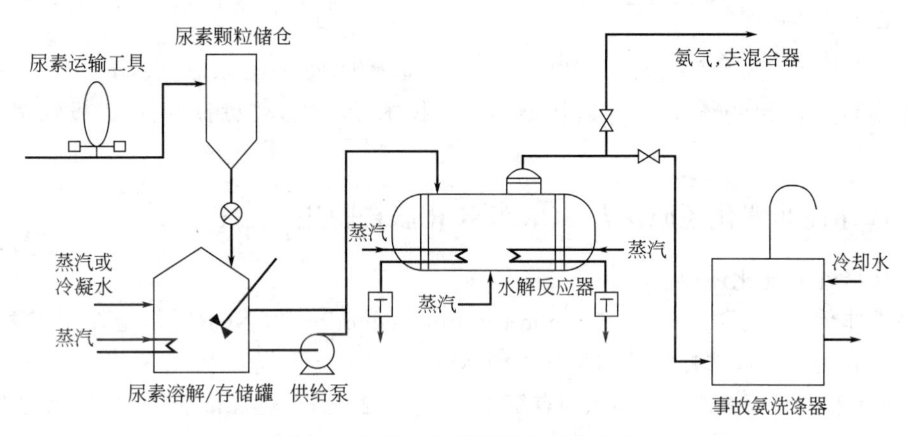

图 5-58 尿素水解制氨气工艺流程图

③ 催化反应系统 催化反应系统主要由 SCR 反应器、催化剂模块、稀释装置和混合气体喷射装置组成。

SCR 反应器本体通常为钢结构，内部放置催化剂模块，如图 5-59 所示。平面尺寸应根据烟气流速（4～6m/s）确定，有效高度应根据催化剂模块高度、催化剂模块层数和层间净高等情况确定。若锅炉炉膛出口 NO_x 浓度小于 200mg/m^3 时，脱硝效率要求为 80%，催化剂模块需按(2+1)层数(1 为预留)装填；若锅炉炉膛出口 NO_x 浓度为 200～350mg/m^3 时，脱硝效率要求大于 80%，催化剂模块按（3+1）层数装填。每层催化剂均应设置相应的吹灰措施，可采用蒸汽吹灰、声波吹灰或声波－蒸汽联合吹灰方式。

催化剂模块应规格统一，具有互换性。采用钢结构框架，便于运输、安装和吊起。催化剂载体可选择蜂窝式、板式和波纹式等形式。催化剂的载体是锐钛矿型的 TiO_2，活性组分为 V_2O_5，助催化剂是 WO_3 或 MoO_3，各种组分含量应根据烟气成分和性质进行确定。对于煤种灰分 CaO>20%、As>10mg/kg 时，催化剂的使用寿命应不小于 16000h。

在使用一段时间后，可以将失去活性的催化剂通过在线清理或振动、浸泡洗涤、添加活性组分以及烘干等方法使其再生。对于废弃的催化剂需进行无害化处理。

稀释风机将稀释空气送入混合器与氨气混合，稀释后使混合气体中 NH_3 的体积分数≤5%，采用尿素热解制氨工艺时应经稀释风降温至 260～350℃，由氨喷射装置喷入 SCR 反应器中。喷射装置可采用喷氨格栅按分区方式以均匀稳定的流量喷入烟气中。

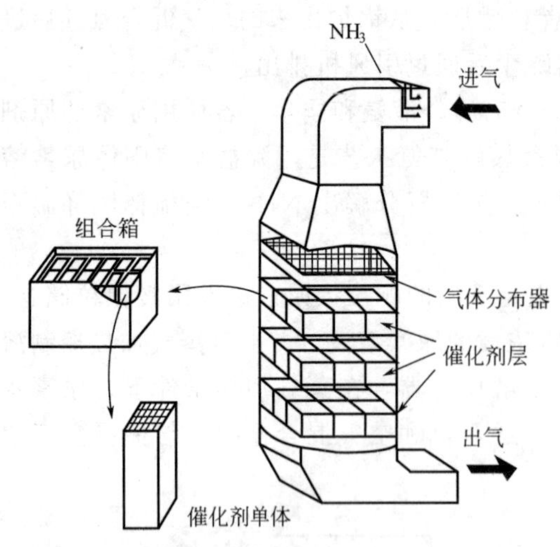

图 5-59 SCR 反应器和催化剂示意图

④ 辅助系统 辅助系统主要包括蒸汽提供、废水处理、压缩空气、在线监测和控制系统等组成。

(3) 主要技术参数

要求氨逃逸质量浓度≤2.5mg/m^3；氨氮(NH_3/NO_x)摩尔比≤1.05；系统的压力损失≤1400Pa；空速 2500～3500h^{-1}；系统漏风率≤0.4%；进入 SCR 反应器的烟气流速 4～6 m/s，气体的温度≤350℃（目前国内外已采用耐420℃的高温催化剂，运行温度可以在300～420℃）。

(4) 方法特点

选择性催化还原法（SCR）的主要特点：①脱硝效率高（大于 80%）；②二次污染小；③技术较成熟，应用广泛；④投资费用较高，运行成本高。

5.3.2 选择性非催化还原法及 SCR/SNCR 联合脱硝

(1) 选择性非催化还原法

选择性非催化还原法（selective non-catalitic reduction，SNCR）是指在不需要催化剂的条件下，利用还原剂选择性地与烟气中的 NO_x 发生还原反应，生成 N_2 和 H_2O 的方法。

选择性非催化还原法使用的还原剂有氨水（20%～25%）、液氨和尿素。以氨水和液氨为还原剂的烟气脱硝工艺一般适用于中小型锅炉，以尿素为还原剂的烟气脱硝工艺适用大型锅炉。

以尿素为还原剂的火电厂烟气 SNCR 脱硝工艺流程如图 5-60 所示。固体尿素在尿素储存罐中被溶解制备成浓度为 50%的尿素溶液，经尿素溶液输送泵输送至计量装置，经计量后与稀释水在混合器中被稀释成 10%的尿素溶液，再经过计量分配装置的精确计量分配至每个喷枪，经喷嘴喷入炉膛。在 900～1150℃的炉膛高温区域，喷入的尿素溶液立即分解，生成的 NH_3 与 NO_x 在高温条件下发生化学反应，将 NO_x 还原为 N_2。反应后的尾气被冷却空气冷却后进入除尘器，除尘后的烟气通过引风机排出。

对于循环流化床锅炉烟气脱硝来说，以液氨为还原剂时，喷射前的体积浓度≤5%，运行温度为 850～1050℃；以氨水为还原剂时，喷射前的质量浓度为 5%～10%，运行温度为 850～1050℃；以尿素为还原剂时，喷射前的质量浓度为 10%～15%，运行温度为 900～1150℃。要求氨逃逸质量浓度≤8mg/m^3，氨氮（NH_3/NO_x）摩尔比为 1.2～1.5。

由于选择性非催化还原法（SNCR）不使用催化剂，因此投资费用和运行成本均较低，但脱硝效率不高（小于 40%），只适用于脱硝效率要求低于 40%的火电厂机组的烟气脱硝。

(2) SNCR/SCR 联合脱硝

SNCR/SCR 联合脱硝工艺是将 SNCR 脱硝工艺和 SCR 脱硝工艺结合起来，先在炉膛内喷入还原剂进行 SNCR 反应，剩余的 NH_3 随烟气进入 SCR 反应器，在催化剂的催化作用下进一步还原 NO_x。循环流化床锅炉 SNCR/SCR 联合脱硝工艺流程如图 5-61 所示。SNCR 段的工艺参数与单独的 SNCR 工艺相同，以液氨/氨水为还原剂时，运行温度为 850～1050℃；以尿素为还原剂时，运行温度为 900～1150℃。在 SCR 脱硝段的运行温度为 300～

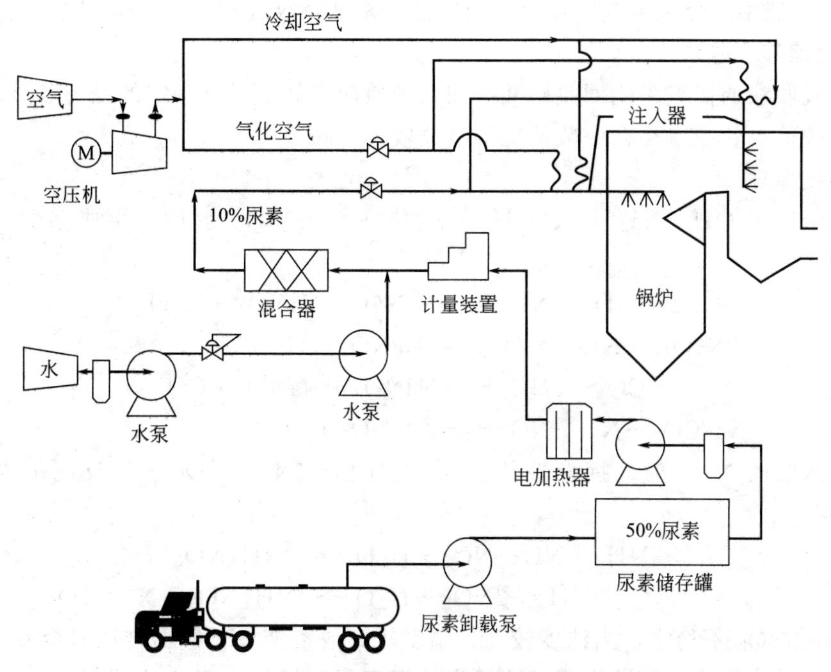

图 5-60　火电厂烟气 SNCR 脱硝工艺流程图

420℃，不设置喷氨格栅和烟气混合器。催化剂宜布置于循环流化床锅炉尾部烟道内的高、中省煤器之间，宜采用板式或蜂窝式催化剂，催化剂层数宜为 1～2 层，以保证烟气压降不大于 600Pa。SNCR/SCR 联合脱硝将 SNCR 工艺低运行费用和 SCR 工艺的高脱硝效率结合起来，其脱硝效率可达 60%～80%。

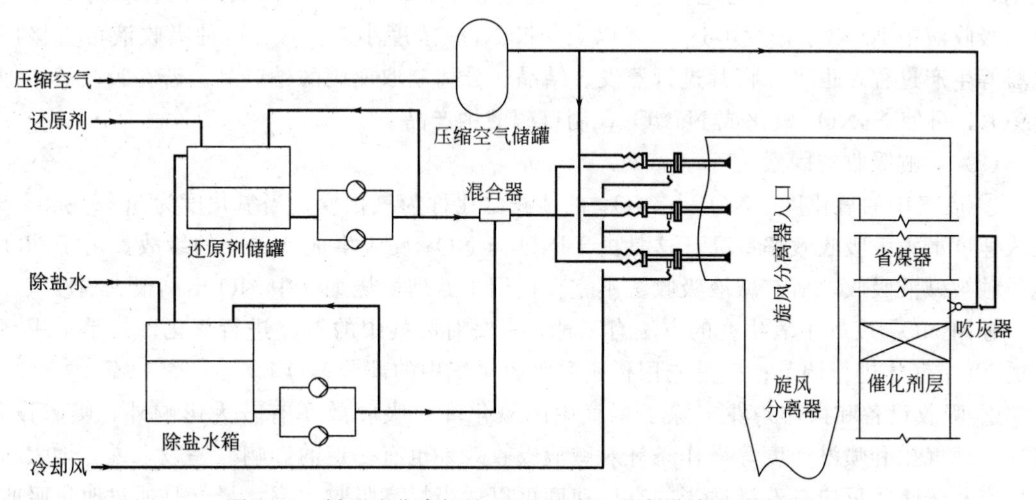

图 5-61　循环流化床锅炉 SNCR/SCR 联合脱硝工艺流程

5.3.3　液体吸收法

液体吸收法脱硝工艺中常用的吸收剂主要有水、碱溶液、稀硝酸、浓硫酸等。由于 NO 难溶于水和碱液，因而常采用氧化、还原或配合吸收的办法以提高 NO 的净化效率。按吸收剂的种类和净化原理可将液体吸收法分为水吸收法、酸吸收法、碱吸收法、氧化-吸收法、吸收-还原法及液相配合法等。工业上应用较多的是碱吸收法和氧化-吸收法。

5.3.3.1 碱溶液吸收法

碱溶液吸收法的优点是能回收硝酸盐和亚硝酸盐产品，具有一定的经济效益，工艺流程和设备也比较简单。缺点是在一般情况下吸收效率不高。

（1）净化原理

用碱溶液（NaOH、Na_2CO_3、$NH_3 \cdot H_2O$ 等）与 NO_x 反应，生成硝酸盐和亚硝酸盐，反应如下。

$$2NaOH + 2NO_2 = NaNO_3 + NaNO_2 + H_2O$$

$$2NaOH + NO + NO_2 = 2NaNO_2 + H_2O$$

$$Na_2CO_3 + 2NO_2 = NaNO_3 + NaNO_2 + CO_2$$

$$Na_2CO_3 + NO + NO_2 = 2NaNO_2 + CO_2$$

当用氨水吸收 NO_x 时，挥发性的 NH_3 在气相与 NO_x 和水蒸气反应生成 NH_4NO_3 和 NH_4NO_2。

$$2NH_3 + NO + NO_2 + H_2O = 2NH_4NO_2$$

$$2NH_3 + 2NO_2 + H_2O = NH_4NO_3 + NH_4NO_2$$

由于 NH_4NO_2 不稳定，当浓度较高、温度较高或溶液 pH 值不合适时会发生剧烈反应甚至爆炸，再加上铵盐不易被水或碱液捕集，因而限制了氨水吸收法的应用。考虑到价格、来源、操作难易及吸收效率等因素，工业上应用较多的吸收液是 NaOH 和 Na_2CO_3，尽管 Na_2CO_3 的吸收效果比 NaOH 差一些，但由于其廉价易得，应用更加普遍。

在实际应用中，一般用低于 30% 的 NaOH 或 10%～15% 的 Na_2CO_3 溶液作吸收剂，用 2～3 个填料塔或筛板塔串联吸收，吸收效率随尾气的氧化度、装置及操作条件的不同而有差别，一般在 60%～90% 的范围内。在吸收过程中，如果控制好 NO 和 NO_2 为等分子吸收，吸收液中 $NaNO_2$ 浓度可达 35% 以上，$NaNO_3$ 浓度小于 3%。这种吸收液可直接用于染料等生产过程，也可以将其进行蒸发、结晶、分离制取亚硝酸钠产品。若在吸收液中加入 HNO_3，可使 $NaNO_2$ 氧化成 $NaNO_3$，制得硝酸钠产品。

（2）影响吸收的因素

① 废气中的氧化度　NO_2 与 NO_x 的体积之比称为氧化度，当氧化度为 50%～60% 时，吸收速度最大，吸收效率最高。这是由于 NO 与 NO_2 反应生成 N_2O_3 的缘故。由于 NO 不能单独被碱液吸收，所有碱液吸收法不宜直接用于处理燃烧烟气中 NO 比例很大的废气。

控制 NO_x 废气中氧化度的方法有三种，一是对废气中的 NO 进行氧化；二是采用高浓度的 NO_2 气体进行调节；三是先用稀硝酸吸收尾气中的部分 NO。

② 吸收设备和操作条件　除了尾气中的氧化度对吸收效率有较大影响外，吸收设备、气速、液气比和喷淋密度等操作条件对碱液吸收效果也有一定的影响。一般来说，增大喷淋密度有利于吸收反应，选择适当的空塔速度可以适当提高吸收效率，最好是通过改进吸收设备来提高吸收效率。如采用特殊分散板吸收塔，操作条件可以控制为：尾气在塔内流速 0.05～0.5m/s，液气比 0.2～15L/m^3，可以将 NO_x 浓度从 $10^{-3}g/m^3$ 吸收至 $10^{-4}g/m^3$，吸收效率达 90%。

5.3.3.2 液相还原吸收法——碱-亚硫酸铵吸收法

液相还原吸收法就是用液相还原剂将 NO_x 还原为 N_2，也称为湿式分解法。常用的还原剂有亚硫酸盐、硫化物、硫代硫酸盐、尿素水溶液等。若采用处理硫酸尾气得到的

$(NH_4)_2SO_3$、NH_4HSO_3还原经第一级碱吸收后的硝酸尾气中的NO_x，被称为碱-亚硫酸铵吸收法。

碱-亚硫酸铵吸收法工艺成熟，操作简单，净化效率较高，吸收液可以综合利用。缺点是吸收液来源有局限性，用于净化氧化度低的NO_x废气时效率低。

(1) 净化原理

第一级碱液吸收是使用NaOH或Na_2CO_3作吸收剂吸收尾气中的NO_x。利用处理硫酸尾气得到的$(NH_4)_2SO_3$、NH_4HSO_3还原经第一级碱吸收后的硝酸尾气中的NO_x便是第二级碱液吸收。主要反应如下。

$$2NaOH+NO+NO_2 = 2NaNO_2+H_2O$$

$$Na_2CO_3+NO+NO_2 = 2NaNO_2+CO_2$$

$$4(NH_4)_2SO_3+2NO_2 = 4(NH_4)_2SO_4+N_2$$

$$4NH_4HSO_3+2NO_2 = 4NH_4HSO_4+N_2$$

(2) 工艺流程

碱-亚硫酸铵吸收法工艺流程如图5-62所示。含NO_x的废气首先经碱液吸收塔进行吸收，同时回收$NaNO_2$。然后进入$(NH_4)_2SO_3$吸收塔，气液进行逆流接触，发生还原反应，将NO_x还原成N_2后直接排空，吸收液循环使用。该方法尤其适用于同时生产硫酸和硝酸的工厂。

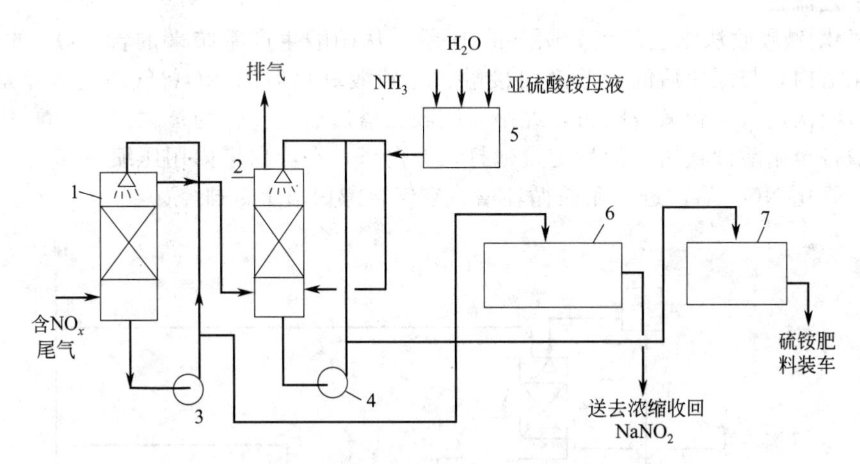

图5-62 碱-亚硫酸铵吸收法工艺流程

1—碱液吸收塔；2—亚硫酸铵吸收塔；3—碱泵；4—亚硫酸铵泵；5—亚硫酸铵液贮槽；6—亚硝酸钠液贮槽；7—硫酸铵成品槽

碱-亚硫酸铵吸收法的工艺指标是：气速1.9～2.3m/s，液气比1～1.25L/m^3，吸收温度30～35℃，吸收效率可达90%。

亚硫酸铵吸收液可作肥料出售，其成分主要是$(NH_4)_2SO_4$(<20g/L)，有效氮65～70g/L。

(3) 影响因素

① 氧化度 随着氧化度的增加，吸收效率增大。当氧化度超过50%后，吸收效率增加不多。

② $(NH_4)_2SO_3$浓度 吸收液$(NH_4)_2SO_3$浓度太低，吸收效果差；浓度太高，又易出

现结晶及管道设备的腐蚀。因此$(NH_4)_2SO_3$的浓度应控制在150～200g/L，吸收终点控制在20g/L。

③ NH_4HSO_3浓度　NH_4HSO_3在溶液中浓度较高时，会降低吸收效率（一般只有60%～70%），但可以抑制NH_4NO_2的生成，一般控制NH_4HSO_3与$(NH_4)_2SO_3$的比值小于0.1。当处理硫酸尾气中NH_4HSO_3浓度较高时，可以通入NH_3，使部分NH_4HSO_3生成$(NH_4)_2SO_3$，这一过程称为配液。

5.3.3.3　硝酸氧化-碱液吸收法

当NO_x的氧化度低时，用碱液吸收NO_x的吸收效率不高。为提高吸收效率，可用氧化剂先将NO_x中的部分NO氧化，以提高NO_x的氧化度后，再用碱液吸收。氧化剂有O_2、O_3、Cl_2等气相氧化剂和HNO_3、$KMnO_4$、$NaClO_2$、NaClO、H_2O_2、$KBrO_3$、$K_2Cr_2O_7$等液相氧化剂。因硝酸氧化时成本较低，硝酸氧化-碱液吸收工艺国内已用于工业生产，其他氧化剂因成本高，目前很少采用。

（1）净化原理

先用浓硝酸将NO氧化成NO_2，使尾气中NO_x的氧化度大于50%，再利用浆液吸收，主要反应如下。

$$NO+2HNO_3 = 3NO_2+H_2O$$

$$Na_2CO_3+2NO_2 = NaNO_3+NaNO_2+CO_2$$

$$Na_2CO_3+NO+NO_2 = 2NaNO_2+CO_2$$

（2）工艺流程

硝酸氧化-碱吸收法工艺流程如图5-63所示。从硝酸生产系统来的含NO_x的尾气用风机送入氧化塔内，与漂白后的硝酸逆向接触。经硝酸氧化后的NO_x气体进入硝酸分离器，分离硝酸后依次进入三台碱吸收塔，经串联吸收三塔后放空。作为氧化剂的硝酸用硝酸泵从硝酸循环槽打至硝酸计量槽，然后定量地打入漂白塔，在漂白塔内用压缩空气漂白的硝酸进入氧化塔，氧化NO_x后又进入硝酸循环槽，空气自漂白塔上部排空。

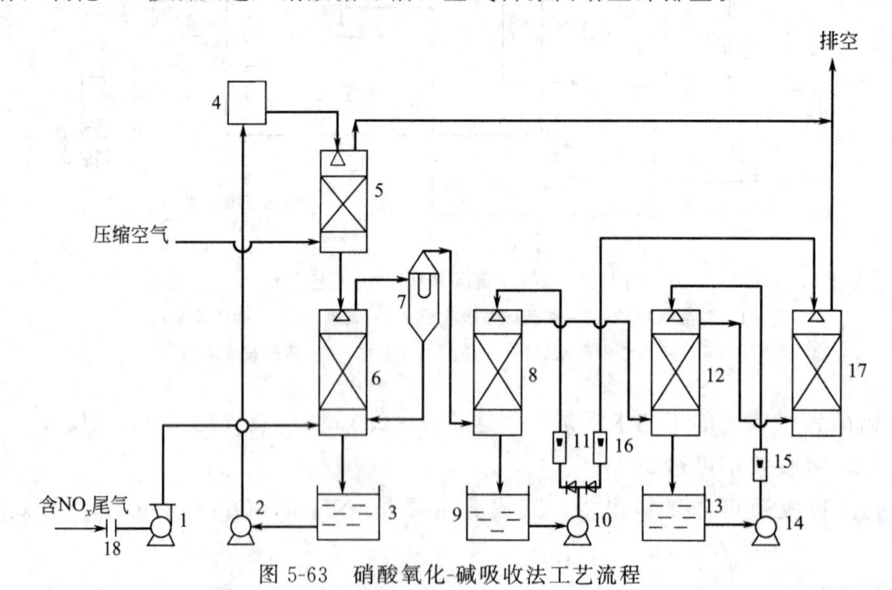

图5-63　硝酸氧化-碱吸收法工艺流程

1—风机；2—硝酸循环泵；3—硝酸循环槽；4—硝酸计量槽；5—硝酸漂白塔；6—硝酸氧化塔；7—硝酸分离器；8,12,17—碱吸收塔；9,13—碱循环槽；10,14—碱循环泵；11,15,16—转子流量计；18—孔板流量计

(3) 影响因素

① 硝酸浓度　硝酸浓度是影响 NO 氧化效率的主要因素。硝酸浓度越高，氧化效率也越高，一般控制硝酸浓度大于 40%。

② 硝酸中 N_2O_4 的含量　N_2O_4 的含量升高时，NO 的氧化效率就下降，通常将 N_2O_4 的含量控制在小于 0.2g/L。

③ NO_x 的初始氧化度　随着初始 NO_x 氧化度的增大，NO 的氧化率就下降。

④ NO_x 的初始浓度　NO 的氧化效率随着 NO_x 初始浓度的升高而降低。

⑤ 氧化温度　因硝酸氧化 NO 的反应为吸热反应，提高温度有利于氧化反应的进行。但温度超过 40℃之后，NO 的氧化率又有所下降，主要是由于温度升高后，溶解在硝酸中的 NO 又从溶液中进入气相造成的。

⑥ 空塔速度　氧化塔内空塔速度增大，缩短了气液接触时间，使氧化反应不完全，NO 氧化率下降。

5.3.4 烟气同时脱硫脱氮技术简介

烟气同时脱硫脱硝技术目前大多处于研究和工业示范阶段，由于在一套系统中能同时实现脱硫脱硝，一旦开发成功，将具有一定的应用前景。目前开发的主要有液膜法、高能电子活化氧化法、CuO 法、NOXSO 法、SNRB 法、SNOX 法等。

5.3.4.1 液膜法

液膜法的原理是利用液体对气体的选择性吸收，从而使低浓度的气体在液相中富集。液膜为含水液体，置于两组多微孔憎水的中空纤维管之间构成渗透器，这种结构可以消除操作中时干时湿的不稳定现象，延长了设备的寿命。液膜中的含水液体选择性地吸收烟气中的 SO_2 和 NO_x，SO_2 和 NO_x 可以从液膜中解析出来，成为高浓度的气体。高浓度的 SO_2 气体可以加工成液体 SO_2、元素硫或硫酸等产品。液膜法净化烟气的工艺流程如图 5-64 所示。

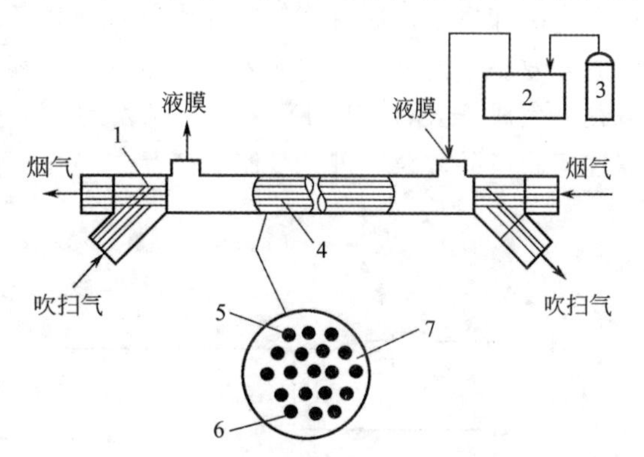

图 5-64　液膜法净化烟气工艺流程

1—液膜；2—液膜槽；3—加压罐；4—壳内中空纤维；5—吹扫气内中空纤维；6—载气中空纤维；7—中空纤维间液膜

液膜不仅要具有选择性，同时对气体还必须具有良好的渗透性，25℃时纯水的渗透性最好，其次是 $NaHSO_4$、$NaHSO_3$ 的水溶液，后者对含 0.05%SO_2 烟气的脱除率可达 95%。用 Fe^{3+} 及 Fe^{2+} 的 EDTA 水溶液作液膜，可从含 0.05%NO 的烟气中除去 85%的 NO；若采用 0.01mol/LFe^{2+} 的 EDTA 溶液作液膜，可同时去除 SO_2 和 NO_x，脱除效率分别达到 90%和 60%。烟气中的 O_2 对液膜中含 Fe^{2+} 的 EDTA 有影响。但对含 Fe^{3+} 的 EDTA 溶液无影响，用含 Fe^{3+} 的 EDTA 溶液作液膜时，需要在较高的温度下进行。

5.3.4.2 高能电子活化氧化法——电子束照射法（EBA）

高能电子活化氧化法是利用高能电子撞击烟气中的 H_2O、O_2 等分子，产生氧化性很强的自由基，将烟气中的 SO_2 氧化成 SO_3，并生成硫酸，将烟气中的 NO 氧化生成 NO_2，并生成硝酸。硝酸和硫酸与加入的 NH_3 反应生成硝酸铵和硫酸铵。根据高能电子产生的方法不同，又分为电子束照射法（EBA）和脉冲电晕等离子体法（PPCP）。

电子束照射法是20世纪70年代初提出，经过多年的研究开发，已从小试、中试和工业示范逐步走向工业化。其主要特点是：①属于干法处理过程，不产生废水废渣；②能同时脱硫脱硝，并可达到90%以上的脱硫率和80%以上的脱氮率；③系统简单，操作方便，过程易于控制；④对不同的烟气量和烟气组成的变化有较好的适应性和负荷跟踪性；⑤副产品为硫酸铵和硝酸铵混合物，可用作化肥；⑥脱硫成本低于常规方法。

（1）基本原理

① 自由基的生成　燃煤烟气一般由 N_2、O_2、CO_2、H_2O（气）等主要成分及 SO_2、NO_x 等次要成分组成。当采用电子束照射法产生的高能电子处理烟气时，高能电子的能量被 O_2、H_2O 等分子吸收，并产生大量具有强反应活性的自由基。

② SO_2 及 NO_x 的氧化　烟气中的 SO_2 被氧化成 SO_3，并生成硫酸。烟气中的 NO 被氧化生成 NO_2，并生成硝酸。

③ 硫酸铵和硝酸铵的生成　反应生成的 H_2SO_4 和 HNO_3 与 NH_3 进行中和反应，生成 $(NH_4)_2SO_4$ 和 NH_4NO_3。少量未氧化的 SO_2 则在微粒表面与 O_2、NH_3、H_2O 继续反应，最终也生成 $(NH_4)_2SO_4$。

（2）工艺流程

图5-65所示为电子束照射烟气脱硫脱硝工艺流程，主要由烟气冷却、加氨、电子束照射和副产品收集等几部分组成。锅炉排出的约130℃的烟气，经电除尘器除尘后进入冷却塔。在冷却塔中，通过喷射冷却水使烟气降到65℃左右。根据 SO_2 和 NO_x 的浓度及设定的脱除效率，向反应器中注入一定量的氨。烟气在反应器内被电子束照射，使 SO_2 和 NO_x 氧化并生成 H_2SO_4 和 HNO_3。与注入的氨中和，生成 $(NH_4)_2SO_4$ 和 NH_4NO_3。用电除尘器捕集副产品微粒，进一步制成产品。净化后的烟气升温后由引风机排入烟囱。

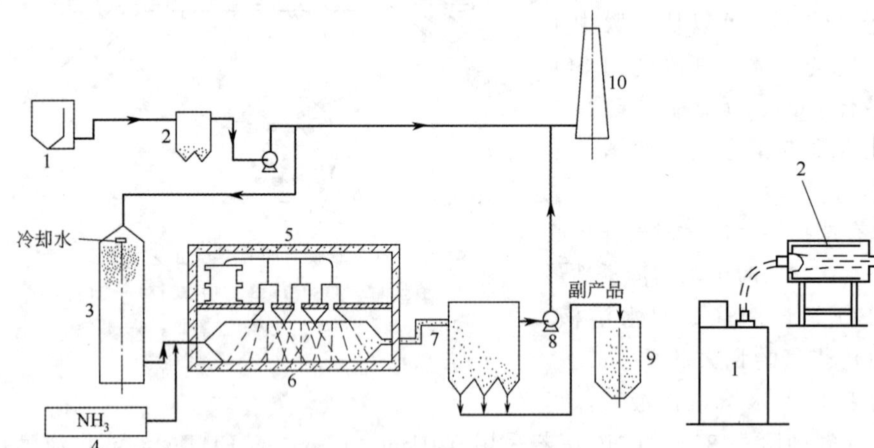

图5-65　电子束照射烟气脱硫脱硝工艺流程

1—锅炉；2、7—静电除尘器；3—冷却塔；4—氨贮罐；5—电子加速器；6—反应器；8—引风机；9—副产品贮罐；10—烟囱

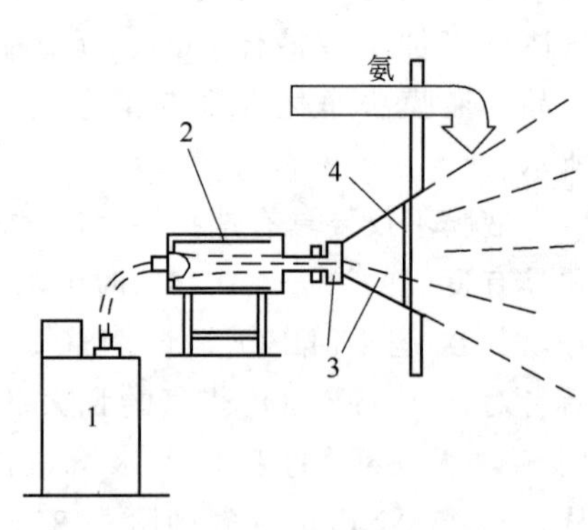

图5-66　电子束发生装置示意图

1—电源；2—电子加速器；3—电子束；4—窗

（3）主要设备

① 冷却塔　将烟气冷却至适合于电子束反应的温度。冷却方式有完全蒸发型和水循环型，前者是对烟气直接喷水进行冷却，喷雾水完全蒸发；后者也是对烟气直接喷水进行冷

却，但喷雾水循环使用。

② 反应装置　反应装置由反应器、二次烟气冷却装置等组成。反应器有立式和卧式，选择反应器的形状应有利于减少电子束接触反应器表面引起的能量损耗，以提高电子束的利用率。二次烟气冷却装置用于控制因电子束照射发热和氧化 SO_2、NO_x 放热引起的烟气升温，控制的办法是向反应器内喷入冷却水和氨。

③ 电子束发生装置　图 5-66 是电子束发生装置示意图，由直流高压电源、电子加速器及窗箔冷却装置组成。电子在高真空的加速管里通过高电压加速，加速后的电子通过窗箔照射烟气。

④ 电除尘器　用于收集 $(NH_4)_2SO_4$ 和 NH_4NO_3 副产品。

⑤ 供氨设备　由液氨贮罐、氨气化器等组成。贮罐内的液氨通过气化器气化向反应器供氨。

⑥ 造粒设备　对副产品 $(NH_4)_2SO_4$ 和 NH_4NO_3 造粒，包装后入库。

（4）影响因素

影响 SO_2 和 NO_x 脱除效率的主要因素有电子束辐射剂量、NH_3 添加量、烟气温度及被辐射时间等。

① 烟气温度　温度对 SO_2 的脱除率有明显影响，随温度升高 SO_2 的脱除率下降，而对 NO_x 的脱除影响较小。一般控制在 100～200℃，使烟气温度在露点温度以上。

② 电子束辐射剂量　在温度一定的条件下，SO_2 的脱除率随电子束辐射剂量增大而增大，NO_x 的脱除率先随着辐射剂量的增大而增大，当辐射剂量达到一定值时会出现峰值，再增加辐射剂量，则 NO_x 的脱除率呈下降趋势。

③ 辐射时间　在一定的辐射剂量速度下，SO_2 和 NO_x 的脱除率随时间增长而提高。

④ NH_3 添加量　NH_3 添加量增加 SO_2 脱除率提高，而 NO_x 的脱除率变化不大。随着 NH_3 添加量的增加尾气中的 NH_3 浓度会相应增加。因此，NH_3 过剩量不宜太大。

5.3.4.3 CuO 脱硫脱硝一体化技术

CuO 作为活性组分同时脱除烟气中 SO_2 和 NO_x 已得到较深入的研究，其中以 CuO/Al_2O_3 和 CuO/SiO_2 为主。CuO 含量通常占 4%～6%，在 300～450℃的温度范围内，与烟气中的 SO_2 发生反应，生成的 $CuSO_4$、CuO 对选择性催化还原 NO_x 有很高的活性。吸附饱和的 $CuSO_4$ 被送去再生。再生过程一般用 H_2 或 CH_4 对 $CuSO_4$ 进行还原，释放的 SO_2 可制酸，还原得到的金属铜或 Cu_2S 再用烟气或空气氧化，生成的 CuO 又重新用于吸附-还原过程。该工艺 SO_2 脱除率能达到 90%以上，NO_x 脱除率能达到 75%～80%。

CuO 脱硫脱硝一体化工艺流程如图 5-67 所示。在吸收塔中，温度大约为 400℃以下，SO_2 与 CuO 反应生成硫酸铜。同时，氧化铜和硫酸铜作为催化剂，通过向烟气中加入氨，在大约 400℃时，就可脱除 NO_x。反应式如下。

$$SO_2+CuO+\frac{1}{2}O_2 = CuSO_4$$

$$4NO+4NH_3+O_2 = 4N_2+6H_2O$$

$$2NO_2+4NH_3+O_2 = 3N_2+6H_2O$$

吸收了硫的吸收剂被送入再生器，再加热到 480℃，用甲烷作还原剂生成浓缩的 SO_2 气体。

$$CuSO_4+\frac{1}{2}CH_4 = Cu+SO_2+\frac{1}{2}CO_2+H_2O$$

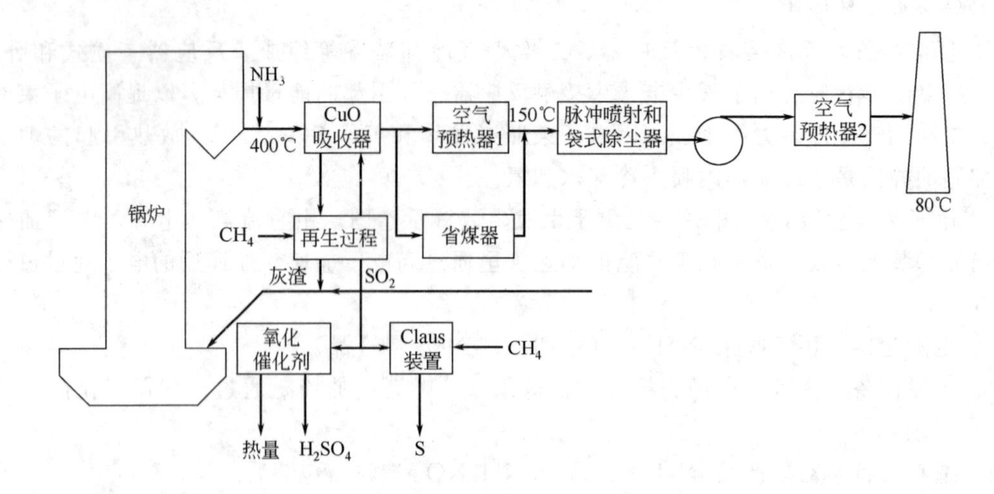

图 5-67 CuO 脱硫脱硝一体化工艺流程

还原得到的金属铜用空气或烟气氧化，再生后 CuO 又循环到反应器中。用克劳德法使浓缩后的 SO_2 气体转化成单质硫。

5.3.4.4 NOXSO 法、SNRB 法和 SNOX 法

(1) NOXSO 法

NOXSO 法的开发是从 1979 年才开始的，它是一种干式、可再生系统，可用于 75MW 或更大的电站和工业锅炉，适用于燃高硫煤的烟气脱硫脱硝。

烟气通过一个置于除尘器下游的流化床，在流化床内 SO_2 和 NO_x 被吸附剂所吸附。吸附剂是用碳酸钠浸取过的具有大表面积的球形粒状氧化铝，净化后的烟气排入烟囱。吸附剂饱和后用高温空气加热放出 NO_x，含有 NO_x 的高温空气再送入锅炉进行含氮烟气再循环。被吸附的硫在再生器内回收，硫化物在高温下与甲烷反应生成含有高浓度的 SO_2 和 H_2S 气体排出，所排出的气体在专门的装置中变成副产品——单质硫，再生后的吸收剂冷却后返回流化床。该技术可脱除 97%的 SO_2 和 70%的 NO_x。

(2) SNRB 法

SNRB 法把所有的 SO_2、NO_x 和颗粒的处理都集中在一个设备内，即一个高温的集尘室中。其原理是在省煤器后喷入钙基吸收剂脱除 SO_2，在气体进布袋除尘器前喷入 NH_3。在悬浮于滤袋中的选择性催化还原催化剂的作用下去除 NO_x，布袋除尘器位于省煤器和换热器之间，以保证反应温度为 300～500℃。该技术已在美国进行了 5MW 电厂的试验，在 NH_3/NO_x 的物质的量比为 0.85 和氨的泄漏量小于 $4mg/m^3$ 时脱氮率达 90%；以熟石灰为脱硫剂，钙硫比为 2.0 时，可达到 80%～90%的脱硫率，除尘效率达到 99.89%。

SNRB 工艺由于将三种污染物的清除集中在一个设备上，从而减少了占地面积。由于该工艺是在脱硝之前已除去 SO_2 和颗粒物，因而减少了催化剂层的堵塞、磨损和中毒。其缺点是需要采用特制的耐高温陶瓷纤维编织的过滤袋，因而增加了成本。

(3) SNOX 法

烟气先经过选择性催化还原反应器，在催化剂作用下 NO_x 被氨气还原成 N_2，随后烟气进入转换器，SO_2 被催化氧化为 SO_3，并在冷凝器中凝结为硫酸，进一步浓缩为可销售的浓硫酸（>90%）。该技术无废水和废渣产生，颗粒物排放非常低。除用氨脱除 NO_x 外，不消耗任何化学药剂，脱氮率可达约 95%以上。

【应用实例 5】 选择性催化还原法净化硝酸尾气中的氮氧化物

(1) 废气组成及排放量

废气排放量为 $3.8\times10^4 m^3/h$（标准状态），NO_x 的浓度为 $1800\sim2500mg/m^3$，主要是 NO 和 NO_2。

(2) 净化原理及工艺流程

氨选择性催化还原法处理硝酸废气，是在铜-铬催化剂的作用下，使 NH_3 与尾气中 NO_x 进行选择性还原反应，将 NO_x 还原为 N_2。

从吸收塔中出来的废气，经过两个预热器加热至 249℃，进入废气、氨气混合器，再进入反应器进行反应。处理后的废气经交换器回收能量后，由 80m 高的烟囱排入大气。

(3) 主要工艺控制条件

主要工艺控制条件如下。

处理能力	$40000m^3/h$(标准状态)	上段催化剂装填量	$4m^3$
NO_x 的进口浓度	$1800mg/m^3$	下段催化剂装填量	$4m^3$
NO_x 的出口浓度	$200mg/m^3$	空塔速率	$5000h^{-1}$
气体进口温度	249℃	转化率	90%
气体出口温度	273℃		

(4) 主要技术经济指标

主要技术经济指标如下。

设备及催化剂费用	28.9 万元	运行费用	8.97 万元/年
热回收价值	13.8 万元/年	处理成本	$0.333 元/100m^3$

练　习　5.3

选择题

1. SNCR 和 SCR 脱硝工艺的还原剂一般不选择（　　）。
   A. 尿素　　B. 碳酸氢铵　　C. 液氨　　D. 氨水
2. 下列关于 NO_x 废气中氧化度的叙述，（　　）是正确的。
   A. 废气中的 NO 与 NO_2 的体积比称为氧化度
   B. 废气中的 NO_2 与 NO_x 的体积比称为氧化度
   C. 废气中 NO_x 与 O_2 的体积比称为氧化度
   D. 废气中 O_2 与 NO_x 的体积比称为氧化度
3. 关于 SNCR 和 SCR 脱硝方法的叙述，（　　）是不正确的。
   A. SCR 的脱硝效率高于 SNCR　　B. SCR 的运行费用高于 SNCR
   C. SNCR 的运行温度高于 SCR　　D. SNCR 的运行费用高于 SCR
4. 下列关于使用 NH_3 选择性催化还原净化 NO_x 废气的叙述，（　　）是正确的。
   A. 在铂或非重金属催化剂的作用下，NH_3 只与废气中的 NO 发生反应
   B. 在铂或非重金属催化剂的作用下，NH_3 只与废气中的 NO_2 发生反应
   C. 在铂或非重金属催化剂的作用下，NH_3 将废气中的 NO 还原为 N_2，而将 NO_2 还原为 NO
   D. 在铂或非重金属催化剂的作用下，NH_3 将废气中的 NO 和 NO_2 还原为 N_2
5. 下列气态污染物净化技术中，能同时脱硫脱硝的是（　　）。
   A. EBA、SCR 和 PPCP　　B. NOXSO、SNOX 和 SNRB
   C. CDSI、SDA 和 CFB-FGD　　D. SCR、SDA 和 SNOX

6. 下列关于氮氧化物控制措施及选用原则的叙述，(   )是不正确的。

A. 控制燃烧产生的氮氧化物应优先采用低氮氧化物燃烧生成技术，当不能满足环保要求时，宜增设选择性催化还原（SCR）、选择性非催化还原（SNCR）等烟气脱硝系统

B. 燃煤电厂燃用烟煤、褐煤时，宜采用低氮氧化物燃烧生成技术

C. 燃煤电厂燃用贫煤、无烟煤以及环境敏感地区达不到环保要求时，宜增设烟气脱硝系统

D. 净化燃烧烟气中的氮氧化物时，设计脱硝效率大于 40%，宜采用 NSCR 脱硝装置

5.4 含氟废气的净化技术

氟化物主要指氟化氢（HF）和四氟化硅（SiF_4），是大气中的主要污染物之一。主要来源于化工行业的磷肥、冶金行业的铝厂、建材行业的陶瓷、玻璃、水泥、砖瓦等生产过程。大量的研究证明，微量氟及其化合物也会对人类和动物的机体造成极严重的后果。净化含氟废气的主要方法有湿法吸收和干法吸附。目前，工业含氟废气多采用湿法吸收工艺，根据吸收剂不同又将吸收净化法分为水吸收法和碱吸收法。

5.4.1 水吸收法

水吸收法就是用水作吸收剂来洗涤含氟废气，副产氟硅酸，继而生产氟硅酸钠，回收氟资源。水易得，比较经济，但对设备有腐蚀作用。就目前来看，水吸收法净化含氟废气主要应用于磷肥生产中。

（1）净化原理

由于 SiF_4 和 HF 都极易溶于水，HF 溶解于水生成氢氟酸，SiF_4 溶于水生成氟硅酸（H_2SiF_6）和硅胶（$SiO_2 \cdot H_2O$）。SiF_4 与 HF 反应生成 H_2SiF_6，反应式如下。

$$3SiF_4 + 3H_2O = 2H_2SiF_6 + SiO_2 \cdot H_2O \downarrow$$

$$2HF + SiF_4 = H_2SiF_6$$

（2）工艺流程

由于磷肥品种、生产方法、含氟废气的温度、气量、含氟量的不同，净化的工艺流程和设备有所不同。

普钙厂含氟废气与高炉法钙镁磷肥厂含氟废气相比，含氟量高（28～32g/m^3），温度低（75～80℃），颗粒物少，一般水吸收前不设除尘设备。国内通常采用的脱氟流程多为二级吸收，根据使用的设备不同，分为一室一器、一室一塔、一室一旋、二室一塔等。这里“室”是指拨水轮吸收室，一般用作一级吸收，其优点是不易造成硅胶堵塞，清理方便，但脱氟效率不高。“器”是指文丘里吸收器，“塔”是指湍球塔或湍流板塔，“旋”是指旋流板塔。两者组合脱氟率达 98%以上。图 5-68 是普钙厂一室一旋脱氟流程，该流程将吸收液分 3 个吸收段，各自循环，因而获得较高浓度的氟硅酸产品。

高炉法钙镁磷肥厂排放的含氟废气，含氟量低（1～3g/m^3），成分较复杂（含有少量的 CO_2、CO、H_2S、P_2O_5 等），温度高（120～250℃），颗粒物较多，净化难度大。一般先经旋风除尘、降温后，再进行吸收。图 5-69 为典型的高炉法钙镁磷肥厂除尘脱氟流程。自高炉出来温度高达 300～400℃的含氟废气，经除尘后降至 250℃，喷射吸收塔后，含氟量降为 0.2g/m^3 左右，脱氟率达 90%。

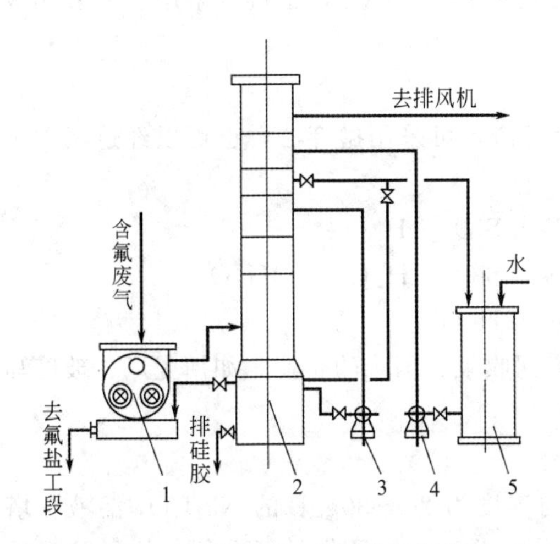

图 5-68 普钙厂一室一旋脱氟流程

1—吸收室；2—旋流塔板；3,4—泵；5—贮水槽

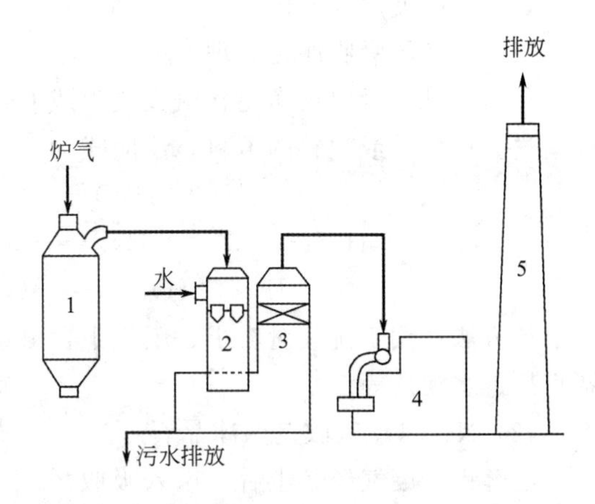

图 5-69 高炉法钙镁磷肥厂除尘脱氟流程

1—除尘器；2—喷射吸收器；3—脱水器；4—热风炉；5—烟囱

(3) 水吸收的防腐

由于吸收液中含有腐蚀性很强的氢氟酸和氟硅酸，另外还含有少量的 H_2SO_3、H_2SO_4、H_3PO_4 等，很容易造成设备的腐蚀。目前工厂中常用的耐腐蚀材料有：硬聚氯乙烯管和板材，耐腐蚀玻璃（环氧玻璃钢、呋喃玻璃钢、酚醛玻璃钢、聚酯玻璃钢等），耐酸瓷砖，耐酸胶泥，防腐蚀漆和橡胶等。聚氯乙烯或玻璃钢多用于管道、设备的制作，耐酸瓷砖、耐酸胶泥、生漆等多用于槽和吸收室内壁防腐，橡胶多用于设备、管道等的内衬。

(4) 氟资源回收

① 生产市售氟硅酸　在吸收工艺上采用分段强制循环吸收，可获得浓度较高的氟硅酸溶液，作市售产品，H_2SiF_6 含量≥28%。若浓度太低，可以经蒸馏浓缩获得。

② 生产氟硅酸钠　氟硅酸钠可用于玻璃工业作为蚀刻剂，在农业上用作杀虫剂，皮革及木材的防腐剂等。向水吸收后的氟硅酸溶液中加入 NaCl 或 Na_2CO_3、Na_2SO_4、NaOH 溶液，可以制得白色粉状氟硅酸钠。由于 NaCl 廉价易得，故应用普遍，反应式如下。

$$H_2SiF_4 + 2NaCl \xlongequal{} Na_2SiF_6 + 2HCl$$

③ 生产冰晶石　磷肥厂含氟废气吸收液制取冰晶石的方法有氨法和合成法两种，这里介绍氨法。

用水吸收含 SiF_4 废气得到 H_2SiF_6 液（H_2SiF_6 含量>8%），控制 pH 值为 8.2～8.5，使吸收液与 18%氨水在氨化槽中氨化 1h。然后过滤脱硅，硅胶经干燥磨碎筛分即得到硅胶产品。将含氟化铵滤液用硫酸调节 pH 值为 5～5.5，加热到 90～95℃，与硫酸铝反应合成为铵晶石。再用 Na_2SO_4 或 NaCl 将铵晶石转化为冰晶石，经过滤、干燥即得产品冰晶石。滤液含有氯化铵或硫酸铵，可作液体肥料。反应如下。

$$H_2SiF_6 + 6NH_3 \cdot H_2O \longrightarrow 6NH_4F + SiO_2 \cdot nH_2O \downarrow$$

$$12NH_4F + Al_2(SO_4)_3 \xlongequal{} 2(NH_4)_3AlF_6 + 3(NH_4)_2SO_4$$

$$(NH_4)_3AlF_6 + 3NaCl \xlongequal{} Na_3AlF_6 + 3NH_4Cl$$

5.4.2 碱吸收法

碱吸收法是采用碱性物质 NaOH、Na_2CO_3、氨水等作为吸收剂来脱除含氟尾气中的氟等有害物质，并得到副产物冰晶石。最常用的碱性物质是 Na_2CO_3，也可以采用石灰乳作吸收剂，二者的使用有所区别。

(1) 石灰乳吸收净化原理

用石灰乳作吸收剂净化含氟废气生成 CaF_2 等废渣，可采用抛弃法，也可以经过滤、干燥后送去作橡胶或塑料的填料，反应式为

$$3SiF_4+3H_2O \longrightarrow 2H_2SiF_6+SiO_2\cdot H_2O\downarrow$$

$$H_2SiF_6+3Ca(OH)_2 \longrightarrow 3CaF_2\downarrow+SiO_2\cdot H_2O\downarrow+3H_2O$$

$$2HF+Ca(OH)_2 \longrightarrow CaF_2\downarrow+2H_2O$$

该方法适用于排气量较小、废气中含氟量低，回收氟有困难的企业，如搪瓷厂、玻璃马赛克厂、水泥厂等。

(2) Na_2CO_3 吸收制取冰晶石

电解铝厂废气经除尘后，送入吸收塔底部，与浓度为 20～30g/L 的 Na_2CO_3 溶液在塔内逆流接触，洗涤废气时，烟气中的 HF 与碱反应生成 NaF，吸收脱氟后的气体经除雾后排空。

$$HF+Na_2CO_3 \longrightarrow NaF+NaHCO_3\downarrow$$

$$2HF+Na_2CO_3 \longrightarrow 2NaF+CO_2\uparrow+H_2O$$

在循环吸收过程中，当溶液中的 NaF 浓度达 25g/L 后，再加入定量的偏铝酸钠溶液即生成 Na_3AlF_6，反应式如下。

$$6NaF+4NaHCO_3+NaAlO_2 \longrightarrow Na_3AlF_6+4Na_2CO_3+2H_2O$$

或

$$6NaF+2CO_2+NaAlO_2 \longrightarrow Na_3AlF_6+2Na_2CO_3$$

偏铝酸钠溶液可由 NaOH 与 $Al(OH)_3$ 反应制得。合成后的冰晶石母液经沉降后，上层清液补充碱液后返回循环吸收系统。冰晶石沉降物经过滤后送往回转窑干燥、脱水即得成品。

5.4.3 吸附净化法

吸附净化法是将含氟废气通过装填有固体吸附剂的吸附装置，氟化氢被吸附剂吸附，达到除氟的目的。可采用工业氧化铝、氧化钙、氢氧化钙等作吸附剂。净化铝电解厂烟气常采用的吸附剂是工业氧化铝。铝厂含氟烟气吸附法净化具有如下特点：吸附剂是铝电解的原料氧化铝，吸附氟化氢的氧化铝可直接进入电解铝生产中，不存在吸附剂再生问题；净化效率高，一般在 98%以上；干法净化不存在含氟废水，避免了二次污染；与其他方法相比，干法净化基建费用和运行费用都比较低，可适用于各种气候条件，特别是北方冬季，不存在保温防冻问题。

(1) 净化原理

氟化铝对 HF 的吸附主要是化学吸附，同时伴有物理吸附，吸附的结果是在氧化铝表面上生成表面化合物——氟化铝，吸附过程包括如下几个步骤。

① HF 在气相中的扩散；

② 扩散的 HF 通过氧化铝表面的气膜到达其表面；

③ HF 被吸附在氧化铝的表面上；

④ 被吸附的 HF 与氧化铝发生化学反应，生成表面化合物（AlF_3）

$$6HF+Al_2O_3 \longrightarrow 2AlF_3+3H_2O$$

在较低的温度下有利于上述反应向右进行。因为这种化学吸附反应速率快，所以用氧化铝吸附 HF 属于气膜控制，HF 浓度越高，气相传质推动力越大，越有利于吸附过程的进行。因此加强铝电解槽的密闭性，防止泄漏，尽量提高烟气中 HF 浓度，既有利于吸附，又改善了车间内的操作环境。

（2）氧化铝的性质对吸附的影响

① 氧化铝晶型对吸附容量有很大影响，γ 型氧化铝的吸附容量大；

② 氧化铝的比表面积越大，吸附容量也越大；

③ 氧化铝湿度大小直接影响吸附净化能力。

另外，分子中的结晶水也影响吸附能力，一般在一定温度时焙烧，脱去部分结晶水，增强活性，但当分子中的水全部失掉后，γ-Al_2O_3 将转变成 α-Al_2O_3，吸附能力大大降低。

（3）净化流程

氧化铝与烟气中的氟化氢接触后，吸附反应速率很快，反应几乎在 0.1s 内即可完成。干法吸附净化流程有输送床吸附工艺和沸腾床吸附工艺等。

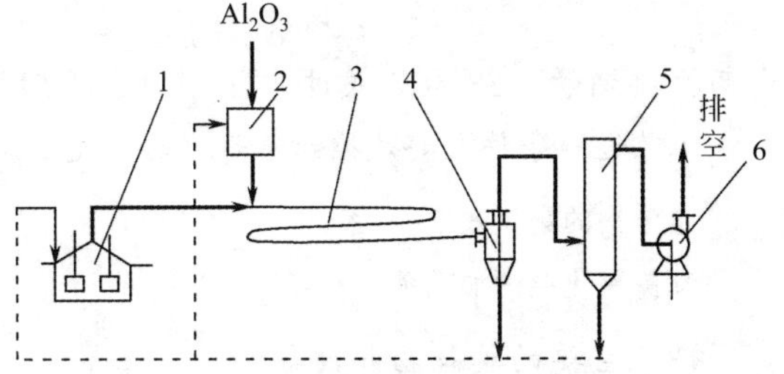

图 5-70　输送床吸附净化流程

1—铝电解槽；2—加料器；3—输送床；4—旋风分离器；5—袋式过滤器；6—风机

① 输送床吸附净化流程　输送床吸附流程简单，运行可靠，便于管理，净化效率可达 95%～98%，系统总压降为 2.5～3kPa。其净化流程如图 5-70 所示。来自铝电解槽的含氟化氢烟气，通过管道进入输送床与由加料器均匀加入的氧化铝粉末相混合，在管道中的高速气流带动下，氧化铝高度分散与 HF 充分接触，在很短时间内完成吸附过程。吸附后的含氟氧化铝在旋风分离器中被分离出来，在分离中进一步完成吸附过程，经袋式过滤器分离干净。分离出来的含氟氧化铝既可循环吸附，也可返回铝电解槽。

影响吸附效率的因素如下。

a. 输送床流速　吸附效率随管内气流速度增大而提高，当流速达 16m/s 时，再提高流速吸附效率提高甚微，一般控制管内烟气流速为 15～18m/s。

b. 吸附时间和输送床长度　为保证烟气和吸附剂有一定的接触时间，一般输送床长度在 10m 以上，可保证其吸附效率。

c. 固气比　烟气中 HF 浓度越高则要求固气比越大，一般氟浓度为 $50mg/m^3$ 时，要求固气比为 $70 \sim 80g/m^3$。

② 沸腾床吸附净化流程　这种流化床反应器改善了气固两相的接触状态，使氧化铝表面不断更新，减少了气膜内的扩散阻力，强化了气固相传质过程。流化床吸附净化效率高达 98%，压降较小（约为 1.3kPa），设备紧凑，但安装维修比较复杂。其净化流程如图 5-71 所示。含氟烟气从流化床底部进入，烟气以一定的速度通过氧化铝吸附层，氧化铝则形成流化态的吸附层，烟气中的 HF 在与氧化铝的接触中，完成扩散和吸附过程。从流化床中出来的气体经袋式过滤器进行气固分离。袋式过滤器过滤的氧化铝一部分返回流化床中再循环使用，另一部分送至铝电解槽。从袋式过滤器中出来的净化后烟气，经风机和烟囱排入大气。

沸腾床氧化铝的层厚一般为 3～4cm，一可减少阻力，二可防止用量过多。烟气流速为

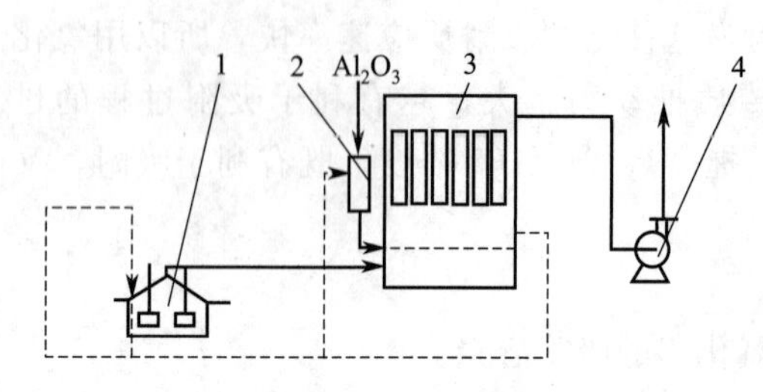

图 5-71 沸腾床吸附净化流程

1—铝电解槽；2—Al_2O_3 加料器；

3—沸腾床及袋式过滤器；4—风机

0.28m/s 左右。流化层高度可在 50～300cm 之间调节。

【应用实例 6】 氧化铝吸附法净化铝厂含氟废气

(1) 废气的来源和组成

废气主要来自于铝电解槽，有害物主要是氟化物和颗粒物，还含有少量的 SO_2 和碳氢化合物，其中氟化物约占 40%。

(2) 工艺流程及工艺条件

共有两个烟气净化系统，每个净化系统主要由两根排烟管、28 台袋式过滤器、四台排烟机和一座 35m 高的烟囱组成。

工艺过程条件主要是控制电解槽的集气效率、氧化铝的加入量和布袋过滤器的压力损失等。

电解槽的集气效率	98%	循环氧化铝的加入量	60t/h
新鲜氧化铝的加入量	18.84t/h	布袋过滤器阻力	22～26.7kPa

(3) 主要的构筑物和设备

主要构筑物有：由 38 块铝合金罩板组成的电解槽密闭罩，390m 长的排烟干管，及若干排烟支管。主要的设备见表 5-13。

表 5-13 主要设备

设备名称	数 量	设计参数	备 注
氧化铝贮仓	2 座	容量 800t	
载氟氧化铝仓	2 座	容量 500t	
氧化铝日用仓	2 座	容量 30t	
载氟氧化铝日用仓	2 座	容量 30t	
斗式提升机	4 台	25t/h	
斗式提升机	4 台	40t/h	
冰晶石贮仓	2 座	容量 30t	
氟化铝贮仓	2 座	容量 15t	
电磁振动给料器	4 台	能力 5t/h	
回转给料器	4 台	能力 20t/h	
布袋过滤器	56 台	276.5m^2/台	选用加拿大 Alcan 铝业公司密克罗-布尔沙型袋式过滤器
排烟机	8 台	压力 3874Pa	
		流量 2940m^3/min	
		功率 300kW	
烟囱	2 座	高度 35m	
无油空压机	4 台	压力 785	
		流量 11m^3/min	
		功率 100kW	
压缩空气干燥器	4 台	入口压力 785	
		流量 11m^3/min	
高压鼓风机	6 台	压力 10297Pa	
		流量 500m^3/min	
		功率 19kW	

(4) 处理效果和主要技术经济指标

干法净化效果包括电解槽的集气效率、吸附净化效率和生产每吨铝向大气排氟的总量。

主要技术经济指标如下。

集气效率	98.2%	基建投资	1400万元
净化效率	99.2%	工程造价	0.462元/m^3（气）
烟囱排氟浓度	1.3mg/m^3	设备总动力	2947kW
天窗排氟浓度	0.48mg/m^3	电耗	2.2×10^{-3}kW·h/m^3
烟囱排尘浓度	1.5mg/m^3	占地面积	2000m^2
天窗排尘浓度	0.97mg/m^3	年运行费用	351.84万元
处理成本	3.2×10^{-4}元/m^3（气）	处理烟气量	3.0×10^7 m^3/d

（5）工程设计特点

① 用电解铝原料——氧化铝吸附电解过程中散发的氟化物，然后将吸附氟化物的氧化铝返回电解槽使用。使氟得到回收利用，降低了生产成本。

② 净化工艺流程短，设计合理，运行稳定，净化效率高。

③ 吸附反应在管道内完成，阻力小、能耗低、易操作。

练　习　5.4

选择题

1. 净化铝电解厂烟气通常采用的吸附剂是（　　）。

　A. 工业氧化铝粉末　　B. 氧化钙　　C. 氢氧化钙　　D. 活性炭

2. 水吸收法净化含氟废气的一室一塔工艺是指（　　）。

　A. 拨水轮吸收室作一级吸收，文丘里吸收器作二级吸收

　B. 拨水轮吸收室作一级吸收，湍球塔或湍流板塔作二级吸收

　C. 拨水轮吸收室作一级吸收，旋流板塔作二级吸收

　D. 湍流板塔作一级吸收，拨水轮吸收室作二级吸收

3. 下面关于普钙厂含氟废气与高炉法钙镁磷肥厂含氟废气的水吸收净化工艺的叙述，（　　）是不正确的。

　A. 普钙厂含氟废气中颗粒物少，一般水吸收前不设除尘设备

　B. 两者均能获得较高浓度的氟硅酸产品

　C. 两者均可用水吸收后的氟硅酸溶液生产氟硅酸钠

　D. 两者均可用水吸收后的氟硅酸溶液生产冰晶石

4. 下面关于碱吸收法脱除含氟尾气中的氟的叙述，（　　）是正确的。

　A. 对于排气量较小、废气中含氟量低的企业可采用碳酸钠作吸收剂

　B. 对于排气量较小、废气中含氟量低的企业可采用石灰乳作吸收剂

　C. 无论采用碳酸钠还是石灰乳作吸收剂，均可生产冰晶石

　D. 无论采用碳酸钠还是石灰乳作吸收剂，均不可生产冰晶石

5.5 含挥发性有机物废气净化技术

挥发性有机化合物（volatile organic compounds，VOCs）主要包括低沸点的烃类、醇类、醛类、酮类、醚类、羧酸类、酯类、酚类、胺类等。

工业上常见的含挥发性有机物的废气大多数来源于石油、化工、有机溶剂行业的生产过程中。该类有机物大多具有毒性、易燃易爆，部分是致癌物。有的对臭氧层有破坏作用，有的会在大气中和氮氧化物形成光化学烟雾，造成二次污染。

有机废气净化和回收方法有两类：一类是将有机废气转化成 CO_2 和 H_2O，如燃烧法；另一类是将有机废气净化并回收，如吸附法、冷凝法、吸收法、生物法等。也可采用上述方法的组合，如吸附-冷凝、吸附-燃烧等。

5.5.1 燃烧法

燃烧法只适用于净化可燃有害组分浓度较高的废气，或者是用于净化有害组分燃烧热值较高的废气。由于有机气态污染物燃烧氧化的最终产物是 CO_2 和 H_2O，因而使用这种方法不能回收有用的物质，但由于燃烧时放出大量的热，使排气的温度很高，所以可以回收热量。曾经使用的燃烧净化方法有直接燃烧、热力燃烧和催化燃烧。直接燃烧法虽然运行费用较低，但由于燃烧温度高，容易在燃烧过程中发生爆炸，并且浪费热能产生二次污染，因此目前较少采用；热力燃烧法通过热交换器回收了热能，降低了燃烧温度，但当 VOCs 浓度较低时，需加入辅助燃料，以维持正常的燃烧温度，从而增大了运行费用；催化燃烧法由于燃烧温度显著降低，从而降低了燃烧费用，但由于催化剂容易中毒，因此对进气成分要求极为严格，不得含有重金属颗粒物等易引起催化剂中毒的物质，同时催化剂成本高，使得该方法处理费用较高。

目前，普遍采用蓄热式燃烧法和蓄热式催化燃烧法处理含 VOCs 废气。

(1) 蓄热式燃烧法

蓄热式燃烧法采用蓄热式交换器将燃烧后高温气体的热量与处理的废气进行热交换，预热进入燃烧系统的废气。蓄热式燃烧的装置称为蓄热式氧化炉（regenerative thermal oxidizer，RTO），它是在普通热氧化装置中加入蓄热式热交换器，使有机废气预热后再进行氧化反应。蓄热式热交换器是由一种比表面积较大的多孔陶瓷材料制成，具有热量储存和交换功能。蓄热式燃烧装置可分为阀门切换式和旋转式两种。

图 5-72 所示是常见的三室阀门切换蓄热式燃烧装置示意图，主要由一个燃烧室、燃烧器、三个陶瓷蓄热床（热交换室）以及切换阀等组成。每个热交换室有两个自动控制阀门，分别与进气总管和排气总管相连。有机废气在燃烧室高温（约 800℃以上）燃烧，将有机物氧化成 CO_2 和 H_2O，同时释放热量。燃烧后的高温气体使陶瓷蓄热体升温而蓄热，尾气通过排放口从烟囱排放。通过阀门切换，让有机废气通过刚完成蓄热的热交换室对气体进行预热，然后进入燃烧室燃烧。为防止残留在蓄热体中的 VOCs 随尾气通过烟囱排出，保证 VOCs 去除率在 98%以上，蓄热室与进入的有机废气进行热交换后应立即引入适量洁净空气对其进行吹扫，只有待清扫完成后才能再进入蓄热程序。因此，必须通过切换阀使每个蓄热室依次经历“蓄热-预热-清扫-蓄热”程序的循环。当某一个蓄热床对有机废气进行预热时，另一蓄热床进行蓄热，而第三个蓄热床则进行清扫，从而保证废气的连续处理。蓄热式燃烧法的主要优点是利用燃烧放出的热量为有机废气预热，减少废气升温的燃料消耗，与之前的间壁式热交换器相比，蓄热式热交换器的热回收率高（大于 95%）。

图 5-73 所示是旋转蓄热式燃烧装置，主要由一个燃烧室、一个分成多个独立区域的陶瓷蓄热床和一个旋转式转向器组成。有机废气通过已经蓄热过的区域时进行热交换实现对废气的预热，进入燃烧室燃烧后的高温烟气进入蓄热区进行蓄热，尾气通过排放口由烟囱排

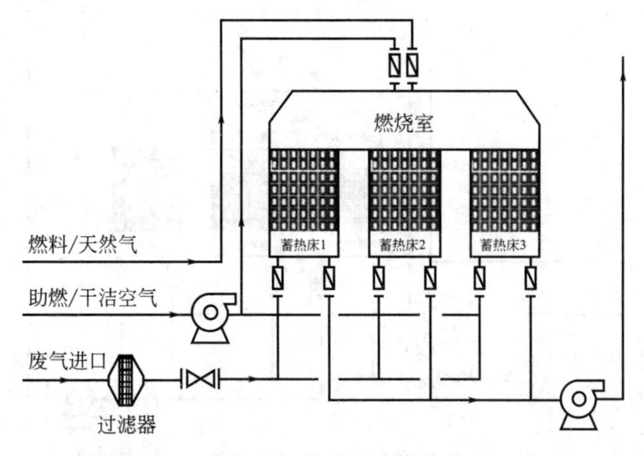

图 5-72 三室阀门切换蓄热式燃烧装置示意图

放。通过旋转式转向器的旋转，改变陶瓷蓄热床不同区域的气流方向，从而连续地实现“蓄热-预热-清扫-蓄热”程序的循环。

旋转蓄热式燃烧装置除了具有阀门切换蓄热式燃烧装置的优点外，还具有结构紧凑，占用空间小的优点。

（2）蓄热式催化燃烧法

蓄热式催化燃烧法是将蓄热式燃烧和催化燃烧结合在一起的方法。蓄热式催化燃烧的装置称为蓄热式催化氧化炉（regenerative catalytic oxidizer，RCO）。蓄热式催化燃烧装置也分为阀门切换式和旋转式两种。阀门切换蓄热式催化燃烧装置与阀门切换蓄热式燃烧装置的主要区别是在蓄热床层的上部与燃烧室接触部分设置了催化床层，如图 5-74 所示。旋转蓄热式催化燃烧装置与旋转蓄热式燃烧装置的主要区别也是在蓄热床层的上部设置了催化床层，如图 5-75 所示。

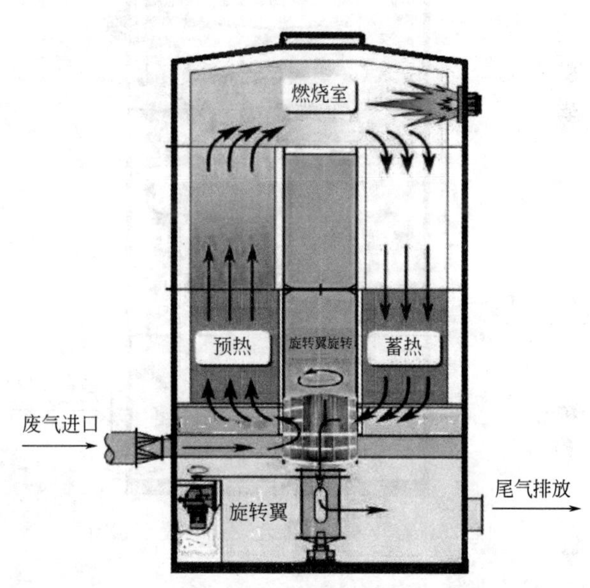

图 5-73 旋转蓄热式燃烧装置示意图

由于催化剂的作用，催化燃烧法废气燃烧的起始温度约为 200～350℃（低于蓄热式燃烧的温度），通过蓄热床层的预热就能达到起燃温度。该工艺由于反应温度较低，同时又充分回收热能（热回收率≥95%），因此具有运行成本低，净化效率高（大于 99%），安全性好等优点。适用于化工、塑料、橡胶、制药、印刷、农药、制鞋等行业含有机物废气的净化。

5.5.2 吸附法

吸附法广泛应用于治理含挥发性有机物废气，不仅可以较彻底地净化废气，而且在不使用深冷、高压等手段下，可以有效地回收有价值的有机物组分。由于吸附剂吸附容量的限制，吸附法适于处理中低浓度废气，而不适用于浓度高的废气。

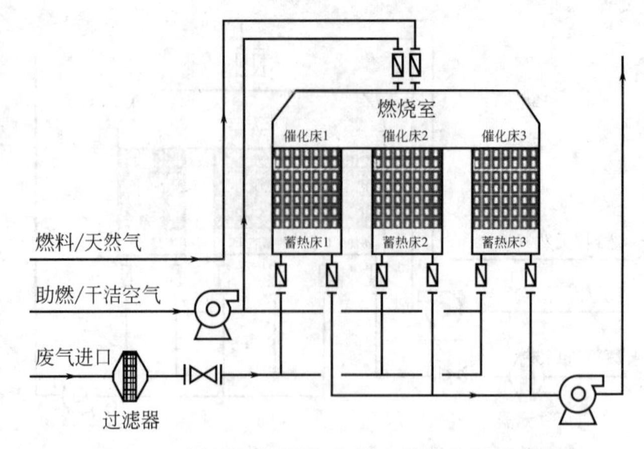

图 5-74 阀门切换蓄热式催化燃烧装置示意图

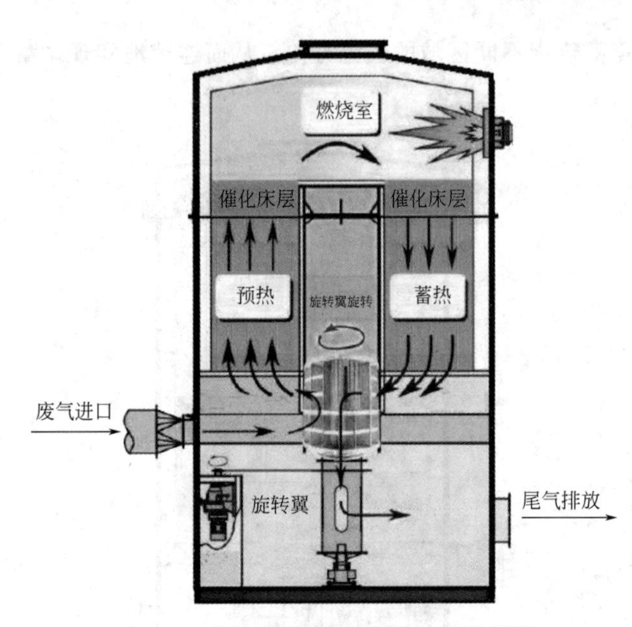

图 5-75 旋转蓄热式催化燃烧装置示意图

(1) 吸附剂

可作为净化含挥发性有机物废气的吸附剂有活性炭、硅胶、分子筛等，其中活性炭应用广泛，效果比较好。其他吸附剂（如硅胶、金属氧化物等）具有极性，在水蒸气共存条件下，水分子易被极性吸附剂吸附，从而降低了吸附剂吸附有机物的能力。活性炭对溶解度小、亲水性弱、极性弱的有机物具有较强的吸附能力。也有部分挥发性有机物被活性炭吸附后难以再从活性炭中脱附，对于此类挥发性有机物，不宜采用活性炭吸附剂，而应选用其他吸附剂。适宜和不适宜采用活性炭吸附的有机物见表 5-14。

表 5-14 适宜和不适宜采用活性炭吸附的有机物

适宜采用活性炭吸附的有机物	难以从活性炭中脱附的有机物
① 分子量为 50～200、相应的沸点为 19.4～176℃ ② 脂肪族与芳香族的碳氢化合物，C 原子数在 C_4～C_{14} 间 ③ 大多数卤素溶剂，包括四氯化碳、二氯乙烯、过氯乙烯、三氯乙烯等 ④ 大多数酮(丙酮、甲基酮)和一些酯(乙酸乙酯、乙酸丁酯) ⑤ 醇类(乙醇、丙醇、丁醇)	① 丙酸，丙烯酸，丁酸，戊酸 ② 丙烯酸乙酯，丙烯酸丁酯，丙烯酸二乙基酯，丙烯酸异丁酯，丙烯酸乙癸酯，二乙氰酸甲苯酯，甲基丙烯酸甲酯 ③ 丁二胺，二乙酸三胺，2-乙基己醇，三亚乙基四胺，甲基乙基吡啶，苯酚

(2) 吸附工艺

根据脱附气体的后处理方式不同，将含有机物废气吸附工艺分为吸附-冷凝回收工艺、吸附-液体吸收工艺和吸附-催化燃烧工艺。当废气中的有机物有回收价值时，可采用冷凝回收工艺或液体吸收工艺。当废气中的有机物没有回收价值时，宜采用催化燃烧工艺或高温焚烧工艺。

① 吸附-冷凝回收工艺　根据吸附剂再生方式的不同，将含有机物废气的吸附-冷凝回收工艺又分为水蒸气再生-冷凝回收工艺和热气流再生-冷凝回收工艺。

水蒸气再生-冷凝回收工艺是利用水蒸气对吸附剂进行再生的工艺，要求水蒸气的温度应低于140℃。热气流再生-冷凝回收工艺是利用热空气或惰性气体对吸附剂进行再生的工艺。当利用热空气再生时，对于活性炭或活性炭纤维吸附剂，要求热空气温度应低于120℃；对分子筛吸附剂，热空气温度应低于200℃。若废气中含有易燃组分时，不宜采用热空气再生，而且要使进入吸附装置的废气中有机物的浓度低于其爆炸极限下限的25%。

若有机物沸点较高时，可采用常温水进行冷凝；若有机物沸点较低时，应采用低温水进行冷凝。

固定床活性炭吸附-冷凝回收工艺流程如图5-76所示。有机废气经冷却过滤降温及去除固体颗粒后，经风机进入吸附装置，吸附后气体排空。两个并联操作的吸附装置，当其中一个吸附饱和时将废气通入另一个吸附装置进行吸附，饱和的吸附装置中通入水蒸气进行再生。脱附气体进入冷凝器冷凝，冷凝液流入静止分离器，分离出溶剂层和水层后再分别进行回收或处理。

通常情况下的吸附条件是：常温吸附；吸附层床层空速为0.2～0.5m/s；脱附蒸气采用低压蒸气，温度约110℃；脱附周期（含脱附及干燥、冷却）应小于吸附周期，若脱附周期等于或大于吸附周期，则应采用三个吸附装置并联操作。

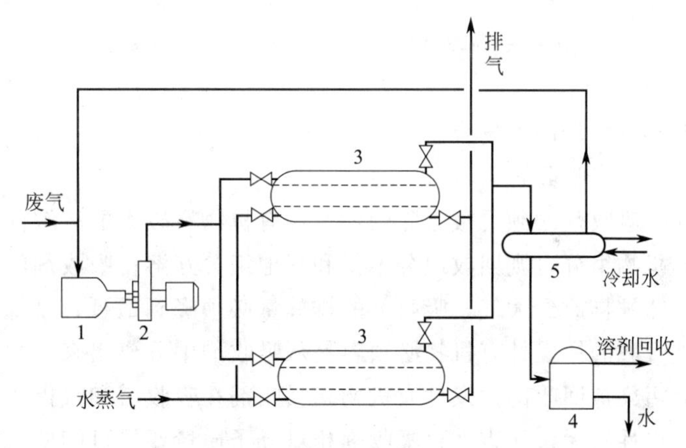

图5-76　固定床活性炭吸附-冷凝回收工艺流程

1—过滤器；2—风机；3—吸附装置；4—分离器；5—冷凝器

② 吸附-催化燃烧工艺　吸附-催化燃烧工艺常采用热空气对吸附剂进行再生，脱附后的气体采用催化燃烧或高温焚烧工艺处理。目前，比较先进的工艺是采用转轮吸附装置吸附，热空气再生后，采用蓄热式催化氧化炉（RCO）燃烧。

③ 吸附-液体吸收工艺　吸附-液体吸收工艺常采用降压解吸，用液体吸收法处理解吸的气体。必须使吸收液中有机组分的平衡分压低于废气中有机组分的平衡分压。若液体吸收后的尾气不能达标排放时，应引入吸附装置进行再次吸附处理。

5.5.3　吸收法

吸收法适用于废气流量较大、浓度较高的挥发性有机物废气的处理。在对含挥发性有机物废气进行治理的方法中，吸收法的应用不如燃烧（催化燃烧）法、吸附法等广泛，影响应用的主要原因是因为吸收剂的吸收容量有限。

（1）吸收工艺

吸收法净化有机废气，最常见的是用于净化水溶性有机物。国内已有一些有机废气吸收的应用实例，但净化效率都不高。目前在石油炼制及石油化工的生产及贮运中采用吸收法进行烃类气体的回收利用。吸收法控制 VOCs 的典型工艺流程如图 5-77 所示。

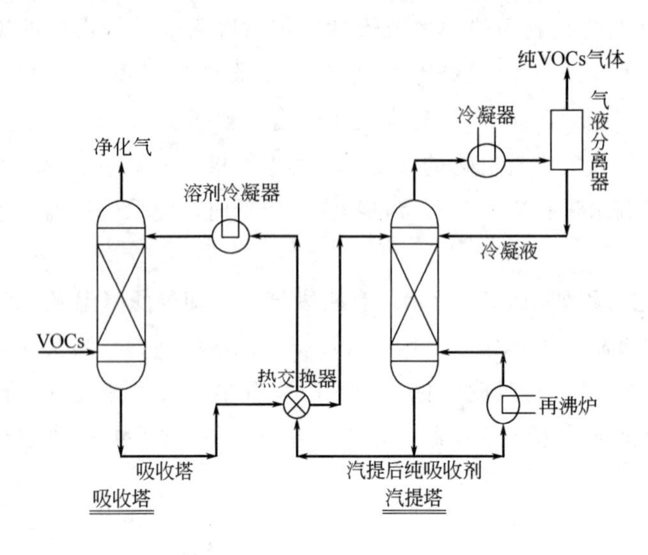

图 5-77 吸收法控制 VOCs 的典型工艺流程

含挥发性有机物的气体由底部进入吸收塔，在上升的过程中与来自塔顶的吸收剂逆流接触而被吸收，被净化后的气体由塔顶排出。吸收了挥发性有机物的吸收剂通过热交换器后，进入汽提塔顶部，在温度高于吸收温度或（和）压力低于吸收压力时得以解吸，吸收剂再经过溶剂冷凝器冷凝后进入吸收塔循环使用。解吸出的挥发性有机物气体经过冷凝器、气液分离器后以纯挥发性有机物气体的形式离开汽提塔，被进一步回收利用。该工艺适用于挥发性有机物浓度较高、温度较低和压力较高的场合。

（2）吸收剂

吸收剂必须对被去除的挥发性有机物有较大的溶解性，同时，如果需回收有用的挥发性有机物组分，则回收组分不得和其他组分互溶；吸收剂的蒸气压必须相当低，如果净化过的气体被排放到大气，吸收剂的排放量必须降到最低；洗涤塔在较高的温度或较低的压力下，被吸收的挥发性有机物必须容易从吸收剂中分离出来，并且吸收剂的蒸气压必须足够低，不会污染被回收的挥发性有机物；吸收剂在吸收塔和汽提塔的运行条件下必须具有较好的化学稳定性及无毒无害性；吸收剂相对分子质量要尽可能低，以使吸收能力最大化。净化有机废气常用的吸收剂及其吸收的有机物见表 5-15。

表 5-15 净化有机废气采用的吸收剂及其吸收的有机物

吸收剂	水	柴油、机油	氢氧化钾	盐酸、硫酸	次氯酸钠
吸收质	苯酚	多苯环化合物	有机酸	胺类	甲醛、乙醛、甲醇

（3）吸收设备

用于挥发性有机物净化的吸收装置，多数为气液相反应器，一般要求气液有效接触面积大，气液湍流程度高，设备的压力损失小，易于操作和维修。挥发性有机物吸收净化过程，通常污染物浓度相对较低，气体量大，因而选用气相为连续相，湍流程度较高，相界面大的如填料塔、湍球塔较为合适。填料塔的气液接触时间、气液比均可在较大范围内调节，且结构简单，因而在挥发性有机物吸收净化中应用较广。

5.5.4 冷凝法

冷凝法是脱除和回收挥发性有机物较好的方法，适用于高浓度挥发性有机废气的处理。但是要获得高的回收率，往往需要较低的温度或较高的压力，因此冷凝法常与压缩、吸附、吸收等过程联合使用，以达到既经济又能获得较高回收率的目的。

（1）直接冷凝法回收含癸二腈废气

图 5-78 是直接冷凝法回收含癸二腈废气工艺流程。尼龙生产中含癸二腈的废气自反应釜进入贮槽，温度为 300℃，比癸二腈的沸点高约 100℃。具有一定压力的水进入引射式净化器后，由于喉管处的高速流动，形成负压，将含癸二腈的高温废气吸入净化器，并与喷入的水充分混合，形成雾状，直接进行冷凝与吸收。冷凝后的癸二腈在循环液贮槽的上方聚集，回收后用于尼龙生产，下层水可循环使用。

（2）吸收-冷凝法回收氯乙烷

氯乙烷是无色透明易挥发的液体，沸点 12.2℃，主要用作溶剂，制造农药、医药和制造乙基纤维素等。

由于氯油生产尾气中含有 5%左右的 Cl_2、50%左右的 HCl，30%的氯乙烷，还含有少量的乙醇、三氯乙醛等。因此，在冷凝前必须先吸收净化，以除去 HCl 等其他物质。

图 5-79 是常压冷凝法从氯油生产尾气中回收氯乙烷的工艺流程图。尾气首先进入降膜吸收塔，在塔中用水将尾气中的 HCl 吸收并制成 20%的盐酸。被吸收掉 HCl 和少量 Cl_2 的尾气进入中和装置，用 15%的 NaOH 溶液中和尾气中的酸性物质。然后尾气进入粗制品冷凝器，先用－5℃左右的冷冻盐水冷凝氯乙烷气体中的水分，然后再将氯乙烷冷凝下来得到粗制品。粗氯乙烷经过精馏塔精馏，再经成品冷凝器在－30℃冷凝，得到精制氯乙烷液体，氯乙烷含量达 98%以上。

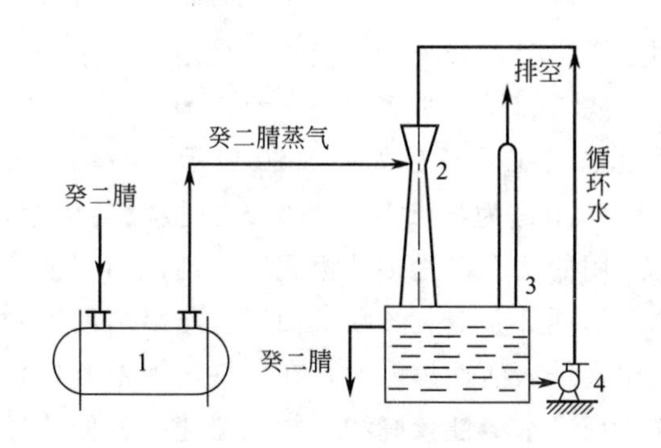

图 5-78 直接冷凝法回收含癸二腈废气工艺流程

1—贮槽；2—引射式净化器；3—水槽；4—泵

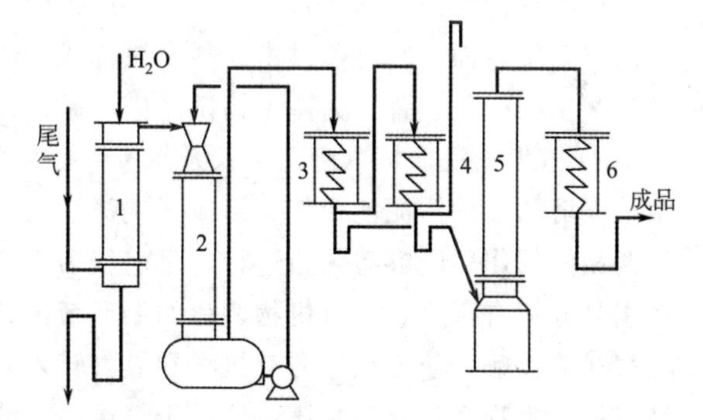

图 5-79 常压冷凝法回收氯乙烷工艺流程

1—降膜吸收塔；2—中和装置；3、4—粗制品冷凝器；5—精馏塔；6—成品冷凝器

该法工艺简单，设备少，管理方便，但回收率只有 70%左右。若采用带压冷凝流程，即将净化以后的氯乙烷气体进行加压冷凝，只需在－15℃的盐水中冷凝，回收率可达 80%以上。但该法需要水循环泵和纳氏泵，一次性投资较高，工艺也比常压深冷法复杂。

5.5.5 微生物法

微生物法控制挥发性有机物（VOCs）污染是近年发展起来的空气污染控制技术，主要针对既无回收价值又严重污染环境的工业废气的净化处理而研究开发的。该技术已在德国、荷兰得到规模化应用，有机物去除率大都在90%以上。与常规处理法相比，微生物法具有装置简单，运行费用低，较少形成二次污染等优点，尤其在处理低浓度、微生物降解性好的气态污染物时更显其经济性。

(1) 净化的原理

挥发性有机物生物净化过程的实质是附着在滤料介质中的微生物在适宜的环境条件下，利用废气中的有机成分作为碳源和能源，维持其生命活动，并将有机物分解为CO_2、H_2O的过程。气相主体中挥发性有机物首先经历由气相到固/液相的传质过程，然后在固/液相中被微生物降解。

微生物法可处理的有机物种类见表5-16。

表5-16 微生物法适宜处理的有机物种类

有机物种类	有机物实例
烃类	乙烷，石脑油，环己烷，二氯甲烷，三氯甲烷，三氯乙烷，三氯乙烯，四氯乙烯，三氯苯，四氯化碳，苯，甲苯，二甲苯
酮类	丙酮，环己酮
酯类	乙酸乙酯，乙酸丁酯
醇类	甲醇，乙醇，异丙醇，丁醇
聚合物单体	氯乙烯，丙烯酸，丙烯酸酯，苯乙烯，乙酸乙烯

(2) 净化工艺

在废气生物处理过程中，根据系统中微生物的存在形式，可将微生物处理工艺分成悬浮生长系统和附着生长系统。悬浮生长系统即微生物及其营养物存在于液体中，气相中的有机物通过与悬浮液接触后转移到液相，从而被微生物降解。而附着生长系统中微生物附着生长于固体介质表面，废气通过由滤料介质构成的固定塔层时，被吸附、吸收、最终被微生物降解。微生物净化装置分为微生物洗涤塔、微生物过滤塔和微生物滴滤塔。

① 微生物洗涤塔（悬浮生长系统） 微生物洗涤塔工艺流程如图5-80所示，净化系统由洗涤塔和活性污泥池两部分组成。洗涤塔的主要作用是为气液两相提供充分接触的机会，使两相间的作用能够有效地进行，目前较为广泛采用的洗涤塔是多孔板式塔。活性污泥池的作用是分解有机物。经有机物驯化的循环液由洗涤塔顶部布液装置喷淋而下，与沿塔而上的废气逆流接触，使气相中的有机物和氧气转入液相，进入活性污泥池，在活性污泥池有机物被好氧微生物氧化分解。该法适用于气量小、浓度高、水溶性较好和生物代谢速率较低的挥发性有机物废气的处理。

② 微生物滴滤塔 微生物滴滤塔工艺流程如图5-81所示。挥发性有机物气体由塔底进入，在流动过程中与已接种挂膜的生物滤料接触而被净化，净化后的气体由塔顶排出。滴滤塔集废气的吸收与液相再生于一体，塔内增设了附着微生物的填料，为微生物的生长、有机物的降解提供了条件。启动初期，在循环液中用有机物驯化的微生物菌种接种，循环液从塔顶喷淋而下，与进入滤塔的挥发性有机物异向流动，微生物利用溶解于液相中的有机物质，进行代谢繁殖，并附着于填料表面，形成微生物膜，完成生物挂膜过程。气相主体的有机物和氧气经过传输进入微生物膜，被微生物利用，代谢产物再经过扩散作用进入气相主体后外排。

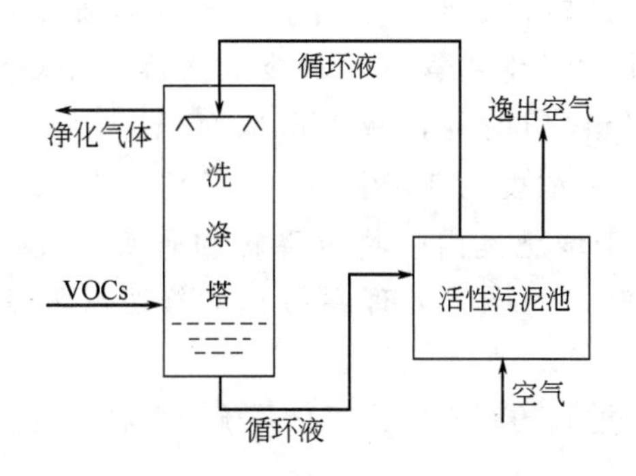

图 5-80 微生物洗涤塔工艺流程

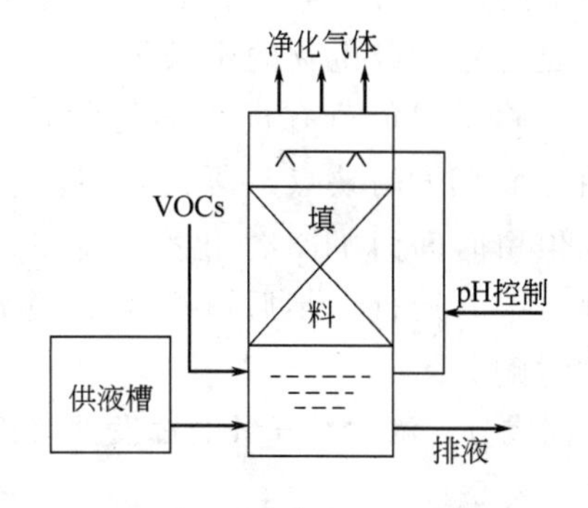

图 5-81 微生物滴滤塔工艺流程

微生物膜是包含细菌及其他生物群落的黏质膜，由好氧区、厌氧区两部分组成，其厚度、生物量由有机物负荷决定，一般为0.5～2.0mm，增加有机物的负荷，膜的厚度能增长到一个较大的有效厚度，该厚度又与液气比、填料类型、有机物类型、空塔气速、温度及微生物的性质等因素有关。此外，当生物膜较厚时，有机物在未达到整个膜厚时就已消耗掉，导致厌氧区的细菌往往处于内源呼吸状态，内源呼吸的细菌在滤料表面的附着能力较差，使生物膜在滤料上脱离，而在脱离原处又生长出新的生物膜，完成了膜的代谢，使微生物对有机物的代谢能连续稳定地进行。

微生物滴滤塔适宜于处理气量大、浓度低、降解过程产酸的挥发性有机物废气，不适宜处理浓度高和气量波动大的废气。

③ 微生物过滤塔（附着生长系统） 微生物过滤塔降解挥发性有机物工艺流程如图5-82所示。挥发性有机物气体由塔顶进入过滤塔，在流动过程中与已接种挂膜的生物滤料接触而被净化，净化后的气体由塔底排出。定期在塔顶喷淋营养液，为滤料微生物提供养分、水分并调节pH值，营养液呈非连续相，其流向与气体流向相同。

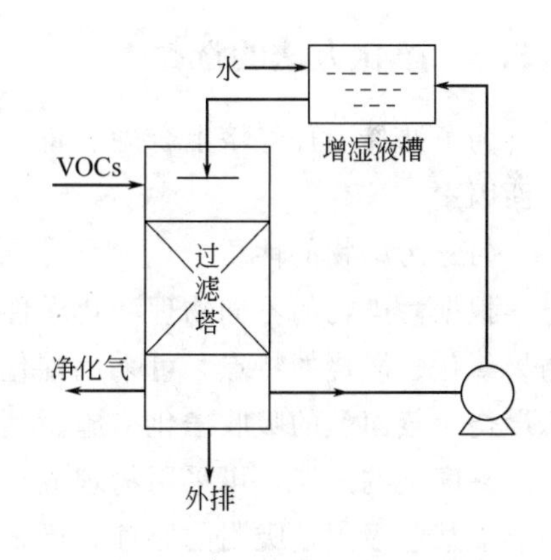

图 5-82 微生物过滤塔工艺流程

微生物过滤塔适宜于处理气量大、浓度低和浓度波动较大的挥发性有机物废气。目前较为常用的生物过滤工艺有土壤法和堆肥法。

土壤法是以土壤中的胶状颗粒作为滤料，利用其吸附性能和土壤中细菌、霉菌等微生物的分解作用，将污染物去除。该法因其较好的通气性和适度的通水与持水能力以及相对稳定的生物群落系统，能有效地去除丙烷、丁烷等烷烃类化合物，对酸及乙醇等生物易降解物质的净化效果更好。该法具有设备简单、运行费用低、管理方便等优点，但由于占地面积大，开放式的场地因大雨和低温而使其通气性降低，生物活性差，从而降低了处理效果等因素，制约了该法的大面积推广和应用。

工艺条件：温度25～35℃；相对湿度50%～70%；pH值为7～8。滤料配比：黏土1.2%、富含有机质灰土15.3%、细砂土53.9%、粗砂29.6%，厚度一般为0.5～1m，通风速率0.1～1m/min。

堆肥法是利用泥炭、堆肥、木屑等为滤料，经熟化后形成一种有利于气体通过的堆肥层，更适宜于微生物的生长繁殖。由于堆肥中的微生物含量、种类大大高于土壤法，因此在去除相同负荷有机污染物时，可大大缩短停留时间，减少占地面积，克服了土壤法占地面积大的缺点。研究表明，利用该法处理浓度为1500mg/m^3 乙醇或苯乙烯废气，在停留时间为1h，净化率可达95%。但由于堆肥是由生物可降解物质所构成，因而寿命有限，运行1年后就必须更换滤料。开放式的堆肥处理系统也同样受气候等自然因素影响。

不同成分、浓度及气量的挥发性有机物各有其适宜的有效生物净化系统，三种生物法工艺性能见表5-17。

表5-17 三种生物法工艺性能比较

净化工艺	系统类别	适用条件	运行特性	备注
微生物洗涤塔	悬浮生长系统	气量小、浓度高、易溶、生物代谢速率较低的挥发性有机物	系统压降较大、菌种易随连续相流失	对较难溶气体可采用鼓泡塔、多孔板式塔等气液接触时间长的吸收设备
微生物滴滤塔	附着生长系统	气量大、浓度低、有机负荷较高以及降解过程中产酸的挥发性有机物	处理能力大，工况易调节，不易堵塞，但操作要求较高，不适合处理入口浓度高和气量波动大的挥发性有机物	菌种易随流动相流失
微生物过滤塔	附着生长系统	气量大、浓度低的挥发性有机物	处理能力大，操作方便，工艺简单，能耗少，运行费用低，对混合型挥发性有机物的去除率较高，具有较强的缓冲能力，无二次污染	菌种繁殖代谢快，不会随流动相流失，从而大大提高去除率

5.5.6 净化方法的选择

为了选择一种经济上合理、符合生产实际、达到排放标准的最佳方案，必须综合考虑各方面因素。

(1) 污染物的性质

根据污染物的不同物理和化学性质，采用效率高且经济的控制技术。例如利用有机污染物易氧化、燃烧的特点，可采用催化燃烧或直接燃烧的方法；而卤代烃的燃烧处理，则需考虑燃烧后氢卤酸的吸收净化措施。利用有机污染物易溶于有机溶剂的特点，以及与其他组分在溶解度上的差异，可采用物理或化学吸收的方法来达到净化或提纯的目的。利用有机污染物能被某些吸附剂吸附的原理，可采用吸附方法来净化有机废气。

(2) 污染物的浓度

含有机化合物的废气，往往由于浓度不同而采用不同的净化方法。如污染物浓度高时，可采用火炬直接燃烧（不能回收热值），或引入锅炉或工业炉直接燃烧（可回收能量）。而浓度低时，则需要补充一部分燃料，采用热力燃烧或催化燃烧。污染物浓度较高时，也不宜直接采用吸附法，因为吸附剂的容量往往很有限。

(3) 生产的具体情况及净化要求

结合生产的具体情况来考虑净化方法，有时可以简化净化工艺。例如，锦纶生产中，用粗环己酮、环己烷作吸收剂，回收氧化工序排出的尾气中的环己烷，由于粗环己酮、环己烷本身就是生产的中间产品，因而不必再生吸收液，令其返回生产流程即可。用氯乙烯生产过程中的三氯乙烯作吸收剂，吸收含氯乙烯的尾气，也具有同样的优点。另外，不同的净化要求，往往有不同的适宜的净化方案。

(4) 经济性

所选择的最佳方案应当尽量减少设备投资和运行费用，尽可能回收有价值的物质或热量，从而获得经济效率。

选择有机废气治理技术应始终坚持实用性和经济性的原则。如果运行可靠性不好，使用中操作不方便，导致设备经常停用或损坏，再好的技术也不行；又如运行成本很高，再高的净化效率也无意义。

总之，各种净化方法都有各自的优缺点，要针对具体情况，因地制宜地选择合适的净化方法。几种常用净化方法的优缺点和适用范围见表 5-18。

表 5-18 几种常用净化方法的主要优缺点及适用范围

净化方法	优 点	缺 点	适用范围
活性炭吸附法	1. 可回收有机溶剂 2. 净化效率高 3. 系统运行稳定，操作维修方便 4. 运行费用低	1. 废气需进行预处理 2. 活性炭要再生，还要经常补充，费用高 3. 设备庞大，占地多	大风量，温度低于 50℃，浓度小于 5000mg/m³
燃烧法	1. 设备简单，投资少，操作方便，占地面积少 2. 可回收利用热能 3. 净化彻底 4. 催化燃烧，起燃温度低	1. 催化燃烧的催化剂成本高 2. 有燃烧爆炸危险 3. 热力燃烧需消耗燃料 4. 不能回收溶剂	小风量，高浓度（1000～10000mg/m³）
吸收法	1. 柴油作吸收剂，价格低 2. 运行稳定，操作方便 3. 流程简单，运行费用低 4. 净化效率较高	1. 吸收剂后处理费用高 2. 对有机成分选择性大 3. 易出现二次污染	各种浓度，温度低于 100℃
冷凝法	1. 设备及操作简单 2. 回收的物质纯净 3. 投资及运行的费用低	1. 净化效率低 2. 设备较庞大	高浓度废气（大于 41000mg/m³），温度低于 100℃，用于回收有机溶剂

阅读材料

膜分离法

膜分离法是使含气态污染物废气在一定的压力梯度下透过特定的薄膜，利用不同气体透过薄膜的速度不同，将气态污染物分离除去的方法。

根据构成膜物质的不同，可将气体分离膜分为固体膜和液体膜两种，其中应用最广泛的是固体膜。按膜空隙大小差异将固体膜分为多孔膜和非多孔膜，按膜的结构又分为均质膜和复合膜，按膜的形状又分为平板膜、管式膜和中空纤维式膜等。

膜技术可以用来回收各种高沸点的挥发性有机物（VOCs），如甲苯、碳原子数超过 4 的烷烃、酮和酯等。可用于 PVC 加工中回收 VCM，聚烯烃装置中回收乙烯、丙烯单体；用于制冷设备、气雾剂及泡沫生产中回收 CFCs 和 HCFCs。

膜分离法过程简单，控制方便，操作弹性大，能耗低，能在常温下操作。国内外对膜分离法控制技术进行了广泛研究，该方法一定会有广阔的应用前景。

练 习 5.5

选择题

1. 吸收法净化有机废气时若采用柴油作吸收剂可以吸收净化的物质是(　　)。
   A. 有机酸　　B. 多苯环化合物　　C. 胺类　　D. 苯酚
2. 在净化挥发性有机物的方法中，能回收有机溶剂的方法是（　　）。
   A. 吸附法和生物法　B. 冷凝法和燃烧法　C. 吸附法和冷凝法　D. 燃烧法和微生物法
3. 常压冷凝法从氯油生产尾气中回收氯乙烷的工艺中，成品冷凝器的温度是(　　)。
   A. －5℃　　B. －15℃　　C. －30℃　　D. －35℃
4. 能够处理气量小、浓度高、易溶、生物代谢速率较低的挥发性有机物的生物净化工艺是(　　)。
   A. 微生物洗涤塔　B. 微生物滴滤塔　C. 微生物过滤塔
5. 关于蓄热式燃烧法和蓄热式催化燃烧法处理含 VOCs 废气的叙述，(　　) 不正确。
   A. 均采用蓄热式热交换器为进入燃烧室的废气进行预热
   B. 蓄热式催化燃烧装置在蓄热床层的上部设置了催化床层
   C. 蓄热式催化燃烧法废气燃烧的起始温度约为 200～350℃
   D. 蓄热式催化燃烧法废气燃烧的起始温度约为 800℃
6. 关于蓄热式燃烧和蓄热式催化燃烧装置的叙述，(　　) 不正确。
   A. 蓄热式燃烧装置常被缩写成 RTO
   B. 蓄热式催化燃烧装置常被缩写成 RCO
   C. 蓄热式燃烧装置可分为阀门切换式和旋转式两种
   D. 蓄热式催化燃烧装置只有旋转式

5.6 其他废气净化技术

5.6.1 汽车排气净化技术

汽车排放的尾气中含有许多有害成分，主要是 CO、NO_x 和碳氢化合物（HC）（使用含铅汽油时还会排放含铅化合物）。CO 和碳氢化合物是燃烧不完全所产生的，NO_x 则是汽缸中的高温条件造成的。它们能长期存在于大气中，会进一步通过光化学反应而生成毒害性更强的光化学烟雾。

对汽车尾气净化主要有三个途径：一是燃料的改进与代替；二是发动机内部控制；三是发动机外部净化。机内控制就是利用发动机本身工作过程来降低汽车排放污染物，它是汽车排放控制的主要方法之一。世界各国汽车生产厂家在化油器和发动机方面分别采取了很多措施，如电控燃油喷射、氧传感器控制技术等，所有这些措施对减少汽车排放污染物都有一定效果，但仅靠机内控制还不能彻底解决汽车排气污染问题。国内外的经验证明，净化汽车排气最有效的方法是尾气催化净化技术，因而安装尾气净化器的发动机外部净化方法成为当前解决汽车尾气污染最重要的手段之一。

(1) 机外净化原理

机外净化是在催化剂存在的条件下，利用排气自身的温度和组成将有害物质（CO、NO_x、HC）转化为无害的 H_2O、CO_2 和 N_2。根据化学反应类型不同，又将其分为催化氧化法和催化氧化还原法。

催化氧化法是在催化剂的作用下，将有害物质 HC 和 CO 转化为无害物，反应式为

$$2HC+\frac{5}{2}O_2 \longrightarrow 2CO_2\uparrow+H_2O$$

$$2CO+O_2 \longrightarrow 2CO_2\uparrow$$

由于反应中除去两种有害物质，因此称为二元净化，该反应中的催化剂称为二元催化剂。催化氧化还原反应是以 CO 和 HC 作还原剂，将 NO_x 还原为 N_2，其反应式为：

$$2HC+NO_x \longrightarrow CO_2\uparrow+H_2O+N_2\uparrow$$

$$CO+NO_x \longrightarrow CO_2\uparrow+N_2\uparrow$$

由于反应中净化了三种有害物质，因此称为三元净化，该反应中使用的催化剂称为三元催化剂。

在使用三元催化剂特别是贵金属催化剂时，要严格控制空燃比，只有空燃比在 14.7±0.1 范围内时，HC、CO 和 NO_x 净化能力最佳，三者的转化率均大于 85%。当空燃比小于此值时，反应器处于还原状态，NO_x 的转化率升高，而 HC 和 CO 的转化率则会下降；当空燃比大于此值时，反应器处于氧化状态，HC 和 CO 的转化率升高，而 NO_x 的转化率则会下降。除此之外，还必须使用无铅汽油，防止铅、硫、磷等使催化剂中毒。催化净化装置的结构较为简单，主要由催化剂载体、净化器壳体、减振材料和消声装置等部分构成，其核心是催化剂。

(2) 汽车尾气净化催化剂

汽车尾气净化器所用催化剂的基本要求：能同时净化 CO、HC 和 NO_x 三种有害物质；必须同时具有高温（80℃以上）和低温（0℃以下）活性，以保证其在高温下不被烧结，在低温时又能发挥催化作用。

① 活性物质　经过二十多年的研究开发，已开发出四代汽车尾气净化催化剂。

第一代催化剂的活性组分为普通金属（Cu、Cr、Ni）氧化物，其原料来源丰富、成本低，但催化活性差、起燃温度高、易中毒，属于二元催化剂，现已基本不用。

第二代催化剂主要以贵金属铂（Pt）、钯（Pd）、铑（Rh）和铱（Ir）为主要催化活性组分。贵金属中的 Pt 或 Pd 催化氧化 HC、CO，Rh 或 Ir 催化还原 NO_x，属于三元催化剂。具有活性高、寿命长、净化效果好等优点。缺点是成本高、高温性能不理想、易中毒、对空燃比要求苛刻等。

第三代和第四代催化剂主要是稀土金属铈（Ce）和镧（La）的氧化物，其特点是价格低、热稳定性好、活性较高、使用寿命长，特别是具有抗铅中毒的特性。因而，受到人们的重视。

在贵金属催化剂中添加少量稀土元素制成的催化剂称为贵金属-稀土催化剂。加入稀土元素的目的是提高催化剂的催化活性和热稳定性。如在 Pt-Pd-Rh 三元催化剂的活化涂层中加入 CeO_2 不仅可以使 γ-Al_2O_3 在高温下表面积保持稳定，而且能使贵金属微粒的弥散度保持稳定，避免活性受损。再如钯催化剂具有价格相对便宜、供需矛盾不突出等优点，但钯催化剂在催化还原 NO_x 方面效果欠佳，为弥补其不足，可以加入镧（La），这种 Pd-La 催化剂在性能上完全可以和 Pt-Rh 催化剂媲美。

稀土催化剂主要是采用 CeO_2 和 La_2O_3 的混合物为主，加入少量的碱土金属和一些易得金属制备的催化剂。因其价格低、热稳定性好、活性较高、使用寿命长而备受青睐。

② 催化剂载体　在早期，汽车排气的二元净化催化剂载体主要采用氧化铝小球，但由于其耐热性能较差、孔隙率低、阻力大，易对发动机的性能造成不良影响而逐渐被蜂窝陶瓷所取代。蜂窝陶瓷载体具有低膨胀、高强度、耐热性能好、吸附性强、耐磨损等优点。目前蜂窝陶瓷载体多用堇青石作原料，堇青石（铝硅酸镁）不但有低的膨胀系数、良好的耐化学腐蚀性及良好的耐热性（安全使用温度 1400℃），而且本身的气孔率较高。

（3）三元催化净化器

三元催化净化器是装有三元催化剂能够同时净化汽车排气中的 HC、CO 和 NO_x 的汽车尾气净化器。图 5-83 所示为三元催化净化器，图 5-84 是三元催化净化器结构示意图。

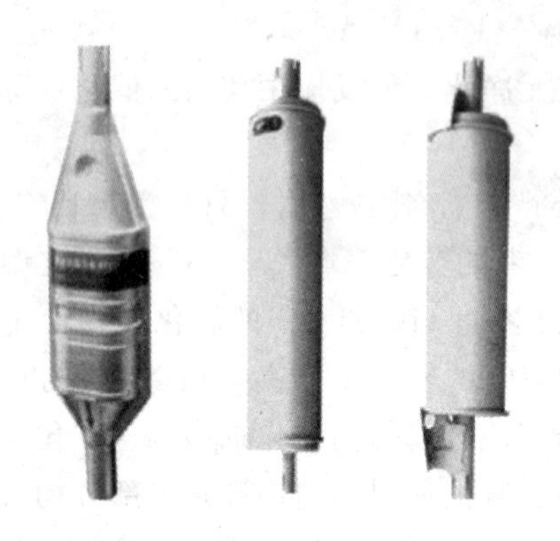

图 5-83　三元催化净化器

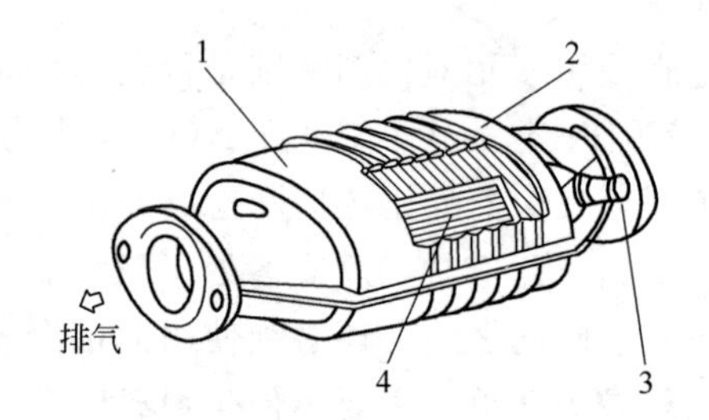

图 5-84　三元催化净化器结构示意图

1—壳体；2—减振层；3—排气温度传感器；4—载体和催化剂

汽车发动机排出的废气经三元催化反应器，排气中的 HC 和 CO 通过催化氧化反应可转变成无害的 CO_2 和 H_2O，而 NO_x 通过催化还原反应可转变为无害的 N_2，净化后的气体可直接排入环境。在排出口装有氧感受器，可随时将排气中的氧浓度信号传给控制器，通过控制器来调节空燃比。氧传感器是净化系统的关键部件，目前我国生产的氧传感器受氧化锆材料的影响，其使用寿命不理想，因此该净化系统的推广应用受到一定限制。

阅读材料

新型动力车

（1）电动汽车

电动汽车是指以车载蓄电池为动力的汽车，除动力系统不同于普通汽车外，电动汽车的其他性能要求与一般汽车相同。它的最大特点是在行驶过程中不排放任何有害气体，是目前唯一的零排放车。电池作为能量存储媒介，其性能比汽油差很多。即使是最强的电池其能量密集度也不会超过汽油的 4%，因此，目前在对电动汽车的定位上，仍是较短行程且载重量较小的机动车。由于电动汽车具有比汽油车更低的行驶成本和更长的使用寿命，因此，若将电动汽车所需的总成本分摊到整个寿命期中，那么电动汽车并不比普通汽油车贵很多。

（2）燃料电池汽车

燃料电池车是在汽车上直接将化学能转换为电能作为驱动力的车辆，其发电效率可达 55% 以上。这种电池与蓄电池不同，它是通过捕捉原子化合成分子时释放出的电子而直接将化学能转化为电能的。只要不断加入燃料和氧化剂，电池就会不断地产生电能，而产生的废料只是水和热量。反应原理简单，并且容易控制，通过散热损失的能量极少。它不像传统电池那样贮存能量，这一点区别正是燃料电池系统的优势所在，它解决了行程受限的问题。燃料电池只需消耗汽油车所需能源的一半，而且驱动过程本身不排放污染物和温室气体，其应用前景是非常诱人的。目前，难以准确估计燃料电池汽车的成本，这种技术还处于起步阶段。

(3) 混合动力车

混合动力电动车的技术原理是让内燃机在燃烧效率相对稳定的行驶条件下发电，并将电能储存进电池，借助电动马达驱使车辆行驶。它不仅废气排放少、能耗低、噪声小，而且也不像纯电动车那样受每次充电后行驶距离的限制，能够像一般汽油车一样长距离行驶。由于混合动力车集成了两套不同的动力系统和各自相关的燃料储备/辅助系统，在制动时蓄电池还要回收多余的能量。因此，比单一电池驱动或单一内燃机汽车在构造上复杂得多。与纯电动汽车一样，混合动力车的初期投资会比传统的内燃机汽车高一些。如果混合动力车能够达到市场化的生产规模，其成本会相应降低到一个具有竞争力的水平。

阅读材料

汽车燃料的改进与替代

由于直馏汽油烃类分子结构中碳链过长，在发动机内高温高压条件下容易断裂，作为汽车燃料性能较差，需添加四乙基铅作抗爆剂，成为有铅汽油。四乙基铅剧毒，燃烧后以 PbO 形式排放到空气中而造成污染。在燃烧过程中 PbO 会沉积在燃烧室、活塞和气阀上，从而影响发动机正常工作。由于裂化汽油的烃分子中异构化烃类、环烃、芳香烃等结构稳定成分的含量增加，提高了燃料的抗爆性能，可以直接作为汽车燃料使用。用裂化汽油代替有铅汽油称为燃料的改进。

用分子中含碳原子数较低的可燃性气体（氢气、天然气、石油液化气等）或液体（甲醇、乙醇等）取代汽油称为燃料的替代。氢气是非常理想的燃料，燃烧反应的生成物为 H_2O，不存在排气中 HC 和 CO 的污染问题。由于氢气在燃烧时有过量空气的存在，降低了发动机汽缸的温度，减少热力型 NO_x 的生成量。目前，可用电解水的方法来制取氢气，但成本较高。随着制氢方法和固氢技术研究工作的深入开展，坚信氢作为清洁、高能燃料必将实现。

阅读材料

核磁共振技术在控制汽车排气方面的应用

核磁共振技术治理尾气是选用适当的液体燃料作为传递核磁共振的基质，使之进入特殊的核磁共振发生装置中，并使其获取并保存核磁共振特性。将少量具有共振特性的液体加入机动车燃料（汽油、柴油、重油、煤油、醇类、醚类等）中，即可把共振特性传递给燃油及发动机机件。获得共振特性的燃油在高温高压下同步爆发，燃烧极其充分，不仅可以使尾气排放大大降低，而且可以节省燃油，降低噪声。另外，这种核磁共振传递剂还能使发动机内积炭从尾气中排出，延长发动机的寿命。

5.6.2 恶臭的治理

产生恶臭的物质很多，主要有含硫化合物（硫化氢、二氧化硫、硫醇和硫醚）、含氮化合物（氨、胺、吲哚等）及其他有机化合物。来源有多方面，如石油、化工、冶金、饲料加工、公共卫生设施及其他过程。

常见的脱臭方法有燃烧法、氧化法、吸收法、吸附法、中和法、生物法等。有时采用两种或两种以上方法联合脱臭。

(1) 空气氧化法

恶臭物质一般情况下是还原性物质，如有机硫和有机胺类，因此可采用氧化法来处理。空气氧化法包括热力燃烧法和催化燃烧法。

热力燃烧法是将燃料气与臭气充分混合，在高温下实现充分燃烧，使最终产物均为 CO_2 和水。使用本法时要保证完全燃烧，氧化不完全可能增加臭味，如乙醇不完全氧化可能转变为羧酸。进行热力燃烧必须具备三个条件。

① 臭气物质与高温燃料气在瞬时内进行充分混合；

② 保持臭气所必需的焚烧温度（约 760℃）；

③ 保证臭气全部分解所需的停留时间（0.3～0.5s）。

催化燃烧法是将臭气与燃料气的混合气体一起通过装有催化剂的床层，在 300～500℃时发生氧化反应。由于使用了催化剂，燃烧的温度可大大降低，停留时间缩短（低于 0.1s），因此设备的投资和运行费用都可能减少。理论上说，催化氧化要优于热力氧化法，但由于催化剂中毒、堵塞等原因，且热力燃烧可回收热量，目前国内外热力氧化已越来越多的取代催化氧化法。

总之，空气氧化法的优点是净化效率高，催化氧化法可达 99.5%以上，热力氧化法可达 99.9%以上，但投资和运行费用也相对较高。若不回收热量，其运行的经济性显然是行不通的。因此，此法比较适用于具有一定规模的生产厂家，这些厂家的生产相对比较稳定，通过氧化装置可以回收燃烧的热量。

（2）吸附法

吸附法是一种动力消耗较小的脱臭方法，脱臭效率高。采用的吸附剂有活性炭、两性离子交换树脂、硅胶、活性白土等，其中以活性炭吸附效果最好。常用活性炭的适用范围及性能见表 5-19。

表 5-19 常用活性炭的适用范围及性能

活性炭种类		适用范围	性能
中性炭	煤炭类活性炭	氨、硫化氢、有机硫类化合物、碳水化合物等	不受气体中水分的影响，吸附性能稳定，机械强度高，吸附再生过程中损耗少，可以反复使用
	果核类活性炭	氨、硫化氢、有机硫类化合物、碳水化合物等	在吸附干燥气体时，吸附效率高，但受气体中水分的影响较大，当气体中的相对湿度达 60%时，吸附能力大大降低。机械强度较差，使用过程中损耗较大
浸碱活性炭		适用于吸附除硫化氢以外的酸性恶臭气体	吸附过程伴随着化学反应过程，因此脱除效率高。要求废气具有 40%～90%的相对湿度
浸酸活性炭		适用于吸附氨、三甲胺等碱性恶臭气体	吸附过程伴随着化学反应过程，脱除效率高。要求废气具有一定的湿度
其他浸渍活性炭		处理特定的恶臭气体	

吸附法适用于低浓度恶臭气体的处理，一般多用于复合恶臭的末级净化。对含颗粒浓度较高的废气由于容易堵塞吸附剂，故不适宜。

（3）吸收法

吸收法是利用恶臭气体的物理或化学性质，使用吸收剂将恶臭进行吸收除去的方法。常采用的吸收剂有水、碱溶液、酸溶液及一些氧化剂等。

使用水吸收时，耗水量大，废水难以处理。当外界条件改变（如温度、溶液 pH 值变动，或者搅拌、曝气）时，臭气有可能从水中逸出。

使用化学吸收液时，由于吸收过程中伴随着化学反应，因此脱硫效果好，且不易造成二次污染。

选用吸收剂时应注意选择溶解度大、无腐蚀、无毒无害、价格低廉的物质。表 5-20 列出了一些常用的脱臭吸收剂。

表 5-20 常用的脱臭吸收剂

性质	吸收剂	恶臭物质
中性	水	氯化氢，二氧化硫、氨气、酚
碱性	氢氧化钠	硫化氢、硫醇、已酸、二氧化硫
酸性	盐酸、硫酸	氨气、胺类
氧化性	次氯酸钠、高锰酸钾、双氧水、重铬酸钾、次溴酸钠	硫醇、乙醛、硫化氢

（4）联合法

当除臭要求高且被处理的恶臭气体难于用单一的方法满足要求时，或虽能满足要求，但运行费用很高时，可采用联合脱臭法。

① 洗涤-吸附法　一般污水处理厂和粪便处理场合会产生具有复杂成分的臭气，日本处理这类臭气的“日辉式除臭处理系统”如图 5-85 所示，该法处理的废水很少（循环使用），少量必要的废水经水处理后排放。经处理后，乙酸、苯乙烯、二甲基硫、硫化氢、甲基硫酸、甲基硫、三甲氨、氯等规定的八种物质的臭气强度大大下降。

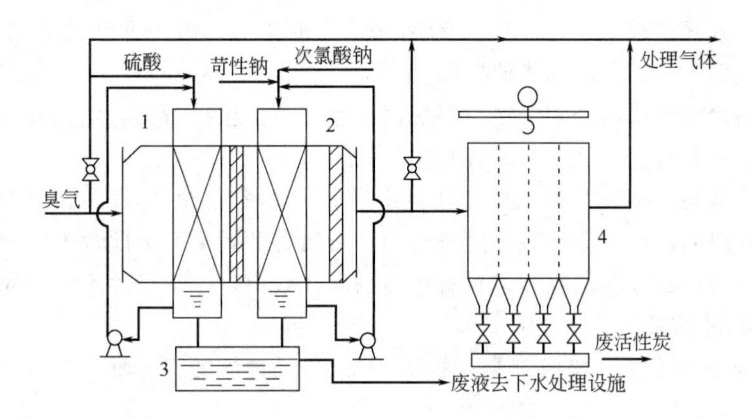

图 5-85　日辉式除臭工艺流程

1—酸洗槽；2—碱洗槽；3—废液中和槽；4—活性炭吸附塔

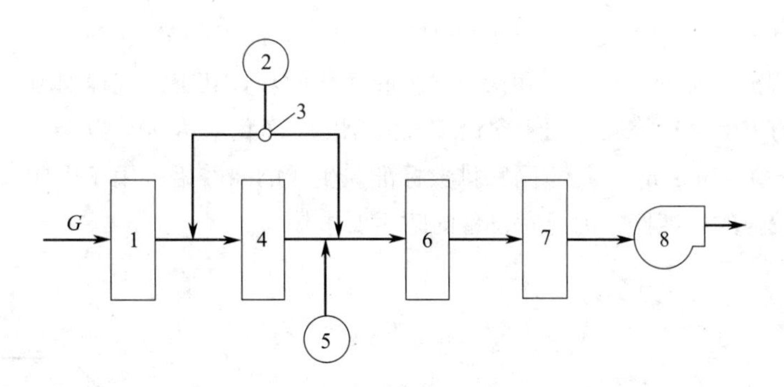

图 5-86　吸附-氧化脱臭流程图

1—吸附装置；2—臭氧发生器；3—三通阀；4—臭氧混合器；5—蒸汽发生器；6—气体混合器；7—反应器；8—风机

② 吸附-氧化法　吸附-氧化脱臭流程如图 5-86 所示。污水处理厂来的废气先经过吸附装置 1（内装活性炭），废气中的烃类物质被活性炭吸附。烃类的除去有利于延长催化剂寿命。有的吸附装置内装填的是天然沸石或合成沸石、氧化铝、硅铝土及其他多孔载体，这些吸附剂事先浸入 5%～30%（质量分数）的磷酸、硫酸、盐酸等。这样，除了吸附烃类物质外，还可以吸附氨。臭氧从臭氧发生器 2 经过三通阀 3 与含臭气的废气（由吸附装置 1 出来）在臭氧混合器 4 中充分混合均匀，再与从蒸汽发生器 5 出来的蒸汽相汇合，然后一同进入气体混合器 6，再送入装有催化剂的反应器 7，使臭氧与废气中的臭味组分起作用，从而除去臭气成分。

5.6.3　重金属废气的处理

重金属废气主要是指含有铅、汞、铬、镉金属及其化合物的废气，主要来源于石油化工、冶金、机械制造、表面处理、电解电镀、电池、涂料、垃圾焚烧等行业排放的废气。重金属废气的处理方法主要有过滤法（袋式除尘和电除尘）、吸收法、吸附法、冷凝法和燃烧法等。

（1）含铅废气的处理

控制铅污染的途径，一是禁止含铅汽油的使用；二是控制工业铅的排放量。后者又可从两方面入手：一方面是改革工艺，减少铅烟和铅尘的排放；另一方面是对排放尾气进行净化，使其达到或低于国家允许的排放标准。

含铅烟气的治理方法可分为干法与湿法两大类。干法包括布袋除尘、电除尘等，湿法有水洗法、酸性溶液吸收法、碱性溶液吸收法等。

布袋除尘及电除尘都是高效的除尘方法，但对于粒径在 0.1μm 以下的气溶胶状铅烟，其脱除效率是有限的，而用化学吸收的方法却具有较好的效果。为此常先用干法除去较大颗粒铅尘，然后以酸或碱性溶液吸收，具有较高的净化效率。化学吸收法常用的吸收剂有稀醋酸、草酸和 NaOH 溶液等。

① 稀醋酸溶液吸收法　吸收剂为 0.25%～0.3%的稀醋酸，吸收产物为醋酸铅。主要反应为

$$2Pb+O_2 \xlongequal{} 2PbO$$

$$Pb+2CH_3COOH \xlongequal{} Pb(CH_3COO)_2+H_2$$

$$PbO+2CH_3COOH \xlongequal{} Pb(CH_3COO)_2+H_2O$$

整个净化过程分为脉冲布袋除尘和稀醋酸吸收净化两步，其工艺流程如图 5-87 所示。该方法已在蓄电池厂、粉末冶金厂等工厂用于含铅废气的净化，净化率达 90%以上，净化后排气中含铅浓度可降到 0.02～0.05mg/m³，低于国家排放标准。生成的醋酸铅可用于生成颜料、催化剂和药剂等。但醋酸有较强的腐蚀性，因此对设备的防腐要求较高。

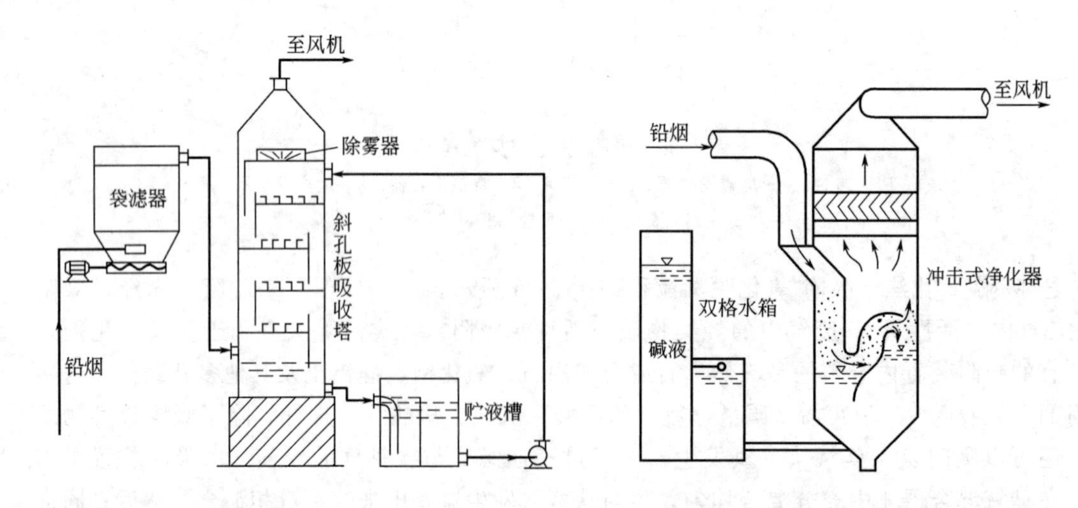

图 5-87　稀醋酸溶液吸收法工艺流程　　图 5-88　氢氧化钠溶液吸收法工艺流程

② 氢氧化钠溶液吸收法　以 1%NaOH 水溶液作吸收剂，其化学反应为

$$2Pb+O_2 = 2PbO$$

$$PbO+2NaOH = Na_2PbO_3+H_2O$$

$$2Na_2PbO_3+6H_2O = 2Na_2[Pb(OH)_6]\downarrow$$

氢氧化钠溶液吸收法工艺流程如图 5-88 所示。该净化工艺流程简单，操作方便，在同一设备内进行除尘和脱铅，净化效率高。此外，可同时除油，因此特别适用于印刷行业和熔铅锅排出的烟气。中国一些印刷厂采用此法净化熔铅锅产生的铅烟，取得满意的效果，其净化效率为 89%～99%。但在进口铅烟浓度较低时，净化效率较低，且吸收液需经处理，否则会造成二次污染。

(2) 含汞废气的处理

目前，国内治理汞蒸气的方法主要有吸收法、吸附法和联合净化法。如果来自污染源的含汞气体浓度很高，应先采用冷凝法进行预处理，以便先回收易于冷凝的大部分汞。例如，在水银法电解氯碱生产中，从解汞器出来的氢气温度达 90～120℃，带有大量汞蒸气和水蒸气，这种氢气首先被冷却到 40℃以下，此时大部分汞和水的蒸气被凝结并回流入解汞器。冷凝后的氢气含汞仍较高，采用溶液吸收法处理，一般可使氢气含汞降到 10～20μg/m^3，基本解决汞蒸气污染问题。

目前对含汞废气的处理基本上可以分为溶液吸收法（表 5-21），固体吸附法（表 5-22）和冷凝法。

含汞气体由吸附装置的中间进入，然后分别通过上下两层活性炭吸附剂，由吸附装置的底部和顶部出来。

表 5-21 溶液吸收法净化含汞废气

方法名称	基本原理	优缺点及适用范围
$KMnO_4$ 溶液吸收法	当汞蒸气遇到 $KMnO_4$ 溶液时，迅速被氧化成氧化汞，产生的 MnO_2 又与汞蒸气继续反应，从而使汞蒸气得到净化。主要的化学反应方程式为 $2KMnO_4+3Hg+H_2O \longrightarrow 2KOH+2MnO_2+3HgO$ $MnO_2+2Hg \longrightarrow Hg_2MnO_2$	优点：净化效率高，设备简单，流程短 缺点：要随时补充吸收液，$KMnO_4$ 利用率低 适用范围：含汞氢气及仪表电器厂的含汞蒸气（低温电解回收汞）
NaClO 溶液吸收法	NaClO 是一种强氧化剂，可将金属 Hg 氧化成 Hg^{2+}，在有 NaCl 存在的情况下，Hg^{2+} 与大量的 Cl^- 发生配位反应，生成氯汞配离子$[HgCl_4]^{2-}$。化学反应式为 $Hg+NaClO+H_2O \longrightarrow Hg^{2+}+Cl^-+2OH^-+Na^+$ $Hg^{2+}+4Cl^- \longrightarrow [HgCl_4]^{2-}$	优点：净化效率高，吸收液来源广，无二次污染 缺点：流程复杂，操作条件不易控制 适用范围：水银法氯碱厂含汞氢气（电解回收汞）
热浓 H_2SO_4 吸收法	热浓 H_2SO_4 将汞氧化成硫酸汞沉淀，从而使汞与烟气分离。反应方程式为 $Hg+2H_2SO_4 \longrightarrow HgSO_4+2H_2O+SO_2$	优点：净化效率高，吸收液来源广，无二次污染 缺点：流程复杂，操作条件不易控制 适用范围：含汞焙烧烟气（回转窑蒸馏冷凝回收汞）

续表

方法名称	基本原理	优缺点及适用范围
硫酸-软锰矿吸收法	吸收液是粒度为110目的软锰矿，浓度100g/L、硫酸3g/L左右的悬浮液。主要化学反应为 $MnO_2+2Hg \longrightarrow Hg_2MnO_2$ $Hg_2MnO_2+4H_2SO_4+MnO_2 \longrightarrow 2HgSO_4+2MnSO_4+4H_2O$	优点：吸收液来源广，投资费用低 缺点：效率只能达到96% 适用范围：炼汞尾气及含汞蒸气(电解回收汞)
I_2-KI溶液吸收法	吸收溶液与含汞废气接触时发生下列反应 $Hg+I_2+2KI \longrightarrow K_2HgI_4$	优点：净化效率高，运行费用低，有一定的效益 缺点：一次性投资大 适用范围：含汞焙烧烟气(电解回收汞)
过硫酸铵溶液吸收法	当过硫酸铵吸收液与含汞废气接触时，发生如下反应 $Hg+(NH_4)_2S_2O_8 \longrightarrow HgSO_4+(NH_4)_2SO_4$	优点：净化效率高，有一定的效益 缺点：设备要求高 适用范围：含汞蒸气(电解回收汞)

表5-22 固体吸附法和冷凝法净化含汞蒸气

净化方法	方法原理	特点
充氯活性炭吸附法	当含汞废气通过预先用氯气处理过的活性炭表面时，汞与吸附在活性炭表面上的氯气反应，反应方程式为 $Hg+Cl_2 = HgCl_2$ 生成的$HgCl_2$被吸附在活性炭的表面上，从而使含氟废气得到净化	效率高，成本低，适用于低浓度含汞废气的处理
多硫化钠-焦炭吸附法	在焦炭上喷洒多硫化钠溶液，除固体表面的活性吸附外，多硫化钠与汞反应生成HgS。该法每隔4～5天要向焦炭表面喷洒多硫化钠一次，其除汞效率在80%左右	吸附剂来源广泛，适用于炼汞尾气和其他有色金属冶炼中高浓度含汞废气的净化
浸渍金属吸附法	在吸附剂表面浸渍一种能与汞形成汞齐的物质(金、银、镉、铟、镓等)，采用的吸附剂有活性炭、活性氧化铝、陶瓷、玻璃丝等 对吸附了汞的吸附剂加热，一方面使吸附剂得到再生，另一方面使汞得到回收	净化效率高，采用银浸渍过的活性炭吸附空气中的汞蒸气时，比不浸银的活性炭的吸附容量大100倍
HgS催化吸附法	在每克载体上装入100mg HgS和10mg S作催化剂，就可以获得理想的除汞效果。反应式如下 $Hg+S \longrightarrow HgS(1)$，$HgS(1)+S \longrightarrow HgS_2$，$HgS_2+Hg \longrightarrow 2HgS(2)$	除汞效率高

续表

净化方法	方法原理	特点
冲击洗涤-焦炭吸附法	先用多硫化钠作为吸收液，进行除尘的同时可除汞20%，被吸收后的气体进入焦炭层进行吸附，吸附除汞效率70%，两级平均效率达到92.5%	属于两种方法联合净化，效率高

5.6.4 沥青烟净化方法简介

（1）沥青烟的来源

沥青烟是以沥青为主，也包括煤炭、石油等燃料在高温下散发到环境中的一种混合烟气。凡是在加工、制造和一切使用沥青、煤炭、石油的企业，在生产过程中均有不同浓度的沥青烟产生。含有沥青的物质，在加热与燃烧的过程中也会不同程度地产生沥青烟。

（2）沥青烟的组成与危害

沥青烟的组成与沥青相近，主要是多环芳烃及少量的氧、氮、硫的杂环化合物。主要有萘、菲、酚、吡啶、吡咯、吲哚等100多种。在这些组分中，有几十种是致癌物质。因此，沥青烟必须及时治理。

（3）沥青烟的净化方法

沥青烟主要由气、液两相组成，液相部分是十分细微的挥发冷凝物，粒径多在0.1～1.0μm之间，最小的约为0.01μm，最大的约为10μm，气相是不同气体的混合物。目前正在研究或应用的净化方法主要有燃烧法、电捕集法、冷凝法、吸附法和吸收法。各种不同方法的原理见表5-23。

表5-23 沥青烟的净化方法

净化方法	方法原理	优缺点
静电捕集法	借助电晕放电，使颗粒物及大分子有机物荷电，被捕集后聚集为油状，从捕集器底部定期排出	优点：可以回收油状沥青，能耗少，运行费用低 缺点：不能捕集气相组分，易发生放电着火现象，不适用炭颗粒物与沥青烟的混合气体
燃烧法	在一定的温度和有充足氧气的条件下，可以通过燃烧净化。温度一般控制为800～1000℃，燃烧时间控制在0.5s左右	优点：燃烧后生成CO_2和H_2O，净化效果好 缺点：如果温度和燃烧时间达不到要求，则燃烧不完全；若温度过高或时间过长，则部分沥青烟会炭化成颗粒，而以粉末的形式随烟气排出，造成二次污染
冷凝-吸附法	经冷凝并分离过的沥青烟进入装有焦炭粉、氧化铝等材料作吸附收剂的吸附管，吸附过沥青烟的吸附剂被袋式除尘器捕集，并返回生产系统	优点：对气态成分有较高的净化效率；不存在二次污染；运行费用低，操作维修方便 缺点：系统阻力大，袋式除尘器占地面积大
吸收法	首先经过捕雾器进行初次分离，然后进入吸收塔进行吸收。吸收液可以选用水、柴油、洗油等	优点：设备简单，维修方便，系统阻力小，能耗低 缺点：净化效率不高，存在二次污染

练 习 5.6

选择题

1. 在汽车尾气净化中三元催化剂是指(　　)。

A. Pt-Pd-Rh 等三种金属元素组成的催化剂

B. 由活性组分、助催化剂和载体构成的催化剂

C. 能同时促进 CO、NO_x 和碳氢化合物（HC）转化的催化剂

D. 由 CeO_2、La_2O_3 和 γ-Al_2O_3 组成的催化剂

2. 不能用来脱除 H_2S 臭味的物质是（　　）。

A. 活性炭　B. 氢氧化钠　C. 盐酸　D. 次氯酸钠

3. 静电捕集法不适用净化炭颗粒物与沥青烟的混合气体，是因为（　　）。

A. 容易造成二次污染　B. 净化效率不高　C. 不能捕集气相组分　D. 易发生放电着火

4. 汽车尾气的三元净化原理属于（　　）。

A. 催化氧化法　B. 催化还原法　C. 催化燃烧法　D. 催化氧化还原法

5. 只适宜处理小气量、高浓度的可燃性臭气的净化方法是(　　)。

A. 燃烧法　B. 吸收法　C. 吸附法　D. 生物法

6. 处理含汞废气常采用方法有(　　)。

A. 吸收法、吸附法和燃烧法　B. 吸收法、吸附法和冷凝法

C. 吸收法、吸附法和生物法　D. 燃烧法、冷凝法和生物法

7. 处理含铅废气最常采用的方法是(　　)。

A. 吸收法　B. 吸附法　C. 生物法　D. 燃烧法

技能训练题——催化净化器的性能实验

(1) 实验室配气检验催化剂

在实验室配制含有一定量碳氢化合物、NO_x 和 CO 的空气混合气，在空速为 $7000h^{-1}$，温度为 350℃ 的条件下，测试各种组分的转化率和起燃温度。

(2) 热老化实验

把催化剂放在高温炉里，升温至 900℃，并保温 12h 后，再进行转化率测试，比较转化率的是否明显改变。

(3) 台架发动机实验

把组装好的催化净化器安装在台架实验发动机上，测试 CO、碳氢化合物和 NO_x 的平均转化率。

(4) 实际应用测试

选择一辆汽车或其他机动车，在不安装净化器的情况下，对排气进行取样，分别测定不同运行状况下排气中 CO 和碳氢化合物的浓度；或者用 CO 和碳氢化合物监测仪直接读取 CO 和碳氢化合物的浓度。

安装好净化器后，用同样方法测定排气中 CO 和碳氢化合物的浓度，并计算转化率。

看图回答问题

(1) 若燃烧物是纸，瓶 1 中的液体是澄清的石灰水，不停加热，观察到什么现象？

(2) 若燃烧物燃烧后产生 SO_2 气体，瓶 1 和瓶 2 中应放什么液体才能将 SO_2 吸收而不外逸？

(3) 若燃烧物燃烧后产生 NO_x 气体，瓶 1 和瓶 2 中应放什么液体才能将 NO_x 吸收而不外逸？

(4) 若燃烧物燃烧后产生 H_2S 气体，瓶 1 和瓶 2 中应放什么液体才能将 H_2S 吸收而不外逸？

(5) 若燃烧物燃烧后产生含铅气体，瓶 1 和瓶 2 中应放什么液体才能将铅吸收而不外逸？

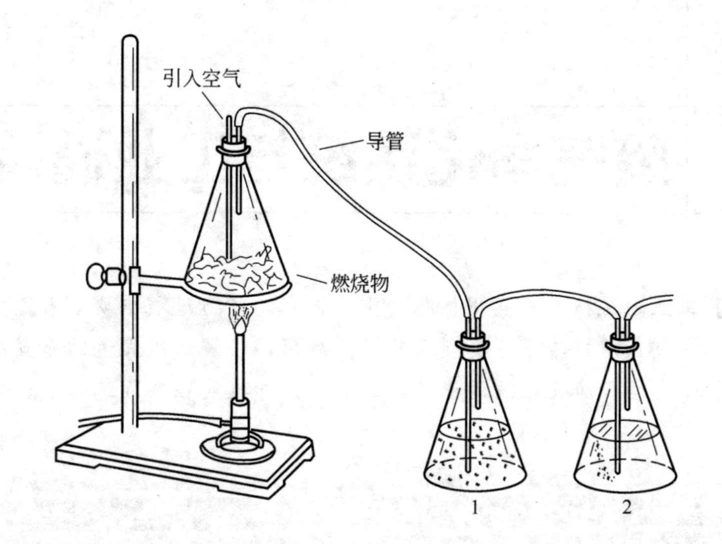

6 废气净化系统与工业通风技术

【学习指南】 工业通风技术是实用性强的重要内容，学习过程中要了解通风的方式和局部排风系统的组成，应重点掌握集气罩类型及其实际应用，了解通风管道的布置原则、风机的选择及净化系统保护等内容。净化系统的设计方面的知识和技能在实际工作中还要进一步深入地学习。

为了控制工业企业各类污染源对车间内空气和室外大气的污染，必须采用各类集气装置把逸散到周围环境的污染空气收集起来，输送到净化装置中进行净化。净化后的空气再通过风机抽吸，由排气筒排入车间室外大气环境中。有时也利用清洁空气稀释室内受污染的空气，以保证岗位上操作者的身体健康。这一类空气污染控制技术又称工业通风技术或工业防毒技术，是大气污染控制技术的一个专门领域。

6.1 概述

6.1.1 废气净化系统

废气净化系统是指利用各种处理技术和设备将废气中的污染物分离出来或转化为无害物而使气体得到净化的整个系统。常见的工业废气净化系统包括颗粒物废气净化系统、气态污染废气净化系统、颗粒物和气态污染物综合净化系统等。

颗粒物废气净化系统一般由集气罩、管道、除尘装置、风机和排气筒等部分组成。风机位于除尘装置之前的为正压除尘系统（如图 6-1 所示），风机位于除尘装置之后的为负压除尘系统（如图 6-2 所示）。

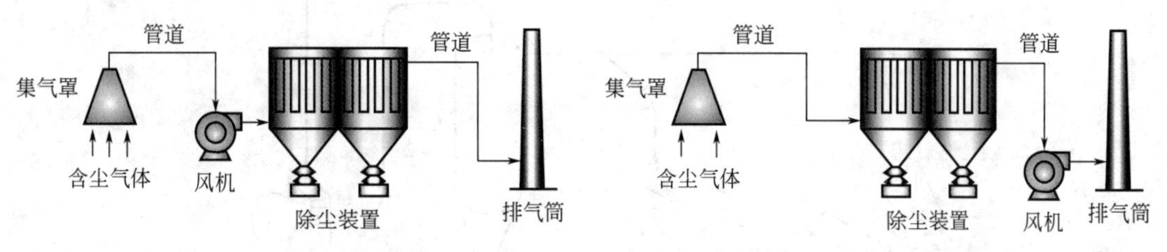

图 6-1　正压除尘系统示意图　　　图 6-2　负压除尘系统示意图

常见的气态污染物废气净化系统由集气罩、管道、气态污染物净化装置、风机和排气筒等部分组成（如图 6-3 所示）。

对于超低排放的循环流化床锅炉烟气净化系统通常由 SCR 脱硝装置（或 SNCR/SCR 联合脱硝装置）、脱硫装置、除尘装置、风机、管道和烟囱等组成。

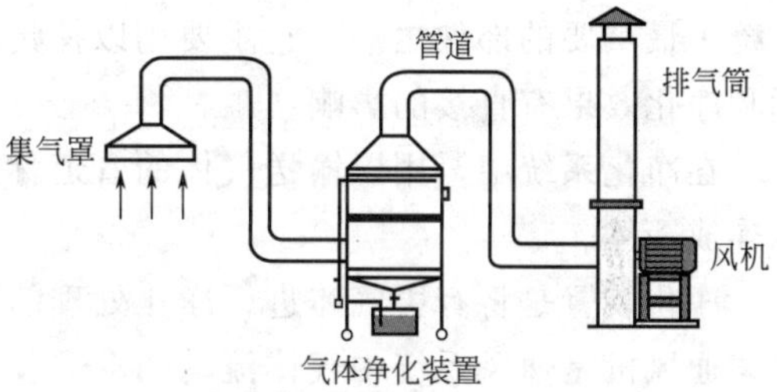

图 6-3　气态污染物废气净化系统示意图

6.1.2　工业通风技术

通风（ventilation）是为改善生产和生活条件，采用自然或机械方法，对某一空间进行换气，以保持卫生、安全等适宜空气环境的技术。把局部地点或整个房间内污染了的空气排至室外称为排风。把新鲜空气或符合卫生标准的空气送入室内，称为送风。按照通风系统的作用范围分为局部通风和全面通风。

（1）局部通风

局部通风(local ventilation)是为改善室内局部空间的空气环境，向该空间送入或从该空间排出空气的通风方式，分为局部送风和局部排风两类。

① 局部送风(local relief)是以一定速度将空气直接送到指定地点的通风方式。将符合卫生要求的空气送到人的有限活动区域，在局部地区造成一定的保护性的空气环境，包括空气淋浴和空气幕等（如图 6-4 所示）。局部送风系统常在工业厂房中集中产生强烈辐射热或有毒气体的地方设置。

② 局部排风(local exhaust ventilation)是指在散发有害物质的局部地点设置排风罩捕集有害物质并将其排至室外的通风方式。在污染源处将污染物捕集起来，经净化设备净化后排到大气环境中。这是生产车间控制局部空气污染最有效、最常用的方法。

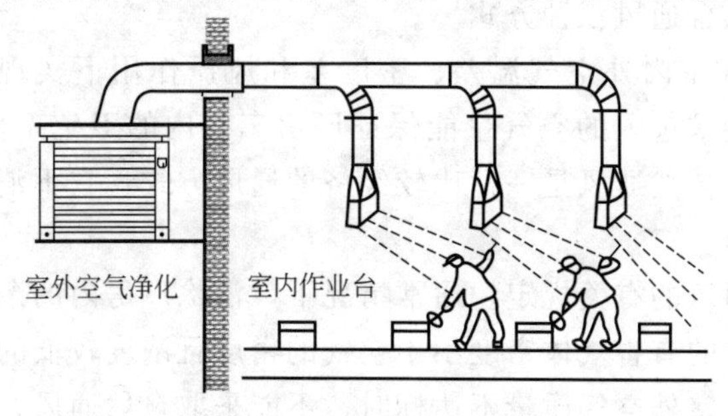

图 6-4　局部送风示意图

由于在生产实际中采用局部排气装置较多，因此，本章重点介绍局部排风系统。图 6-5 所示为最简单的局部排气系统，主要由集气罩、净化装置、风管通风机和排气筒等部分组成。

集气罩又称局部排风罩，它是通风

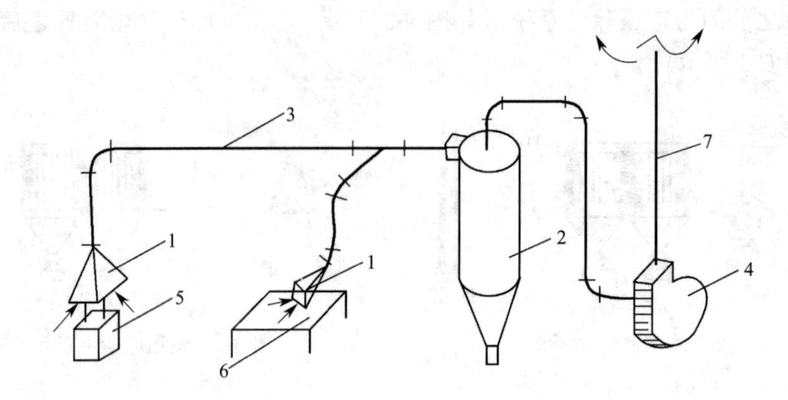

图 6-5　局部排气系统的示意图

1—集气罩；2—净化装置；3—风管；4—通风机；5—污染源；6—工作台；7—排气筒

系统中最重要的部件之一。它主要用以捕集污染物，其性能的好坏对净化系统的技术经济指标和净化效果有直接的影响。

在净化系统中，用以输送气体的管道称为通风管道，简称风管。通过风管使整个净化系统连成一体。

净化装置是将有害气体进行净化处理的装置，是净化系统的核心部分。

通风机是通风系统中气体流动的动力装置。由于气体在流动过程中存在压力损失，通风机为系统中的流体提供动力，以保证气体的流动速度。为防止风机的腐蚀，一般将风机放在净化设备的后面。

排气筒是净化系统的排气装置。由于净化后烟气中仍含有一定量的污染物，这些污染物在大气中扩散、稀释后，最终还会降到地面上。为了保证污染物的地面浓度低于大气环境质量标准，排气筒必须具有一定的高度。

为使局部通风净化系统正常运行，根据所要净化的对象不同，还必须在净化系统中增设其他设备或附件（如热交换装置、仪器仪表等）。

(2) 全面通风

全面通风（general ventilation）指用自然或机械方法对整个房间进行换气的通风方式。当室内污染源多而又分散、污染面积较大，污染物不易收集的情况下，就要对室内进行全面通风。这种通风方式的缺点是不能有效地除去污染物，只是利用稀释的办法使室内污染物的浓度降低，对大气环境仍造成污染，因此，一般不宜提倡，但在污染物浓度比较低的情况下，可以适当采用。

全面通风分为自然通风、机械通风和联合通风三种方式。

① 自然通风（natural ventilation）指在室内外空气温差、密度差和风压作用下实现室内换气的通风方式。在自然通风计算中，要求进入的空气量能保证厂房车间内的卫生条件，并能补偿工艺和通风两方面所排出的风量。自然通风是一种比较经济的通风方式，它不消耗动力。

采用自然通风的工业厂房应符合自然通风的有关规定。通常情况下，消除厂房内的余热和余湿时，可采用自然通风；若厂房内散发的有害气体密度小于空气的密度且浓度较低的情况下，可采用自然通风。在无组织排放造成室外空气质量不达标时，不能采取自然通风；对于散发毒性较大的气体物质的厂房应严禁采用自然通风。

自然通风换气量可采用下式计算：

$$Q=\frac{xq}{\rho c(t_1-t_2)} \tag{6-1}$$

式中 Q——通风换气量，m^3/h；

x——散至工作区的有效热量系数；

q——散至车间内的总余热量，kJ/h；

ρ——空气的密度，kg/m^3；

c——空气的比热容，kJ/(kg·℃)；

t_1——工作区温度,℃；

t_2——夏季室外通风计算温度,℃。

一般车间的有效热量系数可参照表 6-1。

表 6-1 有效热量系数

f/A	0.1	0.2	0.3	0.4	0.5	0.6
x	0.25	0.42	0.55	0.6	0.65	0.7

注：f—散热设备占地面积，m^2；A—车间面积，m^2。

在自然通风中，夏季是最不利的情况，因此在计算中只要满足夏季情况就可以了。

室内外温差（t_1-t_2），一般情况取 3～5℃，室内散发热量较大的情况下可取 7℃，个别特殊情况也可取 10℃。当温差用 7℃或 10℃仍达不到要求时，工作地点可设置局部降温措施。

② 机械通风（mechanical ventilation）指利用通风机械实现换气的通风方式。在自然通风达不到要求的情况下要采用机械通风，借助通风机所产生的动力而使空气流动。全面机械通风的通风量可采用下述两种方法计算。

一种方法是按气体稀释至最高允许浓度计算换气量。其计算公式为

$$Q=\frac{m}{\rho_y-\rho_x} \tag{6-2}$$

式中 Q——通风量，m^3/s；

m——有害气体散发量，mg/s；

ρ_y——空气中有害气体浓度，mg/m^3；

ρ_x——室内空气中有害物质的最高允许浓度，mg/m^3。

当车间散发多种有害物质时，一般情况下应分别计算，然后取最大值作为车间的换气量。如果车间同时散发多种有机溶剂的蒸气（苯类化合物、醇、酯类等），或多种有害气体（SO_2、HCl、HF、CO、NO_x 等），实际换气量应是每一种有害气体所需换气量的总和。

【例 6-1】 某车间同时散发苯和乙酸乙酯两种有机溶剂蒸气，苯的散发量为 216g/h，乙酸乙酯的散发量为 180g/h，求全面机械通风量。

解 已知苯的散发量 $m_1=216g/h$，乙酸乙酯的散发量 $m_2=180g/h$，

查表可知，两种有机溶剂蒸气的最高允许浓度：

苯的 $\rho_{y1}=40mg/m^3$，乙酸乙酯的 $\rho_{y2}=300mg/m^3$

假设送风空气中 $\rho_x=0$，则苯的通风量为

$$Q_1=\frac{m_1}{\rho_{y1}-\rho_{x1}}=\frac{216\times1000}{40-0}=5400\ (\mathrm{m^3/h})$$

乙酸乙酯的通风量为 $$Q_2=\frac{m_2}{\rho_{y2}-\rho_{x2}}=\frac{180\times1000}{300-0}=600\ (\mathrm{m^3/h})$$

全面通风量为 $$Q=Q_1+Q_2=5400+600=6000\ (\mathrm{m^3/h})$$

另一种方法是按换气次数进行计算　此法适用于有害气体散发量无法确定的情况。换气次数就是通风量 Q 与通风房间的体积 V_f 的比值，则通风量为

$$Q=nV_f \tag{6-3}$$

式中　Q——通风量，m^3/h；

V_f——通风房间体积，m^3；

n——换气次数，次/h，一般取 6～8 次/h。

一般来说，对于鞋厂、化工、轻工等，其风量可以用换气次数 6～12 次/h 估计；对于蓄电池间等房间的换气量可按 10～12 次/h；如果是净高大约 3m 的厂房，按 12 次/h 估计；如果高度超过 3m，每增加 1m，风量可相应减少一次，但最终不宜少于 6 次。

对于一个排风系统，风量不宜过大，一般以 $7000m^3/h$ 较为合适，如果是大面积车间或厂房，最好是分成若干较小区域（面积 $150～200m^2$）设置送排风系统，否则过大风量不仅引起噪声增加，还可能造成运行成本的浪费，区域分隔可以用玻璃墙或轻质板材分隔。

③ 联合通风（natural and mechanical combined ventilation）是自然与机械相结合的通风方式。

全面通风系统主要由室内送排风口、室外进排风装置、风道和风机组成。

室内送风口是送风系统中的风道末端装置，由送风道输送来的空气，通过送风口以适当的速度分配到各个指定的送风地点。室内排风口是全面排风系统的一个组成部分，室内被污染的空气经由排风口进入排风管道。

室外进排风装置也是全面通风系统的一个重要组成部分。机械送风系统和管道式自然送风系统的室外进风装置，应设在室外空气比较洁净的地点，在水平和竖直方向上都要尽量远离和避开污染源。

练　习　6.1

选择题

1. 在进行车间或实验室通风设计时，应首先考虑采用（　　）系统。

A. 局部排风　　B. 全面通风　　C. 事故通风

2. 某实验室同时散发 SO_2、HCl、HF 三种有害气体，如分别稀释每一种有害气体的通风量分别为 $800m^3/h$、$1000m^3/h$ 和 $1200m^3/h$，则全面机械通风量应为（　　）。

A. $800m^3/h$　　B. $1000m^3/h$　　C. $1200m^3/h$　　D. $3000m^3/h$

3. 某车间同时可能散发苯和乙酸乙酯两种有机溶剂蒸气，苯的散发量为 216g/h，乙酸乙酯的散发量为 180g/h，则全面机械通风量为（　　）。

A. $600m^3/h$　　B. $5400m^3/h$　　C. $6000m^3/h$　　D. $4800m^3/h$

6.2 集气罩

集气罩（air hood）是局部排气系统的重要部件，是废气净化系统中用来捕集发散性污染物的关键部件，可以安装在污染源的上方、下方或侧面。集气罩的性能好坏直接影响着局部排气系统的技术经济效果。因此，在设计时应按工艺生产设备、运行、操作等特性，进行具体分析，因地制宜。

6.2.1 集气罩的类型

集气罩的形式很多，根据其用途和作用原理，主要有密闭罩、通风柜、外部吸气罩等几种类型。

（1）密闭罩

密闭罩（enclosed hood）是将有害物质源全部密闭在罩内的局部排风罩。它把有害物质的发生源或整个工艺设备完全密闭起来，将有害物质的扩散限制在一个很小的密闭空间内，用较小的排气量就可以防止有害物质散发到车间内，如图 6-6 所示。

按密闭罩的用途和结构的大小可以将其分为局部密闭罩、整体密闭罩和大容积密闭罩三种。

① 局部密闭罩　仅将产生有害物质的地点局部地密闭起来进行吸气的密闭罩。图 6-7 为皮带运输机的局部密闭罩，它的特点是容积小，工艺设备露在罩外，观察、操作和设备检修都较方便。这类密闭罩适用于产尘点固定、产尘气流速度不大的污染源。对于气流速度较大或者运转设备本身产生较大诱导气流的情况不宜采用。

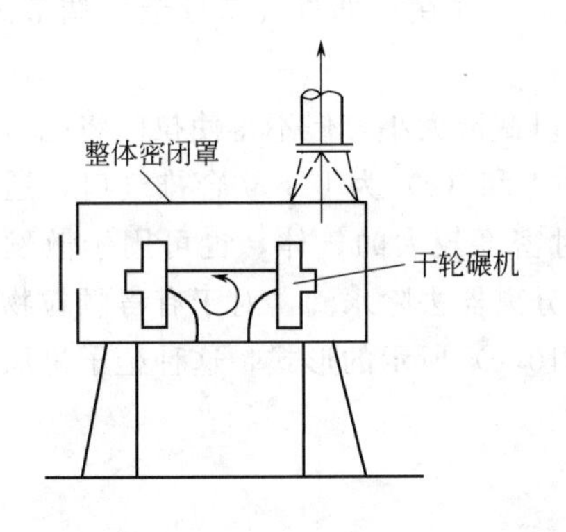

图 6-6　密闭罩

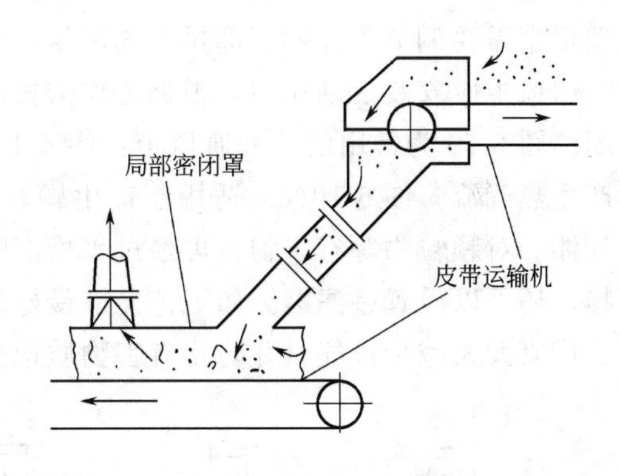

图 6-7　局部密闭罩

② 整体密闭罩　是将产生有害物质的设备或地点全部或大部分密闭起来，仅把设备传动部分留在罩外，如图 6-8 所示。它的优点是密闭罩本身基本上成为独立整体，容易做到严密。它适用于有振动的设备或输送有害物气流速度较大的发生源。

③ 大容积密闭罩　大容积密闭罩也称密闭小室，它不仅将产生有害物质的工艺设备或地点密闭起来，而且是在较大的范围内密闭起来的罩子（如图 6-9 所示），其罩内容积较大。适用于大面积散尘和检修频繁的设备，以及多点阵发性、气流速度较大的设备。

（2）通风柜

通风柜（laboratory hood）也称箱式排气罩，是一种三面围挡一面敞开或装有操作拉门的柜式排气罩。由于产生有害物的工艺操作完全在罩内进行，因密封程度好，所以用较小的风量也可以获得较好的效果。通风柜的排气效果，决定于结构形式、尺寸和排气口的位置。

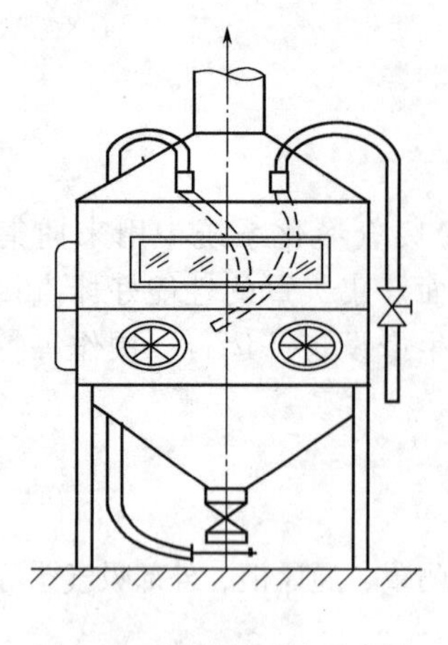

图 6-8 整体密闭罩示意图

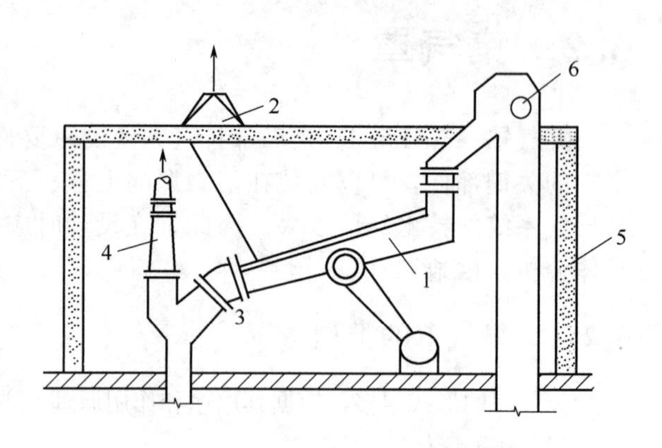

图 6-9 大容积密闭罩示意图

1—振动筛；2—小室排气口；3—卸料口；4—排气口；5—密闭小室；6—提升机

通风柜排气效果与工作口截面上风速的均匀性有关。一般要求工作口任意一点的风速不小于平均风速的 80%；当通风柜内同时产生热量时，为防止有害气体由工作口上缘逸出，应在通风柜上部抽气；当通风柜内无热量产生时，可在下部抽风，此时工作口截面上的任何一点风速不宜大于平均风速的 10%，下部排气口应紧靠工作台面。实际上，一个排气柜不可能固定进行一种操作，有时有热源，有时无热源，有时有害物质相对密度大，有时有害物质相对密度小，因此可以在柜顶部和下部同时设排气口，并在顶部排气口处装一调节风门，以便根据需要调节顶部和下部排气的风量比。

通风柜应安装活动拉门，根据工作需要调节工作口截面大小，但不得使拉门将孔口完全关闭。图 6-10 为常用的几种通风柜：图 6-10(a)、(b) 和 (c) 为上下联合排气口，适用柜内产生热气流。图 6-10(d) 适用于产生颗粒物或相对密度较大的气体，也可用于散发一般性气体。对颗粒物等有害物，可经过水槽沉降，并由分离器去除水滴。对于有毒颗粒物等有害物，还可以设置过滤器。如工艺允许最好采用图 6-10(e) 所示的形式，这种柜子进风口很小，可以大大减少排气量并防止有害物质逸出。

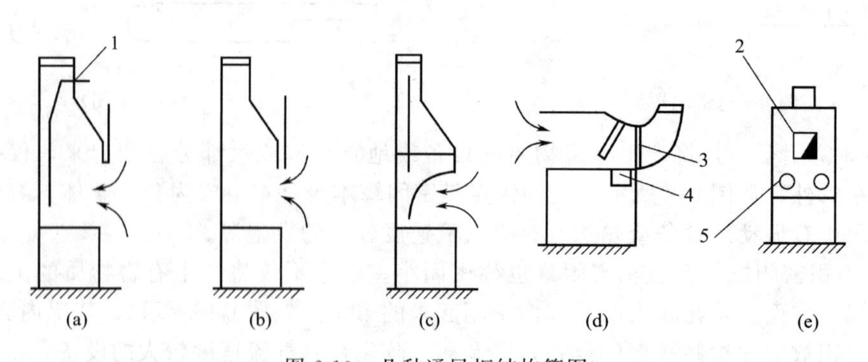

图 6-10 几种通风柜结构简图

1—调节用的钢板自由端；2—玻璃观察孔；3—挡水板；4—水槽；5—手孔

通风柜不宜设在人员来往频繁的地段，窗口或门的附近，防止横向气流干扰。

对于大中型通风柜，最好单独设置排气系统，避免互相影响，当不可能设置单独排气系统时，每个系统连接的通风柜也不宜过多。

当毒性很大或者有放射性微粒时，应将排气通风机设置在建筑物之外。有间歇工作的通风柜或在同一系统内，但不同时使用的通风柜，应设有防止有害气体倒灌的可关闭的密闭阀。计算风量时应适当考虑同时使用系数。

图 6-11 是实验室常用的通风柜示意图，图 6-12 是实验室常用的通风柜。

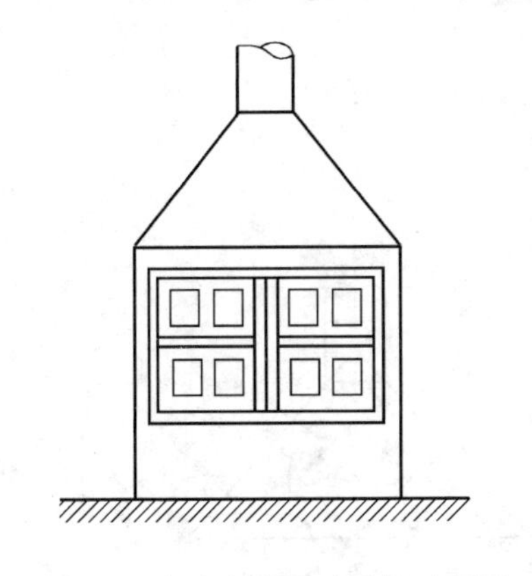

图 6-11 实验室常用通风柜示意图

图 6-12 实验室常用通风柜

(3) 外部吸气罩

外部吸气罩(capturing hood)是设在污染源附近，依靠罩口的抽吸作用，在控制点处形成一定的风速，排除有害物质的局部排风罩。外部吸气罩结构简单，制造方便，排气量大，但排气量易受室内横向气流的干扰。按罩口与污染源之间的位置关系可分为上吸罩和侧吸罩。

① 上吸罩(upper hood)是装在污染源上面的吸气罩，又称为上部集气罩，如图 6-13 所示。由于吸气罩的形状大都与伞相似，所以这类罩又称为伞形罩(canopy hood)。根据罩口形状可分为矩形罩和圆形罩两大类。

伞形罩的罩口又分无边平口和有边平口(带法兰边）两类，如图 6-14 和图 6-15 所示。

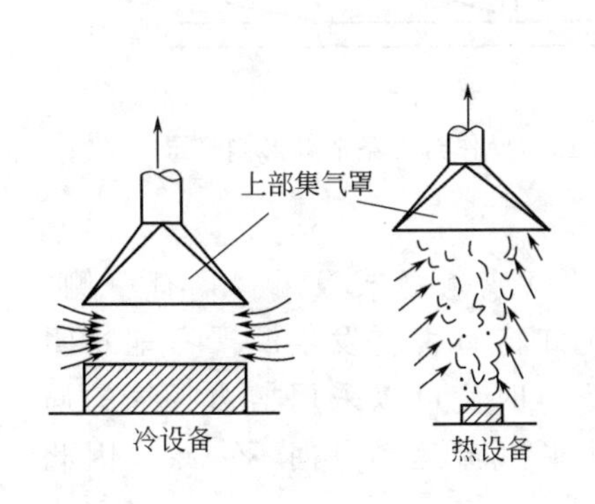

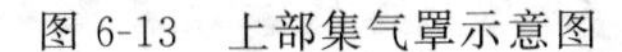

图 6-13 上部集气罩示意图

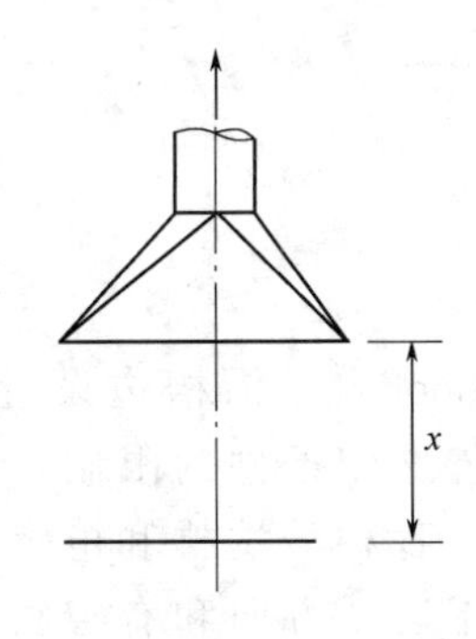

图 6-14 无边平口伞形罩

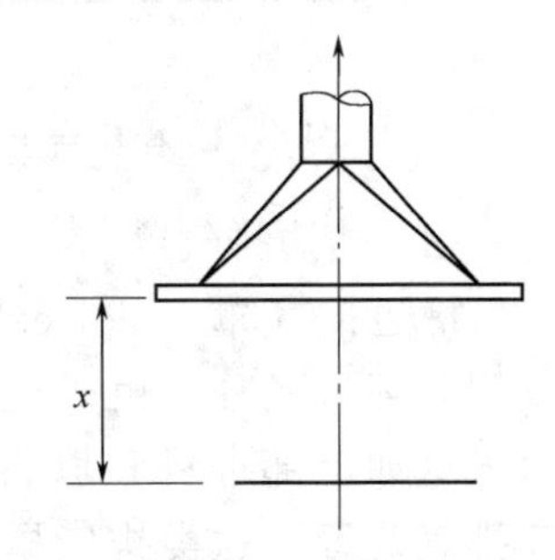

图 6-15 有边平口伞形罩

上吸伞形罩的罩口大小和形状应尽可能与有害物发生源的水平投影相似，为了使罩面风速均匀，吸气口的开口角度 α 宜小于 60°，开口角愈大，速度均匀性就愈差，会产生边缘风速小、中间风速大的现象。为了减少排气罩的高度，可将边长较长的矩形排气罩的长边分成数段设置，即并联伞形罩，如图 6-16 所示。

为了减少空气吸入排气系统，减少排气量，在罩口边缘应留有一定高度的垂边（裙板），

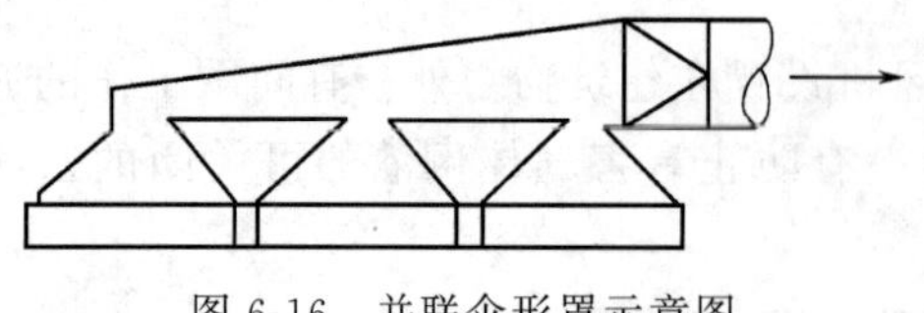
图 6-16 并联伞形罩示意图

垂边高度 h_2 大于或等于 $0.25\sqrt{A}$（A 为罩口面积），或 $h_2>0.2D$（D 为伞形罩下部直径）。

为防止伞形罩易受横向气流的影响，伞形罩尽可能靠墙布置。在工艺条件允许时可在伞形罩四周或罩内加活动挡板，以提高吸气效果，如图 6-17 所示。

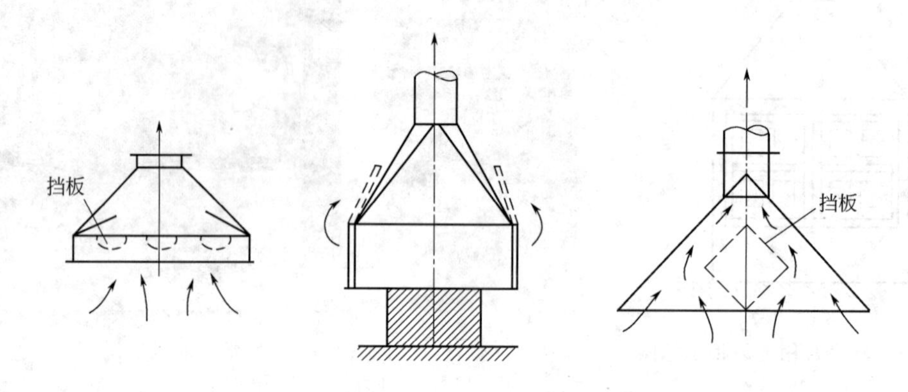

图 6-17 加活动挡板的伞形罩示意图

② 侧吸罩 侧吸罩（side hood）是设置在污染源侧面的排风罩，分为操作台上的侧吸罩（如图 6-18 所示）和操作台上条形缝形侧吸罩（如图 6-19 所示）两种形式。另外还分为无边平口和有边平口两类。

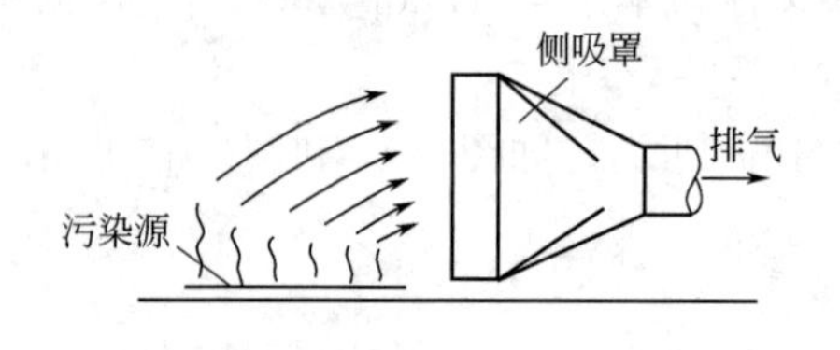

图 6-18 操作台上的侧吸罩

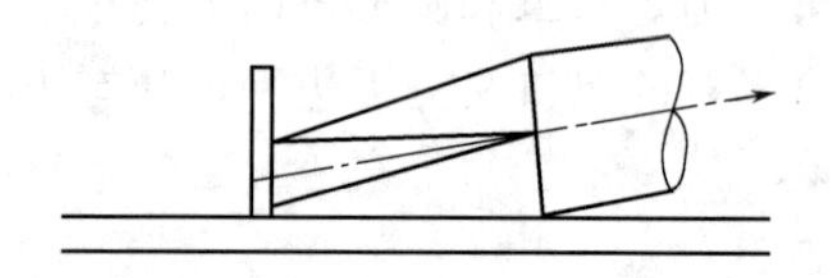
图 6-19 操作台上条形缝形侧吸罩

（4）槽边排气罩

槽边排气罩（slot exhaust hood）是沿槽边设置的平口或条缝式吸风口，有单侧、双侧和环形三种。由于生产工艺操作条件的限制，不允许将有害物发生源严密地封闭起来（如上部进料和取料装置，各种酸洗槽和电镀槽等）时，可以采用槽边吸气的局部排气装置。这类排气罩的气流运动方向和有害物发生源气流运动方向不一致，因此所需风量也较大。

当工业镀槽宽度 $b<700$mm 时，宜采用单侧槽边排气罩；当槽宽度 $b>700$mm 时，宜采用双侧槽边排气罩或周边排气罩。

图 6-20 所示是一种双侧槽边排气罩，由于它的吸气口离液面较近，可将有害气体压得很低，更便于控制槽内的有害气体，但结构较复杂，并占用部分槽面的有效面积。使用时槽内液面至槽顶之间应保持 180～200mm 的距离。一般来说，排气罩入口气速为 2～4.3m/s，排出口风速为 7～12m/s。

当槽宽大于 2m 时，槽上无突出部分和加工件不频繁时，应设置带吹风装置的槽边排气罩（吹吸式槽边排气罩），如图 6-21 所示。从吹气口喷出的气流像一道“幕”（一般称为气幕）一样把污染物限制在一定空间内，使之不外逸，同时也诱导气流一起向排气罩流动。由于喷吹气流的速度衰减较慢，以及气幕的作用，使室内空气混入量大为减少，所以在达到同样控制效果时，要比其他排气罩大大节省风量，且不易受室内横向气流的干扰。污染源面积越大，其效果越明显。因此，在控制大面积污染源方面，近年来在国内得到了广泛的应用。

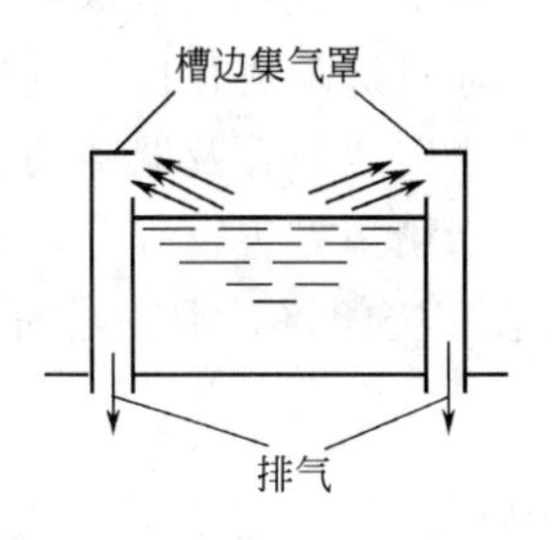

图 6-20 双侧槽边排气罩示意图

实际生产中应根据不同槽子的特点和生产工艺操作条件决定采用何种形式的槽边排气装置。槽子的布置应尽量靠墙，靠墙布置时吸气范围是$\frac{\pi}{2}$，自由布置是$\frac{3\pi}{2}$，如图 6-22 所示，其中（a）是靠墙布置；（b）是自由布置。

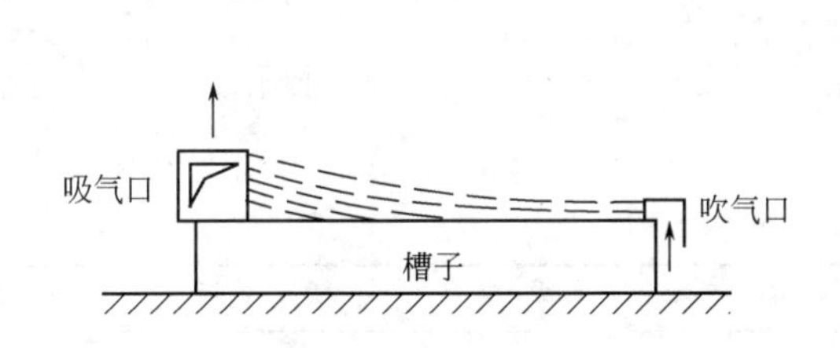

图 6-21 吹吸式槽边排气罩示意图

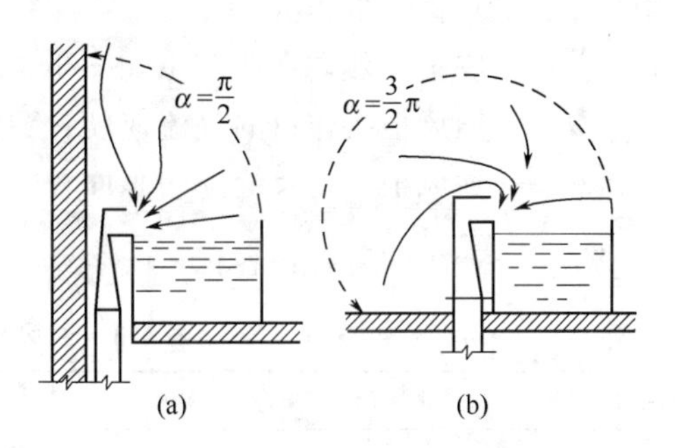

图 6-22 槽子的布置形式

在不影响生产操作，工艺设备检修及各种管道安装的原则下，应首先考虑采用密闭式排风罩，其次考虑采用侧面排风罩或伞形罩等；在工艺操作设备结构允许的条件下，通风罩尽可能靠近并对准有害物散发的方向；排风罩结构形式应保证在一定风速下，能有效地以最小的风量最大限度地排走有害物质。

6.2.2 集气罩的性能

集气罩有两个重要的性能指标，即排气量和压力损失。

（1）集气罩的排气量

① 密闭罩的排气量 将产生有害物质的发生源密闭后，还必须从密闭罩内抽吸一定量的空气，使罩内维持一定的负压，以防有害物质逸出罩外污染车间环境。为了保证罩内造成一定的负压，必须满足密闭罩内进气和排气量的总平衡，其排气量 Q 等于被吸入罩内的空气量 Q_1 和污染源有害气体量 Q_2 之和，即 $Q=Q_1+Q_2$，但是，理论上计算 Q_1 和 Q_2 是困难的，一般是按经验公式或计算表格来计算密闭罩的排气量。

按产生污染物的有害气体与缝隙面积计算排气量，其计算式如下：

$$Q=3600\beta u\sum A+Q_2 \tag{6-4}$$

式中 Q——总排气量，m^3/h；

β——安全系数，一般取1.05～1.1；

u——通过缝隙或孔口的气流速度，一般取1～4m/s；

$\sum A$——密闭罩开孔及缝隙的总面积，m^2；

Q_2——污染源有害物气量，m^3/h。

对于大容积密闭罩，常按截面风速计算排气量。一般吸气口设在密闭室的上口部，其计算式如下：

$$Q=3600Au \tag{6-5}$$

式中 Q——所需排气量，m^3/h；

A——密闭罩截面积，m^2；

u——垂直于密闭罩面的平均风速，一般取0.25～0.5m/s。

另外，密闭罩的排气量计算方法还有换气次数法、图表计算法等，详细内容可查有关资料。

② 通风柜排气量 通风柜排气量由式（6-6）计算。

$$Q=3600\beta u\sum A+V_B \tag{6-6}$$

式中 Q——总排气量，m^3/h；

β——安全系数，一般取1.05～1.1；

u——通风柜工作口的气流速度，参见表6-2；

$\sum A$——通风柜开孔及缝隙的总面积，m^2；

V_B——产生的有害物容积，m^3/h。

表6-2 通风柜工作口的气流速度

序号	生产工艺		有害物质名称	速度/(m/s)
金属热处理				
1	油槽淬火、回火		油蒸气、油分解产物、热	0.3
2	硝石槽内淬火(400～700℃)		硝石、悬浮尘、热	0.3
3	盐槽内淬火(800～900℃)		盐、悬浮尘、热	0.5
4	熔铅(400℃)		铅	1.5
5	氰化(700℃)		氰化合物	1.5
金属电镀				
6	镀镉		氢氰酸蒸气	1～1.5
7	氰铜化合物		氢氰酸蒸气	1～1.5
8	脱脂	(1)汽油	汽油	0.3～0.5
		(2)氯化烃	氯代碳氢化合物	0.5～0.7
		(3)电解		0.3～0.5
9	镀铅		铅	1.5
10	酸洗	(1)硝酸	酸蒸气	0.7～1.0
		(2)盐酸	酸蒸气	0.5～0.7
11	镀铬		铬酸雾	1.0～1.5
12	氰化镀锌		氢氰酸蒸气	1.0～1.5
涂刷和溶解油漆				
13	苯、二甲苯、甲苯		溶解蒸气	0.5～0.7
14	煤油、白节油、松节油		溶解蒸气	0.5
15	无甲酸戊酯、乙甲酸戊酯的油漆			0.5

续表

序号	生产工艺	有害物质名称	速度/(m/s)
16	喷漆	漆悬浮物和溶解蒸气	1.0～1.5
使用粉散材料的生产过程			
17	装料	颗粒物允许浓度： 10mg/m³ 以下 4mg/m³ 以下 1mg/m³ 以下	 0.7 0.7～1.0 1.0～1.5
18	手工筛分和混合筛分	颗粒物允许浓度： 10mg/m³ 以下 4mg/m³ 以下 1mg/m³ 以下	 1.0 1.25 1.5
19	称量和分装	颗粒物允许浓度： 10mg/m³ 以下 1mg/m³ 以下	 0.7 0.7～1.0
20	柜内化学实验工作	气体允许浓度： ＞0.01mg/L ＜0.01mg/L	 0.5 0.7～1.0
21	焊接 (1)用铅或焊锡 焊接 (2)用锡等不含铅的合金	允许浓度： ＞0.01mg/L ＜0.01mg/L	0.5～0.7 0.3～0.5
22	使用汞的工作 (1)不需加热 使用汞的工作 (2)需要加热	汞蒸气 汞蒸气	0.7～1.0 1.0～1.25

③ 伞形罩排气量的计算　伞形罩风量可按下式计算：

$$Q=3600u_0A \tag{6-7}$$

式中　Q——伞形罩风量，m^3/h；

u_0——罩口上的平均风速亦称罩面风速，m/s；

A——罩口的面积，m^2。

罩面风速的确定是根据吸气口的速度衰减规律，由控制点的距离 x(m) 及控制点的 u_x 计算而得，而罩口面积是由有害物发生源的情况和工艺操作运行条件而定，因此抽风量也就可以确定。

a. 自由悬挂式吸气罩

对于无边平口吸气罩，其罩面风速和控制点速度沿轴线衰减计算公式如下：

$$u_0=u_x\frac{10x^2+A}{A} \tag{6-8}$$

控制点速度 u_x 就是工作面上最不利点的风速，视工艺条件而定，一般取 0.2～0.5m/s，个别取 1m/s。简化计算时罩面风速可参考表 6-3。

表 6-3　推荐罩面风速

伞形罩结构	罩面风速/(m/s)	伞形罩结构	罩面风速/(m/s)
四面敞开	1.05～1.25	二面敞开	0.75～0.9
三面敞开	0.9～1.05	一面敞开	0.5～0.75

对于有边平口吸气罩（即带法兰边的吸气罩），其罩面风速为式(6-8) 计算值的 75%，其抽风量亦为式(6-7) 计算值的 75%，即排气量可节省 25%。

b. 对于操作台上平口的侧吸罩、操作台上条形缝形吸气罩等，其吸气量计算公式可从表 6-4 中查得。

表 6-4 各种吸气罩的吸气量的计算方法

名称	型 式	罩口尺寸	吸气量计算公式/(m^3/s)	备 注
矩形及圆形侧吸罩	无边平口	$\frac{h}{B}>0.2$,或圆形	$Q=(10x^2+A)u_x$	$A=Bh(m^2)$或$A=\frac{\pi}{4}d^2(m^2)$
	有边平口	$\frac{h}{B}>0.2$,或圆形	$Q=0.75(10x^2+A)u_x$	$A=Bh(m^2)$或$A=\frac{\pi}{4}d^2(m^2)$
	台上或落地式平口	$\frac{h}{B}>0.2$,或圆形	$Q=0.75(10x^2+A)u_x$	$A=Bh(m^2)$或$A=\frac{\pi}{4}d^2(m^2)$
	台上无边平口		$Q=(5x^2+A)u_x$	$A=Bh(m^2)$或$A=\frac{\pi}{4}d^2(m^2)$
条缝式平口罩	无边缝口	$\frac{h}{B}<0.2$	$Q=3.7(Bx)u_x$	$u_x=10m/s,\xi=1.78$
	有边缝口	$\frac{h}{B}<0.2$	$Q=2.8(Bx)u_x$	$u_x=10m/s,\xi=1.78$
	台上或槽上的缝口	$\frac{h}{B}<0.2$	无边 $Q=2.8(Bx)u_x$ 有边 $Q=2(Bx)u_x$	$u_x=10m/s,\xi=1.78$
	台上或槽上的无边缝口	$\frac{h}{B}<0.2$	$Q=2.8(Bx)u_x$	$u_x=10m/s,\xi=1.78$

【例 6-2】 有一圆形外部顶吸罩，罩口直径 $d=250mm$，要在罩子中心线上距离为 0.2m 处造成 0.5m/s 的排气速度，试分别计算采用无边平口圆形吸气罩和有边平口圆形吸气罩时的排气量。

解 采用无边平口圆形吸气罩时，由式(6-7)和式(6-8) 得排气量为

$$Q=3600(10x^2+A)u_x=3600(10\times0.2^2+\frac{\pi}{4}\times0.25^2)\times0.5=808\ (m^3/h)$$

采用有边平口圆形吸气罩，则排气量为

$$\begin{aligned}Q&=0.75\times3600(10x^2+A)u_x\\&=0.75\times3600(10\times0.2^2+\frac{3.14}{4}\times0.25^2)\times0.5\\&=606\ (m^3/h)\end{aligned}$$

(2) 集气罩的压力损失

集气罩的压力损失 Δp 一般表示成阻力系数与直管中动压 p_K 乘积的形式。

$$\Delta p=\xi p_K=\frac{1}{2}\xi\rho u^2 \tag{6-9}$$

$$\xi=\frac{1}{\varphi^2}-1$$

$$\varphi=\sqrt{\frac{p_K}{|p_s|}}$$

式中 ρ——气流的密度，kg/m^3；

u——连接排气罩的直管中的平均速度，m/s；

ξ——阻力系数；

φ——流量系数，对于一定结构形状的排气罩，φ 值是一个常数；

p_K——气流的动压，Pa；

$|p_s|$——气流的静压，Pa。

6.2.3 集气罩的设计原则

集气罩是废气净化系统中重要装置之一，它的性能对系统的技术经济效果有很大影响。设计集气罩时，应注意以下几点。

① 集气罩应尽可能将污染源包围起来，使污染物的扩散限制在最小范围内，以便防止横向气流的干扰，减少排气量。

② 集气罩的吸气方向应尽可能与污染气流运动方向一致，充分利用污染气流的动能。

③ 在保证控制污染的条件下，尽量减少集气罩的开口面积，使其排气量最小。

④ 集气罩的吸气流不允许先经过人的呼吸区，再进入罩内。

⑤ 集气罩的结构不应妨碍工人操作和设备检修。

要同时满足上述各项要求常常是困难的，所以设计时必须根据生产设备的结构和操作特点，进行具体分析。

集气罩的设计方法：先确定集气罩的结构尺寸和安装位置；再确定排气量；最后计算压力损失。若集气罩的结构尺寸和安装位置设计不当时，靠加大排气量不一定能达到满意的控制效果，且是不经济的；若设计得当，但排气量不足时，也达不到预期效果。在满足控制污染要求的前提下，应使罩子的结构尺寸和排气量尽可能小些。

集气罩的结构形式、尺寸、排气量和压力损失的确定，多数是根据经验数据，一般可在有关设计手册中查到。

阅读材料

风淋室和净化工作台

风淋室（air shower）（见图6-23）是一种净化设备，可以清除人身和物品表面附着的尘埃，减少带入洁净空气的灰尘量，同时兼有闸室功能，可防止不清洁空气侵入，以配合洁净空调系统确保洁净室达到所需洁净度，常在要求高洁净或无菌的环境中使用。

图6-23 风淋室

图6-24 水平净化工作台

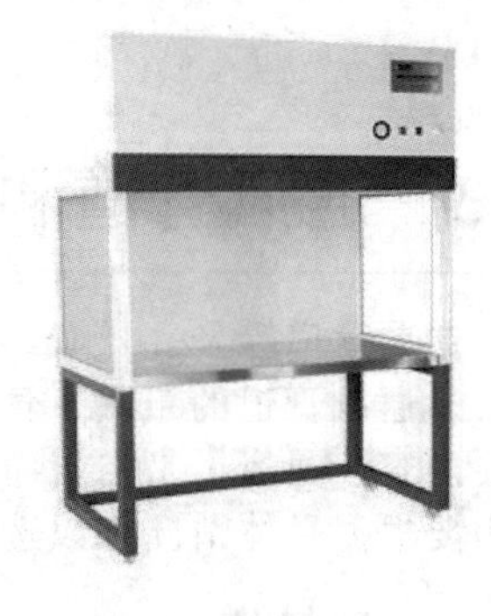

图6-25 垂直净化工作台

水平净化工作台（level cleanbench）（见图6-24）和垂直净化工作台（vertical cleanbench）（见图6-25）

是一种层流局部空气净化设备，采用可调风量风机系统，在调节风机工况后，可使洁净工作区的风速始终保持在理想范围内。这是一种通用性较强的净化工作台，在电子、医疗卫生、制药、精密仪器、仪表等各行业和科研部门已被广泛使用。

练 习 6.2

选择题

1. 局部排气系统的核心部分是（　　）。
   A. 集气罩　B. 净化装置　C. 管道　D. 通风机
2. 对于有上部进料和取料装置的各种酸洗槽和电镀槽等常采用（　　）。
   A. 密闭罩　B. 通风柜　C. 顶吸式伞形罩　D. 槽边排气罩
3. 当酸洗槽、电镀槽宽度大于2m时，槽上无突出部分和加工件不频繁时，最好设置（　　）。
   A. 单侧槽边排气罩　B. 双侧槽边排气罩　C. 周边槽边排气罩　D. 带吹风装置的槽边排气罩

计算题

1. 有一圆形外部吸气罩，垂直悬挂在污染源的上方。罩口直径为300mm，要在罩子中心线上距离为0.3m处造成0.6m/s的排气速度，试分别计算采用无法兰边平口吸气罩和有法兰边平口吸气罩时的排气量。
2. 有一矩形外部吸气罩，罩口长250mm，宽200mm，要在罩子中心线上距离为0.3m处造成0.5m/s的排气速度，试分别计算采用无边平口吸气罩和有边平口吸气罩时的排气量。
3. 现有一喷漆厂房宽60m，长66m，高18m，在宽边上各安装四台（共8台）轴流风机向外抽风，每台风机的风量为34000m^3/h，风机中心离地面高度为2m。但在此条件下通风效果很不理想，试分析原因，并提出改造方案。

实训题

参观实验室，观察实验室中排风柜的设置情况，画出其结构示意图和局部通风净化系统示意图，并留意下面几种排风罩的使用情况。

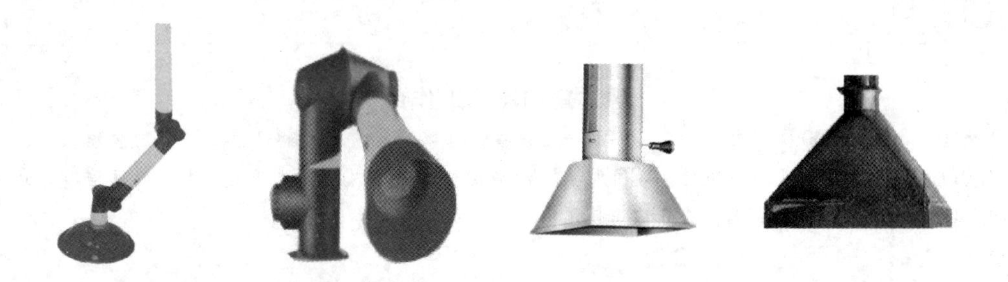

6.3 通风管道和通风机

通风管道（ventilating duct）是将排气罩、气体净化设备和通风机等装置连接在一起的设备。通风管道的布置、管径的确定、管件的选用和系统压力损失的计算是管道系统设计的主要内容。通风机是空气净化系统中用于输送气体的动力机械。风机的种类很多，在实际工作中要根据具体情况加以选择。

6.3.1 通风管道

(1) 通风管道的布置

管道布置是和各种装置的定位紧密联系在一起的，各种装置的定位受生产工艺及净化工艺的限制。〗特别是集气罩直接受散发污染物的生产设备的位置的限制，一般皆安装在生产设备上或其附近。其他装置（冷却装置、净化装置）在满足净化工艺流程的前提下定位比较灵活。各种装置安装位置确定了，管道布置的方案也就基本确定了。在细节方面主要是考虑不同介质的特殊要求。就其共性来说通风管道布置一般应遵循以下几个原则。

① 布置管道时，应对全车间所有管线通盘考虑，统一估量。对于净化管道的布置，在满足净化要求的前提下，应力求简单、紧凑，安装、操作和检修方便，并使管路短，占地和空间少，投资省。在可能条件下做到整齐、美观。

② 当集气罩较多时，既可以全部集中在一个净化系统中（称为集中式净化系统），也可以合并为几个净化系统（称为分散式净化系统）。同一污染源的一个或几个排气点设计成一个净化系统，称为单一净化系统。在净化系统划分时，凡发生下列几种情况的不能合为一个净化系统。

a. 污染物混合后有引起燃烧或爆炸危险的；

b. 不同温度和湿度的含尘气体，混合后可能引起管道内结露的；

c. 因颗粒物或气体性质不同，共用一个净化系统会影响回收或净化效率的。

③ 管道铺设分明装和暗设。一般应尽量明装，当不宜明装时方采用暗设。

④ 管道应尽量集中成列、平行铺设，并应尽量沿墙或柱子铺设。管径大的或保温管道应设在内侧（靠墙侧）。

⑤ 管道与梁、柱、墙、设备及管道之间应有一定距离，以满足施工、运行、检修和热胀冷缩的要求，具体要求如下：

a. 保温管道外表面距墙的距离不小于 100～200mm（大管道取大值）；

b. 不保温管道距墙的距离应根据焊接要求考虑，管道外壁距墙的距离一般不小于 150～200mm；

c. 管道距梁、柱、设备的距离可比距墙的距离减少 50mm，但该处不应有焊接接头；

d. 两根管道平行布置时，保温管道外表面的间距不小于 100～200mm，不保温管道不小于 150～200mm；

e. 当管道受热伸长或冷缩后，上述间距均不宜小于 25mm。

⑥ 管道应尽量避免遮挡室内采光和妨碍门窗的启闭；应避免通过电动机、配电盘、仪表盘的上空；应不妨碍设备、管件、阀门和人孔的操作及检修；应不妨碍吊车的工作。

⑦ 管道通过人行横道时，与地面净距不应小于 2m；横过公路时，不得小于 4.5m；横过铁路时，与铁轨面净距不得小于 6m。

⑧ 水平管道应有一定的坡度，以便于放气、放水、疏水和防止积尘。一般坡度为 0.002～0.005，对含有团体结晶或黏度大的流体，坡度可酌情选择，最大为 0.01。

⑨ 管道与阀件的重量不宜加载到设备上，应设支、吊架。

⑩ 输送必须保持温度的热流体及冷流体的管道，必须采取保温措施。并要考虑热胀冷缩问题。要尽量利用管道的 L 形及 Z 形管段对热伸长的自然补偿，不足时则安装各种伸缩器加以补偿。

（2）管道系统设计

管道的设计要根据不同的对象，采用的材料和风管的截面大小因情况而异。送风管一般采用镀锌铁皮，而排风管如考虑到排烟一般采用薄钢板，如不考虑排烟也可以采用镀锌铁皮。

风道截面一般采用矩形，因为考虑安装高度的限制，矩形风管较容易变径，圆形风管虽然有省料及阻力少等优势，但是变截面的灵活性较差。如果是排除颗粒较大的气体，那么就尽量用圆管，其余的一般用矩形管。

管道系统设计计算主要是确定管道截面尺寸和压力损失，以便按系统的总流量和总压力损失选择适当的通风机和电动机。

① 管道设计的步骤　在各种设备选型、定位和管道布置的基础上，管道系统设计通常按以下步骤进行。

a. 绘制管道系统的轴侧投影图，对各管段进行编号，标注长度和流量。管段长度一般按两管件中心线之间的长度计算，不扣除管件（如三通、弯头）本身的长度。

b. 选择管道内的流体流速。

c. 根据各管段的流量和选定的流速确进行管段的断面尺寸。

d. 确定不利管路（压力损失最大的管路），计算其总压损并入系统的总压损。

e. 对并联管路进行压损平衡计算。两支管的压损差相对值，对除尘系统应小于10%，其他系统可小于15%。

f. 根据系统的总流量和总压损选择通风机械。

② 管道内流体流速的选择　管道内流体流速的选择涉及到技术和经济方面的问题。在流体的流量一定时，若流速选高了，使管道断面尺寸减小，材料消耗少，投资省，但可使流体压损增大，动力消耗大，运行费增高。对气力输送和除尘管道来说，还会增加设备和管道的磨损，噪声增大；反之，若流速选低了，则使管道断面尺寸和投资增大，但可以减少压损和运行费。对气力输送和除尘管道，还可能发生颗粒物沉积而堵塞管道。因此，要使管道系统设计得经济合理，必须选择适当的流速，使投资和运行费的总和为最小。管道内各种流体常用流速范围列于表6-5中。

表6-5　管道内各种流体常用流速范围

<table>
<tr><th>流体</th><th>管道种类及条件</th><th>流速/(m/s)</th><th>管材</th><th>流体</th><th colspan="2">管道种类及条件</th><th>流速/(m/s)</th><th>管材</th></tr>
<tr><td rowspan="12">含尘气体</td><td>粉状黏土和砂</td><td>11～13</td><td>钢板</td><td rowspan="6">含尘气体</td><td colspan="2">大块湿木屑</td><td>18～20</td><td>钢板</td></tr>
<tr><td>重矿物颗粒物</td><td>14～16</td><td>钢板</td><td colspan="2">大块干木块</td><td>14～25</td><td>钢板</td></tr>
<tr><td>耐火泥</td><td>14～17</td><td>钢板</td><td colspan="2">锯屑、刨屑</td><td>12～14</td><td>钢板</td></tr>
<tr><td>轻矿颗粒物</td><td>12～14</td><td>钢板</td><td colspan="2">棉絮</td><td>8～10</td><td>钢板</td></tr>
<tr><td>干型砂</td><td>11～13</td><td>钢板</td><td colspan="2">麻短纤维尘,杂质</td><td>8～12</td><td>钢板</td></tr>
<tr><td>煤灰</td><td>10～12</td><td>钢板</td><td colspan="2">谷物颗粒物</td><td>10～12</td><td>钢板</td></tr>
<tr><td>钢和铁(尘末)</td><td>13～15</td><td>钢板</td><td rowspan="6">锅炉烟气</td><td rowspan="6">烟道</td><td rowspan="3">自然通风</td><td rowspan="2">3～5</td><td rowspan="2">砖
混凝土</td></tr>
<tr><td>水泥颗粒物</td><td>12～22</td><td>钢板</td></tr>
<tr><td>钢和铁屑</td><td>19～23</td><td>钢板</td><td>8～10</td><td>钢板</td></tr>
<tr><td>灰土沙尘</td><td>16～18</td><td>钢板</td><td rowspan="3">机械通风</td><td rowspan="2">6～8</td><td rowspan="2">砖
混凝土</td></tr>
<tr><td>染料颗粒物</td><td>14～18</td><td>钢板</td></tr>
<tr><td>干微尘</td><td>8～10</td><td>钢板</td><td>10～15</td><td>钢板</td></tr>
</table>

③ 管道断面尺寸的确定　在已知流量和流体流速确定后，管道断面尺寸可按式（6-10）计算：

$$d=\sqrt{\frac{4Q}{\pi u}}=\sqrt{\frac{4G}{\rho\pi u}} \tag{6-10}$$

式中　d——管道直径，m；

Q——管道内流体的流量，m^3/s；

G——管道内流体的质量流量，kg/s；

u——管内流体的平均流速，m/s；

ρ——气体的密度，kg/m^3。

④ 管道系统流体的压力损失计算　流体在管道内流动可分为单相流和两相流两种。在管道中只有一相流体的流动称为单相流，如管道内只有空气或水的流动。含尘气体管道也可近似地看为单相流。气、液两相流体同时在管道内流动称为两相流。实际中大量遇到的是单相流或可视为单相流。因此，这里仅介绍对单相流管道内流体的压力损失计算。

对于输送气体的管道系统，因气体的密度较小，单相流系统的总压力损失可按式(6-11)计算。

$$\Delta p = \Delta p_1 + \Delta p_m + \sum \Delta p_i \tag{6-11}$$

式中　Δp_1——摩擦压力损失，Pa；

Δp_m——局部压力损失，Pa；

$\sum \Delta p_i$——各设备压力损失之和，包括净化装置和换热器等，Pa。

摩擦压力损失 Δp_1 是流体流经直管段时，由于流体的黏滞性和管道内壁的粗糙产生的摩擦力所引起的流体压力损失。圆形管道的摩擦压力损失可按范宁公式计算。

$$\Delta p_1 = \lambda \frac{L}{d} \times \frac{\rho u^2}{2} \tag{6-12}$$

式中　λ——摩擦阻力系数；

L——直管段的长度，m；

d——管道直径，m；

ρ——气体的密度，kg/m^3；

u——管内流体的平均流速，m/s。

局部压力损失 Δp_m 是流体流经异型管件（如阀门、弯头、三通等）时，由于流动状况发生骤然变化，所产生的能量损失。它的大小一般用动压头的倍数来表示。

$$\Delta p_m = \xi \frac{\rho u^2}{2} \tag{6-13}$$

式中　ξ——局部阻力系数，是由实验确定的量纲为 1 的系数。各种管件的局部阻力系数可在有关手册中查到。

6.3.2 通风机

(1) 通风机的类型

通风机（fan）是一种将机械能转变为气体的势能和动能，用于输送空气及其混合物的动力机械。按风机的工作原理一般分为离心式通风机和轴流式通风机；按其功能又分为排尘通风机、防爆通风机和防腐蚀通风机等。

离心式通风机（centrifugal fan）是空气由轴向进入叶轮，沿径向方向离开的通风机。它压头高，噪声小，其中采用机翼形叶片的后弯式风机是一种低噪声高效风机。离心式通风机常安装在室内地面上、平台上，也可以安装在屋面上，但一般下面都有减振基座和减振器组成的减振体系。

轴流式通风机（axial fan）是空气沿叶轮轴向进入并离开的通风机。它体积小，安装简便，可以直接装设在墙上或管道内。在叶轮直径、转速相同的情况下，轴流式风机的风压比离心式低，噪声比离心式高，主要用于系统阻力小的通风系统。

（2）通风机选择

选择通风机时首先要根据输送气体的性质和风压范围，确定所选通风机的类型。例如，输送清洁气体时，可选择一般通风机；输送含尘气体时，应选用排尘通风机；输送腐蚀性或爆炸性气体时，应选用防腐蚀或防爆通风机；输送高温烟气时，则应选用引风机或耐温风机等。常见离心式通风机的类型和性能见表6-6。

通风机类型确定后，即可以根据净化系统的总风量和总压损来确定选择通风机时所需的风量和风压。选择通风机的风量应按下式计算。

$$Q_0=(1+K_1)Q \tag{6-14}$$

式中 Q_0——通风机的风量，m^3/h；

Q——管道系统的总风量，m^3/h；

K_1——考虑系统漏风时所采用的安全系数，一般管道系统取0～0.1，除尘管道系统取0.1～0.15。

选择通风机的风压应按下式计算：

$$\Delta p_0=(1+K_2)\Delta p\frac{\rho_0}{\rho}=(1+K_2)\Delta p\frac{Tp_0}{T_0p} \tag{6-15}$$

式中 Δp——管道系统的总压力损失，Pa；

K_2——考虑管道系统压力损失计算误差等所采用的安全系数，一般管道系统取0.1～0.15，除尘管道系统取0.15～0.2；

ρ_0，p_0，T_0——通风机性能表中给出的空气密度、压力和温度；一般是 $p_0=1atm$（101.325kPa），对于通风机 $\rho_0=1.2kg/m^3$，$T_0=293K$；对于引风机 $\rho_0=0.745kg/m^3$，$T_0=473K$；

ρ，p，T——计算运行工况下管道系统总压力损失时所采用的气体密度、压力和温度。

计算出 Q_0 和 Δp_0 后，便可按通风机产品样本给出的性能曲线或表格选择所需通风机的型号。

表6-6 离心式通风机的类型和性能

型　号	名　称	流量/(m^3/h)	介质温度/℃	功率/kW	主要用途
4-72-11№6～12	离心通风机	378～228400	20	1.1～210	一般厂房通风换气
8-18-12№4～16	高压离心式通风机	619～48800	20	1.5～410	一般冶炼炉或高压强制通风
Y4-73-11№8～20	锅炉离心式通风机	15900～32600	20	5.5～380	电站锅炉引风
G4-73-11№8～20	锅炉离心式通风机	15900～32600	20	10～550	电站锅炉引风
F4-62-1№3～12	离心式通风机	430～59580	20	1.1～5.5	输送一般酸性气体
B4-62-1№3～12	离心式通风机	430～59580	20	1.5～5.5	输送一般易挥发性气体

注：以Y4-73-11№8～20为例解释如下。

Y——表示用途是锅炉引风；

4——表示风机在最高效率时的全压系数乘10后的化整数；

73——表示风机在最高效率时的比转数；

1——表示进风形式代号，1为单吸，0为双吸，2为两级串联；

1——表示第一次设计；

№8——表示风机的机号；

20——表示风机叶轮的直径为20mm。

阅读材料

常见通风机

图 6-26 是 9-19 型高压离心通风机，流量是 824～63305m^3/h，全压为 2705～15425Pa。一般用于煅烧炉及高压强制通风，并广泛应用于物料输送。可适用于输送空气及无腐蚀性、不自燃、不含有黏性物质的气体。输送介质的温度，一般不超过 80℃。介质中所含的尘土及硬质细颗粒不大于 120mg/m^3。

图 6-27 是 T4-72 型中低压离心通风机，流量为 794～70236m^3/h，全压为 179～2980Pa。可用作一般通风换气，也可用于消烟除尘及锅炉鼓风；既可用作输入气体，也可用作输出气体。输送气体为空气和其他不自燃的、对人体无害的、对钢材无腐蚀性的气体。气体内不允许含有黏性物质，所含的尘土及硬质颗粒物不大于 150mg/m^3，气体温度不得超过 80℃。

图 6-28 是 G4-73 型离心通风机，流量 1700～878200m^3/h，全压 720～39700Pa。用于蒸汽锅炉的通风，也可用于矿井通风、钢铁厂除尘、水泥窑尾引风及沙粒输送等。具有高效率、低噪声、高强度的特点。

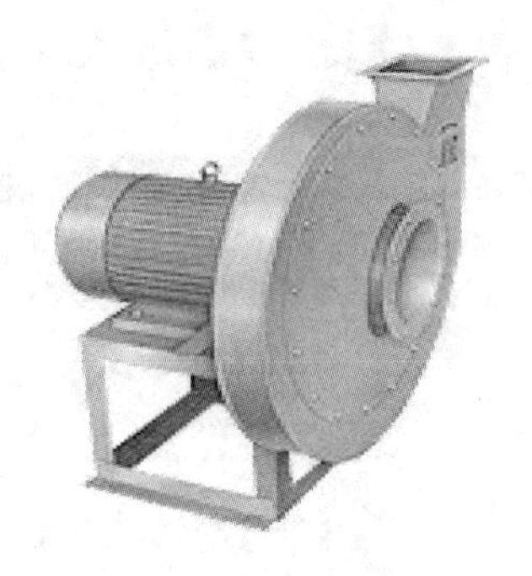

图 6-26　9-19 型高压离心通风机

图 6-27　T4-72 型中低压离心通风机

图 6-28　G4-73 型离心通风机

图 6-29 是 G/Y5-48 型锅炉离心引风机，流量 2060～75300m^3/h，全压 990～4480Pa。图 6-30 是 G/Y6-11 型锅炉离心引风机，流量 2350～47500m^3/h，全压 800～3890Pa。适应燃用各种煤质并配有消烟除尘装置的工业锅炉配套设备，凡进气条件相当，性能又相适应的均可选用。最高温度不得超过 250℃，在引风机前必须加装效率不低于 85%的除尘装置，降低进入风机的烟气含尘量，以利提高风机寿命。

图 6-31 是 M7-29 型煤粉离心风机，用于向锅炉吹送煤粉，其流量 11500～84500m^3/h，全压 4430～19100Pa。

图 6-29　G/Y5-48 型锅炉离心引风机

图 6-30　G/Y6-11 型锅炉离心引风机

图 6-31　M7-29 型煤粉离心风机

图 6-32 是 DRY 型烘箱烤房排风机，适应于各类烘箱烤房热排风及人造革生产线排风。

图 6-32 DRY 型烘箱烤房排风机

图 6-33 C6-48 型排尘离心通风机

图 6-34 SFF233-11 型纺织除尘通风机

图 6-33 是 C6-48 型排尘离心通风机，其流量 750～56900m^3/h，全压 340～2040Pa。主要适用于排送含有木质碎屑，亦可输送短纤维和尘土等混合物。

图 6-34 是 SFF233-11 型纺织除尘专用通风机，流量 13500～121200m^3/h，全压 320～2360Pa。适用于纺织企业除尘系统输送含纤维的含尘气流。

另外，还有如 2400 型涡轮鼓风机（图 6-35），T40 型轴流通风机（图 6-36），工业离心通风机（图 6-37），XYF-4A 型消防排烟风机（图 6-38），XSWF-W-4 型屋顶风机（图 6-39），XDGF-12A 型柜式风机（图 6-40）等其他类型的风机。

图 6-35 2400 型涡轮鼓风机

图 6-36 T40 型轴流通风机

图 6-37 工业离心通风机

图 6-38 XYF-4A 型消防排烟风机

图 6-39 XSWF-W-4 型屋顶风机

图 6-40 XDGF-12A 型柜式风机

练　习　6.3

1. 风扇（circulating fan）是一种能推动室内空气循环、无蜗壳、不接任何风管的轴流式通风机。试分析下列四种风扇的用途及安装方式。

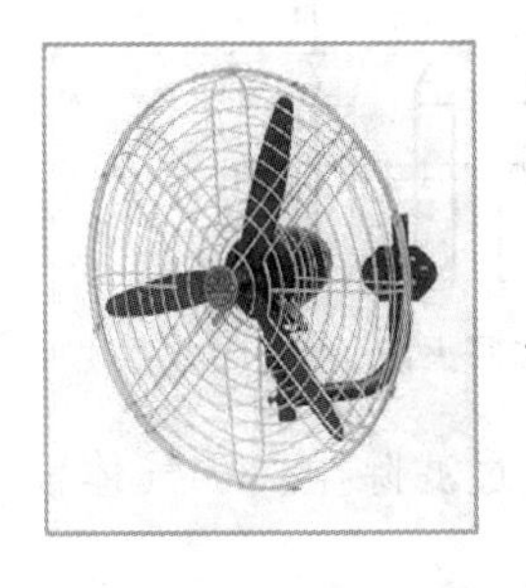

2. 试指出下列几种风机的类型及用途。

6.4　净化系统的保护

6.4.1　净化系统的防爆

在处理含有可燃性物质的气体时，净化系统必须有充分可靠的防爆措施。从理论上讲，只要使可燃物的浓度处于爆炸极限范围之外，或消除一切导致着火的火源，就足以防止爆炸的发生。但在实际中由于受到一些不可控制的因素的影响，会使某一种措施失去作用。因此在防火防爆时应尽可能地杜绝一切爆炸因素的存在。常用的防火防爆措施如下。

① 保证设备、管道系统的密闭性，并把设备内部压力控制在额定范围内。

② 向可燃混合气体中加入 N_2、CO_2、水蒸气等惰性气体，使可燃物的浓度处于爆炸极限范围之外。

③ 可能引起爆炸的火源有明火、撞击与摩擦、使用电气设备等。因此，对有爆炸危险的场所，应根据具体情况采取各种可能的措施消除火源。

④ 对有爆炸危险的净化系统，必须安装必要的检测仪器，以便能监视系统的工作状态，并能自动报警，以采取措施使设备脱离危险。

⑤ 在管道上设置数层金属网或砾石的阻火器（如图 6-41 所示），在设备出口处可设置

水封式回火防止器（如图 6-42 所示）。

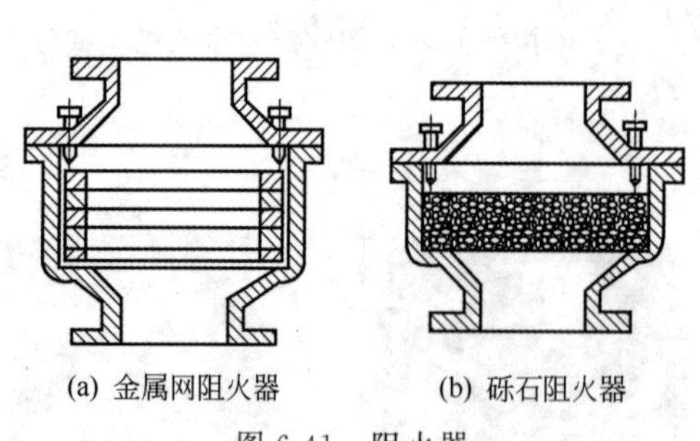

(a) 金属网阻火器　(b) 砾石阻火器

图 6-41　阻火器

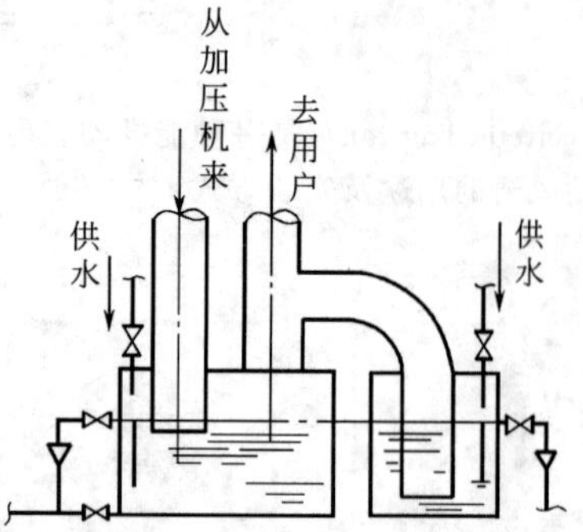

图 6-42　水封式回火防止器

⑥ 在容易发生爆炸的地点或部位（如粉料贮仓、电除尘器、袋式过滤除尘器、气体输送装置等），应设置特制的安全门。

6.4.2　净化系统的防腐

废气净化系统的设备和管道大多采用钢铁等金属材料制作。金属被腐蚀后会影响工作性能，缩短使用年限，甚至造成“跑、冒、滴、漏”等事故。因此防腐蚀是安全生产的重要手段之一。对净化系统的防腐蚀，常采用耐腐蚀性能好的材料制作设备和管道，或在金属表面上覆盖一层坚固的保护膜。

（1）防腐蚀材料的选择

通常使用的耐腐蚀材料有以下几种。

① 各种不同成分和结构的金属材料（不锈钢、铸铁、高硅铁、铝等）。

② 耐腐蚀的无机材料（陶瓷材料、低钙硅酸盐水泥、高铝水泥等）。

③ 耐腐蚀的有机材料（聚氯乙烯、氟塑料、橡胶、玻璃钢等）。

（2）金属表面覆盖保护膜

① 在设备或管道外表面涂上防腐涂料。

② 在设备表面上喷镀或电镀一层完整的金属覆盖膜。

③ 用具有较高的化学稳定性的橡胶作衬里。

④ 使用具有高度耐磨和耐腐蚀性能的铸石衬里。

6.4.3　净化系统的防振

机械振动不仅会引起噪声，而且会因发生共振，造成设备损坏。因此，防振、减振也是安全生产的重要措施之一。

（1）隔振

隔振是通过弹性材料防止机器与其他结构的刚性连接。通常作为隔振基座的弹性材料有橡胶、软木、软毛毡等。

（2）减振

减振是通过减振器降低振动的传递。在设备的进出口管道上应设置减振软接头，如图 6-43 所示。风机、水泵连接的风管、水管等可使用减振吊钩，如图 6-44 所示，以减小设备振动对周围环境的影响。它具有结构简单、减振效果好、坚固耐用等特点。

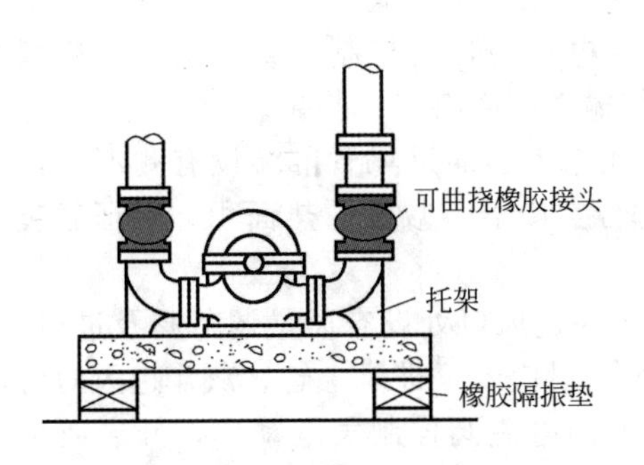

图 6-43 橡胶软接头在系统中的应用

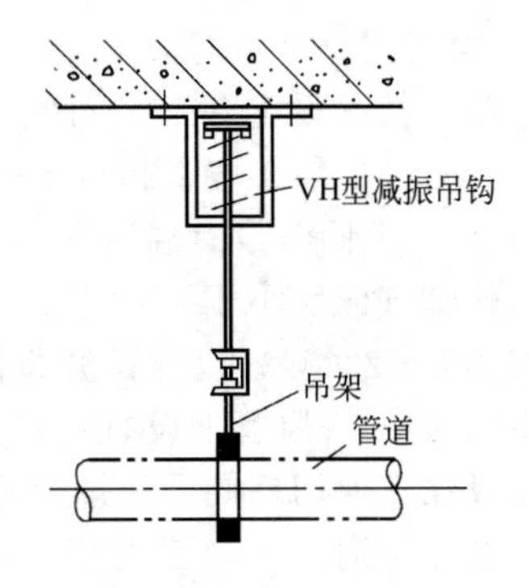

图 6-44 VH 型减振吊钩在系统中的应用

（3）阻尼材料的应用

阻尼材料通常由具有高黏滞性的高分子材料做成，它具有较高的损耗因子。将阻尼材料涂在金属板材上，当板材弯曲振动时，阻尼材料也随之弯曲振动。由于阻尼材料具有很高的损耗因子，因此在作剪切运动时，内摩擦损耗就很大，使一部分振动能量变为热能而消耗掉，从而抑制了板材的振动。

【设计方案】 12500kV·A 矿热炉烟气净化系统设计方案

（1）设计依据

① 依据《钢铁工业烟气净化技术政策规定》中有关铁合金电炉烟气净化的有关规定。

② GB 9078《工业炉窑大气污染物排放标准》中一级排放标准。

③ 噪声执行 GB 12348《工业企业厂界环境噪声排放标准》中的规定，即厂界噪声昼间≤65dB，夜间≤55dB。

（2）设计目标

① 烟气排放浓度$<100mg/m^3$，系统除尘效率$>98\%$。

② 回收硅粉中含 SiO_2 量$\geq 92\%$。

③ 投资省、结构合理、维护简便，运行费用低。

（3）设计参数

12500kV·A 矿热炉矮烟罩，半封闭式，一般情况下的烟气排放工艺参数如下所述。

① 炉罩烟气量：$70000m^3/h$。

② 烟气温度：450℃。

③ 烟气含尘浓度：$3.6\sim5g/m^3$。

（4）正压反吹风除尘系统运行工艺

① 电炉排放的烟气通过风管、U 形空冷器降温，温度从 450℃降至 250℃左右，再进入预处理器进行预处理和降温，烟气温度为 180～230℃时进入布袋除尘器，通过引风机进入正压过滤反吸清灰布袋除尘器，颗粒物被滤袋内表面捕集下来，净化后的烟气从滤袋除尘器箱体上部的出风口排入大气。

② 除尘器电气控制采用除尘器专用控制仪，具备自动、手动两种控制功能。控制仪采用新型控制芯片（美国 WSI 公司的 PSD 芯片）并采用 PVC 抗干扰二极管，系统稳定性好，准确度高。控制仪能在除尘器运行过程中始终显示目前控制仪的控制状态，对其控制程序内容，通过模拟盘上模拟显示。

③ 在除尘器主体上设置了总压差及分室压差装置，自动检测除尘器运行阻力，并在电控柜（清灰柜）的模拟盘上直观显示。当阻力达到设定值（1500～2000Pa）时，反吸清灰机构将自动（或手动）启动工作，对相应的滤室反吸清灰，反吸清灰压差值可随时调整。

④ 除尘器的每个室对应一个灰斗，灰斗下口装有双级锁气阀，与电控柜（卸灰柜）连锁，根据收尘情况设定一个时间值（如 2h 或 4h），电控柜自动控制（或手动）开启双级锁气阀卸灰，对应的螺旋输灰机同时工作，将颗粒物输送到卸料口，装袋。

⑤ 电控柜上同时设有温度显示及控制功能，在除尘器的进风管前端设有测温仪，当进入除尘器的烟气温度小于 150℃时，应考虑关闭部分空冷器，减少散热面积。保证滤袋的工作温度在 180～230℃，以延长滤袋使用寿命。

⑥ 除尘器的进风管上设有盘式三通切换阀，灰斗进风口处设有风量调节阀及进风短管。反吸风管设在三通切换阀上，即三通切换阀的三个口对应着：进风主管、灰斗进风短管，反吸风管。电控柜通过控制三通切换阀及反吸风阀上的电磁阀控制气缸动作，开启或关闭阀门，达到过滤或反吸清灰的工作状态。

⑦ 尘气进入到滤袋内筒，过滤后的净气通过滤袋外表进入除尘器箱体，再由上部排入大气。颗粒物通过反吸清灰落入灰斗再输送装袋。进入除尘器各滤室的风量的大小，靠进风口处的风量调节阀调节，以保证滤袋的过滤风速相对平均。

⑧ 处理器为蜗壳式双级逆向旋风除尘器，尘气在双级逆向旋转气流的作用下，所含大颗粒物被有效地捕集，并被分级成粒径不同的两种颗粒物，沉降后排出。

（5）主要设备选型

① 除尘器　选用的除尘器为 LFSF 系列布袋除尘器，其过滤风速、过滤面积、设备大小，按滤料材质不同而异，有关除尘技术参数见表 6-7。

表 6-7　除尘器技术参数

项　　目	12500kV·A 矿热电炉用	12500kV·A 矿热电炉用
除尘器名称	正压式反吸风布袋除尘器	正压式反吸风布袋除尘器
除尘器型号、规格	LFSF-6600 型	LFSF-280-12 型
处理风量/(m^3/h)	145000	145000
烟气温度/℃	180～250	180～230
入口烟气含尘浓度/(g/m^3)	3.6～5	3.6～5g
出口烟气含尘浓度/(mg/m^3)	≤100	≤20
分室数量/室	10	12
滤袋总数/条	720	964
过滤面积/m^2	6600	3360
过滤风速/(m/min)	0.36(全运行) 0.49(一室清灰)	0.72(全运行) 0.88(一室清灰)
滤袋规格/mm	ϕ292×10000	ϕ180×6200
滤袋材质	经硅油、石墨处理的玻璃纤维滤料	戈尔薄膜或抗酸玻璃纤维滤料
滤袋寿命/年	1	4
滤袋运行阻力/Pa	<1500	<1500
除尘器运行阻力/Pa	<2000	<2000
除尘器漏风率/%	<3	<3
除尘效率/%	>98	>99

② U 形空冷器　一台 12500kV·A 矮烟罩半封闭式矿热炉除尘系统配散热面积为 1200m^2 的 U 形空冷器一台。

③ 硅粉预处理器　ϕ3.5m、ϕ2.3m 蜗壳式双级逆向旋风除尘器一台。

④ 主风管直径取 D＝1520mm，反吸风管直径取 D＝700mm。

⑤ 主风机一台，型号为 JY5-44№21.2D，流量 154000m^3/h，全压 3824Pa；选配电机型号为 Y400-43-6，功率 280kW，额定电压 10kV，转速 960r/min。

⑥ 反吸风机一台，型号为 Y8-39№9D，流量 18466m^3/h，全压 2668Pa；电机型号 Y225S-4，功率 37kW，额定电压 380V，转速 1450r/min。

附录

附录1　常见气体的基本参数

气体	分子量 Mr	标准状态下的密度/(kg/m^3)	临界温度/K	临界压力/atm
干空气	28.97	1.293	132.5	37.2
水蒸气(H_2O)	18.02	0.804	647.4	218.3
氢气(H_2)	2.016	0.090	33.3	12.8
氦(He)	4.003	0.1787	5.26	2.26
氮气(N_2)	28.01	1.250	126.2	33.5
氧气(O_2)	32.00	1.429	154.4	49.7
一氧化碳(CO)	28.01	1.250	133.0	34.5
二氧化碳(CO_2)	44.02	1.977	304.2	72.9
一氧化氮(NO)	30.01	1.340	179.2	65.0
一氧化二氮(N_2O)	44.01	1.977	309.5	71.7
氨气(NH_3)	17.03	0.771	405.5	111.3
二氧化硫(SO_2)	64.07	2.927	430.7	77.8
三氧化硫(SO_3)	80.07	3.574(计算值)	491.4	83.8
硫化氢(H_2S)	34.08	1.539	373.6	88.9
二硫化碳(CS_2)	76.14	3.399(计算值)	552.0	78.0
氯气(Cl_2)	70.91	3.214	417.0	76.1
氯化氢(HCl)	36.46	1.639	324.6	81.5
甲烷(CH_4)	16.06	0.717	190.7	45.8
乙烷(C_2H_6)	30.07	1.357	305.4	48.2
乙烯(C_2H_4)	28.05	1.264	283.1	50.5
乙炔(C_2H_2)	26.04	1.175	309.5	61.6
丙烷(C_3H_8)	44.10	2.020	369.6	42.0

注：1atm=101.325kPa。

附录2　空气的理化参数

项目	温度/℃	数值
分子量/(kg/mol)		28.97
干空气密度/(kg/m^3)	−25	1.424
	0	1.293
	20	1.205
液态空气的密度/(kg/m^3)	−192	960
临界温度/℃		−140.7
临界压力/MPa		77
汽化潜热/(J/kg)	−192	209200
黏度/(Pa·s)	20	1.81×10^{-7}

附录3　干空气在压力为100kPa时的物理参数

温度/℃	密度/(kg/m^3)	热扩散率/(m^2/h)$\times10^{-2}$	动力黏度/(Pa·s)$\times10^{-5}$	运动黏度/(m^2/s)$\times10^{-6}$
−50	1.534	0.705	14.61	9.54
−20	1.365	5.94	16.28	11.93

续表

温度/℃	密度/(kg/m³)	热扩散率/(m²/h)×10⁻²	动力黏度/(Pa·s)×10⁻⁵	运动黏度/(m²/s)×10⁻⁶
0	1.252	6.75	17.16	13.70
5	1.229	7.00	17.46	14.20
10	1.206	7.24	17.75	14.70
15	1.185	7.45	18.00	15.20
20	1.164	7.66	18.24	15.70
25	1.146	7.90	18.49	16.16
30	1.127	8.14	18.73	16.61
35	1.110	8.40	18.98	17.11
40	1.092	8.65	19.22	17.60
50	1.056	9.14	19.61	18.60
100	0.916	11.80	21.77	23.78
200	0.723	17.80	25.89	35.82

附录 4 101.33kPa 压力下不同温度时的饱和水蒸气压力

温度/℃	p_w/kPa	温度/℃	p_w/kPa	温度/℃	p_w/kPa	温度/℃	p_w/kPa	温度/℃	p_w/kPa
0	0.61	19	2.20	34	5.32	49	11.73	64	23.89
5	0.87	20	2.33	35	5.63	50	13.34	65	24.99
6	0.93	21	2.49	36	5.95	51	12.95	66	26.13
7	1.00	22	2.64	37	6.28	52	13.61	67	27.32
8	1.07	23	2.81	38	6.63	53	14.29	68	28.55
9	1.15	24	2.99	39	6.99	54	14.99	69	29.81
10	1.23	25	3.17	40	7.37	55	15.74	70	31.14
11	1.31	26	3.36	41	7.77	56	16.50	75	38.53
12	1.40	27	3.56	42	8.20	57	17.30	80	47.32
13	1.49	28	3.77	43	8.64	58	18.14	85	57.78
14	1.60	29	4.00	44	9.10	59	19.00	90	70.07
15	1.71	30	4.24	45	9.58	60	19.91	95	84.47
16	1.81	31	4.49	46	10.09	61	20.84	100	101.28
17	1.93	32	4.76	47	10.61	62	21.83		
18	2.07	33	5.03	48	11.16	63	22.84		

附录 5 一些气体水溶液的亨利系数

气体	温度/℃							
	0	5	10	15	20	25	30	35
空气	32.8	37.1	41.7	46.1	50.4	54.7	58.6	62.5
氢气	44	46.2	48.3	50.2	51.9	53.7	55.4	56.4
氮气	40.2	45.4	50.8	56.1	61.1	65.7	70.3	74.8
氧气	19.3	22.1	24.9	27.7	30.4	33.3	36.1	38.5
一氧化碳	26.7	30.0	33.6	37.2	40.7	44.0	47.1	50.1
一氧化氮	12.8	14.6	16.5	18.4	20.1	21.8	23.5	25.2
二氧化碳	0.553	0.666	0.792	0.930	1.08	1.24	1.41	1.59
氯气	0.204	0.25	0.297	0.346	0.402	0.454	0.502	0.553
硫化氢	0.203	0.239	0.278	0.321	0.367	0.414	0.463	0.514
二氧化硫	0.0125	0.0152	0.0184	0.022	0.266	0.031	0.0364	0.0426
氯化氢	0.00185	0.00191	0.00197	0.00203	0.00209	0.00215	0.0022	0.00224
氨气	0.00156	0.00168	0.0018	0.00193	0.00208	0.00223	0.00241	

注：1mmHg=133.322Pa。

附录 6 低氮燃烧锅炉炉膛出口 NO_x 推荐控制值

燃烧方式	煤种		容量/(MW)	NO_x 推荐控制值/(mg/m³)
切向燃烧	无烟煤		/	950
	贫煤		/	900
	烟煤	$20\%\leqslant V_{daf}\leqslant 28\%$	≤100	400
			200	370
			300	320
			≥600	310
		$28\%\leqslant V_{daf}\leqslant 37\%$	≤100	320
			200	310
			300	260
			≥600	220
		$V_{daf}>37\%$	≤100	310
			200	260
			300	220
			≥600	220
	褐煤		≤100	320
			200	280
			300	220
			≥600	220
墙式燃烧	贫煤		所有容量	670
	烟煤	$20\%\leqslant V_{daf}\leqslant 28\%$		470
		$28\%\leqslant V_{daf}\leqslant 37\%$		400
		$V_{daf}>37\%$		280
	褐煤			280
W 火焰燃烧	无烟煤			1000
	贫煤			850
CFB	烟煤、褐煤			200
	无烟煤、贫煤			150

附录 7 *P-G* 曲线扩散系数（σ_y、σ_z）与下风向距离的关系

大气稳定度		A		B		C		D		E		F	
扩散系数		σ_y	σ_z	σ_y	σ_z	σ_y	σ_z	σ_y	σ_z	σ_y	σ_z	σ_y	σ_z
距离/km	0.1	27.0	14.0	19.1	10.7	12.6	7.44	8.37	4.65	6.05	3.72	4.19	2.33
	0.2	49.8	29.3	35.8	20.5	23.3	14.0	15.3	8.37	11.6	6.05	7.91	4.19
	0.3	71.6	47.4	51.6	30.2	33.5	20.5	21.9	12.1	16.7	8.84	10.7	5.58
	0.4	92.1	72.1	67.0	40.5	43.3	26.5	28.8	15.3	21.4	10.7	14.4	6.98
	0.5	112	105	81.4	51.2	53.5	32.6	35.3	18.1	26.5	13.0	17.7	8.37
	0.6	132	153	95.8	62.8	62.8	38.6	40.9	20.9	31.2	14.9	20.5	9.77
	0.8	170	279	123	84.6	80.9	50.7	53.5	27.0	40.0	18.6	26.5	12.1
	1.0	207	456	151	109	99.1	61.4	65.6	32.1	48.8	21.4	32.6	14.0
	1.2	243	674	178	133	116	73.0	76.7	37.2	57.7	24.7	38.1	15.8
	1.4	278	930	203	157	133	83.7	87.9	41.9	65.6	27.0	43.3	17.2
	1.6	313	1230	228	181	149	95.3	98.6	47.0	73.5	29.3	48.8	19.1
	1.8			253	207	166	107	109	52.1	82.3	31.6	54.5	20.5
	2.0			278	233	182	116	121	56.7	85.6	33.5	60.5	21.9
	3.0			395	363	269	167	173	79.1	129	41.9	86.5	27.0
	4.0			508	493	335	219	221	100	166	48.6	102	31.2
	6.0			723	777	474	316	315	140	237	60.9	156	37.7
	8.0					603	409	405	177	306	70.7	207	42.8
	10					735	498	488	212	366	79.1	242	46.5
	12							569	244	427	87.4	285	50.2
	16							729	307	544	100	365	55.8
	20							884	372	659	111	437	60.5

参考文献

[1] 郝吉明，马广大，等编著．大气污染控制工程．2版．北京：高等教育出版社，2006.
[2] 李连山主编．大气污染控制．武汉：武汉工业大学出版社，2003.
[3] 张殿印，申丽主编．工业除尘设备设计手册．北京：化学工业出版社，2012.
[4] 李芳芹，等编．煤的燃烧与气化手册．北京：化学工业出版社，2005.
[5] 王纯，张殿印主编．废气处理工程技术手册．北京：化学工业出版社，2013.
[6] William Franek，Lou DeRose. Principles and Practices of Air Pollution Control. Student Manual（Second Edition），April 2003.
[7] 吴忠标主编．实用环境工程手册．大气污染控制工程．北京：化学工业出版社，2001.
[8] HJ 2001—2018 氨法烟气脱硫工程通用技术规范．
[9] HJ 179—2018 石灰石/石灰-石膏湿法烟气脱硫通用技术规范．
[10] HJ 2046—2014 火电厂烟气脱硫工程技术规范•海水法．
[11] HJ 462—2009 工业锅炉及炉窑湿法烟气脱硫工程技术规范．
[12] HJ 562—2010 火电厂烟气脱硝工程技术规范-选择性催化还原法．
[13] HJ 563—2010 火电厂烟气脱硝工程技术规范-选择性非催化还原法．
[14] HJ 2000—2010 大气污染治理工程技术导则．
[15] HJ 2039—2014 火电厂除尘工程技术规范．
[16] HJ 2028—2013 电除尘工程通用技术规范．
[17] HJ 2020—2012 袋式除尘工程通用技术规范．
[18] HJ/T 324—2006 环境保护产品技术要求 袋式除尘器用滤料．
[19] HJ/T 327—2006 环境保护产品技术要求 袋式除尘器・滤袋．
[20] HJ/T 330—2006 环境保护产品技术要求 分室反吹类袋式除尘器．
[21] HJ/T 329—2006 环境保护产品技术要求 回转反吹袋式除尘器．
[22] HJ/T 328—2006 环境保护产品技术要求 脉冲喷吹类袋式除尘器．
[23] HJ/T 322—2006 环境保护产品技术要求 电除尘器．
[24] HJ 2060—2018 铜冶炼废气治理工程技术规范．
[25] HJ 2049—2015 铅冶炼废气治理工程技术规范．
[26] HJ 2026—2013 吸附法工业有机废气治理工程技术规范．
[27] HJ 2027—2013 催化燃烧法工业有机废气治理工程技术规范．